绿色化学前沿丛书

绿色介质与过程工程

张锁江　张香平　王均凤　等　著

科学出版社

北京

内 容 简 介

本书介绍了绿色过程工程的基本概念，概述了近年来该领域的重要进展和发展趋势，以及国内外的前沿和热点。在此基础上，以绿色介质的分子设计、构效关系及工业应用为主线，重点围绕绿色催化、绿色多相反应工程、绿色分离过程、绿色过程评价及集成方法，阐述绿色催化、传递和工程放大的科学原理，以及过程集成和设计的新方法。同时本书还重点介绍了若干典型的绿色化工新技术，如碳资源循环利用、有毒有害原料替代、生物质高效利用、等离子体等。

本书不仅适用于绿色化学及过程工程领域的科研工作者和工程技术人员参考阅读，还可作为科普读物，具有广泛的读者群体。

图书在版编目（CIP）数据

绿色介质与过程工程/张锁江等著. —北京：科学出版社，2019.10
（绿色化学前沿丛书/韩布兴总主编）
ISBN 978-7-03-062368-3

Ⅰ.①绿… Ⅱ.①张… Ⅲ.①化工过程－无污染技术 Ⅳ.①TQ02

中国版本图书馆 CIP 数据核字（2019）第 200544 号

责任编辑：翁靖一 付林林 / 责任校对：杜子昂
责任印制：师艳茹 / 封面设计：东方人华

科学出版社 出版
北京东黄城根北街 16 号
邮政编码：100717
http://www.sciencep.com

北京通州皇家印刷厂 印刷
科学出版社发行 各地新华书店经销

*

2019 年 10 月第 一 版 开本：720×1000 1/16
2019 年 10 月第一次印刷 印张：24 1/4
字数：470 000
定价：150.00 元
（如有印装质量问题，我社负责调换）

绿色化学前沿丛书
编 委 会

顾　　问：何鸣元_院士_　朱清时_院士_

总 主 编：韩布兴_院士_

副总主编：丁奎岭_院士_　张锁江_院士_

丛书编委（按姓氏汉语拼音排序）：

邓友全	丁奎岭_院士_	韩布兴_院士_	何良年
何鸣元_院士_	胡常伟	李小年	刘海超
刘志敏	任其龙	佘远斌	王键吉
闫立峰	张锁江_院士_	朱清时_院士_	

总 序

化学工业生产人类所需的各种能源产品、化学品和材料，为人类社会进步作出了巨大贡献。无论是现在还是将来，化学工业都具有不可替代的作用。然而，许多传统的化学工业造成严重的资源浪费和环境污染，甚至存在安全隐患。资源与环境是人类生存和发展的基础，目前资源短缺和环境问题日趋严重。如何使化学工业在创造物质财富的同时，不破坏人类赖以生存的环境，并充分节省资源和能源，实现可持续发展，是人类面临的重大挑战。

绿色化学是在保护生态环境、实现可持续发展的背景下发展起来的重要前沿领域，其核心是在生产和使用化工产品的过程中，从源头上防止污染，节约能源和资源。主体思想是采用无毒无害和可再生的原料、采用原子利用率高的反应，通过高效绿色的生产过程，制备对环境友好的产品，并且经济合理。绿色化学旨在实现原料绿色化、生产过程绿色化和产品绿色化，以提高经济效益和社会效益。它是对传统化学思维方式的更新和发展，是与生态环境协调发展、符合经济可持续发展要求的化学。绿色化学仅有二十多年的历史，其内涵、原理、内容和目标在不断充实和完善。它不仅涉及对现有化学化工过程的改进，更要求发展新原理、新理论、新方法、新工艺、新技术和新产业。绿色化学涉及化学、化工和相关产业的融合，并与生态环境、物理、材料、生物、信息等领域交叉渗透。

绿色化学是未来最重要的领域之一，是化学工业可持续发展的科学和技术基础，是提高效益、节约资源和能源、保护环境的有效途径。绿色化学的发展将带来化学及相关学科的发展和生产方式的变革。在解决经济、资源、环境三者矛盾的过程中，绿色化学具有举足轻重的地位和作用。由于来自社会需求和学科自身发展需求两方面的巨大推动力，学术界、工业界和政府部门对绿色化学都十分重视。发展绿色化学必须解决一系列重大科学和技术问题，需要不断创造和创新，这是一项长期而艰巨的任务。通过化学工作者与社会各界的共同努力，未来的化学工业一定是无污染、可持续、与生态环境协调的产业。

为了推动绿色化学的学科发展和优秀科研成果的总结与传播,科学出版社邀请我组织编写了"绿色化学前沿丛书",包括《绿色化学与可持续发展》、《绿色化学基本原理》、《绿色溶剂》、《绿色催化》、《二氧化碳化学转化》、《生物质转化利用》、《绿色化学产品》、《绿色精细化工》、《绿色分离科学与技术》、《绿色介质与过程工程》十册。丛书具有综合系统性强、学术水平高、引领性强等特点,对相关领域的广大科技工作者、企业家、教师、学生、政府管理部门都有参考价值。相信本套丛书的出版对绿色化学和相关产业的发展具有积极的推动作用。

最后,衷心感谢丛书编委会成员、作者、出版社领导和编辑等对此丛书出版所作出的贡献。

中国科学院院士
2018 年 3 月于北京

前　言

随着全球性环境污染和资源严重匮乏等问题的加剧，过程工业的绿色化成为推动工业可持续发展的重要途径，其核心则是需要通过介质/材料（如催化剂、溶剂等）的原始创新、反应器创新和集成创新，形成变革性绿色技术并实现其产业化。

发展从源头消除污染的绿色技术是过程工业可持续发展的必然趋势，任何单元技术的突破对过程工程的绿色化都是不可或缺的。然而，绿色过程工程又是一个系统科学，不仅重视单个技术的创新，同时还考虑从原料替代、介质创新到单元强化及系统集成的整个链条，通过绿色材料/介质的原始创新和新工艺的集成创新，实现过程工业的绿色化。本书围绕绿色化工这一核心，结合实例，论述在绿色催化反应、分离过程、过程评价与系统集成等方面的新进展，以期为绿色过程工业理论发展和绿色化工技术创新提供重要的依据和参考。

本书的结构分成绿色过程工程的概述，以及相关的绿色催化反应、分离过程、系统集成和化工过程，其中绿色化工过程部分列出了一些实例，包括替代氢氰酸合成甲基丙烯酸甲酯、非光气法生产聚碳酸酯、碳四烷基化清洁工艺、丁烷选择氧化制顺酐、CO_2光电催化过程、生物质高效转化和利用技术。列出的绿色化工过程实例仅仅是一小部分，希望读者通过这些实例的介绍，理解绿色过程工程的发展理念与途径。

本书第1章由张香平撰写，第2章由徐宝华、辛加余、王红岩、董丽、苗青青、刘莹、张志博撰写，第3章由王均凤、聂毅、曾少娟、白璐、崔莉、郎海燕撰写，第4章由涂文辉、詹国雄、胡宗元、白银鸽撰写，第5章由王蕾、白银鸽、徐菲、周志茂、代飞、韩丽君、徐俊丽撰写，最后由张锁江、张香平、王均凤负责对全书统稿和定稿。

最后，诚挚感谢科学技术部国家重点研发计划项目（CO_2高效合成重要化学品新技术，编号：2018YFB0605800）、国家自然科学基金重大项目（离子液体功能调控及绿色反应分离新过程研究，编号：21890760）和中国科学院洁净能源创新研究院合作基金资助项目（离子液体中 CO_2 温和电催化转化关键技术研究，编号 DNL180406）对本书出版的支持！

限于作者的时间和精力，书中难免存在疏漏或不足之处，敬请广大读者批评指正。

张锁江

2019 年 7 月 20 日

于北京

目 录

总序
前言
第1章 绪论 ··· 1
  1.1 绿色过程工程概述 ··· 1
  1.2 绿色过程工程发展的现状和趋势 ··· 2
    1.2.1 原料替代 ··· 3
    1.2.2 工艺创新 ··· 4
    1.2.3 设备强化 ··· 5
    1.2.4 绿色过程系统集成 ·· 7
  1.3 绿色过程工程在国民经济中的重要地位 ··· 8
  1.4 绿色过程工程的国际前沿和热点 ··· 9
    1.4.1 从分子设计到化工产品制造的绿色新过程 ·· 9
    1.4.2 基于原子经济性反应的绿色化学新途径 ··· 9
    1.4.3 纳微尺度的"三传一反"规律与过程强化及设备 ································· 10
    1.4.4 绿色过程系统集成 ·· 10
  参考文献 ·· 10
第2章 绿色催化反应体系 ··· 12
  2.1 绿色催化反应 ··· 12
    2.1.1 绿色催化加氢反应体系 ·· 12
    2.1.2 绿色催化氧化反应体系 ·· 20
    2.1.3 绿色催化烷基化反应体系 ·· 30
    2.1.4 绿色催化 CO_2 与环氧化物的环加成反应体系 ······································ 40
  2.2 反应过程强化 ··· 49
    2.2.1 光催化反应过程 ··· 49
    2.2.2 微反应过程 ·· 63
    2.2.3 酶催化反应过程 ··· 84
  参考文献 ·· 89

第3章 绿色分离过程 ··· 111
3.1 气体吸收 ·· 111
3.1.1 引言 ··· 111
3.1.2 SO_2 气体分离 ·· 112
3.1.3 CO_2 气体分离 ·· 120
3.1.4 H_2S 气体分离 ·· 127
3.1.5 NH_3 净化分离 ·· 133
3.1.6 其他气体分离 ·· 136
3.1.7 总结与展望 ··· 139
3.2 萃取分离 ·· 140
3.2.1 引言 ··· 140
3.2.2 离子液体液-液萃取技术 ·· 141
3.2.3 离子液体双水相萃取技术 ·· 143
3.2.4 超临界流体萃取技术 ·· 146
3.2.5 新型物理场强化萃取技术 ·· 148
3.2.6 总结与展望 ··· 151
3.3 膜分离 ·· 152
3.3.1 引言 ··· 152
3.3.2 渗透汽化膜分离技术 ·· 152
3.3.3 膜蒸馏分离技术 ··· 160
3.3.4 气体膜分离技术 ··· 166
3.4 溶解法分离 ·· 172
3.4.1 引言 ··· 172
3.4.2 离子液体溶解纤维素 ·· 174
3.4.3 离子液体溶解角蛋白 ·· 177
3.4.4 离子液体溶解壳聚糖 ·· 180
3.4.5 总结与展望 ··· 182
3.5 超重力分离 ·· 183
3.5.1 引言 ··· 183
3.5.2 超重力分离技术的原理 ··· 183
3.5.3 超重力分离技术的应用 ··· 183
参考文献 ·· 187

第4章 绿色过程系统集成 ··· 208
4.1 绿色度评价与分析 ·· 208

4.1.1 引言 ………………………………………………………… 208
　　4.1.2 绿色度的范畴与概念 ………………………………………… 209
　　4.1.3 绿色度评价体系解析 ………………………………………… 209
　　4.1.4 几种典型的绿色度评价案例分析 ……………………………… 218
4.2 绿色化工过程的能质效率 …………………………………………… 230
　　4.2.1 有效能的概念 ………………………………………………… 230
　　4.2.2 有效能的损失及其利用效率 …………………………………… 236
　　4.2.3 基于有效能分析的能质效率评价方法 ………………………… 239
　　4.2.4 几种典型的有效能分析应用案例 ……………………………… 240
4.3 原子经济性及过程的物质效率 ……………………………………… 247
　　4.3.1 化学反应的原子经济性 ……………………………………… 247
　　4.3.2 基于原子经济性的化学反应设计 ……………………………… 248
　　4.3.3 基于原子经济性的物质流优化 ………………………………… 253
4.4 全生命周期评价分析 ………………………………………………… 254
　　4.4.1 全生命周期分析的概念 ……………………………………… 254
　　4.4.2 全生命周期分析的目的和范围 ………………………………… 256
　　4.4.3 全生命周期分析的方法解析 …………………………………… 258
　　4.4.4 几种典型化工产品的全生命周期评价案例 …………………… 261
参考文献 …………………………………………………………………… 269

第5章 绿色化工过程 …………………………………………………… 273
5.1 替代氢氰酸合成甲基丙烯酸甲酯 …………………………………… 273
　　5.1.1 甲基丙烯酸甲酯简介 ………………………………………… 273
　　5.1.2 以异丁烯为原料的MMA清洁工艺 …………………………… 275
　　5.1.3 以乙烯为原料的MMA清洁工艺 ……………………………… 279
　　5.1.4 其他工艺 ……………………………………………………… 281
　　5.1.5 总结与展望 …………………………………………………… 284
5.2 非光气法生产聚碳酸酯 ……………………………………………… 285
　　5.2.1 聚碳酸酯简介 ………………………………………………… 285
　　5.2.2 聚碳酸酯生产技术现状 ……………………………………… 286
　　5.2.3 非光气熔融缩聚制备聚碳酸酯工艺 …………………………… 288
　　5.2.4 总结与展望 …………………………………………………… 295
5.3 碳四烷基化清洁工艺 ………………………………………………… 295
　　5.3.1 碳四烷基化工艺简介 ………………………………………… 295
　　5.3.2 碳四烷基化技术现状及发展趋势 ……………………………… 296

5.3.3　离子液体烷基化清洁工艺 302
　　5.3.4　固体酸烷基化清洁工艺 307
　　5.3.5　总结与展望 308
5.4　丁烷选择氧化制顺酐 309
　　5.4.1　顺酐简介 309
　　5.4.2　顺酐生产技术 310
　　5.4.3　正丁烷氧化法制顺酐主要工艺技术 314
　　5.4.4　总结与展望 318
5.5　CO_2光电催化过程 319
　　5.5.1　CO_2光电催化过程简介 319
　　5.5.2　光电催化还原CO_2反应的研究现状 319
　　5.5.3　CO_2光电催化反应体系 320
　　5.5.4　总结与展望 339
5.6　生物质高效转化和利用技术 340
　　5.6.1　生物质简介 340
　　5.6.2　生物质利用现状 341
　　5.6.3　典型的生物质高效转化和利用新工艺 343
　　5.6.4　总结与展望 351
参考文献 351
附录 372

第 1 章
绪 论

1.1 绿色过程工程概述

绿色过程工程是在综合考虑环境因素与社会可持续发展的前提下,通过介质/材料(如催化剂、溶剂等)的原始创新、反应器结构创新和新工艺的集成创新,形成变革性绿色原创技术并实现产业化。20 世纪 90 年代初,美国学者提出了绿色化学的基本原则,其中涉及化学过程的原料、合成路线、催化剂、溶剂、工艺、成本、产品等重要问题,迄今已被化学和化工界所普遍接受[1]。之后,将绿色化学十二条原则重点阐述的绿色化学原理与化学工程相结合,形成了绿色化工学科,其显著特征是面向工业应用,追求高转化率、高选择性和高能源利用效率,在保证原料、介质和产品的无毒或低毒,以及可观的经济效益的前提下,实现废弃物的排放和副产物的产率最小,追求的总体目标是经济效益和环境效益的协调最优[2]。

进入 21 世纪以来,绿色过程工程成为化工领域的重要研究方向和热点。1996 年,美国设立了美国总统绿色化学挑战奖;2004 年,欧盟创建了可持续化学欧洲技术平台(SusChem,2004),目标是为未来的可持续化工和生物技术提供解决方案,日本也提出了绿色可持续化学的路线图(2008~2030 年)。1997 年,我国国家自然科学基金委员会和中国石油化工总公司联合资助的"九五"重大基础研究项目"环境友好石油化工催化化学与化学反应工程"正式启动,该项目面向我国石油化工的重大需求,重点开展无毒无害原料、催化剂和"原子经济"反应等新技术的基础研究,为解决现有生产工艺技术的经济和环境问题提供了科学支撑。科学技术部也围绕绿色过程设立了多个重大研发计划,如"973"计划"石油炼制和基本有机化学品合成的绿色化学""大规模化工冶金过程的节能减排的基础""工业生物过程高效转化与系统集成的科学基础研究"等。2016 年,《国家自然科学基金"十三五"发展规划》中明确将"可持续的绿色化工过程"列为化学科学部优先发展领域,该方向也获得多项自然基金项目的支持。

从学科发展方向来看，绿色过程工程已成为科学研究和学科布局的新热点，许多院校纷纷成立了与绿色化学化工相关的研究机构，如中国科学技术大学绿色科技研究与开发中心、上海市绿色化学与化工过程绿色化重点实验室、四川大学绿色化学与技术研究中心、中国科学院绿色过程与工程重点实验室、离子液体清洁过程北京市重点实验室等，国内外一些大学已将绿色化工列为研究生课程。在应用方面，工业界如中石油、中石化等制定和实施了明确的清洁生产机制和具体措施。对绿色化学与化工的重视也体现在新的学术期刊纷纷涌现，如 *Green Chemistry* 是较早的代表性期刊，其于 1999 年创刊后迅速成为绿色化学与化工的主流期刊。创刊于 2008 年的 *Energ & Environmental Science* 期刊，2018 年其影响因子已升至 30.0。2013 年，美国得克萨斯大学奥斯汀分校化工系的 David T. Allen 教授作为主编创办了 *ACS Sustainable Chemistry & Engineering* 期刊，与前述期刊相比，该期刊具有明确的"工程"特色，注重报道绿色化学和工程的国际最新研究成果。2016 年，英国皇家化学学会（Royal Society of Chemistry，RSC）创办的期刊 *Molecular Systems Design & Engineering*，则重点报道基于分子层次认识的过程系统设计，力争缩小科学和工程的差距。2015 年，中国科学院过程工程研究所创办了 *Green Energy & Environment* 期刊，旨在从能源、资源及环境等诸多领域报道基础及工程研究的最新成果。

纵观十几年的研究，绿色过程工程一个重要的特点就是二维的研究模式，维度一是从分子到系统的思路，不仅要考虑原料、溶剂和催化剂及单元设备的创新，还需要从系统的角度，通过从分子→纳微→界面→设备→系统的多尺度调控，将理论方法用于实际技术研发链，即实验室研究、工艺设计、设备优化和工程放大全过程；维度二是从传统的单一的经济目标向经济、环境和安全等的多目标的模式转变，综合两个维度的研究成果为绿色技术的创新和产业化提供重要科学基础。

1.2　绿色过程工程发展的现状和趋势

绿色过程工程的兴起主要源于化工发展所带来的严重的环境和社会问题。随着不断加剧的全球性环境生态破坏和化石资源的严重匮乏，以及工业生产活动导致的温室效应对人类生存环境的危害，化工过程的绿色化成为解决这些难题的重要途径之一，不仅要考虑原料、溶剂和催化剂及单元设备的创新和高效，还需要从系统的角度，通过从分子→纳微→界面→设备→系统的多尺度调控，实现经济、环境和安全的多目标最优[3,4]。图 1.1 简要说明了绿色过程工程的思路，即首先要考虑环境、健康和安全对新过程或产品的影响，从而在原料筛选、溶剂/催化剂开发、过程优化设计、系统运行等全过程中体现绿色化[5]。

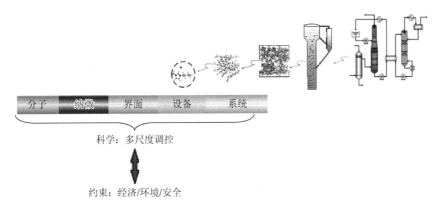

图 1.1　绿色过程工程的研究思路[5]

以大宗化学品生产这一典型的过程工业为例说明。我国目前已成为世界第一大化学品生产国，其产值占到了我国 GDP 的 1/6 左右，但我国还不是化工强国，很多工艺技术水平和产品落后于国外。我国目前大宗化学品生产技术主要是从国外引进，但通常是国外淘汰技术，生产过程排放大量废物，有些还使用了有毒有害的原料、催化剂或溶剂等。一些相对先进的绿色低碳化工生产技术或者转让费用极高，或者直接封锁，这使得我国化学品生产技术的升级换代面临巨大的挑战。因此，实现我国大宗化学品产业的跨越式发展，从化工生产大国向强国迈进，就必须重视绿色过程工程的基础研发，开发新一代技术，支撑工业过程的可持续发展。以下结合典型实例或过程，围绕绿色过程工业在原料替代、工艺创新、设备强化和系统集成四个方面的发展趋势予以简述和分析。

1.2.1　原料替代

从传统的不可再生的化石资源向可再生能源过渡，如生物质，是人类社会发展的必然趋势，同时有毒有害原料，如氢氰酸、光气等，也将被更加绿色的原料所替代，从而实现从源头消除污染的目标。石油、煤炭、天然气不仅提供了基本能源，还提供了 99% 的有机工业原料，用于生产大宗化学品。随着化石资源的枯竭和环境问题的日益突出，以可再生的生物质资源替代不可再生的化石资源制备大宗化学品成为未来发展的重要趋势，生物质既是可再生能源，又可用作生产化工产品的原料，且其主要成分为碳水化合物，在生产及使用过程中与环境友好。生物质汽化可制得富含氢气和一氧化碳的合成气，由合成气可生产系列化学品，如甲醇、烯烃等。生物质还可经预处理，通过微生物或酶将多糖转化为单糖，再经化工或生物技术转化成化学品。目前世界上 100% 的 1,3-丙二醇和 99% 的乳酸的生产用原料来自生物质。预计到 2020 年，全球可再生化学品市场有望增长至

120亿美元[6]。因此,用生物质原料生产生物基化学品是减轻对石油依赖和对气候影响的重要途径。

另外,在溶剂和材料绿色化方面,国外已开发出了采用无毒或低毒化学品替代剧毒的光气或氢氰酸生产许多化工产品的技术。如以异丁烯为原料生产甲基丙烯酸甲酯(MMA)的C4工艺,该工艺的原子利用率可以达到74%,是一条工业前景良好的绿色工艺技术路线,可以替代ICI公司于1937年开发的用丙酮和剧毒氢氰酸作为原料生产MMA的工艺。意大利埃尼公司开发的以CO、CH_3OH和O_2为原料制备碳酸二甲酯(DMC)的绿色工艺,可替代以光气和CH_3OH为原料生产DMC的工艺。

1.2.2 工艺创新

工艺创新包括介质、材料、反应器和工艺路线的创新,目标是开发高原子经济性反应和低能耗的高效分离过程。理想的原子经济反应是原料分子中的原子百分之百地转化成产品,资源利用率高,且不产生副产品和废物,如乙烯、丙烯、长链α-烯烃与苯合成乙苯、异丙苯、长链烷基苯,杜邦公司以丁二烯和氢氰酸合成了己二腈、用甲醇羰基化制乙酸。但目前仍有很多大宗化学品生产过程中使用了有毒有害的溶剂或催化剂,生产过程原子利用率较低。以环己酮为例,生产每吨环己酮产生5000m^3废气、50t废水和0.5t废渣,生产过程的碳原子利用率不足80%,因此亟待聚焦绿色化升级换代,通过开发新型催化材料及工艺,开发绿色新过程。

在化工过程中,约90%的反应及分离过程需要介质才能完成,因而介质创新是实现化工过程温和高效转化的重要途径。新型介质和材料的出现,常会带来重大的技术变革,同时也会对传统的理论方法、研究手段和计算模型提出挑战。一些典型化学品,如对苯二甲酸、环己酮、己内酰胺、环氧丙烷的生产过程仍然排放大量废物,有些还使用了有毒有害催化剂和溶剂等,对这些过程进行绿色化升级换代是迫切需求。与水、有机溶剂等传统溶剂相比,离子液体介质具有液态温度范围宽、不易挥发、溶解能力强、电化学窗口宽等一系列优点。更重要的是,离子液体的可设计性使其可通过修饰或调整正负离子的结构及种类来调控其物理化学性质。目前离子液体作为溶剂、催化剂、电解液等,已在石油化工、煤化工、合成材料、环境控制、电化学等方面展现了广阔的应用前景。

通过工艺路线创新,也能实现高原子经济性反应和低能耗高效分离的目标。例如,传统的主要以氯气为原料采用两步反应的氯醇法生产环氧丙烷的工艺,不仅使用了可能带来危险的氯气,而且产生了大量污染环境的含氯化钙废水,因此开发催化氧化丙烯制环氧丙烷的原子经济反应新工艺是发展趋势。对于已在工业上应用的原子经济反应，还需要从环境保护和技术经济等方面继续研究和改进，以获得更高的反应效率。1997 年，BCH 公司开发了一种合成布洛芬的新工艺，传统生产工艺包括 6 步化学计量反应，其原子利用率低于 40%，新工艺则采用 3 步催化反应，原子有效利用率达 80%。1998 年，旭化成株式会社开发了以异丁烯为原料直接氧化生产 MMA 的两步法，与之前使用的三步法相比，其具有生产路线短、投资低、安全稳定等优势，具有更好的经济性。目前两步法已有多套生产装置，主要分布在日本、中国、新加坡、泰国、韩国等亚洲国家，其产能约占 MMA 生产产能的 30%。传统的乙二醇（EG）生产采用环氧乙烷（EO）直接水合工艺，存在水比高、选择性差、反应条件苛刻、能耗高等缺点，代表性的改进技术有催化水合和催化水解等技术。相对于直接水合法，催化水解法是在催化剂存在下进行反应的，是以 EO 和 CO_2 为原料，先经羧基化反应生成碳酸乙烯酯（EC），而后 EC 水解生产 EG。催化水解法与直接水合法相比，具有反应条件温和、水比低、EG 选择性高、能耗低等优势，在该工艺中，EO 与 CO_2 反应生成 EC 的羧基化反应是关键。

除了催化剂/介质、合成路线的创新，工艺创新还包括反应器的创新。反应器作为物质转化的装置，是实际工艺过程重要的组成。反应器创新是以提高效率、减少污染和降低成本为目标，依据反应原理和产品的不同设计特定物理结构的反应器，而设计反应器的核心是深入认识反应器中的传递-流动耦合机制及放大规律，特别是需要从分子和纳微尺度获得其本质的规律，主要手段则是采用模拟计算和实验表征相结合的方法，而如何研发先进的表征测量传递-流动规律的科学仪器和实验方法，是当前该领域的挑战。1992 年诺贝尔化学奖获得者 R. R. Ernst 曾指出："现代科学的进步越来越依靠尖端仪器的发展。"人类在科学技术上的重大成就和科学研究新领域的开辟，往往是以实验仪器和技术方法的突破为先导。

总之，包括介质、材料、反应器和工艺路线的创新，是绿色过程工程的关键，也是开发绿色新技术的基础。

1.2.3 设备强化

化工设备的功能是为物质转化的"三传一反"提供场所，通过设备的强化和创新，如设计和使用微通道、超重力、旋转床、物理场强化等反应器，可达到强化传热传质的目标，实现反应过程的高转化率、选择性及高分离效率。外场强化反应器的开发和应用不仅解决了工程难题，同时也为化工学科的发展和知识更新提供了重要的支撑。

化学工业中涉及气-液-固多相复杂体系内的反应过程，通常受分子混合、传递或化学平衡的限制，对反应速率与传递过程的匹配性有严格的要求。由于对反应与传递协同机理的认识不足，特别是对微纳尺度上的传递和混合机制缺乏科学认识，难以选择合适的调控手段，造成工业反应过程选择性低和收率低等问题，这成为高能耗、高污染、高物耗的关键根源。近年来，为了提高反应的选择性和收率、减少能耗和物耗并从源头上减少或消除污染，科学家构建了微纳尺度流动、混合、传递、反应过程的多尺度理论模型，提出了从微纳到宏观的反应器尺度的高效数值计算方法，获得了超重力、等离子体、新结构膜等外场和介质作用下的强化混合/传递及反应的原理，形成了超重力、微纳结构膜、微化工系统、等离子体等新的强化技术与工艺，为原创性的重大工程应用奠定了科学理论基础。

近年来，随着微尺度下"三传一反"研究的不断深入[7-11]，微反应器技术被广泛应用于科学研究和工业生产中。微反应器有极大的比表面积及极好的传热和传质能力，可以实现物料瞬间的均匀混合和高效传热，许多在常规反应器中无法实现的反应都可在微反应器中实现。例如，德国美因兹微技术研究所开发了一种平行盘片结构的电化学微反应器，提高了甲氧基苯甲醛反应的选择性。近年来，微反应器也被应用到一氧化碳选择氧化、加氢反应、氨氧化、甲醇氧化制甲醛、水煤气变换及光电催化等一系列反应。此外，微反应器还可用于某些有毒害物质的现场生产，进行强放热反应的本征动力学研究及组合化学如催化剂、材料、药物等的高通量筛选等。

超重力分离技术[12-17]的应用开发主要集中在超重力精馏分离技术、超重力吸收分离技术、超重力解吸分离技术等方面。在国内，北京化工大学等开展了超重力技术基础理论与分离技术研究，原创性地提出了超重力强化分子混合与反应过程的新思想与新技术，建立了超重力反应强化新途径。围绕超重力环境下微纳尺度混合/传递规律和调控机制、混合/传递与反应过程协调性和过程强化机制、反应工程基础理论及超重力反应器放大方法等关键科学问题，提出在毫秒至秒量级内实现分子级混合均匀的新思想。发明了系列超重力反应强化新工艺，在新材料、化工、环境、海洋能源等流程工业领域实现了大规模应用，取得了显著的节能、减排、提质和增产的效果。目前超重力反应器不仅可用于气-液-固三相反应，还可用于气-液和液-液两相反应体系。利用超重力反应器可以成功地制备出纳米阻燃剂、碳酸锶等纳米材料，具有广泛的应用前景。

物理场强化反应器是将辅助能量场，如超声波、电场或磁场等，引入反应器中以达到强化传热传质的目标。该类反应器可以有效地缩短反应分离的时间、提高效率，是一种环境友好的新技术[18]。超声波辐射会导致液流空化现象的产生，并伴随着大量能量的释放，从而在界面间形成强烈的机械搅拌效应，进而强化界面间的化学反应过程和传递过程。目前该技术主要应用于固-液萃取、吸附与脱附、结晶过程、乳化与破乳、废水中有机物降解及粉体制备等。磁场强化是借助外磁场进行磁化处理，在一定磁场范围内迅速提升反应和分离效率，从而达到强化化工过程的目的。目前该技术主要用于乳浊液的分离、吸附和吸收、结晶及萃取等领域。电场强化技术可变参数多，易于采用计算机智能技术有效地控制化工过程，是近年来研究和开发的热点。目前该技术主要应用于萃取、传质传热、干燥及结晶等领域。物理场强化化工过程是最近发展起来的一门多学科交叉技术，其强化的机理尚不完全清楚，因此加强过程机理的研究，有助于为设备开发和工程放大提供理论依据。

1.2.4 绿色过程系统集成

绿色过程系统集成是随着绿色化学与化工的兴起而发展起来的，其将传统的系统工程的理论和方法与绿色化学准则相融合，重点关注工业过程在取得良好经济效益的同时尽可能避免环境的负面影响，解决物质和能量转化利用过程中与"化学供应链"相关的创造、合成、优化、分析、设计、控制及环境影响评价等多元复杂问题，目标是建立环境友好的、可持续发展的化工过程或产品。例如，绿色过程系统集成依据绿色化学的原理，采用自上而下的设计策略，初期就需要考虑环境、健康和安全对过程或产品的影响，将环境影响作为约束条件或将目标函数嵌入过程模拟、分析和优化模型中，实现多指标的评价和多目标的优化。绿色过程系统集成包括多个研究内容，如过程模拟与设计、分离过程合成、产品设计、环境性能定量分析与生命周期评价、多目标优化等。

模型化是绿色过程系统集成的根本，基于能够用数学方程式表达的数学模型是通常采用的方法。考虑环境影响的过程设计和集成的建模方法主要有两种：一是将环境问题作为约束来处理；二是将环境影响和经济性能作为多目标函数来处理，在得到一组最优解集后再进一步进行权衡和取舍。化工过程是一个复杂体系，因此多目标优化模型通常可以归结为一个大规模高维的混合整数非线性规划问题，需开发功能强大的模拟求解方法。绿色过程系统集成涉及从分子水平到系统的整个"化学供应链"，因此需要处理简单代数模型、复杂偏微分模型及逻辑表达的离散或连续优化的问题，开发考虑离散的、混合非线性的、定量与定性表达的优化方法，同时还要考虑环境、安全等更多目标，同时如何进行多目标问题的顺利求解，也成为重点和难点。

生命周期评价（life cycle assessment，LCA）是目前常用的针对产品和过程的环境评价方法，被认为是评价和判断产品和过程绿色化设计的有效方法，已在多个体系中获得应用。生命周期的各个阶段包括从最初的原材料开采、原材料预处理到产品制造、产品使用及产品用后处理的全过程。从 20 世纪 90 年代中期以来，LCA 在许多行业的应用中取得了很大成果，许多公司已经用于对他们的供应商的相关环境表现进行评价。同时，LCA 的评价结果也在一些决策制订过程中发挥了很大的作用。LCA 作为一种产品环境性能分析和决策支持工具，在技术上已日趋成熟，并得到较广泛的应用。它同时也是一种有效的环境管理和清洁生产工具，在清洁生产审计、产品生态设计、废物管理、生态工业等方面发挥着重要的作用。

绿色度（GD）方法提出了物质、过程及系统对环境性能的定量评价方法，与过程模拟技术相结合，为过程的开发及环境性能的改进提供了定量依据。绿色度包括物质的绿色度和能量的绿色度。物质的绿色度主要是指物质在发生物理化学变化时对环境所造成的危害或影响程度，在对其进行定量计算时需要考虑过程中原料、辅助介质、产品、废弃物等的环境影响指数。能量的绿色度包括产能过程排放的废弃物及能量对环境造成的影响，可采用热力学分析定量表达能量对环境的影响[17]。基于此，通过公式化和双目标法实现物质和能量绿色度的统一，将经济效益和绿色度作为目标函数形成绿色化工设计的多目标优化模型，实现化工过程物质流、能量流及环境流的量化表达，形成基于绿色度的化工过程优化设计的理论和方法。

1.3 绿色过程工程在国民经济中的重要地位

过程工业是一个国家的支柱产业，对于发展国民经济及增强国防实力起着关键性的作用。每一个工业过程都需要从原理上研究如何提高反应选择性和收率，降低投资费用及操作成本等，并通过不断创新而发展新的生产过程，从源头上减少或消除污染，这也是绿色过程工程的基本任务。发展绿色技术，不仅需要解决核心催化材料/介质合成和过程放大的难题，还需要从系统的角度对全过程进行能量-物质耦合集成和优化，以及新技术全生命周期的绿色化程度预评估，最大限度降低绿色技术开发和应用的风险和代价。

在过去的一个世纪中，化学工业对人类社会的发展产生了巨大的影响。例如，从合成氨开始的化学肥料，解决了人类粮食供给的难题，把农业生产力提到了前所未有的高度。但是，人工合成的化学物质大多不具备环境相容性，地球缺乏对它们的"自净能力"，它们在环境中的残留越来越多，危害着生物、人类及人类赖以生存的生态环境。从化工、冶金、能源、石化、轻工等典型过程工业来看，我国资源加工利用技术多是几十年前就形成的传统工艺，生产消耗指数高、资源利用率低，大量未被充分利用的资源变成废弃物排放到环境，不仅流失了大量可用资源，也严重污染了水体、土壤和大气。工业污染与资源枯竭主要源自于不可再生矿物资源为原料、加工过程涉及化学与物理变化的过程工业，而化学反应处于这些传统工艺的核心地位。为了应对环境污染，发展了诸多环境污染治理技术，如水处理技术、大气污染治理技术、固体废弃物处理技术和噪声处理技术等，但这些技术通常都属于末端治理，无法从根本上解决过程工业污染重的难题。

全球性环境生态破坏和化石资源严重匮乏，且工业生产活动导致的温室效应对人类生存环境造成了极大的危害，化工过程绿色化成为解决这些难题的重要途径之一，其关键则是开发从源头消除污染的绿色技术。开发物质转化的高效、洁净的绿色新过程与工程化应用是当代社会的迫切需求。半个多世纪的治污历程表明，生产企业难以承受投入巨大、收益甚微的末端治理重负，急需立足于发展增效、同时实现减污的清洁生产技术。绿色过程工程注重原料、介质和产品的绿色化和低碳化，化石资源的利用正逐渐从高碳资源转向低碳资源，例如，当前全球范围的天然气、页岩气革命，使得烷烃活化、CO_2 转化利用技术成为重点发展方向。同时，更加重视对新技术的全生命周期评价和分析，以及系统能量-物质耦合协同作用的机制研究，不仅要解决当下的绿色化问题，还要保证其具有可持续性。总之，绿色技术的开发和应用将极大地提高我国工业的总体水平，彻底改变传统工业的生产模式。倡导绿色化生产，在源头防止污染发生的同时，建立工业可持续发展的新体系。

1.4 绿色过程工程的国际前沿和热点

过程工业迫切需要在原料、工艺和过程全链条中实现绿色化，而有关绿色过程工程的研究已成为国际学术界和工业界的研究前沿和热点，新理论的形成和新技术的突破将会开辟一个全新的学科领域，当前的研究重点主要集中在如下几个方面。

1.4.1 从分子设计到化工产品制造的绿色新过程

要实现大宗化学品产业的跨越式发展，需要围绕绿色工程与工程的科学基础探寻新的科学知识，支撑绿色化工技术的创新和发展，重点开展以下研究：①基于量子化学的催化反应微观机理；②催化剂本征结构、机理及分子动力学模拟；③反应自由基的形成机理与控制规律；④大宗化石基化学品设计与过程开发；⑤特殊和重要精细、生物基化学品的设计与绿色生产。

1.4.2 基于原子经济性反应的绿色化学新途径

面向可持续发展需求的绿色化学转化的关键是利用价廉、清洁、安全的资源，设计高原子经济性反应路线，开发清洁、低能、低耗过程，需重点探索：①从分子、原子层面认知催化剂与反应性能的构效关系，发展基于基因组学的催化剂分子设计方法；②发展具有结合均相催化和非均相催化优点的新型催化体系和材料，实现高选择性精准调控反应过程；③发展新催化反应路线，将烃类等基础化石资源高效高选择性地转化为高附加值和大宗化学品。

1.4.3 纳微尺度的"三传一反"规律与过程强化及设备

围绕过程强化新技术，从理论-装备-工艺三大层面开展系统研究，重视非常规条件下，如离子型介质中、超重力、膜、微化工等过程中的传递及流动规律，拓宽过程强化技术的研究范围，需重点探索：①化工过程的纳微尺度效应和界面效应及其机制；②纳微化工系统的集成和优化方法；③高超重力环境下纳微尺度"三传一反"规律及应用；④界面作用下流体混合物的限域传质机制；⑤非常规介质如离子液体、超临界流体中的传递机制。

1.4.4 绿色过程系统集成

过程系统集成的研究重点从单一的能量（或物质）集成向物质-能量耦合的多目标网络结构优化模式发展，期望达到能量利用最优、物质转化效率最大和系统的绿色化程度最高。除了物质及能量效率，从系统层面和全生命周期研究化工过程中的安全本质问题也成为一个重点发展方向，应重点探索：①能量-物质协同作用机理和转化规律；②复杂体系分离过程集成与优化；③基于分子层次系统集成理论和方法；④化工过程自由基调控及过程的本质安全；⑤过程工业绿色数字化及产业集群智能化系统构筑。最终形成系统绿色度的理论方法及数据库软件，建立过程强化的研发平台，技术-经济-环境分析方法，完整的工艺数据包及示范，为我国化工过程的"绿色化、高端化、智能化"提供技术支持。

参 考 文 献

[1] Anastas P, Warner J. Green Chemistry: Theory and Practice. Oxford, UK: Oxford University Press, 1998.
[2] Zhang S, Zhang X, Li C. Researches and trend on green process synthesis and design. The Chinese Journal of Process Engineering, 2005, 5（5）: 580-590.
[3] Zhang Y. The green process engineering science. The Chinese Journal of Process Engineering, 2001, 1（1）: 10-15.
[4] 张懿. 清洁生产与循环经济. 河南: 河南省第二届循环经济发展论坛会议, 2007.
[5] 张锁江, 张香平, 聂毅, 等. 绿色过程系统工程. 化工学报, 2016, 67（1）: 41-53.
[6] 袁晴棠. 绿色低碳引领我国石化产业可持续发展. 石油化工, 2014, 43（7）: 741-747.
[7] 陈光文, 袁泉. 微化工技术. 化工学报, 2003, 54（4）: 427-439.
[8] Charpentier J. The triplet "molecular processes-product-process" engineering: the future of chemical engineering? Chemical Engineering Science, 2002, 57: 4667-4690.
[9] 李杰. 循环流化床中结构与"三传一反"的关系研究. 北京: 中国科学院化工冶金研究所, 1998.
[10] 吕小林. 鼓泡流化床中结构与"三传一反"的关系研究. 北京: 中国科学院大学, 2015.
[11] 郭慕孙, 李静海. 三传一反多尺度. 自然科学进展, 2000, 10（12）: 1078-1082.
[12] 陈建峰, 邹海魁, 初广文, 等. 超重力技术及其工业化应用. 硫磷设计与粉体工程, 2012,（1）: 6-10.
[13] 初广文, 邹海魁, 陈建峰. 一种超重力旋转床装置及在二氧化碳捕集纯化工艺中的应用: CN101549274. 2011-12-21.

[14] 李幸辉. 超重力技术用于脱除变换气中二氧化碳的实验研究. 北京：北京化工大学，2008.
[15] 方晨. 组合式转子超重力旋转床传质特性及脱硫应用研究. 北京：北京化工大学，2016.
[16] 唐广涛. 超重力环境下 $AlCl_3$-BMIC 离子液体电解铝的研究. 北京：北京化工大学，2010.
[17] 郭占成，卢维昌，巩英鹏. 超重力水溶液金属镍电沉积及极化反应研究. 中国科学：技术科学，2007，37（3）：360-369.
[18] 马空军，贾殷赠，孙文磊，等. 物理场强化化工过程的研究进展. 现代化工，2009，29（3）：27-32.

第 2 章
绿色催化反应体系

2.1 绿色催化反应

2.1.1 绿色催化加氢反应体系

催化加氢反应是一类重要的化学反应过程，无论是大宗化学品还是精细化学品的生产，催化加氢都是最重要的反应之一。传统的多相加氢体系往往产物复杂、选择性差，而均相催化体系选择性高，但又存在产物难分离和催化剂回收的问题[1]。近年来，离子液体（IL）中金属纳米粒子催化的加氢反应随绿色化学的发展应运而生[2,3]。反应底物与离子液体极性差异较大，因此在大多数反应中可以实现两相反应。这类反应兼具易分离、催化剂易循环和纳米催化反应活性高的优点，以及离子液体具有区别于传统溶剂的极强的溶解氢的能力，这使得离子液体体系成为一种清洁、高效的催化加氢体系，离子液体在催化加氢领域的应用也成为研究热点[4]。离子液体在催化加氢反应中，不仅可以作为溶剂[5]，也可以作为催化剂组分[6]，更可作为催化剂的稳定剂[7]。鉴于传统加氢反应在许多著作中都有涉及和论述，本章重点介绍离子液体介质强化的加氢反应的研究进展和发展趋势。

2.1.1.1 离子液体稳定的纳米颗粒催化加氢

纳米粒子作为催化剂时，由于其尺寸小，具有较高的比表面积，且具有较多的活性位可以和反应物发生相互作用，催化活性相对较高[8]。但是同时其具有较高的表面自由能，纳米颗粒在热力学上处于不稳定状态，容易发生聚集，需要添加稳定剂，如表面活性剂、聚合物和配体来稳定[9,10]。离子液体作为一种新型的绿色溶剂，对一些金属纳米颗粒有很好的稳定作用，它们既具有电子效应，又具有位阻效应来稳定纳米颗粒，可以有效防止纳米颗粒的团聚；作为一种金属纳米催化剂的新型稳定剂，离子液体具有很强的离子化能力，因而又可作为溶剂制备一些具有特殊性能的纳米材料[11,12]。由此可见，离子液体可以同时作为制备金属纳米催化剂的溶剂和稳定剂，为制备金属纳米催化剂提供新思路和新方法。

近年来，许多离子液体稳定的金属纳米催化剂用于加氢反应的研究被报道。Dupont 等[13]总结了离子液体稳定的金属纳米粒子的制备方法主要有四种（图 2.1）：①简单地还原溶解在离子液体中的 M(Ⅰ)、M(Ⅱ)、M(Ⅲ)或者 M(Ⅳ)的金属盐；②分解溶解在离子液体中的有机金属络合物成为零价金属；③采用金属溅射法轰击金属前驱体沉积在离子液体中形成纳米粒子；④将在水中或者有机溶剂中制备好的金属纳米粒子通过相转移转移到离子液体中。前两种方法是最简单，也是最常用的制备不同粒径和形貌的金属纳米粒子的方法，而纳米粒子的尺寸大小与离子液体阴离子结构大小有直接的关系。

(a) $[Ru(COD)(2\text{-methylallyl})]_2 \xrightarrow[IL]{H_2}$

$1/n[Ru(0)]_n/IL + \text{cyclooctane} + 2\ iso\text{-butane}$

(b) $[Ru(COD)(COT)] \xrightarrow[IL]{H_2} 1/n[Ru(0)]_n/IL + 2\ \text{cyclooctane}$

(c) $Au(foil) \xrightarrow[IL]{Ar^+} [Au(0)]_n/IL$

(d) $[Au(0)]_n/H_2O \xrightarrow{IL} [Au(0)]_n/IL$

图 2.1 离子液体稳定的金属纳米粒子制备方法实例[13]

2-methylallyl：2-甲基烯丙基；foil：箔片；cyclooctane：环辛烷；iso-butane：异丁烷

Hu 等[14]制备了[BMMDPA][PF$_6$]稳定的 Pd(0)纳米粒子，在[BMMIM][PF$_6$]作为溶剂的条件下用于肉桂醛和香茅醛的加氢反应。结果显示，采用[BMMDPA][PF$_6$]作为稳定剂制备的 Pd(0)纳米粒子能高活性、高选择性地催化肉桂醛和香茅醛的 C=C 双键加氢，且加氢效果明显优于商业化的 Pd/C 催化剂。Baiker 团队[15]将离子液体与超临界二氧化碳技术结合，设计开发了一条"绿色"加氢反应过程（图 2.2），即采用[N$_{6666}$][Br]、[C$_4$MIM][PF$_6$]和[C$_4$MIM][OTf]三种离子液体，分别制备离子液体稳定的 Pd-IL 和 Rh-IL 催化剂，用于苯乙酮选择性加氢制苯乙醇。由于苯乙酮加氢反应是一个复杂的加氢过程，除了得到苯乙醇外，还可得到苯环加氢产物环己基乙酮及其进一步加氢的产物环己基乙醇，此外还有苯乙醇的进一步加氢脱氧产品苯乙烷，所以一般很难高选择性地得到苯乙醇产品。该团队通过对不同离子液体所制备的 Pd-IL 和 Rh-IL 催化剂进行筛选，发现 Pd-[C$_4$MIM][PF$_6$]催化剂在室温、5MPa H$_2$、4h 的温和反应条件下能够得到 97.7%的苯乙酮转化率和 89.9%的苯乙醇选择性，且在该条件下催化剂体系循环使用 6 次而转化率、选择性均没有降低。通过一系列原位表征手段证明，离子液体与金属表面的相互作用对调控催化剂的活性有至关重要的影响，但其机理还需进一步深入研究。

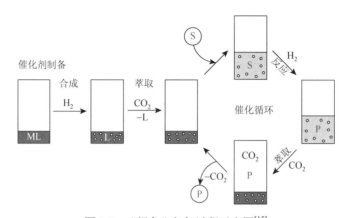

图 2.2 "绿色"加氢过程示意图[15]

ML 代表金属前驱体复合物；L 代表前驱体配体；S 代表基体；P 代表产物

Julis 等[16]研究了离子液体稳定的纳米粒子对加氢反应选择性的影响，认为离子液体能够有效地控制纳米催化剂的活性和选择性，其中咪唑类离子液体中阳离子咪唑环上碳链的长度对催化活性和选择性影响不大，而阴离子对于产物的选择性有很大的影响。Jiang 等[17]认为离子液体对纳米粒子的稳定作用是因为离子液体超强的配位能力，使离子液体阴离子在纳米粒子表面配位形成一层带负电的球形外层，而离子液体的阳离子排列在外层则可维持电荷守恒，从而有效地防止纳米粒子团聚，实现对纳米粒子的催化加氢性能的调控，如功能化离子液体[BMMIM][tppm]稳定的 Ru 催化剂（图 2.3）在芳香酮、芳香醛和喹啉类物质的加氢中均表现出优异的催化性能及超高的产品选择性。Jiao 等[18]制备了聚乙烯苯双阳离子咪唑离子液体[P(DVB-DILL)]稳定的 Pd 纳米粒子，研究了其在硝基苯及其衍生物加氢反应中的稳定性。实验结果表明，制备的 P(DVB-DILL)-Pd 催化剂循环使用 10 次后其催化剂活性未见降低，采用 XPS 和 TEM（图 2.4）对未使用的催化剂和使用 10 次后的催化剂进行表征发现，10 次之后，纳米粒子的价态仍然是 Pd(0)，纳米粒子未发生团聚，粒径和分散性没有发生较大变化，说明离子液体稳定的纳米粒子不仅在性能上可控，在结构上也更稳定，不易团聚。总之，这些研究均表明，离子液体稳定的纳米粒子对于加氢反应具有优异的调控性，在有机物选择性加氢制备方面具有极好的应用前景。

2.1.1.2 离子液体均相体系催化加氢

均相加氢是最早应用于有机物，特别是精细化学品生产的加氢反应类型，由于均相加氢催化剂相比于非均相加氢催化剂简单、明确，其经常被用于加氢反应机理的研究。但是，传统的均相加氢体系存在产品难于分离、催化剂难循环使用的问题，这限制其广泛的应用[19]。由于离子液体物性的特殊性，采用离子液体体系有望解决这一难题，与传统均相加氢体系相比更加绿色和高效[20-22]。

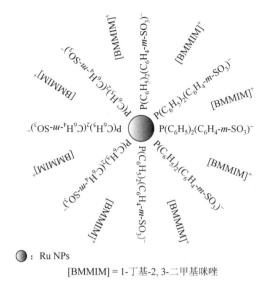

图 2.3　功能化离子液体[BMMIM][tppm]稳定的 Ru 纳米粒子结构示意图[17]

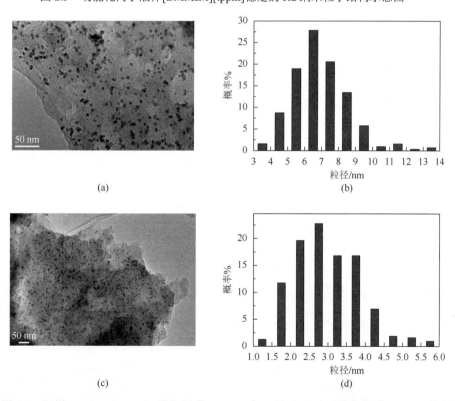

图 2.4　新鲜 P(DVB-DILL)-Pd 催化剂[(a)、(b)]及循环 10 次后催化剂[(c)、(d)]的 TEM 图及粒径分布图[18]

最早在离子液体中进行均相加氢反应的是 Chauvin 团队[20]，报道了室温非水性咪唑盐离子液体中 Rh 均相催化剂催化 1-戊烯加氢，研究发现在[C_4MIM][SbF_6]离子液体中，1-戊烯的加氢速率是在有机溶剂丙酮中的 5 倍之多，且离子液体催化体系可通过简单的分离后循环使用。Suarez 等[21]在离子液体[C_4MIM][BF_4]和[C_4MIM][PF_6]中，将两种 Rh 配合物 RhCl(PPh_3)$_3$ 和[Rh(cod)$_2$][BF_4]（cod = 环辛二烯）催化剂用于环己烯的 C═C 双键加氢，这两种 Rh 配合物催化剂可完全溶解在离子液体中，在室温、10atm（1atm = 1.01325×10^5Pa）氢气条件下，反应的转化频率（TOF）值可达到 6000h^{-1}。在最初的离子液体均相催化加氢体系中，产品的分离一般采用溶剂萃取，但溶剂的引入可能导致这一过程是非绿色的。为了解决这一问题，超临界二氧化碳（scCO_2）被用于离子液体均相催化体系中进行产品分离，使离子液体和催化剂得以充分地循环使用以降低成本（图 2.5）[23]。Liu 等[24]研究表明，scCO_2 萃取可使离子液体催化体系循环使用 4 次而加氢活性未降低。

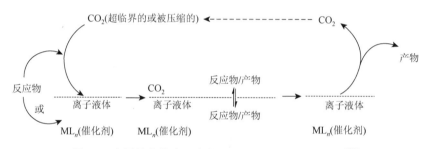

图 2.5　金属催化的离子液体/scCO_2 均相加氢反应体系[23]

虽然均相催化加氢体系具有独特的高活性、高选择性优势，但目前常规的加氢反应还是采用非均相加氢体系较多。目前较常用于非均相加氢的离子液体主要为咪唑类离子液体，如[C_4MIM][PF_6]和[C_4MIM][BF_4]，这主要是因为以 PF_6^- 和 BF_4^- 为阴离子的离子液体存在较大的极性和弱的配位性，这有助于均相催化剂的传质和高效的催化加氢。目前对于均相离子液体加氢体系存在的问题是离子液体纯度的问题，商用的离子液体仍然没有一个界定纯度的标准及离子液体纯度的有效判定方法，所以离子液体中杂质的存在对催化加氢效果会有很大的影响，例如，氯离子（Cl^-）的存在会引起金属络合物催化剂的失活。所以离子液体纯度问题将是今后需要解决的难题之一。

2.1.1.3　功能化离子液体催化加氢

离子液体除了可以作为溶剂、纳米粒子的稳定剂外，还可以将其负载化，用于负载型离子液体加氢。负载型离子液体在烷基化[25]、羰基化[26]、Heck 反应[27]等反应中均可直接作为催化剂，但由于加氢反应必须在金属催化剂的催化下才能进行，因而离子液体除了在加氢反应中用作反应溶剂外，还能用作金属纳米粒子的稳定剂（如 2.1.1.1 节）；另一种方式是将离子液体负载化后的材料作为载体，再负载金属催化剂后进行使用。负载型离子液体结合了负载型催化剂易于分离及离子液体对产物的高选择等综合优点，且离子液体的用量大大降低，能有效节约成本。负载型离子液体的制备方法与负载型催化剂的制备方法类似，主要有浸渍法、包覆法、嫁接法、溶胶-凝胶法等[28-30]。

  对于负载型离子液体用于加氢反应的研究，是 1997 年 Carlin 等[31]首次混合 [C_4MIM][PF_6]、Pd/C 和 PVDF-HFP 制成一种离子液体-聚合物膜，该膜厚度为 0.06cm，光学显微镜显示 Pd 粒子被均匀地分散在膜内，具有较好的气体渗透性，用其作为膜催化剂催化丙烯气相加氢，丙烯的转化率可达 70%。Mikkola 团队[32]合成了一系列活性碳纤维（ACC）负载的离子液体-Pd 催化剂，用于不饱和醛的选择性加氢反应，反应体系示意图如图 2.6 所示。研究发现，Pd/[A336][PF_6]/ACC 催化剂对于柠檬醛加氢具有很高的选择性，在 100℃、1MPa 的氢气压力下，反应 225min 后，柠檬醛的转化率达到 100%。对该负载型离子液体催化柠檬醛加氢反应的动力学研究发现，采用的离子液体不同，催化剂的活性和产物的选择性也不同，离子液体的存在能大幅度提高反应速率和产物选择性。随后，该团队发现 Pd/[C_4MIM][PF_6]/ACC 催化剂对肉桂醛选择性催化加氢具有很好的催化活性，在 120℃、2MPa 的氢气压力下，反应 256min 后，肉桂醛可完全转化，C═C 加氢产物氢化肉桂醛的选择性最高可达 86%[33]。

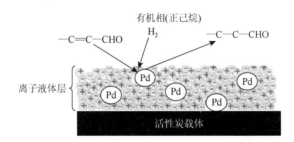

图 2.6 负载型离子液体催化不饱和醛加氢反应示意图[32]

  Knapp 等[34]制备了负载型离子液体基 Pt/BDiMIM/SiO_2 催化剂，研究了催化剂中离子液体和金属氧化物及金属簇之间的相互作用，及其对加氢反应的影响。红外光谱（IR）分析结果表明，SiO_2 表面咪唑环的振动不受限制，由于离子液体增加了 SiO_2 表面的黏度，对于反应物扩散到催化活性位点的过程产生影响，从而允许对特定产物的选择性加氢；同时，Pt 金属簇的加入进一步改变了离子液体在一定范围内的电子云密度，也可以提高产物的选择性。另外，XPS 表征结果表明，离子液体形成的一层保护膜，能够有效保护 Pt 金属簇免于被氧化，使其能维持更高的活性和稳定性。将所制备的催化剂用于乙烯加氢，与 Pt/SiO_2 加氢结果进行对比发现，离子液体层并没有阻碍 H_2 和乙烯进入金属活性位点处进行反应，Pt/BDiMIM/SiO_2 与 Pt/SiO_2 催化剂具有相似的加氢效果，且 Pt/BDiMIM/SiO_2 催化剂更稳定。最近，Jalal 等[35]采用离子液体[C_4MIM][BF_4]包覆商业化的 Ni/SiO_2-Al_2O_3 催化剂制备了[C_4MIM][BF_4]/Ni/SiO_2-Al_2O_3 催化剂，通过离子液体的包覆来控制催化剂表面的活性位点，从而实现 1,3-丁二烯的部分加氢，高选择性地制备混合丁烯（选择性达到 95%以上），通过分析发现，离子液体对 Ni 具有供电子作用，这一点通过密度泛函理论的计算也得到验证。此外，COSMO-RS 计算结果也表明，丁烯在 1,3-丁二烯中的溶解度是在[C_4MIM][BF_4]中的约 3 倍，因此丁烯易于从催化剂表面脱离，从而避免了进一步的过度加氢，大大提高了丁烯的选择性。

综上，负载型离子液体可以用于液相加氢反应，更多的是应用于气相加氢反应[36]，因为离子液体对催化剂的改性或包覆，形成的保护膜不仅可以调控催化剂的活性位点，从而控制加氢产物的选择性，而且可以作为一层离子液体滤膜选择性地滤掉特定加氢产品，从而提高产物的选择性。因此，负载型离子液体催化剂在选择性加氢反应中具有很大的应用前景。

2.1.1.4 不对称加氢反应

不对称加氢反应是合成不对称化合物和医药中间体的典型反应，该类反应一直受到世界范围内的高度重视，特别是不少医药公司致力于不对称催化合成工艺的研究与开发，并且将其成功应用于众多工业化生产。总结部分采用不对称加氢生产的手性药物的工业应用，列于表 2.1。

表 2.1　不对称催化加氢反应在手性药物合成中的工业应用[37]

药品	反应	催化剂中过渡金属	制造商
左旋多巴	氢化反应	铑	Monsanto 公司
帕尼培南	氢化反应	钌	Takasago International Corporation
甲氧萘丙酸	氢化反应	铑	Monsanto 公司
布洛芬	氢化反应	钯	UK BOOTS GROUP LTD
甲氧萘丙酸	氢化反应	镍	DuPont

自 1995 年，Chauvin 等[20]率先将离子液体用于不对称加氢反应以来，众多研究者意识到离子液体在不对称加氢反应中的优异性能，纷纷开展了相关研究。Dupont 等[38]报道了在离子液体[C_4MIM][PF_6]和[C_4MIM][BF_4]中，用手性铑催化剂（Ru-BINAP）进行了(Z)-α-乙酰氨基肉桂酸甲酯的不对称催化氢化反应（图 2.7）。研究表明氢分子易于溶解在离子液体中，对反应的转化率和对映选择性都有较大

的影响,其中在[C$_4$MIM][BF$_4$]中得到最好的加氢效果,转化率可达到73%,对映选择性ee值为93%。

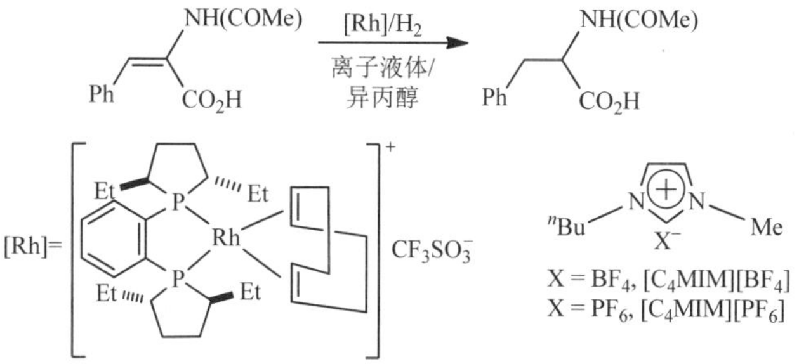

图2.7 离子液体中(Z)-α-乙酰氨基肉桂酸甲酯的不对称催化氢化反应[38]

离子液体在不对称加氢反应中的一个关键作用是手性催化剂可以被锚定在离子液体中,以避免催化剂的损失,从而保证高的催化活性和对映选择性[39]。Lou等[40]锚定手性RuCl$_2$(PPh$_3$)$_2$(S,S-DPEN)在MCM-48、MCM-41、SBA-15、介孔SiO$_2$等负载的[C$_4$MIM][BF$_4$]离子液体中(图2.8),采用这些催化剂进行乙酰苯的不对称加氢,结果表明 MCM-48-Ru-IL 催化剂具有最高的产品对映选择性,其归因于 MCM-48 分子筛的3D孔道比 MCM-41 和 SBA-15 的1D孔道更有利于催化反应的进行。Podolean等[41]采用手性负载型离子液体催化剂进行了—C═N—和—C═C—键的不对称加氢研究,制备了手性负载型离子液体催化剂,使用的配体有(S,S)-BDPP、(S)-BINAP、(S,S)-Ts-DPEN、(S,S)-DIPAMP 和(R,R)-Me-DuPHOS,

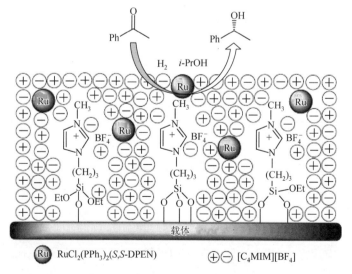

图2.8 负载型离子液体催化体系中的乙酰苯不对称加氢[40]

离子液体则为[C_2MIM][NTf$_2$]、[C_4MIM][BF$_4$]和[C_4MIM][PF$_6$]。催化剂中不仅在载体介孔碳材料和介孔 SiO$_2$ 材料表面存在物理吸附，金属 Ir、Ru、Rh 的络合物也通过共价键接到了氨丙基化的载体表面。研究发现，反应的转化率和对映选择性与金属络合物的性能、离子液体/络合物在载体表面的锚定方法、离子液体的特性、载体性能和反应条件均有关系。

此外，采用手性离子液体催化剂也可以在气相反应中进行不对称加氢反应，同时离子液体与超临界二氧化碳相结合的高效清洁反应分离体系在不对称加氢反应中也实现了应用[42]，这一体系的使用对于实现不对称加氢反应的高效转化和产品分离具有重要的理论意义和应用前景。

2.1.1.5 总结与展望

离子液体在加氢反应中的应用虽已显现出较好的效果，众多的应用研究也都在进行，但大多还是停留在传统常规离子液体，缺乏对离子液体进行分子设计和功能化后的应用。因此，开展功能化离子液体设计和加氢研究是发展趋势，具体涉及离子液体母体的选择、特殊官能团的设计、阴阳离子的协调搭配等，目标是使离子液体在加氢反应中发挥最大效能。此外，相关研究表明离子液体独一无二的电荷性质和溶解性使它在加氢反应底物和产物之间产生作用，在增加催化剂活性的同时还提高了选择性，但详细的机理研究较少，因此将模拟计算和实验表征相结合，有助于对其作用机理的深入解析。

2.1.2 绿色催化氧化反应体系

离子液体在氧化反应中的应用已有诸多研究[4, 22, 43-47]，在多数情况下，因为自由基的形成和稳定性受到其周围离子环境的强烈影响，所以离子液体作为溶剂时其作用是不能被忽视的[4, 22]。其中，电子转移速率与离子液体的黏度密切相关[48-50]。此外，尽管结构取决于"溶剂笼"这个观点仍然存在激烈的争论[51, 52]，但离子液体固有的静电力和潜在的氢键[53, 54]均在自由基活性中发挥着重要的作用。因此，在氧化反应中用离子液体替代传统有机溶剂是非常有意义的。目前，在离子液体中可以使用多种离子或过氧化物氧化剂，且其表现出更高的稳定性。

2.1.2.1 离子液体作为氧化反应介质

（1）硫化物的氧化

燃料中的硫化物不仅会导致汽车发动机的腐蚀，也会带来潜在的环境问题。因此，在燃料行业中硫化物的去除是一个非常重要的过程，其中氧化脱硫的方式最有应用前景。近年来，离子液体由于其独特优势被应用于各种硫化物的氧化反应中，离子液体中的氧化脱硫反应主要以过氧化氢作为氧化剂，且氧化反应较为温和。此外，也有少量直接采用分子氧或者其他化学氧化剂的研究。

Ren等[55]在一种功能化离子液体乙醇胺乳酸盐（[MEA][L]）中，在存在灰分、活性炭条件下，对模拟烟气中 SO_2 的吸收和被氧气的氧化等进行了研究。Singh 等[56]利用[C_4MIM][BF_4]作为回收溶剂，实现了烷基、芳基和杂芳基硫醇与空气中氧的氧化偶联，此过程无须载体或金属盐，得到对称二硫化物且产率很高。Thurow 等[57]使用[C_4MIM][$SeO_2(OCH_3)$]将硫醇合成为对称的二硫化物。Chauhan 等[58]以溶解于室温离子液体的酞菁钴(Ⅱ)作为催化剂，将硫醇通过分子氧氧化成二硫化物，并对催化剂的溶解、回收及产物的分离过程进行了分析。Pomelli 等[59]报道了在单线态氧（$^1O_2$）与硫醚的反应中，1,3-二烷基咪唑鎓阳离子能够通过氢键来稳定过氧化亚砜中间体，并将其定义为类质子物质。这种稳定化抑制了其他可能的反应过程，从而有利于具有竞争性的亚砜产物形成。

Zhu 等[60]报道了以多金属氧酸盐基离子液体[$(n-C_{12}H_{25})_3NCH_3$]$_3${$PO_4[MoO(O_2)_2]_4$}、[$(n-C_8H_{17})_3NCH_3$]$_3${$PO_4[WO(O_2)_2]_4$} 和 [$(n-C_{12}H_{25})_3NCH_3$]$_3${$PO_4[WO(O_2)_2]_4$} 为溶剂，H_2O_2 为氧化剂，进行燃油催化氧化脱硫的方法。Lu 等[61]报道了以离子液体[C_4MIM][PF_6]为萃取剂，进行柴油深度脱硫的方法。Chi 等[62]报道了以酸性离子液体[SO_3H-$BEIM$][NTf_2]作为萃取剂，H_2O_2 或者 NaClO 作为氧化剂从模型油中分离二苯并噻吩（DBT）的研究。Li 等[63]报道了在正辛烷中用 $Me_3NCH_2C_6H_5Cl \cdot 2ZnCl_2$ 进行 DBT 氧化脱硫的方法，油相中的 DBT 被萃取到离子液体相中，然后用 H_2O_2 和等量乙酸将其氧化为相应砜类。Zhu 等[64]报道了一种对温度敏感的磁性离子液体[C_4Py][$FeCl_4$]，可以用于通过 H_2O_2 进行燃料的氧化脱硫。Mota 等[65]报道了配合物 $VO(X$-$acac)_2$ 在离子液体中有较高的溶解度，是非常好的溶剂化色素探针。朱文帅等[66]报道了通过萃取脱硫（EDS）和萃取与氧化脱硫（EODS）的方法从模型油中除去 DBT、苯并噻吩（BT）和二甲基二苯并噻吩，使用的是芬顿类离子液体，如[Et_3NH][Cl]-$FeCl_3$、[Et_3NH][Cl]-$CuCl_2$、[Et_3NH][Cl]-$ZnCl_2$、[Et_3NH][Cl]-$CoCl_2$、[Et_3NH][Cl]-$SnCl_2$ 和[Et_3NH][Cl]-$CrCl_3$。此外还报道了一种含钨的功能特异性离子液体[$(C_6H_{13})_3PC_{14}H_{29}$]$_2$[$W_6O_{19}$]，可在 H_2O_2 水溶液中进行含 DBT 的模型油脱硫过程。Zhao 等[67]报道了光化学氧化和离子液体[C_4MIM][PF_6]萃取耦合技术在光氧化剂 H_2O_2 存在的条件下进行轻油的深度脱硫的方法。张明等[68]报道了磷钨酸负载的二氧化铈（HPW-CeO_2）与离子液体[C_8MIM][BF_4]相结合的方法，用于在温和条件下以 H_2O_2 为氧化剂脱除 DBT，脱硫率可达到 99.4%。Lo 等[69]报道了室温离子液体[C_4MIM][PF_6]和[C_4MIM][BF_4]可用于轻油中含硫化合物的萃取。Ma 等[70]报道了通过电介质阻挡放电等离子体氧化的技术进行脱硫，是一种使用 MnO_2 作为催化剂，以离子液体[C_4MIM][OAc]作为萃取剂的组合氧化脱硫技术。Zhang 等[71]报道了使用 Brønsted 酸性离子液体[$CH_2COOHPy$][HSO_4]和[$(CH_2)_2COOHPy$][HSO_4]，同时作为模型油萃取-氧化脱硫过程的萃取剂和催化剂。Tang 等[72]报道了在离子液体中使用三氯异氰脲酸（TCCA）进行芳基三氟甲基硫化物的化学选择性氧化和氯化。Zhang 等[73]报道了在不存在催化剂的情况下，室温时在离子液体[C_4MIM][BF_4]中以 H_2O_2（35%）水溶液为氧化剂将硫化物氧化成亚砜。Hajipour 等[74]报道了在温和条件下以 Brønsted 酸性离子液体[C_6MIM][HSO_4]作为溶剂，使用硝酸铈铵可将硫化物氧化成相应的亚砜，同时也报道了在 65～70℃条件下用 $K_2S_2O_8$ 在离子液体[C_4MIM][Br]中将硫醇氧化成相应的二硫化物[75]。Cimpeanu 等[76]报道了掺入 1.0%和 1.5% Ti 的 Ti-SBA-15 和 UL-TS-1 催化剂，并用于在一系列水溶性离子液体与水不混溶离子液体和有机溶剂中进行 4,6-二甲基-2-硫代甲基嘧啶的液相磺化氧化。Cimpeanu 等[77]报道了在一系列离子液体[C_4MIM][CF_3COO]、[C_4MPyr][NTf_2]、[C_4MIM][NTf_2]、[C_4MIM][BF_4]和[BMMIM][NTf_2]中进行各种脂肪族、芳香族和杂芳族硫醚的氧化，采用溶胶-凝胶法制备的混合氧化物二氧化硅钽和钽接枝的 MCM-41 催化剂，之后又报道了一系列硫醚（2-硫代甲基嘧啶、2-硫代甲基-4,6-二甲基嘧啶、2-硫代苄基嘧啶、2-硫代苄基-4,6-二甲基嘧啶、硫代苯甲醚及正庚基甲基硫醚）在离子液体中的非均相催化氧化，使用的是含有 Ti 或 Ti 和 Ge 的 MCM-41 和 UVM 型介孔催化剂，并使用无水 H_2O_2 或 H_2O_2 加合物作为氧化剂[78]。

（2）醇的氧化

伯醇氧化成相应的醛或羧酸，仲醇氧化成相应的酮是基本的合成转化反应。醇氧化生成的醛、酮或羧酸在精细化工、生物和医药化工等领域产生了重要作用。工业上的氧化过程常涉及使用化学计量或者超过化学计量的有毒有害的金属氧化物催化剂。同时，反应主要是在有机溶剂中进行的。目前对于离子液体在氧化反应中的研究主要还是以离子液体替代传统有机溶剂。离子液体在反应中可以作为溶剂、催化剂和氧化剂，并且在某些情况下兼具两种功能，发挥着重要的作用。离子液体是其他盐的良溶剂，但与许多有机溶剂不混溶，这有利于产物的分离及催化剂的循环使用。

Seddon 等[79]报道了使用钯催化氧化醇到醛的反应。当使用离子液体代替二甲基亚砜（DMSO），苄醇的部分氧化速率和产物苯甲醛的分离难易度都得到了改善。催化剂/IL 体系可回收，反应选择性依赖于氯化物的存在和离子液体的含水量。[$PdCl_4$]形成使得副产物二苯醚生成，并且过量的水导致产物过氧化为苯甲酸。他们还报道了一种可回收体系，不需要溶剂萃取，该体系由 Pd(OAc)$_2$/[C_4MIM][BF_4]组成，与分子氧作用将非活性醇氧化成酮。在反应温度下此体系与醇底物完全混溶，衍生的酮产物在室温下能被观察到清晰的相分离。将离子液体作为催化剂的固载介质，可以实现催化剂的有效回收[80]。

Farmer 等[81]报道了在基于取代的咪唑阳离子体系离子液体中，[nPr$_4$N][RuO$_4$]/

O_2/CuCl 将脂肪族和芳香族醇选择性地氧化成醛和酮，通过用乙醚萃取，产物可以容易地分离出来。Wolfson 等[82]考察了 $Ru(PPh_3)_3Cl_2$ 催化剂在两种铵盐离子液体体系中的应用，该催化体系不需要添加任何助催化剂，如四甲基哌啶（TEMPO）或 CuCl。Souza 等[83]将催化剂 $RuCl_3$ 溶于[C_4MIM][$COOCF_3(CF_2)_6$]离子液体中，将其应用于氧化反应研究。Ansari 等[84]报道了在离子液体[C_4MIM][PF_6]中，以 TEMPO-CuCl 为催化剂，氧气为氧化剂将伯醇和仲醇氧化成相应的醛和酮，研究结果表明没有过氧化产物羧酸的生成。Jiang 等[85]以离子液体为溶剂，采用 4-乙酰氨基-2,2,6,6-四甲基哌啶-N-氧自由基（acetamido-TEMPO）/$Cu(ClO_4)_2$/4-二甲基氨基吡啶（DMAP）三相催化体系进行了氧气氧化醇的研究。Sun 等[86]报道了在离子液体[C_4MIM][Cl]中，以正丁醇作为助溶剂，采用 $CuCl_2$ 作为催化剂将 2,3,6-三甲基苯酚氧化为三甲基-1,4-苯醌。Hosseini-Monfared 等[87]道了在离子液体[C_4MIM][BF_4]中，用纳米金颗粒和 N-羟基邻苯二甲酰亚胺将 1-苯基乙醇氧化为苯乙酮的方法。Jiang 团队[88]报道了在离子液体[C_4MIM][PF_6]中使用双组分催化体系 $VO(acac)_2$/DABCO，将醇类有氧氧化成相应的醛或酮的方法。另外，该团队还以[C_6MIM][OTf]为溶剂，在助催化剂异辛酸铜(Ⅱ)的存在下，将活性醇选择性氧化成酸。Oda 等[89]在两相体系[C_4MIM][PF_6]/$PhCF_3$ 中，以非过渡金属 Cs_2CO_3 为催化剂，有效地将苄醇有氧氧化为酮。

木质素是木质纤维素生物质的组成部分之一，从中可以获得重要的芳香族化合物。木质素可以溶解在离子液体[C_2MIM][DEP]中，然后在几种过渡金属催化剂和分子氧作用下进行氧化，其中催化剂 $CoCl_2·6H_2O$ 被证实对氧化反应特别有效。催化剂快速氧化木质素中的苄基和其他醇官能团，但保留了酚官能团和苯基香豆素键[90]。使用原位红外光谱、拉曼光谱和紫外-可见光谱（UV-Vis）对该过程中涉及的复合物进行了光谱研究。反应通过含醇底物与 Co 进行配位，随后形成 Co-超氧化物质，此时氢氧化物的存在对于醇配位发生是必需的。作为反应副产物的过氧化氢，经过快速歧化反应产生水和分子氧。离子液体的性质极大地影响了催化活性，一方面离子液体可以稳定反应中间体，另一方面反应过程中更倾向于底物与 Co 形成的配合物被不含底物的 Co 直接氧化[91]。通过在反应及分离过程使用离子液体作为可逆介质，开发了木质素的总体利用和芳香醛制备的清洁和环境友好的方法，其可防止产物芳香醛的氧化并增加其产率[92]。

使用高价碘试剂为催化剂，醇的氧化反应在离子液体中室温下即可实现。在[C_4MIM][Cl]/水体系中，2-碘酰基苯甲酸（IBX）作为氧化剂，醇生成相应的羰基化合物[93]。与传统溶剂相比，在亲水性离子液体[C_4MIM][BF_4]或疏水性离子液体[C_4MIM][PF_6]中，使用 IBX 或 Dess-Martin-Periodinane 试剂为氧化剂，氧化反应速率更加迅速[94]。对于氧化剂和离子液体的回收再利用也有报道。Qian 等[95]合成了一种新的氧化剂，即离子负载型高价碘(Ⅲ)试剂——1-(4-二乙酰氧基碘苄基)-3-甲基咪唑鎓四氟硼酸盐,并且证明它可以使用离子液体[C$_2$MIM][BF$_4$]作为溶剂,选择性地将醇氧化成醛。

以次氯酸钠作为氧化剂,可以在离子液体中进行苄醇的氧化,如[C$_2$MIM][BF$_4$][96]、[C$_4$MIM][BF$_4$]和含有环状胍鎓阳离子的离子液体[97]。离子液体可同时作为相转移催化剂和溶剂,并且可以循环使用。在[C$_4$MIM][BF$_4$]中使用N-溴代琥珀酰亚胺(NBS),无论在有碱[98]或者无碱[99]的条件下都可以将苄醇氧化成相应的羰基化合物。除了前面提到的氧化剂之外,KIO$_4$[100]、KMnO$_4$[101]、过氧乙酸(PAA)[102]、n-Bu$_4$NHSO$_5$[103]和t-BuOOH[104-106]也可在离子液体中将醇氧化成相应的羰基化合物。

(3)烯烃的氧化

在有机合成及材料科学中,环氧化物是一种非常重要的中间体和合成砌块,因此烯烃的环氧化反应在合成化学中具有重要的地位。参与环氧化反应的离子液体不仅能够作为溶剂使得催化剂可以循环使用,而且对反应有促进作用。

Liu 等[107]报道了在 H$_2$O$_2$ 参与的情况下,[C$_4$MIM]$_3$[PW$_{12}$O$_{40}$]离子液体同时作为溶剂和催化剂用于烯烃的环氧化反应。Chatel 等[108]报道了超声波强化下[C$_1$OPyr][NTf$_2$]离子液体对烯烃的催化氧化反应的影响规律。Teixeira 等[109]研究了在离子液体中采用 Jacobsen 催化剂催化 6-氰基-2,2-二甲基色烯(Chrom)的对映选择性环氧化反应,该反应以 NaClO 为氧源,考察了一系列 1,3-二烷基咪唑鎓和四烷基-二甲基胍基离子液体对反应活性及选择性的影响。Owens 等[110]报道了离子液体中甲基三氧化铼(MTO)催化烯烃环氧化反应的动力学研究,该项工作通过 UV-Vis 和 ^{2}H NMR 等手段研究反应的转化速率并建立了动力学模型。Brito 等[111]将二氧化钼分别与手性的双噁唑啉或噁唑啉基-吡啶配体反应生成相应的金属络合物,这些络合物在离子液体中可以形成高效、高选择性催化系统,从而实现烯烃的催化不对称环氧化反应。该催化系统可以多次循环使用并保持催化活性不变。Bortolini 等[112]报道了在离子液体[C$_4$MIM][BF$_4$]中以过氧化氢作为氧化剂,缺电子烯烃特别是维生素 K$_3$ 及类似物的环氧化反应。

Saladino 等[113]报道了离子液体中烯糖的环氧化-醇解串联反应。该反应由甲基三氧铼及固载化的甲基三氧铼衍生物作为催化剂,以尿素、过氧化氢加合物(UHP)和过氧化氢共同作为氧化剂。Kumar 等[114]报道了[C$_4$MIM][BF$_4$]离子液体中新型钨催化剂 1-甲基-3-丁基十氢钨酸铵催化的烯烃环氧化反应,采用过氧化氢作为氧化剂。Herbert 等[115]报道了在离子液体[C$_4$MIM][PF$_6$]中,UHP 参与的钼(VI)化合物催化的环辛烯环氧化反应。Pinto 等[116]报道了在离子液体[C$_4$MIM][BF$_4$]中,Jacobsen 催化剂和过氧化氢氧化剂实现柠檬烯的不对称环氧化反应。Li 等[117]在离子液体中,采用缺电子的锰(III)卟啉催化剂与碘苯二乙酸酯实现了烯烃的高效氧化反应。Tangestaninejad 等[118]将氯化四苯基-吡啶鎓锰(III)、Mn(TPP)Cl 及八溴四苯基卟啉锰(Ⅲ)氯化物形成配合物 Mn(Br$_8$TPP)Cl。在离子液体[C$_4$MIM][BF$_4$]中，该配合物能够高效催化高碘酸钠参与的烯烃的环氧化反应。Li 等[119]在离子液体[C$_4$MIM][PF$_6$]中，以碘苯二乙酸酯作为氧化剂，实现了锰卟啉催化的烯烃的环氧化反应。Chiappe 等[120]报道了一系列亲水性离子液体 N,N-二甲基吡咯烷鎓和 N,N-二甲基哌啶鎓作为溶剂，过氧化氢作为氧化剂，氯化钯催化的苯乙烯的环氧化反应。

（4）Baeyer-Villiger 氧化

酮或者环酮的 Baeyer-Villiger 氧化反应是合成酯或者内酯类化合物非常有效的方法。己内酰胺是广泛使用的高分子材料尼龙-66 和尼龙-6 的单体，需求量巨大，工业生产中，普遍采用环己酮的 Baeyer-Villiger 氧化来制备己内酰胺。

Conte 等[121]报道了在 H$_2$O-IL 两相系统中环己酮的 Baeyer-Villiger 氧化反应，该反应以 Pt(Ⅱ)作为催化剂，过氧化氢作为氧化剂。Panchgalle 等[122]在离子液体中，以 30%的过氧化氢水溶液作为氧化剂，Sn-b 分子筛作为催化剂，有效地将芳酮催化氧化为酯。Kotlewska 等[123]采用脂肪酶作为催化剂，过氧化氢作为末端氧化剂，在含氢供体的离子液体中进行环氧化反应，以及烯烃和（环）酮的 Baeyer-Villiger 氧化反应。Chrobok[124]报道了以离子液体作为溶剂，在 40℃下用硫酸氢钾将环酮氧化的方法。Baj 等[125]报道了以双(三甲基甲硅烷基)过氧化物或硅烷基过氧化物作为氧化剂，用离子液体作为溶剂合成内酯的方法。Rodriguez 等[126]首次在离子液体存在下使用一种被分离的热稳定性的苯基丙酮单氧酶催化不对称的 Baeyer-Villiger 氧化反应，研究表明这种离子液体有效地增强了酶催化反应的对映选择性。

（5）其他氧化反应

除了上述底物之外，离子液体还被作为溶剂用于甲苯、环烷烃、N-烷基酰胺、卤代烃、5-(羟甲基)糠醛及芳香醛的选择性氧化反应中，并取得了较好的反应效果。

Lu 等[127]合成了由 N,N',N''-三羟基异氰脲酸（THICA）和丁二酮肟（DMG）组成的非金属催化体系，在 PEG-1000 基双阳离子酸性离子液体中，将甲苯衍生物催化氧化为相应的酸。Meng 等[128]发现使用具有强极性的离子液体作为反应介质进行甲苯的液相氧化时，甲苯的转化率和苯甲醛的选择性可以大大提高；当使用[C$_4$MIM][PF$_6$]等疏水性离子液体作为反应介质时，甲苯的转化率较低。Hu 等[129]报道了在离子液体和有机溶剂体系中，以叔丁基过氧化氢（TBHP）作为氧化剂，不同 Si/Al 比例的 ZSM-5 为催化剂，进行环己烷的非均相氧化，发现目标产物在离子液体中的产率和选择性高于普通分子溶剂。Wang 等[130]报道了在离子液体[C$_2$MIM][BF$_4$]中，含金属的 ZSM-5（MZSM-5）分子筛可用于叔丁基过氧化氢与环己烷的氧化反应。Gago 等[131]制备了具有吡啶基-乙胺亚胺配体的氯化铜络合物，在乙腈或离子液体[C₄MIM][PF₆]作溶剂的条件下,将其作为乙苯与叔丁基过氧化氢氧化反应的催化剂。Wang 等[132]将 N-羟基邻苯二甲酰亚胺(NHPI)及其离子衍生物 3-吡啶基甲基-N-羟基邻苯二甲酰亚胺用于钴催化 N-烷基酰胺氧化为酰亚胺的反应,在离子液体[C₄MIM][PF₆]中的性能优于常规有机溶剂。

Dake 等[133]报道了以 2-碘酰基苯甲酸为氧化剂,在温和条件下可选择性地氧化卤代芳烃得到相应的醛。Hu 等[134]以 H_5IO_6 为氧化剂,离子液体[C₁₂MIM][FeCl₄]为溶剂,将有机卤化物氧化为相应的醛和酮。Khumraksa 等[135]以离子液体为溶剂,N-甲基吗啉-N-氧化物为氧化剂,在微波条件下氧化有机卤化物得到相应羰基化合物。Stahlberg 等[136]以 $Ru(OH)_x/La_2O_3$ 为催化剂,在离子液体[C₂MIM][OAc]中,氧气压力为 30bar(1bar = 10^5Pa),反应温度为 100℃下,催化氧化 5-羟甲基糠醛得到 48%的 2,5-呋喃二羧酸和 12%的 5-氢-呋喃羧酸。Howarth[137]在离子液体[C₄MIM][PF₆]中,使用催化剂[Ni(acac)₂]和分子氧在常压下实现了几种芳香醛的有氧氧化,并且催化剂和离子液体可以在提取羧酸产物后回收。

2.1.2.2 离子液体作为催化剂

(1)均相离子液体催化

离子液体作为溶剂在氧化反应中取得了很好的效果,近年来,离子液体尤其是功能化离子液体也作为催化剂被用于催化氧化反应中,成为氧化反应中的研究热点。

各种 TEMPO 官能化的离子液体被设计合成并作为选择性好氧氧化芳香醇的催化剂。以双(乙酰氧基)碘苯(BAIB)作为氧化剂,IL-CLICK-TEMPO 为催化剂,在 CH_2Cl_2 溶剂中,醇可温和地被氧化。相比于单独的 TEMPO,IL-CLICK-TEMPO 的优势是后处理简单、容易回收及再利用[138]。具有协同功能的双磁性离子液体[IMIM-TEMPO][FeCl₄]可用于分子氧对芳香族醇的选择性好氧氧化[139]。负载型离子液体 TEMPO(TEMPO-IL)作为催化剂、CuCl 作为助催化剂体系,可用于在无溶剂条件下采用氧气氧化醇生成相应的醛或酮[140]。在环己烷和四氯化碳的混合溶剂中,一种由 TEMPO 官能化咪唑鎓盐[IMIM-PEG600-TEMPO][OMS]/NaNO₂/O₂ 组成的温敏性催化体系可用于醇的选择性氧化,反应完成后,均相催化剂[IMIM-PEG600-TEMPO][OMS]可通过简单的倾析回收[141]。

以过氧化氢作为氧化剂,通过 L-天冬氨酸偶联的咪唑鎓离子液体催化剂可实现醇的氧化[142]。将有机硫化物连接在咪唑鎓离子液体上,可以得到非挥发性和无味的亚砜催化剂,在 Swern 氧化条件下,该亚砜可用于将初级烯丙基和苄醇氧化成醛和仲醇至酮,并且可以回收和再循环相应的硫化物[143]。在普通离子液体(溶剂)与含磷或含氮配体功能化离子液体组成的混合体系中仅以氧气为氧化剂,无须共氧化剂参与,$RuCl_3 \cdot 3H_2O$ 能有效催化多种醇的选择氧化,高选择性地生成相应的醛或酮，其中配位能力较弱的含氮配体功能化离子液体更有利于提高钌催化剂的活性和选择性[144]。在离子液体[C$_4$MIM][PF$_6$]中，咪唑鎓离子液体接枝的 2, 2′-联吡啶配体可用于铜催化选择性氧化醇到相应的羰基化合物[145]。碳纳米管负载钯催化剂中添加离子液体[C$_2$MIM][NTf$_2$]，可以改善需氧氧化 1-苯基乙醇到苯乙酮的反应活性，这是由于在[C$_2$MIM][NTf$_2$]中，底物醇和气态氧溶解度的增加使底物-催化剂能够更好地接触[146]。

带有两个末端 C═C 双键 C$_{11}$ 烯基链的咪唑离子液体作为单体在水中可自组装并在聚合后产生细胞样聚合物微脂囊，咪唑单元及其离子对与 AuCl$_4^-$ 在聚合物结构内形成金纳米颗粒，所得材料对于 2-羟基苄醇对水杨醛的选择性有氧氧化具有显著的催化活性[147]。通过微乳液聚合合成直径约 200nm 的交联聚(1-丁基-3-乙烯基咪唑溴化物)微球，并用作合成铂纳米颗粒杂交体的载体，PIL/Pt 比纯铂纳米粒子对甲醇的电氧化反应具有更好的电催化活性。此外，它们也是在水性反应介质中选择性氧化苄醇的有效且易于重复使用的催化剂[148]。

Zhao 等[149]报道了吡啶鎓为阳离子的离子液体作为相转移催化剂（PTC），用于相转移催化氧化溶解在正辛烷中的 DBT。Zhu 等[150]制备了由 VO(acac)$_2$、30%H$_2$O$_2$ 和[C$_4$MIM][BF$_4$]组成的萃取和催化氧化脱硫（ECODS）体系，并将该体系用于室温下模拟油中 DBT 的深度去除。Wang 等[151]合成了三种 4-二甲基氨基吡啶鎓离子液体[C$_{24}$DMAPy][N(CN)$_2$]、[C$_{44}$DMAPy][N(CN)$_2$]和[C$_{64}$DMAPy][N(CN)$_2$]，发现这些离子液体可以有效脱除燃料中的芳香族硫化物。Liu 等[152]制备了无卤素功能化离子液体[(CH$_2$)$_2$COOHMIM][HSO$_4$]，并将离子液体用作真实柴油深度氧化脱硫的催化剂和反应媒介。Nejad 等[153]用[C$_4$MIM][OcSO$_4$]和[C$_2$MIM][EtSO$_4$]离子液体脱除汽油中的苯并噻吩和噻吩等芳香族硫化物。Liang 等[154]报道了以乙酸根为阴离子的离子液体作为催化剂和萃取剂，用于氧化脱硫过程。Reddy 等[155]以钛醇盐 Ti$_4$[(OCH$_2$)$_3$CMe]$_2$(i-PrO)$_{10}$ 作为催化剂，在室温下，用 30%过氧化氢水溶液（3∶1 的过氧化氢/硫化物摩尔比）可将有机硫化物定量氧化成砜。Wang 等[156]报道了一种双官能化离子液体，双[N-(丙基-1-磺酸)-吡啶]六氟钛酸盐作为可回收催化剂，在室温下采用过氧化氢磺化氧化硫化物。Zhang 等[157]以咪唑高铼酸盐离子液体（IPIL）作催化剂，在温和条件下催化过氧化氢水溶液氧化硫化物生成砜化合物，可高效脱除硫化物，IPIL 稳定性好，可重复使用至少 10 次，且活性没有降低。

Bigi 等[158]报道了以含有金属钨(Ⅵ)酸根的离子液体作为催化剂，能以较高的转化率将硫化物氧化为手性的亚砜，并且产物的 ee 值高达 96%。Li 等[159]报道了过氧多金属氧酸盐基离子液体催化剂用于各种烯烃的环氧化反应。Zhang 等[160]报道了一种分散在[BzMIM][BF$_4$]和[C$_4$MIM][BF$_4$]混合离子液体中的离子金属卟啉四(4-N-三甲基氨基苯基)卟啉六氟磷酸锰，其是一种无辅助轴配体参与的、可再生循环的苯乙烯（及其衍生物）环氧化催化体系。Tan 等[161]报道了以聚合离子液体-官能化手性 salen 配体作催化剂的苯乙烯对映选择性环氧化体系。

Lu 等[162]报道了以二烃基咪唑鎓-金属氯化物离子液体作为催化剂，以过氧化氢作为氧化剂的甲苯选择性氧化过程。Xu 等[163]报道了使用[C_4MIM][OH]离子液体将 1,3-二异丙基苯氧化成相应的氢过氧化物及其衍生物。Liu 等[164]报道了一种无辅助轴配体参与的，与阳离子四(N-甲基-4-吡啶鎓)卟吩锰(III)和阴离子催化剂结合的功能化离子液体参与的乙基苯（及其衍生物）氧化，在这种功能化离子液体中的活性和稳定性是由于阳离子和平衡离子之间的协同催化作用。Chrobok 等[165]报道了 1-甲基-3-(三乙氧基甲硅烷基丙基)咪唑硫酸氢盐离子液体作为酸性催化剂的 Baeyer-Villiger 反应。

在 Brønsted 酸性离子液体[C_6MIM][CF_3COO]的存在下，通过 2-氨基二苯甲酮衍生物、甲醛或芳香醛、乙酸铵三组分缩合反应能够获得具有不同取代基的喹唑啉。离子液体可以从反应混合物中通过简单萃取分离出来，循环使用三次，且不会有较大的活性损失[166]。通过沉淀/离子交换法，以氯化胆碱和 $H_5PMo_{10}V_2O_{40}$ 为前体，合成了一种新型的多金属氧酸盐离子液体，它被证明是用于淀粉氧化的新型离子液体催化剂。升高温度可使催化剂和底物混溶，当降低温度时，催化剂析出并以非均相形式从反应混合物中自动分离[167]。

（2）负载型离子液体催化

目前，负载型离子液体非均相催化体系被成功地应用于烯烃的环氧化反应及醇类化合物、硫化物和烯烃的选择性氧化反应中。在这些反应中，采用负载型离子液体催化剂都能获得较高转化率和选择性。此外，与均相催化相比，非均相催化具有易分离和良好的重复利用性等优势。

一种离子液体改性的磷钨酸盐催化剂，以含水 30%的过氧化氢溶液作为氧化剂，可以将醇有效地催化氧化成相应的羰基化合物[168]。另外，各种有机-无机混合物作为催化剂被开发，在以乙腈为溶剂、过氧化氢为氧化剂的条件下，可以将多种醇有效地催化氧化为相应的产物，过渡金属对催化剂活性的影响依次为：Zn＞Fe＞Ni＞Cr＞Co＞V＞Mn＞Cu[169]。Zhu 等[170]报道了一种新型磁性二氧化硅负载的离子液体杂化材料作为氧化反应催化剂，该材料基于离子液体与多金属氧酸并含有 TEMPO 基团。这种新型的可回收催化剂，能够通过温和的过程、以优异的收率实现各种醇类化合物的选择性氧化反应。Bordoloi 等[171]及 Tan 等[172]把负载型离子液体的策略应用于杂多酸的负载化，将 $H_5PMo_{10}V_2O_{40}$ 负载到离子液体修饰的介孔硅 SBA-15 中。该负载型催化剂在伯醇或仲醇氧化制备醛或酮的反应中展示出了很高的催化活性。

Chrobok 等[173]开发了负载型离子液体催化剂 TEMPO-IL/$CuCl_2$/SiO_2 体系，并用于醇的有氧氧化。$CuCl_2$ 作为均相催化剂，其溶解在少量的离子液体中并以膜的形式分散在固体二氧化硅载体上。[C_4MIM][$OcSO_4$]则被发现作为最具活性的"亲催化剂"相。Zhuang 等[174]通过溶胶-凝胶技术制备硅胶负载的特定离子液体催化剂 TEMPO-IL/$CuCl_2$/SiO_2，该催化剂可以有效应用于醇的有氧氧化。离子液体的固定导致双相体系更亲密。固体基质形成一个多孔结构，可以防止离子液体或过渡金属催化剂浸出，但允许反应物和产物自由通过。Ciriminna 等[175]制备了掺杂过钌酸盐的二氧化硅负载型离子液体催化剂，并将其成功应用于超临界二氧化碳中醇的有氧氧化反应。

Karimi 等[176]报道了离子液体[C_4MIM][Br]作为一种有效的无过渡金属催化的有氧氧化催化体系，研究发现，在 TEMPO 官能化 SBA-15 介孔内部，离子液体存在着强烈物理限制作用。采用该固体催化剂，烯丙醇的有氧氧化选择性得到了极大提高。Tang 等[177]报道了通过 HPW 和离子液体[C_4MIM][HSO_4]浸渍负载六方孔介孔二氧化硅（HMS）合成的[C_4MIM]PW/HMS 催化剂。Zhao 等[178]报道了基于离子液体的多金属氧酸盐是一种用于硫化物氧化的非常有效的和高选择性的非均相催化剂，其具有回收简便、再利用稳定、制备简单和组成灵活等优点。另外，他们还报道了一个在过氧化氢水溶液存在下，烷烃官能化咪唑离子液体基多金属氧酸盐催化剂催化的硫化物非均相选择性氧化。Shi 等[179]报道了一种过氧钨酸负载离子液体改性二氧化硅可再循环催化剂，其提供了温和的反应条件和优异的化学选择性，可以实现在理想氧化剂——市场可售卖的 30%过氧化氢水溶液条件下，将硫化物选择性氧化成相应的亚砜和砜。Tan 等[180]报道了用[APMIM][BF_4]共价接枝的手性氧化钒(Ⅳ)席夫碱络合物，用于以过氧化氢作为氧化剂将甲基芳基硫化物对映选择性氧化成亚砜。特别地，离子液体官能化络合物可以通过加入己烷沉淀简单方便回收，并重复使用至少 6 个循环，而不损失活性和对映选择性。

Doherty 等[181]报道了一种基于过氧磷钨化合物的聚合物负载型离子液体相，可作为烯丙基醇和烯烃环氧化的有效和可循环的催化剂体系，其在连续循环中催化性能仅略有降低。Du 等[182]报道了在氢和氧的存在以及 7000 mL/(h·g)的空间速度条件下，含有不同金与钛含量的金催化剂催化的丙烯的直接气相环氧化反应。催化剂以钛硅沸石-1（TS-1）为载体，采用[C_4MIM][BF_4]离子液体辅助的生物学方法合成，其中离子液体能够有效提高催化剂负载量。Hajian 等[183]报道了一种基于将多金属氧酸钒固定在离子液体改性 MCM-41 上的可再循环催化剂，其可以有效催化叔丁基过氧化氢存在下的烯烃环氧化反应。Liu 等[184]报道了吡啶标记的离子锰卟啉与吡啶鎓基离子液体[C_4Py][BF_4]嵌合在一起，用于温和条件下苯乙烯及其衍生物的氧化反应。Li 等[185]报道了通过 $PdCl_2$ 和 N-羧基咪唑鎓阳离子与不同阴离子的功能型离子液体 TSIL 相结合得到 $PdCl_2$/TSILs，在过氧化氢存在下用于催化苯乙烯氧化成苯乙酮。Luo 等[186]报道了含有咪唑鎓和二硫化物基团的离子液体低聚物可与[C_4MIM][PF_6]离子液体混溶，用于苯乙烯的环氧化。

2.1.2.3 总结与展望

由于对金属催化剂、多种类型的氧化试剂及反应底物都有很好的溶解性，离子液体作为一种优良的反应溶剂被应用于各种氧化反应中。另外，离子液体的结构可设计性使得基于离子液体的均相或非均相催化剂被设计、合成并应用于氧化反应，并表现出优异的催化活性、化学选择性或对映选择性[187]。与传统溶剂相比，无论在反应活性上还是在循环使用性能上离子液体都有着出色的表现。

尽管在基础研究中离子液体在氧化反应体系中取得迅猛的发展，但是离子液体在氧化反应的工业化应用上仍有所欠缺。因此，未来需要在此基础上深化离子液体的构效关系研究，开发出更高效、绿色的离子液体氧化反应体系，快速推动离子液体在氧化反应上的工业应用进程。

2.1.3 绿色催化烷基化反应体系

在有机物分子中的碳、氧、氮、硅、磷或硫原子上引入烃基的反应，称为烷基化反应。常见的烷基化反应有 C-烷基化反应、N-烷基化反应和 O-烷基化反应，其特点见表 2.2。常用的烷基化试剂包括卤烷（如 CH_3Cl、CH_3I、C_2H_5Cl、C_2H_5Br、$ClCH_2COOH$、$Ph—CH_2Cl$ 等）、酯类［如 $(RO)_2SO_2$、$PhSO_2OR$、$CH_3—Ph—SO_2OR$、$(RO)_3PO$ 等］、醇类（如 CH_3OH、C_2H_5OH、n-C_4H_9OH、$C_{12}H_{25}OH$ 等）和醚类（如 CH_3OCH_3、$C_2H_5OC_2H_5$ 等）、环氧化合物（如环氧乙烷和环氧丙烷等）、烯烃/炔烃（如 $CH_2\!=\!CH_2$、$CH_3CH\!=\!CH_2$、$R—CH\!=\!CH_2$、$CH_2\!=\!CHCN$、$CH_2\!=\!CHCOOCH_3$、$HC\!\equiv\!CH$）、羰基化合物（如 $HCHO$、CH_3CHO、C_3H_7CHO、$Ph—CHO$、环己酮 等）等。

表 2.2 典型烷基化反应特点

烷基化试剂	C-烷基化	N-烷基化	O-烷基化
烯烃	应用广泛，质子酸/Lewis 酸催化	双键 α 位连有吸电子基(丙烯腈、丙烯酸酯)，活性弱，酸/碱催化剂（乙酸、硫酸、盐酸、三甲胺）	
卤烷	Lewis 酸催化	常用，需要缚酸剂，不可逆，连串反应	加碱性剂（钠、氢氧化钠/钾、碳酸钠/钾），制混醚
醇	质子酸/Lewis 酸催化，活性弱，芳胺 C-烷基化温度高于 250℃	活性弱，强反应条件，强酸催化，芳胺 N-烷基化温度低于 250℃（可逆，连串）	大量酸性催化剂存在（如浓硫酸）
醛/酮	质子酸催化，活性弱	还原剂存在（甲酸、氢气）	
酯		活泼烷基化试剂，缚酸剂	
环氧乙烷		活泼烷基化试剂，连串反应，引入羟乙基，酸/碱催化	活泼烷基化试剂，连串反应，引入羟乙基，酸（氟化硼-乙醚）/碱（固体氢氧化钠、氢氧化钾）催化

2.1.3.1 C-烷基化反应

C-烷基化反应常用的催化剂主要有 Lewis 酸（主要是金属卤化物，其中最常用的是 $AlCl_3$）、质子酸（最主要的是 HF、H_2SO_4 和 H_3PO_4），以及酸性氧化物、烷基铝、阳离子交换树脂等[188]。其中 Lewis 酸催化活性的顺序为：$AlCl_3 > FeCl_3 \geqslant SbCl_5 > SnCl_4 > BF_3 > TiCl_4 > ZnCl_2$。

（1）烯烃烷基化

质子酸催化：

$$H_2C{:}CHR + H^+ \rightleftharpoons R\overset{+}{C}HCH_3 \tag{2.1}$$

$$\text{（苯）} + R\overset{+}{C}HCH_3 \rightleftharpoons \text{（络合物）} \longrightarrow \text{（苯-CCH}_3\text{R）} + H^+ \tag{2.2}$$

$AlCl_3$ 催化：必须加入微量共催化剂 HCl 提供质子：

$$HCl(\text{气}) + AlCl_3(\text{固}) \rightleftharpoons \overset{\delta^+}{H}\cdots\overset{\delta^-}{Cl}\cdot AlCl_3 \tag{2.3}$$

$$R-HC{=}CH_2 + \overset{\delta^+}{H}\cdots\overset{\delta^-}{Cl}\cdot AlCl_3 \rightleftharpoons [R-\overset{+}{C}H-CH_3]AlCl_4^- \tag{2.4}$$

烯烃是常用的烷基化试剂，来源广泛，价格便宜，烷基化机理符合马氏规则，但是烯烃作为 C-烷基化试剂时，总是引入带支链的烃。

$$(CH_3)_2C{=}CH_2 + H^+ \rightleftharpoons (CH_3)_3C^+ \tag{2.5}$$

$$\text{（苯）} + (CH_3)_2C{=}CH_2 \overset{H^+}{\rightleftharpoons} \text{（苯-C(CH}_3\text{)}_3\text{）} \tag{2.6}$$

（2）卤烷烷基化

$$R-Cl + AlCl_3 \rightleftharpoons \overset{\delta^+}{R}-\overset{\delta^-}{Cl}{:}AlCl_3 \rightleftharpoons R^+-AlCl_4^- \tag{2.7}$$

分子络合物　离子对或离子络合物

$$\overset{\delta^+}{R}-\overset{\delta^-}{Cl}{:}AlCl_3 \rightleftharpoons R^+-AlCl_4^- \rightleftharpoons R^+ + AlCl_4^- \tag{2.8}$$

分子络合物　离子对或离子络合物

$$\left[Ar\overset{H}{\underset{R}{\diagup}}\right]^+ AlCl_4^- \overset{Ar-H}{\underset{\text{慢}}{\longleftarrow}} \tag{}$$

$$\left[Ar\overset{H}{\underset{R}{\diagup}}\right]^+ AlCl_4^- \overset{\text{快}}{\longrightarrow} Ar-R + AlCl_3 + HCl \tag{2.9}$$

当 R 相同时，卤烷烷基化活性顺序是：RF＞RCl＞RBr＞RI。一般来说，卤代烷烃不反应。当 X 相同时，卤烷烷基化活性顺序是：$RCH═CHX≈PhCH_2X＞(CH_3)_3CX＞R_2CHX＞RCH_2X＞CH_3X$。

（3）芳香环烷基化

芳香环上的 *C*-烷基化都是酸催化下的亲电取代反应，催化剂的作用是使烷基化试剂极化成活泼的亲电质点。在 Lewis 酸催化作用下，芳香烃及其衍生物与烯烃、卤烷等烷基活性组分反应，形成新的 C—C 键。芳香环上 *C*-烷基化反应具有以下特点。

1）*C*-烷基化是连串反应，$k_2/k_1≈1.5～3.0$，单烷基化要用不足量的烯烃烷基化试剂。

2）*C*-烷基化是可逆反应。在强酸催化下，可以使副产物多烷基苯减少，并增加单烷基苯的总收率。

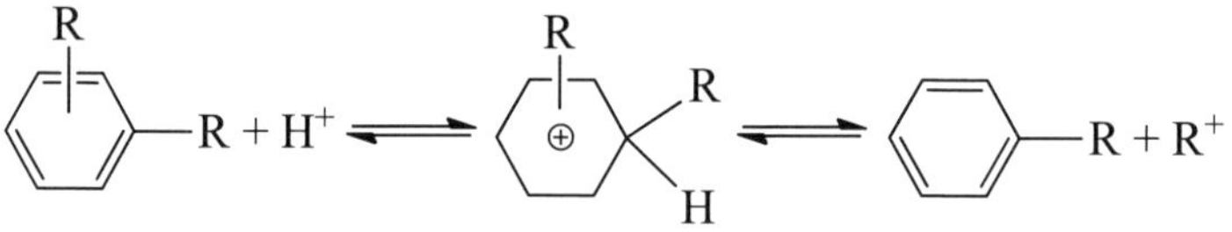

（2.10）

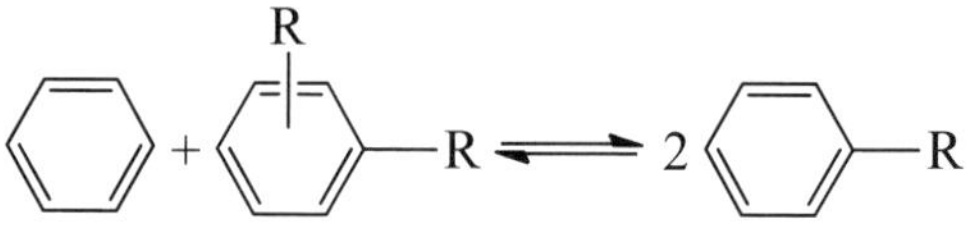

（2.11）

3）烷基正离子可能发生重排。

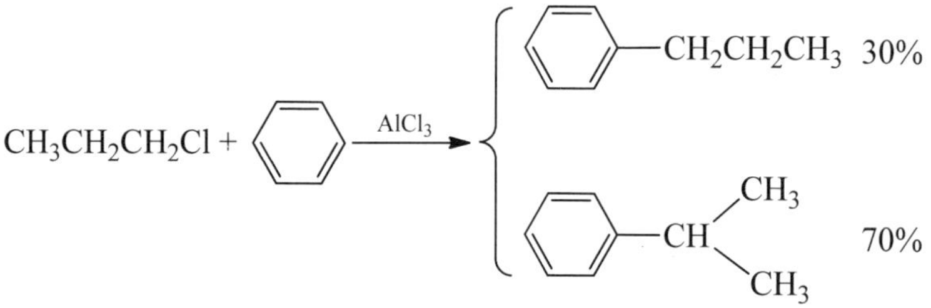

（2.12）

$$CH_3(CH_2)_9—CH═CH_2 \xrightarrow{+H^+} CH_3(CH_2)_9—CH^+—CH_3 \rightleftharpoons CH_3(CH_2)_8—CH^+—CH_2CH_3$$

$$\updownarrow \text{氢转移}$$

$$CH_3(CH_2)_6—CH^+—(CH_2)_3CH_3 \underset{}{\overset{\text{氢转移}}{\rightleftharpoons}} CH_3(CH_2)_7—CH^+—(CH_2)_2CH_3$$

$$\updownarrow \text{氢转移}$$

$$CH_3(CH_2)_5—CH^+—(CH_2)_4CH_3$$

（2.13）

（4）醛、酮烷基化

醛和酮都是较弱的烃化试剂，应用较少，常用于合成二芳基或三芳基甲烷衍生物。醛、酮烷基化反应历程如下：

$$R-\underset{\underset{H}{\|}}{\overset{O}{C}}-H + H^+ \rightleftharpoons R-\underset{\underset{H}{|}}{\overset{OH}{C^+}} \qquad R-\underset{\underset{R'}{\|}}{\overset{O}{C}}-R' + H^+ \rightleftharpoons R-\underset{\underset{R'}{|}}{\overset{OH}{C^+}} \tag{2.14}$$

$$Ar-H + R-\underset{\underset{H}{|}}{\overset{OH}{C^+}} \xrightarrow[\text{脱水缩合}]{-H_2O} Ar-\underset{\underset{H}{|}}{\overset{R}{C^+}} \xrightarrow[-H^+]{+ArH} Ar-\underset{\underset{H}{|}}{\overset{R}{C}}-Ar \tag{2.15}$$

2.1.3.2 N-烷基化反应

N-烷基化反应是指脂肪胺或芳胺中氨基上氢原子被烃基取代的反应。常用的N-烷基化试剂包括醇、卤烷、酯、环氧化合物、烯烃衍生物、醛和酮[189]。N-烷基化反应广泛应用于合成药物、表面活性剂和纺织印染助剂的重要中间体[190]。N-烷基化类型分为取代型、加成型和缩合-还原型。

(1) 取代型

取代型烷基化试剂分为：醇（甲醇、乙醇、异丙醇、丁醇等）、卤烷（氯甲烷、碘甲烷、氯乙烷、氯化苄等）、酯（硫酸二甲酯、硫酸二乙酯、对甲苯磺酸甲酯等）。

$$RNH_2 \xrightarrow[-HZ]{R_1Z} RNHR_1 \xrightarrow[-HZ]{R_2Z} RNR_1R_2 \xrightarrow[-HZ]{R_3Z} R\overset{+}{N}R_1R_2R_3\overline{Z} \tag{2.16}$$

低级醇价格便宜，供应量大，但醇类是弱烷基化试剂，用于引入短碳链，广泛用于苯胺及甲苯胺的N-烷基化反应。醇的N-烷基化属于酸催化的亲电取代连串反应，反应可逆，反应历程如下：

$$R-\overset{..}{O}H + H^+ \rightleftharpoons R-\overset{+}{O}H_2 \rightleftharpoons R^+ + H_2O \tag{2.17}$$

$$R\overset{..}{N}H_2 + R^+ \rightleftharpoons \left[R-\underset{\underset{R}{|}}{\overset{+}{N}H_2}\right] \rightleftharpoons R_2\overset{..}{N}H + H^+ \tag{2.18}$$

$$R_2\overset{..}{N}H + R^+ \rightleftharpoons \left[R-\underset{\underset{H}{|}}{\overset{+}{N}R_2}\right] \rightleftharpoons R_3\overset{..}{N} + H^+ \tag{2.19}$$

$$R_3\overset{..}{N} + R^+ \rightleftharpoons R_4N^+ \tag{2.20}$$

(2) 加成型

用环氧乙烷和烯烃的N-烷基化反应均属于加成型反应。

1) 环氧乙烷是活泼的烷基化试剂，其N-烷基化反应属于连串反应，k_1 和 k_2 相差不大。

$$R-NH_2 \xrightarrow[k_1]{H_2C-CH_2 \atop O} R-NHCH_2CH_2OH \xrightarrow[k_2]{H_2C-CH_2 \atop O} R-N(CH_2CH_2OH)_2 \tag{2.21}$$

酸催化环氧乙烷反应历程如下:

$$H_2\overset{\delta^+}{C}-\underset{\delta^-}{CH_2} + H^+ \longrightarrow H_2C-CH_2 \atop \underset{H}{O^+} \longrightarrow \overset{+}{C}H_2CH_2 \atop OH \tag{2.22}$$

$$\text{PhNH}_2 + \overset{+}{C}H_2CH_2\text{—}OH \longrightarrow \text{Ph}\overset{+}{N}H_2CH_2CH_2OH \xrightarrow{-H^+} \text{PhNHCH}_2CH_2OH \tag{2.23}$$

2) 烯烃双键的 α-位连有吸电子基, 但烯烃属于弱烷基化试剂, 需加酸、碱催化剂催化反应进行。常用的催化剂有乙酸、盐酸、硫酸、三甲胺、三乙胺等。反应一般在水介质中进行。常用的烷基化试剂有丙烯腈和丙烯酸(甲)酯, 以丙烯腈为例, 其反应历程如下:

$$R\ddot{N}H_2 + H_2\overset{\delta^+}{C}=\overset{\delta^-}{C}H-CN \longrightarrow RNHCH_2CH_2CN \tag{2.24}$$

$$R\ddot{N}H_2 + H_2\overset{\delta^+}{C}=\overset{\delta^-}{C}H-\overset{O}{\underset{\|}{C}}-OH \longrightarrow RNHCH_2CH_2COOH \tag{2.25}$$

$$R\ddot{N}H_2 + H_2\overset{\delta^+}{C}=\overset{\delta^-}{C}H-\overset{O}{\underset{\|}{C}}-OR' \longrightarrow RNHCH_2CH_2COOR' \tag{2.26}$$

(3) 缩合-还原型

用醛或酮的 N-烷基化反应属于缩合-还原型反应。常用的烷基化试剂为甲醛的水溶液, 可以在氮原子上引入甲基。常用的还原剂有甲酸或氢气。其反应历程如下:

$$\underset{\text{羟基胺}}{R-\overset{O}{\underset{\|}{C}}-H + \ddot{N}H_3 \xrightarrow{\text{加成}} H_2N-\underset{OH}{\overset{H}{\underset{|}{C}}}-R} \xrightarrow{-H_2O} \underset{\text{亚胺}}{\left[R-\overset{H}{\underset{|}{C}}=NH \right]} \xrightarrow[\text{还原}]{[H]} \underset{\text{伯胺}}{RCH_2NH_2} \tag{2.27}$$

$$\underset{R-\underset{\underset{O}{\|}}{C}-R'+\overset{..}{N}H_3}{} \xrightarrow{\text{加成}} \underset{H_2N-\underset{\underset{OH}{|}}{\overset{\overset{R'}{|}}{C}}-R}{} \xrightarrow{-H_2O} \left[\underset{\underset{R'}{|}}{R-\overset{}{C}=NH}\right] \xrightarrow[\text{还原}]{[H]} RCHNH_2$$

羟基胺　　　　　亚胺　　　伯胺

(2.28)

$$\underset{R-\underset{\underset{O}{\|}}{C}-H+RCH_2NH_2}{} \xrightarrow{-H_2O} \left[\underset{\underset{H}{|}}{R-\overset{}{C}=NCH_2R}\right] \xrightarrow[\text{还原}]{[H]} (RCH_2)_2NH \quad (2.29)$$

亚胺　　　　仲胺

2.1.3.3　O-烷基化反应

O-烷基化反应是指醇或酚与烷基化试剂发生反应，在醇或酚的氧原子上引入烷基，生成醚。O-烷基化是合成醚的一类最重要的反应，其中醇、酚对烷基化试剂进行亲核进攻，形成 C—O 键。常用的烷基化试剂有醇、卤烷、强酸的酯类、环氧乙烷。醇钠、酚钠与卤代烷的反应是合成不对称醚的方法，硫酸酯、磺酸酯是常用的 O-烷基化试剂，醇脱水是合成对称醚的重要方法[188]。

（1）醇的 O-烷基化

在大量酸性催化剂（如浓硫酸、浓盐酸、对甲苯磺酸等）存在下，两分子相同的醇可以脱水制得对称二烷基醚，反应历程如下：

$$ROH \underset{\text{质子化}}{\xrightleftharpoons{H^+}} R-\overset{+}{O}\underset{H}{\overset{H}{|}} \xrightarrow{R'\overset{..}{O}H} R-\overset{+}{O}-R' + H_2O \xrightarrow{-H^+} R-O-R'$$

$$\downarrow -H_2O \qquad \qquad \uparrow -H^+$$

$$R^+ \xrightarrow{R'\overset{..}{O}H} R-\overset{+}{O}-R'\underset{H}{|}$$

(2.30)

（2）酚的 O-烷基化

醇或酚在碱性条件下与卤代烷发生亲核取代反应生成醚，是制备混合醚的最好方法，其反应历程如下：

$$R-OH + NaOH \rightleftharpoons R-O^- + Na^+ + H_2O \quad (2.31)$$

$$R-O^- + Na^+ + KAl-X \xrightarrow{O\text{-烷基化}} R-O-AlK + NaX \quad (2.32)$$

2.1.3.4　离子液体催化的烷基化反应

Friedel-Crafts 烷基化反应是离子液体应用的重要领域之一。由烷基胺类和三氯化铝合成的离子液体中含有丰富的烷基化反应所需的活性物种 $Al_2Cl_7^-$。对于烷基化反应来说，Lewis 酸性的离子液体可以作为具有催化和溶剂双重功能的体系，离子液体不仅起到溶剂的作用，而且是催化反应进行的催化剂。

（1）烯烃的烷基化反应

传统的 Friedel-Crafts 烷基化反应多采用强质子酸为催化剂，即浓硫酸或氢氟酸，但是传统的催化剂存在与产物分离困难、暴露在空气中容易失活和环境污染等问题，因此开发腐蚀性小、环境污染小、能反复利用的催化剂替代传统强酸催化剂已成为该研究领域的重要发展方向。其中，氯铝酸类室温离子液体，催化效果良好、对环境友好，已引起了普遍关注。

刘鹰等[191]以无水 $AlCl_3$ 和盐酸三乙胺（Et_3NHCl）为原料合成了氯铝酸室温离子液体，并应用于催化异丁烷与2-丁烯的烷基化反应。结果表明，当 $AlCl_3$ 与 Et_3NHCl 的摩尔比为 2∶1 时，离子液体催化活性最优，烷基化油中 C_8 组分可提高到 46.5%，$2AlCl_3/Et_3NHCl$ 阴离子主要组成为 $Al_2Cl_7^-$ 和 $AlCl_4^-$。在此离子液体基础上引入一定比例的过渡金属盐类（如 Cu^{2+} 和 Cu^+），形成具有双金属配位阴离子的复合离子液体，其催化性能显著提高，2-丁烯转化率接近 100%，C_8 组分的选择性可达 96wt%（质量分数，后同）。刘植昌等[192]研究了复合离子液体催化异丁烷与 2-丁烯烷基化反应的作用规律，提出了复合离子液体催化烷基化反应的机理（图 2.9），结果表明，在搅拌速率大于 1500r/min，反应温度低于 20℃，烃酸比为（2∶1）～（3∶1），烷烯比大于 15，反应时间为 5～10min，以异丁烷和 2-丁烯为反应原料时，烷基化油的研究法辛烷值（RON）在 100 以上，烷基化油的质量明显优于常规氯铝酸离子液体。

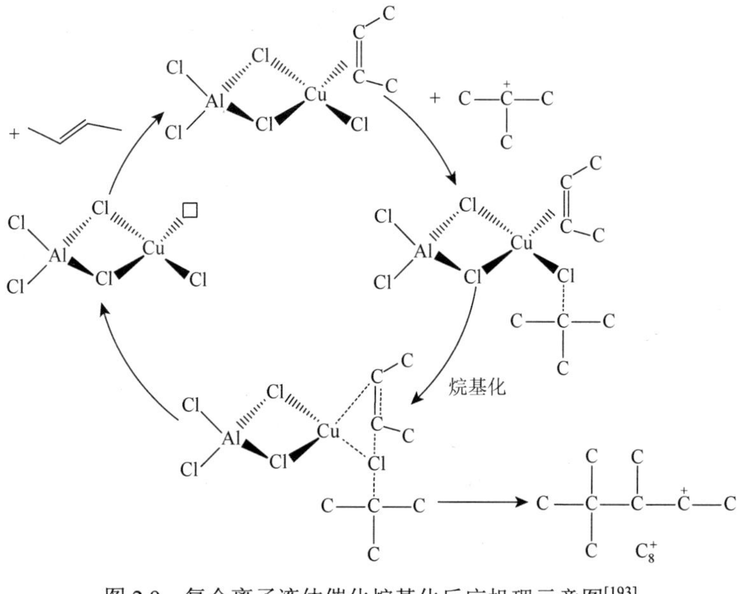

图 2.9　复合离子液体催化烷基化反应机理示意图[193]

在非氯铝酸离子液体催化碳四烷基化方面，中国科学院过程工程研究所做了大量工作。黄倩等[194]研究发现少量[C₄MIM][SbF₆]离子液体协同催化作用下可显著提高浓H_2SO_4催化碳四烷基化的性能，在反应时间10min、转速1000r/min、酸烃比4∶5（体积比）、ILs/H_2SO_4质量比0.5%的优化条件下，C_8和异辛烷（TMP）收率分别为90.07%和82.03%，烷基化油辛烷值RON高达98.0。邢学奇等[195]研究了阴离子为SbF_6^-的酸性离子协同H_2SO_4和CF_3SO_3H（TFOH）催化异丁烷与丁烯的烷基化反应，结果表明，[C₆MIM][SbF₆]（47.9wt%）/CF_3SO_3H（52.1wt%）催化效果最佳，C_8组分选择性可达80%，烷基化油辛烷值可达95。王鹏等[196]采用季铵化-复分解和季铵化-质子化两步法，合成了系列咪唑类和吡啶类的功能化离子液体，阴离子为BF_4^-或$CF_3SO_3^-$，并将该离子液体与CF_3SO_3H耦合催化异丁烷和1-丁烯的烷基化反应，C_8组分选择性可达81.1%，耦合催化剂循环使用6次后活性仍保持不变。

贺丽丽等[197]以盐酸-三氧化铝-1-乙基-3-甲基咪唑溴盐（[C₂MIM][Br]-AlCl₃-HCl）酸性离子液体为催化剂研究1-癸烯齐聚反应，在优化反应条件：温度为120℃、催化剂与1-癸烯的质量比为5∶100、反应时间3h和常压下，齐聚产物的转化率在80%以上，并且齐聚产物满足聚烯烃的性能要求。乔焜等[198]选用[C₃MIM][Cl]、[C₄MIM][Cl]、[C₄Py][Cl]及[C₂Py][Br]与AlCl₃构成的氯铝酸类室温离子液体为催化介质，研究正十二碳烯的选择环化反应，离子液体的结构式如图2.10所示。研究表明阳离子对反应影响较大，季铵盐类离子液体与乙醇混合体系催化效果最佳，离子液体循环使用5次后，仍能保持11.2%的转化率和81.3%的选择性。

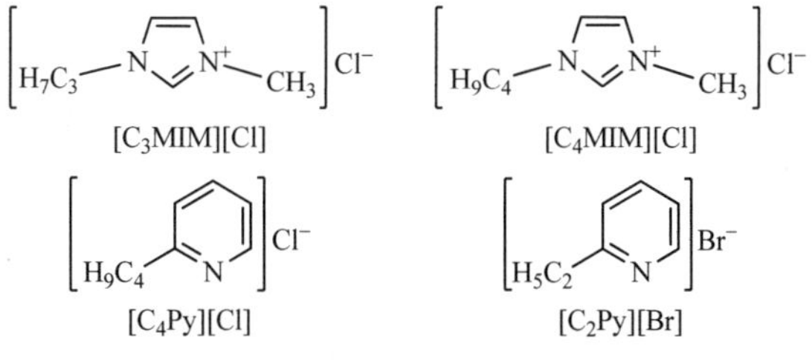

$$\left[H_7C_3-N{\overset{+}{\underset{}{\bigcirc}}}N-CH_3\right]Cl^- \quad \left[H_9C_4-N{\overset{+}{\underset{}{\bigcirc}}}N-CH_3\right]Cl^-$$

[C₃MIM][Cl]   [C₄MIM][Cl]

$$\left[H_9C_4-\underset{}{\bigcirc}N\right]Cl^- \quad \left[H_5C_2-\underset{}{\bigcirc}N\right]Br^-$$

[C₄Py][Cl]   [C₂Py][Br]

图2.10 离子液体结构式[198]

熊燕等[199]使用含有聚乙氧基链的季铵盐型离子液体与有机溶剂构成具有高温均相混合、低温两相分离功能的温控离子液体/有机溶剂两相体系。并利用该体系进行烯烃的催化加氢反应，催化剂为三苯基膦与$RuCl_3$的配合物。在优化反应条件下十二烷的收率可达98.7%，含催化剂的离子液体循环使用10次后催化活性无明显下降。含聚乙氧基链的季铵盐型离子液体结构如图2.11所示。

$[CH_3(OCH_2CH_2)_mN(CH_2CH_3)_3]^+[SO_3CH_3]^-$, $m≈16$

图2.11 含聚乙氧基链的季铵盐型离子液体结构[199]

董斌琦等[200]研究了不同 $AlCl_3$ 摩尔分数的[C_4MIM][Cl]/$AlCl_3$ 离子液体对 C_{16}～C_{18} 直链烯烃与苯烷基化反应的影响。研究结果显示，常温下 $AlCl_3$ 摩尔分数为 0.67，当反应条件为苯与烯烃的摩尔比为 6，$AlCl_3$ 与烯烃的摩尔比为 0.04，反应时间为 30min 时，烯烃转化率可达到 98%。离子液体的 Lewis 酸性随 $AlCl_3$ 摩尔分数增大而增强，催化活性增高。另外，红外荧光分子探针表征显示[C_4MIM][Cl]/$AlCl_3$ 离子液体具有较强的极化能力，可增强正碳离子的稳定性。

（2）芳香烃的烷基化反应

方云进等[201]以 Et_3NHCl-$ZnCl_2$ 离子液体为催化剂催化苯与环己烯烷基化反应合成环己基苯。在反应温度为 80℃，苯与环己烯的摩尔比为 15 的最佳反应条件下，环己烯的转化率可达 100%，环己基苯的选择性达到 89.63%。董聪聪[202]以 $Et_3NHCl/AlCl_3$ 离子液体为催化剂催化苯和丙烯的烷基化反应。研究结果表明，在离子液体中 $AlCl_3$ 的摩尔分数为 66.7%、催化剂用量为苯的质量的 10%、苯与烯烃摩尔比为 10、反应温度为 40℃、常压和反应时间为 10min 的条件下，丙烯转化率和异丙苯选择性均可达到 97.6%，离子液体循环使用 8 次活性保持不变。刘晓飞等[203]研究了苯酚与叔丁醇的烷基化反应，催化剂为吗啉基磺酸功能化离子液体（图 2.12），考察了官能团和反应条件对离子液体催化性能的影响规律。研究结果表明，离子液体Ⅲ的催化效果最佳，优化反应条件下，苯酚的转化率为 92.4%，2, 4-DBTP 的选择性为 64.15%。离子液体循环使用 3 次催化活性保持不变。

郜蕾等[204]以烷基胺、吡啶、咪唑等为原料合成了磺酸基功能化的离子液体（图 2.13），并用于催化邻甲酚与叔丁醇的烷基化反应。研究结果表明，以 *N*-(4-磺酸基)丁基三乙胺硫酸氢盐为催化剂，在优化条件下，邻甲酚的转化率可达 80.9%，6-叔丁基邻甲酚的选择性可达 44.1%，离子液体循环使用性能良好。

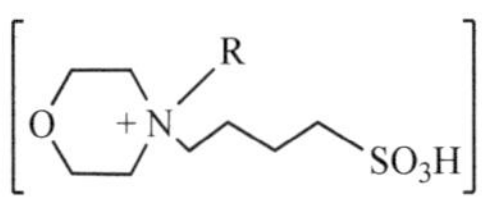

Ⅰ. R = CH_3, 阴离子 = OTf
Ⅱ. R = $(CH_2)_5CH_3$, 阴离子 = OTf
Ⅲ. R = $(CH_2)_9CH_3$, 阴离子 = OTf
Ⅳ. R = CH_3, 阴离子 = TS—OH
Ⅴ. R = $(CH_2)_5CH_3$, 阴离子 = TS—OH
Ⅵ. R = $(CH_2)_9CH_3$, 阴离子 = TS—OH

图2.12　吗啉基磺酸功能化离子液体结构式[203]

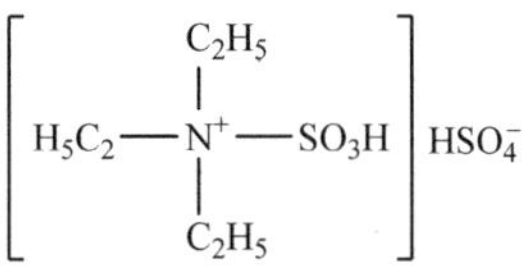

图 2.13　*N*-(4-磺酸基)丁基三乙胺硫酸氢盐离子液体结构式[204]

王莉等[205]利用 Lewis 酸型离子液体催化苯和氯乙烷的烷基化反应，研究结果显示，离子液体 $2AlCl_3/Et_3NHCl$ 在 70℃、苯与氯乙烷摩尔比为 10∶1、催化剂用量为苯和氯乙烷总质量10%的条件下,苯转化率和乙苯选择性分别为9.48%和93.65%,离子液体循环使用10次后催化性能无明显变化。其反应方程式如下:

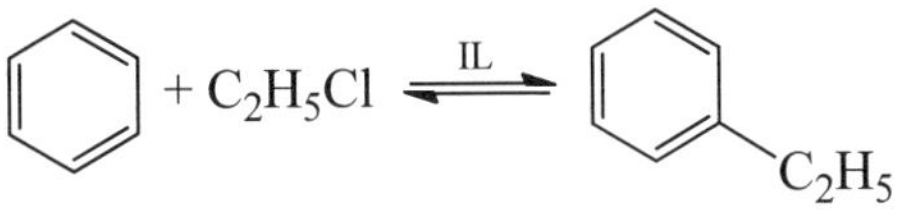

$$\text{C}_6\text{H}_6 + \text{C}_2\text{H}_5\text{Cl} \xrightleftharpoons{\text{IL}} \text{C}_6\text{H}_5\text{C}_2\text{H}_5 \quad (2.33)$$

（3）其他的烷基化反应

陈敏等[206]研究了在 $AlCl_3$、$FeCl_3$ 和 $ZnCl_2$ 等无机盐和$[C_4MIM][Cl]/FeCl_3$离子液体催化作用下,苊的偶联反应。研究发现,$[C_4MIM][Cl]/FeCl_3$的催化效果最好,优化条件下,3,3'-联苊产率和选择性分别为48.71%和78.56%。从结构分析,3,3'-联苊可用于制备更多新型主链型芳香族聚合物,这为新型功能高分子的合成提供了新途径。其偶联反应方程式如下:

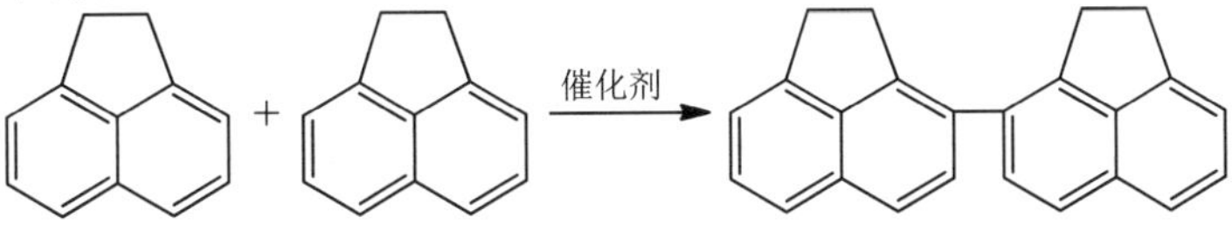

$$\text{苊} + \text{苊} \xrightarrow{\text{催化剂}} 3,3'\text{-联苊} \quad (2.34)$$

曹少庭等[207]以 N,N,N',N'-四甲基乙二胺、1,3-丙磺酸内酯为原料,通过酸化合成了功能型离子液体 N,N,N',N'-四甲基-N,N'-二磺丙基二硫酸氢盐(TSIL)(图2.14)。TSIL 离子液体同时具有 Brønsted 酸性官能团及季铵盐相转移催化剂的结构,实现了芳醛与 5,5-二甲基-1,3-环己二酮在水相中反应制备氢化氧杂蒽衍生物。而且 TSIL 具有较高的催化活性,反应条件为水相中 100℃下回流 2~3h,产率可达 80%~93%。离子液体循环使用 4 次后,产率由 87%降到 80%。

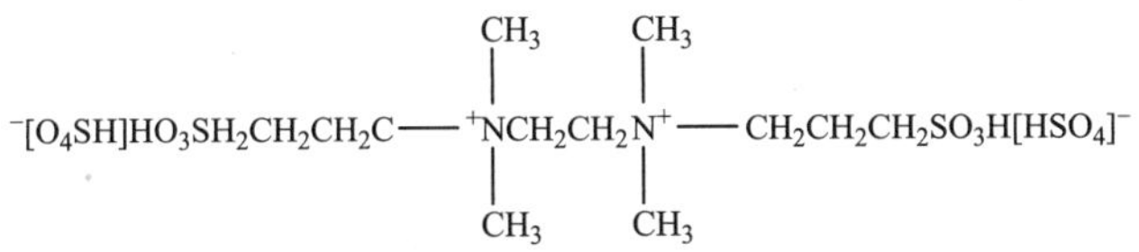

$$[\text{O}_4\text{SH}]\text{HO}_3\text{SH}_2\text{CH}_2\text{CH}_2\text{C}-\overset{\underset{|}{\text{CH}_3}}{\overset{|}{\text{N}}}\text{CH}_2\text{CH}_2\overset{\underset{|}{\text{CH}_3}}{\overset{|}{\text{N}}}-\text{CH}_2\text{CH}_2\text{CH}_2\text{SO}_3\text{H}[\text{HSO}_4]^-$$

图 2.14　TSIL 离子液体结构式[207]

寇元等[208]用 1,3-烷基咪唑、烷基季铵盐和无水三氯化铝合成离子液体催化剂,催化二苯醚的烷基化反应。该催化剂反应条件温和,转化率和选择性远远超过单独使用三氯化铝的催化效果,目标产物收率高,产物和催化剂易于分离,且操作简单,无环境污染。其烷基化反应方程式如下:

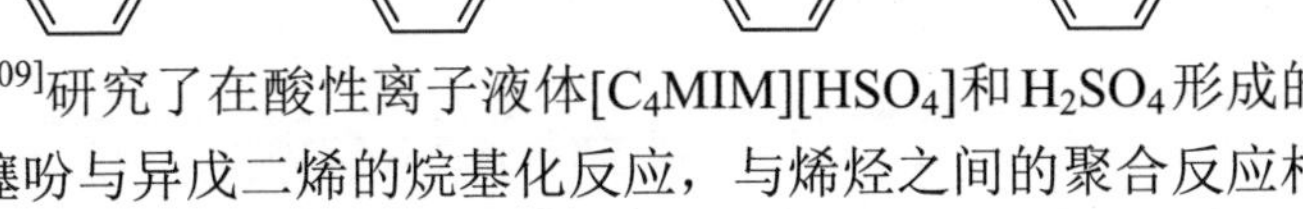

$$\text{Ph-O-Ph} \xrightarrow{\text{催化剂}} \text{Ph-O-C}_6\text{H}_4\text{-R} \quad (2.35)$$

柯明等[209]研究了在酸性离子液体$[C_4MIM][HSO_4]$和H_2SO_4形成的复配型催化剂作用下,噻吩与异戊二烯的烷基化反应,与烯烃之间的聚合反应相比,芳香烃的烷基化反应具有更高的选择性。通过调节离子液体与 H_2SO_4 的比例,可以调节噻吩与异戊二烯烷基化、烯烃自聚和芳香烃烷基化的选择性。温和反应条件下,异戊二烯与噻吩的摩尔比为 4 时，噻吩的转化率即可高于 90%，而单烯烃基本不变化。2004 年，Le 等[210]首次报道了用碱性离子液体[C₄MIM][OH]作为催化剂催化苯并三氮唑与卤代烷的 N-烷基化反应，产率高达 98%，且 N-取代的吡咯选择性高。2009 年，Le 等报道了无溶剂条件下[C₄MIM][OH]催化吲哚与卤代烷的 N-烷基化反应，反应速率快、产率高、选择性好，解决了苯并三氮唑和吲哚与卤代烷的 N-烷基化反应时间过长、产物不易分离及催化剂成本高等问题[211]。其 N-烷基化反应方程式如下：

$$\text{苯并三氮唑} + RX \xrightarrow[\text{室温}]{[C_4MIM][OH]} \text{N-1 取代} + \text{N-2 取代} \quad (2.36)$$

$$\text{吲哚} + RX \xrightarrow{[C_4MIM]OH} \text{N-烷基吲哚} $$

RX = EtBr, i-PrBr, BuBr, BuCl, ClCH₂CH=CH₂, n-C₈H₁₇Br, BnCl, BnBr, BrCH₂COPh
(2.37)

2.1.3.5 总结与展望

烷基化反应作为一种非常重要的有机合成方法，广泛应用于医药合成、材料制备和能源转化等领域。有关 C-烷基化、N-烷基化和 O-烷基化反应的研究，一直是有机合成中的热点。加深烷基化反应原理、反应路线研究，探索新型烷基化反应方法，开发新型烷基化催化材料意义重大。离子液体在烷基化反应的研究和应用中展现出了非常广阔的前景。作为一种新型绿色溶剂和环境友好催化剂，离子液体以其独有的阴阳离子可调性和配位性在烷烃与烯烃的烷基化反应、芳香烃的烷基化反应，以及其他的烷基化反应中显示出特有的高催化性能、可循环使用等一系列卓越的性能。未来离子液体必将对烷基化反应工业化的发展起到更加重要的作用。

2.1.4 绿色催化 CO_2 与环氧化物的环加成反应体系

由于全球温室效应及化石燃料的减少，利用自然界中价廉丰富的 CO_2 作为原料合成高附加值的有机化学品成为化工界的热点领域。其中，CO_2 与环氧化物合成环状碳酸酯一直是国内外的研究热点，其反应如图 2.15 所示。而离子液体的优良特性使其在环加成反应中表现出了优异的催化性能。

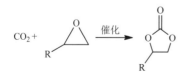

图 2.15 CO_2 与环氧化合物的环加成反应

2.1.4.1 常规离子液体复合催化

(1) Lewis 酸/离子液体复合催化

2002 年,He 等[212]第一次报道了 salenAlX(X = Cl、C_2H_5、OCH_3)/季铵(鏻)盐复合催化剂催化超临界 CO_2 与环氧乙烷合成碳酸乙烯酯,单独采用 salenAlCl 或者季铵(鏻)盐的 TOF 均不到 180h^{-1},而在相同条件下,二者复配后 TOF 接近 2000h^{-1}。同时研究了 salen 复合物中心金属对催化活性的影响,发现有如下规律 salenCrCl>salenCo>salenNi>salenMg>salenCu>salenZn。Lu 等[213]以环氧丙烷为原料,利用 salenAlCl/Bu_4NI 复合催化体系在极其温和的条件下合成碳酸丙烯酯,在 0.6MPa,25℃下反应 8h 后,环氧丙烷的转化率接近 100%。North 等[214, 215]在常温常压条件下利用高活性的双金属 salenAl/季铵盐催化 CO_2 转化为环状碳酸酯,产率最高可达 99%,对该反应的动力学进行了研究,并提出了相应的反应机理,如图 2.16 所示。salen 复合物中的中心金属 Al 具有 Lewis 酸性,其与环氧化物中的 O 发生配位作用,使 C—O 键变弱,与此同时,卤素 Br^- 与 C—O 键中的位阻较小的 C 发生亲电加成作用,随着 C—O 键的断裂,金属与卤素协同开环。CO_2 上的 O 与另外的一个金属 Al 发生亲核作用,四丁基铵根离子中的 N 与 CO_2 中的 C 发生亲核作用,然后通过分子内的相互作用形成金属碳酸酯,最终生成环状碳酸酯。

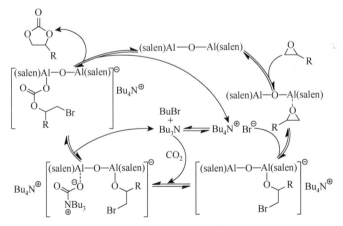

图 2.16 salenAl/季铵盐催化合成环状碳酸酯反应机理[214, 215]

Lu[216]以类似的催化体系 salenCo(Ⅲ)/季铵盐将外消旋环氧化物转化为具有旋光性的环状碳酸酯。Kim 等[217]合成了一系列的手性 salenCo 复合物,碳酸丙烯酯的 ee 值高达 83.2%。Jing 等[218]开发了新型的催化体系手性 salenCo(OAc)/手性离子液体,并用于不对称催化 CO_2 和环氧化物的环加成反应,二者发生协同作用。(R, R)-salenCo(OAc)/[TBA]$_2$[L-Tar]循环 3 次后,催化效果未见降低。Arai 等[219]考察了金属氯化物/[C₄MIM][Cl]对环氧氯乙烯与 CO_2 的催化效果，催化体系的活性遵循 $Zn^{2+}>Fe^{3+}>Fe^{2+}>Mg^{2+}>Li^+>Na^+$，Lewis 酸酸性越强，体系活性越高。Park 等[220, 221]分别考察了吡啶类离子液体和咪唑类离子液体对 CO_2 和缩水甘油醚的催化效果，$ZnBr_2$ 的加入使前者催化缩水甘油醚的转化率由 64.8%提高到 82.4%，而后者转化率由 70.7%提高到 85.6%。当将反应底物换成环氧环己烷时，具有同样的催化效果，Lee 等[222]在 ZnX_2（X = F、Cl、Br）/[C₆MIM][Cl]催化体系中，考察了卤素阴离子的影响，环氧环己烷的转化率遵循 $ZnF_2<ZnCl_2<ZnBr_2$。卤素阴离子的亲核性遵循 $F^-<Cl^-<Br^-$，因此强的亲核性有利于卤素与 CO_2 中的 C 发生相互作用。Xiao 等[223]报道了 $ZnCl_2$/[C₄MIM][Br]体系高效催化 CO_2 环加成单取代末端环氧化物或者环氧环己烯的研究，产物的选择性高于 98%，TOF 值可达 5410h^{-1}，催化剂循环 6 次后，活性没有下降，在此催化体系中由环氧环己烯获得了顺式环状碳酸酯。

Zhang 等[224]用 $ZnBr_2$/胍类离子液体催化 CO_2 环加成反应，在无溶剂的条件下，苯基环氧乙烷的 TOF 值为 6600h^{-1}，环氧氯丙烷的 TOF 值高达 10100h^{-1}。该催化体系具有稳定性和可循环性，循环 5 次后收率仍然高达 98.1%。Cheng 等[225]研究了 $ZnBr_2$/氯化胆碱体系催化 CO_2 合成环状碳酸酯，对氯化胆碱与 $ZnBr_2$ 的摩尔比进行了优化，当配比为 5 时，碳酸丙烯酯的收率高达 99%。Fujita 等[226-228]探索了金属氯化物/铵盐或者膦盐二元体系催化合成环状碳酸酯。$ZnBr_2$/n-Bu₄NI 在超临界 CO_2 条件下催化苯基环氧乙烷转化为苯乙烯碳酸酯，反应 30min 后，产物的选择性和收率基本上都为 100%。$ZnCl_2$/PPh₃C₆H₁₃Br 在 120℃、1.5MPa 的条件下，环氧丙烷的转化率可以达到 96.0%，TOF 值可以达到 4718.4h^{-1}。$ZnBr_2$/Ph₄PI 能高效催化 CO_2 环加成生成碳酸丙烯酯，转化率和选择性均高于 99%，而 $ZnBr_2$/Bu₃PO 或者 $ZnBr_2$/Ph₃PO 体系基本上没有催化活性。Xia 等[229]以 Ni(PPh₃)₂Cl₂/PPh₃/Zn 为催化剂，n-Bu₄NBr 为助催化剂，在 120℃、2.5MPa 的条件下，碳酸丙烯酯的收率为 99%，选择性为 100%，TOF 值可达 3544h^{-1}。Bu 等[230]合成了反式-RuCl₂(py)₄ 催化剂，其在空气中能够稳定存在，在 RuCl₂(py)₄/CTAB 体系中，碳酸丙烯酯的收率为 98.6%，循环使用 4 次后收率没有降低。Park 等[231]合成了双金属氰化物催化剂 Zn₃[Co(CN)₆]₂，以 n-Bu₄NBr 作为助催化剂，催化 CO_2 与不同环氧化合物的环加成反应，其中催化 CO_2 与环氧苯乙烷合成碳酸苯乙烯酯收率为 97%，选择性为 99%。Vos 等[232]报道了 Sc(OTf)₃/CTAB 体系催化 CO_2 与环氧辛烷环加成反应，环状碳酸酯选择性和收率均为 98%。Kleij 等[233]报道了 Zn(salphen)/Bu₄NI 固定超临界 CO_2 合成碳酸酯，碳酸环己烯酯的收率高达 37%。Mashima 等[234]利用 Zn₄(OCOCF₃)₆O/TBAI（四丁基碘化铵）催化体系在 25℃、0.1MPa 的条件下高效合成碳酸酯，产品的收率可达 93%。

（2）羟基试剂/离子液体复合催化

Zhang 等[235]在水溶液中合成环状碳酸酯，以离子液体为催化剂，水的加入能够大幅提高环氧丙烷的转化率，在 PPh₃BuI/H₂O 体系中，环氧丙烷的转化率达到 99.6%，碳酸丙烯酯的收率达到 93%，远高于无水体系的 24%和 22%。他们还对用水量进行了优化，随着水含量的增加，环氧丙烷的转化率先升高后保持不变，而碳酸丙烯酯的选择性却逐渐降低，水与环氧丙烷的最优摩尔比为 0.33。另外还探讨了不同溶剂对催化剂活性的影响，结果表明含羟基的溶剂能够明显提升催化效果，同时也提出了羟基与 Lewis 碱协同开环的反应机理，如图 2.17 所示。首先，水分子中的 H 与环氧化合物上的 O 通过氢键作用而使 C—O 键发生极化作用，与此同时卤素阴离子与底物环上位阻较小的 C 发生亲核取代反应，C—O 键断开从而使环打开。紧接着 CO_2 与氧负离子发生作用形成中间体，最后通过分子内的取代反应生成环状碳酸酯。在整个反应中，水具有类似于 Lewis 酸开环的作用。

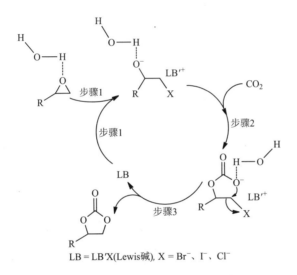

图 2.17 羟基与 Lewis 碱协同开环的反应机理[235]

Kleij 等[236]合成了一系列苯酚类有机催化剂，在 n-Bu₄NI 作助催化剂的条件下合成了环状碳酸酯。Cokoja 等[237]使用季戊四醇/n-Bu₄NI 二元催化 CO_2 环加成反应，在温和的条件下合成了高收率的碳酸酯。Sun 等[238]研究了羟基试剂/离子液体体系的效果，EG/[HEBMIM][Br]体系的活性最高，当其摩尔比为 4∶1 时，收率可达 94%。

2.1.4.2 功能化离子液体催化

常规离子液体在 CO_2 吸收方面的不足，促使研究人员开发具有特定结构或性质的功能化离子液体。现阶段常见的功能化离子液体主要有羟基功能化离子液体、羧基功能化离子液体等，这些特定的基团可与环氧化物形成氢键，从而加速环氧化物的开环。

（1）羟基功能化离子液体催化

Sun 等[239]设计合成了 4 种带有羟基的离子液体：[HEMIM][Br]、[HEMIM][Cl]、[HETEA][Br]和[HETBA][Br]。该类离子液体可在没有助催化剂和有机溶剂存在的情况下催化 CO_2 与环氧化物反应。研究人员认为在不存在助催化剂和有机溶剂的情况下，羟基基团和卤素离子分别相当于 Lewis 酸和 Lewis 碱，二者分别进攻环氧化物的氧原子与空间位阻小的碳原子，从而达到活化环氧化物的目的。Wang 等[240]合成了一系列 2-羟甲基功能化咪唑类离子液体，研究发现相同条件下该类离子液体催化剂对于 CO_2 和环氧化物的环加成反应的催化活性比常规离子液体要高，而且该类离子液体催化剂的使用并不需要其他的助催化剂和有机溶剂。Serpil 等[241]设计合成了 9 种含羟基的咪唑类功能化离子液体（图 2.18），并优化最佳反应条件，发现 12 号催化剂的催化性能最好，具有较高的选择性，重复使用 5 次后未有明显损失，重复使用性能较好。

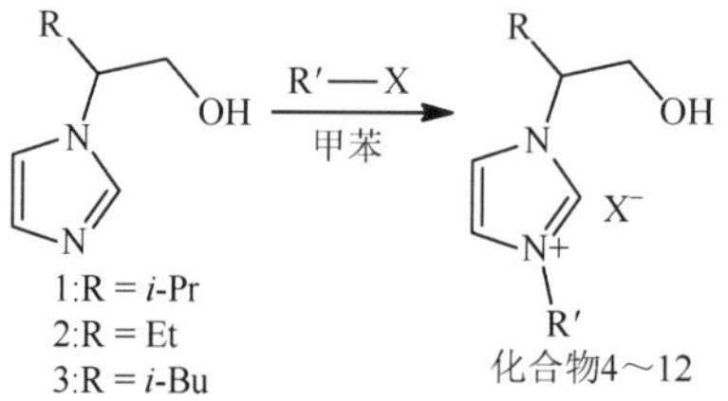

化合物	R	R′	X⁻
4	i-Pr	—C_2H_5	Br^-
5	i-Pr	—C_4H_9	Br^-
6	i-Pr	—C_6H_{13}	Br^-
7	i-Pr	—C_8H_{17}	Br^-
8	i-Pr	—$C_{10}H_{21}$	Br^-
9	i-Pr	—C_4H_9	I^-
10	i-Pr	—C_4H_9	I^-
11	Et	—C_4H_9	I^-
12	i-Bu	—C_4H_9	I^-

图 2.18　含羟基的咪唑类功能化离子液体[241]

Cheng 等[242]研究了一系列季铵盐离子液体中羟基功能基对催化 CO_2 环加成的影响，该类催化剂并不需要使用其他任何助催化剂和有机溶剂，而且实验发现该类离子液体催化活性遵循：[NEt(HE)$_3$][Br]＞[NEt$_2$(HE)$_2$][Br]＞[NEt$_3$(HE)][Br]＞[N(HE)$_4$][Br]＞[NEt$_4$][Br]（HE 为羟乙基），实验发现带有 4 个羟基的季铵盐离子液体的催化活性并不是最高的，可能是因为额外的羟基与卤素阴离子形成了氢键，从而降低了阴离子的亲核进攻能力。

（2）羧基功能化离子液体催化

Zhou 等[243]制备了一系列以甜菜碱为阳离子的带有羧基基团的离子液体催化剂（阴离子为 Cl^-、Br^-、I^-、BF_4^-、PF_6^-），其催化活性遵循：[HBet][I]＞[HBet][Cl]＞[HBet][Br]＞[HBet][BF$_4$]＞[HBet][PF$_6$]，[HBet][Cl]的催化活性相较于氯化胆碱更高，这可能是羧基比羟基更有利于环氧化物的活化，羧基参与催化的反应机理推测如图 2.19 所示。

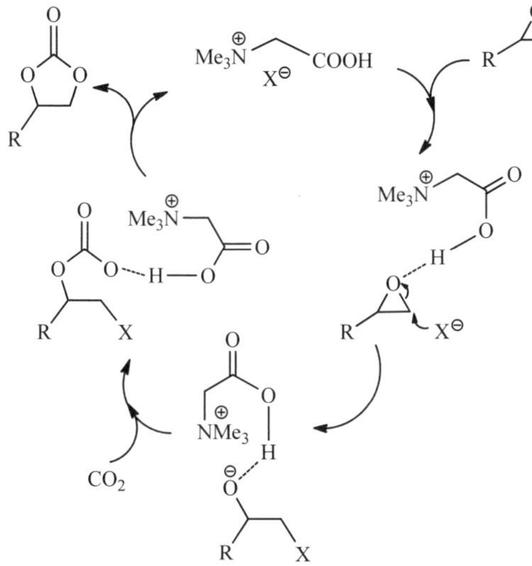

图 2.19　羧基功能化离子液体催化 CO_2 与环氧化物环加成反应的可能机理[243]

（3）其他功能化离子液体催化

Zhang 等[244]合成了一系列 FDU-15 介孔聚合物支持的咪唑基离子液体（FDU-[C_6EIM][Br]、FDU-[CMIM][Br]、FDU-[DHPIM][Br]、FDU-[EIM][Br]），FDU-15 和 FDU-Cl 对催化 CO_2 的环加成反应几乎没有作用。FDU-IM 催化反应的转化率为 32%，选择性为 95%，这表明咪唑基和酚羟基不能为环加成反应提供高效的活性中心，但季铵化之后，所有 FDU-15 支持的咪唑基离子液体都表现出了较好的催化活性。不同溴化咪唑基类离子液体转移至 FDU 载体上后，对于环加成反应催化活性的差距几乎消失，而且催化活性都得到了一定程度的增强。Zhang 等[245]通过改变 4-(咪唑-1-基)苯酚（IMP）和苯酚的比例合成了一系列咪唑功能化介孔聚合物（IM-MPs）。在催化环氧丙烷和 CO_2 反应的实验中，IM-MPs-5%、IM-MPs-20%、IM-MPs-40%（5%、20%、40%是 IMP 和苯酚的摩尔比）具有较好的催化性能，使用溴乙烷进一步功能化这些材料形成的 IM-MPs-EtBr 具有更好的催化活性。相同反应条件下 IM-MPs-20%-EtBr 表现出了最高的催化活性，且比先前报道过的类似催化剂的催化性能要好，IM-MPs-EtBr 催化活性的顺序遵循：IM-MPs-20%-EtBr＞IM-MPs-5%-EtBr＞IM-MPs-40%-EtBr。Duan 等[246]设计合成了一系列手性 salenCo(Ⅲ)Y 催化剂支持的烷基咪唑类双功能化离子液体，并研究了它们催化 CO_2 与环氧化合物的催化性能，结果显示阴离子的催化活性遵循：OAc^-＞$CF_3CO_2^-$＞$CCl_3CO_2^-$＞OTs^-，选择性遵循：OTs^-＞OAc^-＞$CCl_3CO_2^-$＞$CF_3CO_2^-$。手性双功能基离子液体能同时提供 Lewis 酸和 Lewis 碱活性中心，在催化 CO_2 的不对称环加成时并不需要额外的助催化剂，同时烷基链的长短对催化剂的活性也有影响。

2.1.4.3 负载型离子液体催化

负载型离子液体是指通过物理吸附、化学键合和纳米化负载等方法将离子液体负载在特定的载体材料上[26, 247],载体一般需要足够的力学强度和热、化学稳定性。目前已见报道的主要有多孔硅胶[28, 248, 249]、活性炭[250-252]等无机材料和表面有活性基团的高聚物材料[253, 254]。

负载型离子液体具有如下优势[255-257]:①设计合成高活性和高选择性的离子液体,将其高度分散在载体材料的表面或孔道里,大幅提高了离子液体的利用率;②克服了均相催化剂需与反应产物分离且分离循环能耗高的不足,无须分离及催化剂循环回收,避免了分离循环损失,降低工艺能耗,具有较强的工业化应用前景;③通过调节载体材料比表面积的大小,可以有效调整负载型离子液体催化体系的酸碱度;④采用负载型离子液体催化体系易于实现反应工艺过程连续化,能够有效提高反应设备的生产能力。因此,研究开发将均相的离子液体负载到各种载体材料上的方法,制备高效催化 CO_2 与环氧化物反应的负载型离子液体催化剂已成为当前的研究重点。

(1) 高分子负载型离子液体催化

聚苯乙烯树脂、聚氯苯乙烯树脂、聚乙二醇(PEG)等是较为常见的高分子载体,其中聚苯乙烯树脂被广泛用于负载型离子液体。2003 年之前,Molinari 等[258]相继以不同的方法制备了以聚苯乙烯为载体的季铵盐和季鳞盐催化剂,并分别探索了固载后的催化剂对 CO_2 与环氧化物反应的催化活性,但其催化活性和重复使用性均不理想。2009 年,孙剑等[259]将同时具有酸碱特征的 1-(2-羟乙基)-咪唑离子液体([HEIM][X],X = Cl、Br、I)以共价键键合到高度交联的氯甲基化聚苯乙烯树脂(PS)上,具体制备方法见图 2.20。使用 PS-[HEIM][Br]作为催化剂在温和

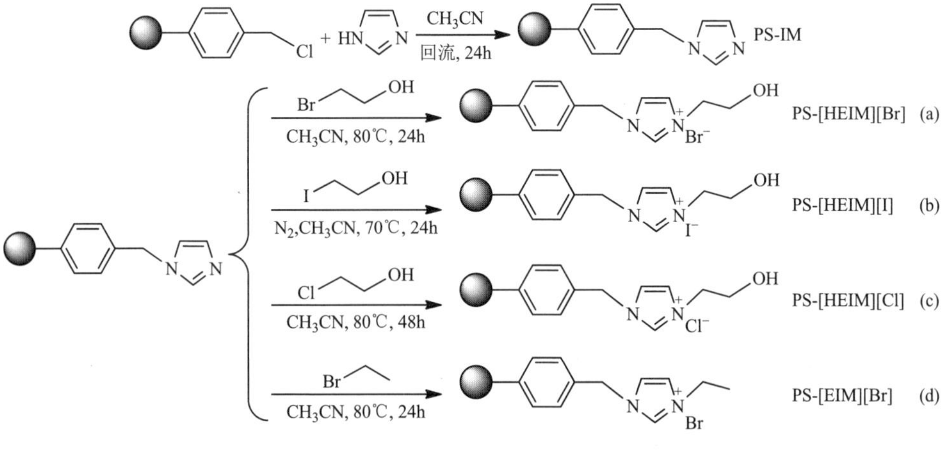

图 2.20 PS 固载的离子液体的制备[259]

的反应条件（2.5MPa、120℃、4h）下，环氧丙烷转化率为98%，产物选择性大于99%。该催化剂在重复使用 6 次后催化活性基本不变，研究人员认为卤素阴离子与羟基官能团协同催化，可促进 CO_2 与环氧化物环加成反应的进行。

熊玉兵等[260]先后以聚苯乙烯树脂为载体，制备了负载型离子液体的季鳞盐、二乙醇胺乙基溴等一系列新型催化剂，讨论其对 CO_2 与环氧化物反应的催化性能。该类催化剂适应反应底物的能力较强、稳定性良好，重复使用 5 次后，催化剂活性依然良好。Gao 等[261]制备了负载 Lewis 酸 Fe(III)的离子液体，催化剂中 $FeCl_4^-$ 的铁中心促进活化环氧化物开环。虽然 Lewis 酸有助于提高催化活性，但催化剂中金属离子的流失较为严重，不利于重复使用。苏丹[262]使用聚氯苯乙烯树脂作为载体负载羧基功能化离子液体，使用金属氧化物与其进行酸碱中和反应，从而制备出固载型金属官能化离子液体催化剂。该类催化剂对于 CO_2 与环氧化物环加成反应催化效果显著，研究人员将其应用于固定床反应器中，发现该类催化剂连续使用 120h 而催化效果无明显下降。

（2）分子筛负载型离子液体催化

分子筛具有均匀丰富的孔道，孔径与一般分子大小相当，具有良好的稳定性，用途非常广泛，也常用作载体[263]。使用介孔分子筛负载型离子液体催化剂，可充分发挥两种功能材料的优势，一方面增加离子液体的负载量，另一方面强化了传质和传热效果，使得材料表现出更为优异的性能。随着新型负载型离子液体研究的深入，对载体结构进行选择、设计及改性使得分子筛负载型离子液体有着更广阔的应用前景。

Udayakumar 等[264-266]使用分子筛 MCM-41 为载体，并使用硅烷偶联剂对离子液体进行负载，制备了一系列阳离子咪唑环上具有不同长度烷基侧链的负载型离子液体催化剂。随着烷基侧链长度的增加，用于催化 CO_2 与环氧化物环加成反应的催化活性也同步增强。但以 MCM-41 等分子筛作为载体时，离子液体活性组分流失较为严重，催化剂循环稳定性普遍较差。Cheng 等[267]依照图 2.21 的方法制备了一系列负载在分子筛 SBA-15 上的 1,2,4-三氮唑离子液体，其结构见图 2.22，用作 CO_2 和环氧化物合成环状碳酸酯的有效催化剂。研究发现催化剂表现出很好的活性和选择性，这可能是由于—OH 或—COOH 官能团与卤素阴离子之间的协同作用。催化剂通过简单的过滤即可循环使用，且重复使用 6 次以上催化剂的活性并没有降低。该催化剂在工业应用中显示出很大的应用前景。

（3）其他负载型离子液体催化

SiO_2 是用于固定催化剂研究最多的材料之一，无论是在学术界还是工业界，SiO_2 都是首次被引入合成固定的离子液体用于 CO_2 和环氧化物生成环状碳酸酯的反应。2006 年，Xiao 等[268]使用 SiO_2 载体负载咪唑盐类离子液体作为催化剂，同时以金属盐作为助催化剂，该类催化剂对于 CO_2 与环氧化物的环加成反应表现出

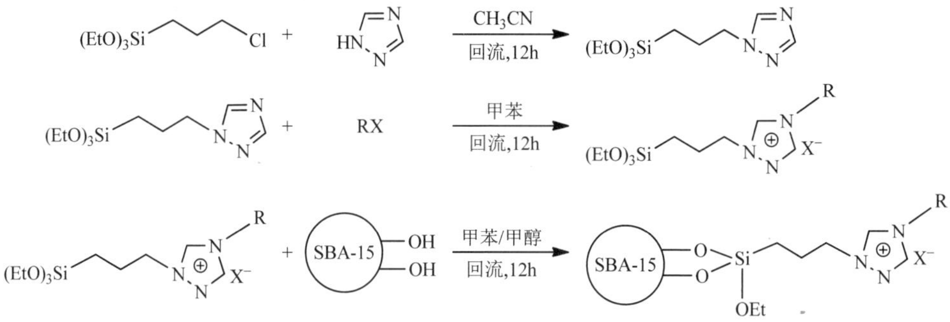

$(EtO)_3Si\sim\sim Cl$ + HN≡N —CH₃CN/回流,12h→ $(EtO)_3Si\sim\sim N$≡N

$(EtO)_3Si\sim\sim N$≡N + RX —甲苯/回流,12h→ $(EtO)_3Si\sim\sim N^+$≡N-R X⁻

$(EtO)_3Si\sim\sim N^+$≡N-R X⁻ + SBA-15(OH)₂ —甲苯/甲醇/回流,12h→ SBA-15-O-Si(OEt)∼∼N^+≡N-R X⁻

IL1X: R = CH₂CH₂OH, X = Cl、Br、I; IL2X: R = CH₂CH₂COOH, X = Br; IL3X: R = CH₂CH₃, X = Br

图 2.21　SBA-15 负载 TRILs 的合成方法[267]

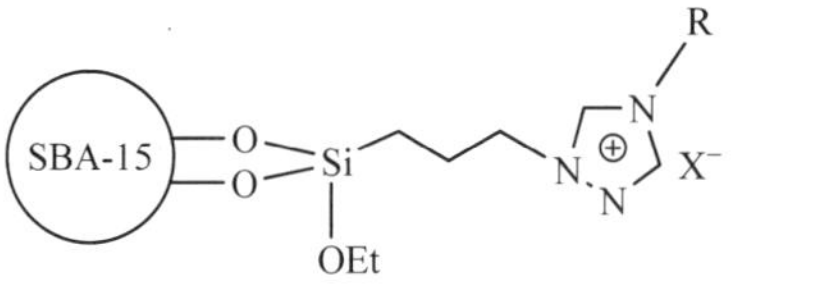

图 2.22　SBA-15 负载 TRILs 的结构[267]

R = CH₂CH₃, CH₂CH₂OH, CH₂CH₂COOH; X = Cl、Br、I

较高的活性。该催化剂第二次使用时仍可保持较高的活性和选择性。Sakai 等[269]采用类似的方法分别制备了 SiO_2 负载的季鏻盐催化剂、介孔硅负载咪唑型离子液体催化剂及硅负载 4-吡咯烷吡啶碘化物催化剂，它们对 CO_2 与环氧化物的环加成反应均具有一定的催化活性。

磁性纳米颗粒（MNP）以其独特的性质用作固载催化剂的载体受到越来越多的关注。对于 CO_2 与环氧化物的环加成反应来说，以 MNP 作为载体，通过外部磁力作用可实现催化剂与反应产物的快速分离，因此重复使用性能有很大提高。Zheng 等[270]首次制备了一种以磁性纳米颗粒为载体，固载咪唑类离子液体的催化剂（MNP-ILs），用于低压（1MPa）下 CO_2 与环氧化物的环加成反应，催化剂可重复使用 10 余次且活性保持不变。2011 年，Bai 等[271]制备了 MNP 固载仿生钴卟啉（MNP-P）催化剂。在低压（1MPa）和室温条件下，以 MNP-P 为催化剂，季铵盐[四丁基氟化铵（TBAF）、四丁基氯化铵（TBAC）、四丁基溴化铵（TBAB）、TBAI、苯基三甲基三溴化铵（PTAT）]为助催化剂，用于催化 CO_2 与环氧化物的环加成反应具有优异的催化活性，且催化剂循环使用 16 次仍保持较高的活性。

近年来，金属有机骨架（MOF）材料因具有规则的多孔结构、良好的吸附能力及稳定性等性能也开始被用作负载型离子液体的材料。Ma 等[272]先后合成了以 MIL-101、ZIF-90 和 UiO-67 为负载材料的离子液体催化剂，该类催化剂对 CO_2 与环氧化物的环加成反应均显示出良好的催化活性和选择性，但循环使用性能有待进一步研究。

2.1.4.4　总结与展望

本节总结了常规、功能化及负载型离子液体作为催化剂在催化 CO_2 与环氧化物环加成反应中的应用，常规离子液体是一种高效、稳定、性质优良的助催化剂，在主催化剂的协同催化作用下，可实现较高的转化率和选择性。而羟基、羧基及其他功能化离子液体催化剂的活性明显高于常规离子液体，且对一系列端位环氧化物都表现出了很高的反应活性。负载型离子液体催化剂的催化活性不仅受到离子液体活性组分固有性质的影响，而且载体种类及固载方法均对其有十分重要的影响。就固载方法而言，浸渍法操作简单，但离子液体活性组分流失严重；而键合法与溶胶-凝胶法，固载牢固不易流失，重复使用性能好，目前应用比较广泛。

为满足日益提高的应用需求，深化离子液体结构-物性研究及开发更多的功能化离子液体是必然趋势。应快速推动离子液体由实验室基础研究到工业应用，扩大离子液体的工业应用范围。随着更多固体载体的应用与功能化离子液体技术的不断发展，负载型离子液体的应用技术将会愈加成熟，并广泛应用于环加成反应及其他有机合成的工业生产中。

2.2 反应过程强化

2.2.1 光催化反应过程

光催化（photocatalyst）是指催化剂在光的照射下自身不发生变化，却可以促进化学反应的进行。其原理是在一定光照射条件下半导体材料发生光生载流子分离，光生电子及空穴随后与反应中的离子或分子结合生成具有氧化性或还原性的活性自由基，通过这种活性自由基与反应中的物质进行反应，从而达到催化促进反应的目的，在此过程中光催化剂本身不发生变化。其典型应用过程有光分解水产 H_2、光催化还原 CO_2、光降解有机物、废水处理、空气净化、自清洁等。光催化技术具有高安全性、环境友好、不消耗能源等特点。

2.2.1.1 光催化产 H_2

（1）意义及原理

在当今传统化石资源匮乏、环境污染问题日益严重的情况下，亟须开发新能源。其中，氢能具有洁净、高效、经济、环境友好等优点，被广泛认为是一种较为理想的新能源。太阳能具有清洁、能量巨大、取之不尽用之不竭等特点，直接利用太阳能光解水制 H_2 是一种极具发展潜力的新能源利用方式，具有重要学术意义和应用价值。

光催化产 H_2 示意图及反应过程原理图分别如图 2.23[273]、图 2.24[274]所示，在太阳光照射下光催化剂发生光生载流子的分离，生成高活性的电子-空穴对，光生

空穴与水反应生成 O_2，电子与 H^+ 反应生成 H_2。反应体系中存在多个变化途径，其中最主要的竞争反应为俘获及复合过程，具体可表示如下[275]：

$$光催化剂 \longrightarrow e^- + h^+ \quad (2.38)$$

$$2e^- + 2H^+ \longrightarrow H_2 \quad E^0_{H^+/H_2} = 0V(vs.\ RHE) \quad (2.39)$$

$$4h^+ + 2H_2O \longrightarrow O_2 + 4H^+ \quad E^0_{O_2/H_2O} = 1.23V(vs.\ RHE) \quad (2.40)$$

$$2H_2O \longrightarrow 2H_2 + O_2 \quad \Delta E = 1.23V(vs.\ RHE) \quad (2.41)$$

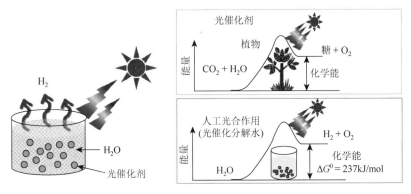

图 2.23　光催化产 H_2 示意图[273]

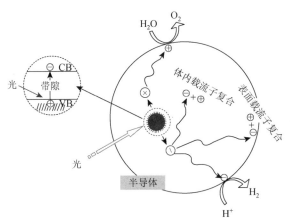

图 2.24　光催化产 H_2 反应原理示意图[274]

VB 代表价带；CB 代表导带

该反应的标准生成吉布斯自由能为 $\Delta G^0 = 237\text{kJ/mol}$（1.23eV 每转移一个电子），如图 2.25[275]所示。因此，光催化产 H_2 的光催化剂禁带宽度 E_g 理论上应至少大于 1.23eV，但实际上还存在光能损失、过电势、反应物吸附、产物脱附等诸多因素，实际要求的禁带宽度更高，此外能级还需相匹配。水的还原电势及氧化电势应位于光催化剂的带隙之间,光催化剂导带底电势须比 H^+/H_2 [0V (vs. NHE)] 的还原电势更负,价带顶电势则须比 O_2/H_2O [1.23V (vs. NHE)] 的氧化电势更正。

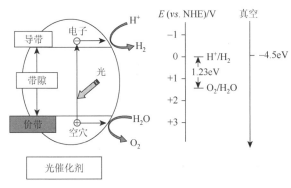

图 2.25 光催化产 H_2 反应电势示意图[275]

(2) 光催化剂

自 1972 年 Fujishima[276]发现光电化学水裂解反应以来,该领域的研究已经取得了很大进展。其中光催化剂的种类繁多,根据其吸收可分为 UV 活性光催化剂及可见光活性催化剂。UV 活性光催化剂,有 d^0 金属氧化物(Ti 基氧化物、Zr 基氧化物、Nb 基氧化物、Ta 基氧化物、W 基氧化物、Mo 基氧化物及其他 d^0 氧化物)、d^{10} 金属氧化物、f^0 金属氧化物、非金属氧化物等。可见光活性催化剂可通过掺杂、固溶体、染料敏化、开发新型单相可见光响应光催化剂等手段来实现。掺杂可分为金属掺杂及非金属掺杂,具体又可分为金属离子掺杂、非金属离子掺杂、金属非金属离子共掺杂。固溶体可分为氧硫基固溶体、氧基固溶体、硫基固溶体、氧氮基固溶体等。通过染料敏化获得可见光响应的手段包括使用钌染料敏化、使用其他过渡金属络合物染料敏化及有机染料敏化。此外,也可通过开发新型单相可见光响应光催化剂,如 d 区金属氧化物、p 区金属氧化物、f 区金属氧化物等来实现光催化剂的可见光响应。

光催化剂中最典型的是 TiO_2。2015 年,李灿等[277]系统研究了基于不同相的 TiO_2 光催化剂全分解水反应。通常,金红石相的 TiO_2 比较容易实现水的全分解反应,而锐钛矿及板钛矿相的 TiO_2 难于实现。经研究发现,锐钛矿及板钛矿相的 TiO_2 在延长的紫外灯照射下实现了锐钛矿及板钛矿相 TiO_2 光催化剂催化全分解水反应,且不同相 TiO_2 光催化剂催化全分解水反应的性能由动力学和热力学共同决定。动力学过程的不同之处在于锐钛矿及板钛矿 TiO_2 中间相的·OH 及锐钛矿的过氧物种。在热力学方面,在锐钛矿及板钛矿 TiO_2 价带附近存在相当多的缺陷态,从而降低了水氧化的过电势。这些表面缺陷态可通过高强度的紫外灯照射除去,从而使得水的全分解反应得以实现。

在光催化反应过程中,光致空穴的表面转移至关重要。首先光致空穴与表面活性位相互作用形成活性顺磁中间体,活性顺磁中间体再和表面吸附分子进行反应。目前对于相关机理研究，如 TiO_2 表面活性位、活性顺磁中间体等一直存在较大争议。邓风等[278]对 TiO_2 表面光致空穴转移通道进行了研究（图2.26），结果表明 TiO_2 表面存在两种羟基：桥式羟基和端式羟基，其中只有桥式羟基与表面吸附水有相互作用，形成水合桥式羟基。此外，对 TiO_2 光解水制氢气反应进程的相关研究结果表明，催化剂的催化活性与催化剂表面的水合桥式羟基量呈线性正相关。水合桥式羟基为光致空穴的表面转移过程提供了一个通道。

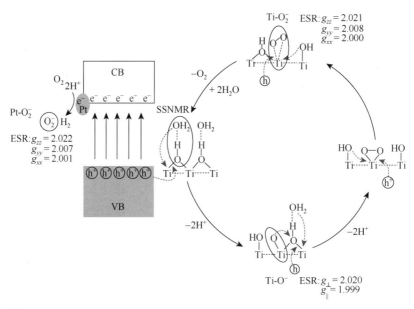

图2.26　TiO_2 氧化钛表面光致空穴转移过程[278]

2017年，李斐等[279]研究了类立方烷型 Co_4O_4 光催化剂结合 $BiVO_4$ 电极光电催化条件下的水解反应。研究结果表明，改变类立方烷型 Co_4O_4 光催化剂上的取代基使得催化反应可调节，最终在 AM1.5 光照、1.23V（vs. RHE）电势条件下获得了 $5mA/cm^2$ 的光电流密度，该密度是当时未掺杂 $BiVO_4$ 电极的最高值。类立方烷型 Co_4O_4 光催化剂整合之后的光电极获得了 1.84% 的太阳能转换效率，是未修饰 $BiVO_4$ 电极的 6 倍。如图2.27所示，Domen 等[280]在 Au 层上镶嵌颗粒状 La、Rh 共掺杂的 $SrTiO_3$（$SrTiO_3$：La, Rh）及 Mo 掺杂的 $BiVO_4$（$BiVO_4$：Mo）作为 Z-scheme 体系的光催化剂，通过表面修饰促进了电子传递，同时抑制了复合反应，在纯水（pH=6.8）体系中获得了 1.1% 的太阳能氢能能源转换效率及超过 30% 的表观量子产率（419nm）。

在可见光响应催化剂方面，2014年吴骊珠等[281]采用可见光催化协助的方法，用量子点和金属盐原位构筑了一种 Ni_h-CdTe QDs 中空球光催化剂。研究结果表明：在光催化过程中量子点表面巯基丙酸分子的氧化解离，使量子点选择性地在 H_2 气泡和 H_2O 的界面聚集，从而组装成纳米空心球。这种中空球光催化剂展示了优

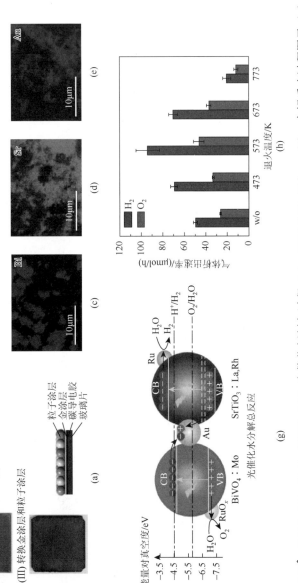

图 2.27* SrTiO₃∶La, Rh/Au/BiVO₄∶Mo 光催化剂制备过程（a），SEM-EDX（b）～（f），水解反应过程图示（g），水解反应原始样品与光催化剂活性关系示意图（h）[280]

w/o 代表原始样品；HEP 代表产氢光催化剂；OEP 代表产氧光催化剂

---

* 全书彩图以封底二维码形式提供，后同。

异的光催化产 H_2 活性,在可见光照射 42h 条件下,产 H_2 速率常数为 21μmol/(mg·h),CdTe QDs 和 Ni 的转换数（TON）分别为 137500 和 30250。如图 2.28 所示,2015 年,李灿等[282]开发了一种 $MgTa_2O_{6-x}N_y$/TaON 异质结光催化剂用于 Z-scheme 体系的全水解反应。相比单独的 $MgTa_2O_{6-x}N_y$ 及 TaON 光催化剂,$MgTa_2O_{6-x}N_y$/TaON 异质结结构的光催化剂可通过有效的空间电荷分离及降低缺陷密度从而抑制电荷复合。最终采用负载 Pt 的 $MgTa_2O_{6-x}N_y$/TaON 作为析氢光催化剂,PtO_x-WO_3 作为放氧光催化剂,IO_3^-/I^- 作为氧化还原电对,进行全水解反应,获得了 6.8%的表观量子产率（420nm）,是当时报道的 Z-scheme 体系全水解反应的最高值,光催化剂活性分别是 Pt-TaON 及 Pt-$MgTa_2O_{6-x}N_y$ 的 7 倍及 360 倍。杨化桂等[283]研发了一种氮化钨（WN）光催化剂,用于全水解反应,其响应波长可至 765nm。理论及实验研究结果表明,WN 在红光照射下表现出的金属特性对其光催化活性起关键作用。在可见光（>420nm）照射下,PtO_x/WN 作为水全分解反应的光催化剂,24h 产 H_2 及产 O_2 的量分别为 1.08μmol 及 0.58μmol。

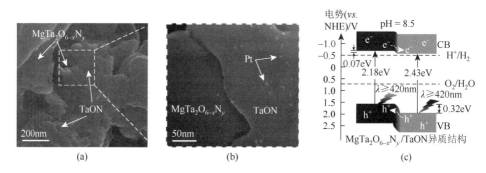

图 2.28 （a）、(b) 0.5wt% Pt(P.D.)-$MgTa_2O_{6-x}N_y$/TaON(0.2)光催化剂的 FESEM 图,（c）$MgTa_2O_{6-x}N_y$/TaON 异质结能级示意图[282]

在光电催化分解水产 H_2 方面,Jia 等[284]报道了一种光伏-电解分解水体系（图 2.29）,该体系采用 InGaP/GaAs/GaInNAsSb 多结太阳能电池和两个串联的电解槽耦合体系,获得了超过 30%的 48h 平均太阳能氢能能源转换效率,这也是当时报道的最高的太阳能氢能能源转换效率。

（3）光催化产 H_2 反应体系

典型的光催化分解水产 H_2 反应体系可分为单纯光催化分解水产 H_2 反应及光电催化分解水产 H_2 反应。单纯的光催化分解水产 H_2 反应体系通常采用如图 2.23 及图 2.30 中所示的催化剂悬浮溶液体系,包括光催化剂、助催化剂、水溶液等。其中产 H_2 助催化剂的引入可以加速 H_2 的生成,促使其在催化剂表面不同活性位上逸出,减少可逆反应,降低过电势,促进光生电子和空穴的分离,进而提高光催化体系的催化效率。为了使水溶液体系中的反应有利于产 H_2,半导体导带电势须

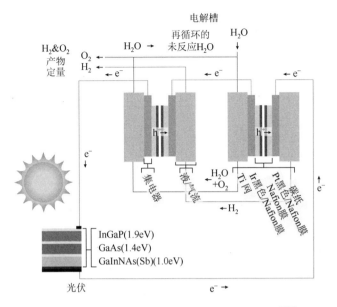

图 2.29　光伏-电解分解水体系反应装置示意图[284]

比 H^+/H_2 [0V (vs. NHE)] 的还原电势更负。在低 pH 条件下，析氢反应优先通过质子还原过程实现，而在高 pH 条件下，水通过电子被还原生成 H_2 及 OH^-，具体可表示如下[285]：

$$2H^+ + 2e^- \longrightarrow H_2 \quad (低\ pH) \tag{2.42}$$

$$2H_2O + 2e^- \longrightarrow H_2 + 2OH^- \quad (高\ pH) \tag{2.43}$$

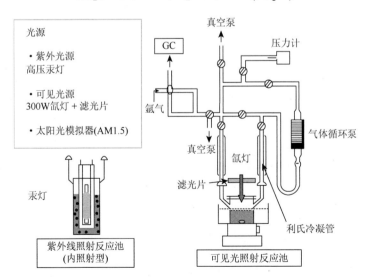

图 2.30　光催化分解水产 H_2 反应装置示意图[273]

典型的光电催化分解水产 H_2 反应可表示为如图 2.31 的三种代表形式[286]。

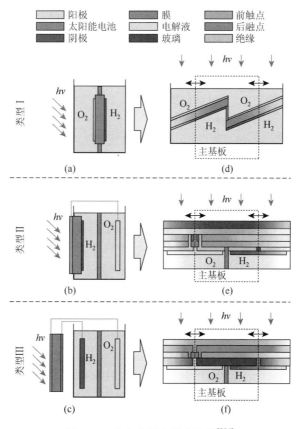

图 2.31　光电分解水反应体系[286]

光催化体系的稳定性中，光催化剂的稳定性至关重要，较好的光催化剂除了应具备高催化活性、高量子产率等特性之外，还应对产 H_2 及产 O_2 过程有较好的稳定性。测定光催化稳定性需要进行长时间反应或者重复反应过程。光腐蚀通常被认为是导致光催化剂稳定性差的主要原因之一，尤其是金属硫化物光催化剂。例如，CdS 被认为通常对产 H_2 过程不稳定，原因是在 CdS 价带中的光致空穴作用下，CdS 中的 S^{2-} 比水更容易自氧化，具体表示如下[273,274]：

$$CdS + 2h^+ \longrightarrow Cd^{2+} + S \tag{2.44}$$

（4）光催化产 H_2 反应装置

光解水制 H_2 系统也称光解水系统或光解水产 H_2 系统，是利用真空系统，在常压下进行光照实验，在光催化剂作用下水分解产生 H_2。典型的光催化产 H_2 反应装置结构如图 2.30 所示[273]，可分为 UV 照射及可见光照射，其中 UV 照射可采用内部照射法，可见光照射装置相对较为复杂，采用配备真空管路的气体密闭循环系统，反应池和气体采样端口直接和气相色谱相连。如果光催化活性较高，使用气相色谱无法计算，则可采取体积法测定生成的气体量。内部照射的反应池可以获得有效的照射，高压汞灯通常用于石英池及宽带隙光催化剂体系，当波长低于300nm时需要使用高强紫外灯。可见光照射则需要使用氙灯配备滤光片。其中入射光的光谱至关重要，取决于光源、反应池材质、滤光片等。

2.2.1.2 光催化还原 CO_2

（1）意义及原理

随着温室效应加剧，CO_2 的减排及转化成为全世界共同关心的热点问题。利用可再生能源——太阳能光催化技术对 CO_2 的转化再利用途径，由于具有无化石能源消耗、可将 CO_2 转化为新能源、清洁等优点引起各国研究者的广泛关注。光催化还原 CO_2 是指在太阳光照射下，光催化剂被激发产生光生电子-空穴对，诱发氧化还原反应从而将 CO_2 转化为活性物种参与反应的过程。可利用光催化反应将 CO_2 和丙烷、丙烯、CH_3OH 等合成各种碳氢化合物，研究比较广泛的是用光催化技术将 CO_2 和 H_2O 生成 CH_4、CH_3OH、$HCOOH$ 等。该过程是一种将光能转化为化学能的过程，通常在常温常压下进行，其由于独特的优点被认为是最有前景的 CO_2 转化技术之一。

光催化还原 CO_2 反应的基本过程如图2.32所示[287-289]，在太阳光照射下半导体材料受到激发产生光生电子-空穴对，入射光能量须大于等于半导体禁带宽度 E_g。二者在光催化剂颗粒（纯光催化体系）或光电阳极/光电阴极（光电催化体系）表面和 CO_2 及 H_2O 发生氧化还原反应。其中空穴和 H_2O 反应并夺取其电子使其生成具有强氧化性的羟基自由基和氢离子，最终生成 O_2。CO_2 和新生成的氢离子被电子还原成强氧化性二氧化碳阴离子自由基及氢自由基，羟基自由基、氢自由基及二氧化碳阴离子自由基等经进一步反应生成 CH_3OH、$HCOOH$、CH_4、CO

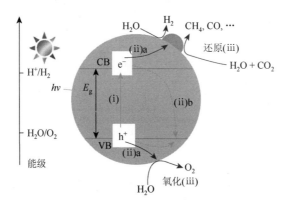

图2.32 光催化还原 CO_2 反应原理示意图[288]

等最终产物。光催化还原 CO_2 反应和光催化分解 H_2O 产 H_2 前面的基本过程是一致的,不同之处在于在光催化还原 CO_2 反应中光生电子的表面反应为 CO_2 还原反应和 H_2O 或氢质子还原的竞争反应。

（2）光催化剂

光催化还原 CO_2 反应转化效率的关键影响因素之一是开发高催化活性及高选择性的光催化剂,这也是目前该领域研究的热点之一。光催化还原 CO_2 反应的光催化剂大体可分为半导体催化剂、掺杂改性半导体催化剂、复合金属催化剂、复合氧化物催化剂、有机光催化剂、生物酶催化剂等。光催化剂材料的种类、晶相、形貌、尺寸、暴露晶面等都会对反应产生重要影响。

典型半导体光催化剂能级示意图如图 2.33 所示[288],理论上半导体光催化剂材料的导带值应高于 CO_2 还原反应的电势,同时价带电势应比 H_2O 氧化生成 O_2 反应的电势更低或更正。在 H^+ 和电子存在下, CO_2 生成 HCOOH、CO、HCHO、CH_3OH、CH_4 的标准电势分别为 $-0.61V$、$-0.53V$、$-0.48V$、$-0.38V$、$-0.24V$（vs. NHE,pH = 7）。生成 CH_4 及 CH_3OH 的反应分别是 6 电子及 8 电子还原,理论上由于其还原电势更低从而更容易实现。CH_3OH 是一种比 H_2O 更好的空穴清除剂,因此在氧化反应及还原反应发生在同一反应器或同一催化剂的体系中, CH_3OH 的生成量较低,使 CH_4 相对更容易获得。由于 CO_2 还原反应的电势和 H_2O 被还原生成 H_2 反应的电势较为接近,光催化剂在催化还原 CO_2 的同时也可能催化还原 H_2O 或 H^+ 生成 H_2。因此,在 CO_2 还原反应过程中, H_2O 被还原生成 H_2 的反应是其主要的竞争反应。

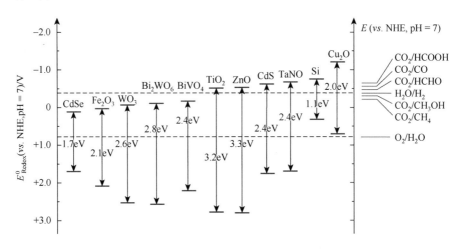

图 2.33　典型光催化剂能级示意图[288]

典型的光催化还原 CO_2 反应催化剂为氧化物,常见的如 TiO_2,目前已报道了多种形式的 TiO_2,如单一 TiO_2、改性 TiO_2、金属负载 TiO_2、TiO_2 复合体系,从颗粒到介孔、纳米尺度,从 1D 到 2D、3D 均有所报道,其催化性能差别较大。例如,当使用 TiO_2 或 $Pt-TiO_2$ 催化剂和 CO_2 及 H_2O 进行固-气反应时,CH_4 生成的产率相比分散在 H_2O 溶液体系中时提高了 3 倍,同时,降低了 H_2O 还原生成 H_2 的速率,电子还原 CO_2 反应的选择性从 11%~19%提高至 40%~56%[290]。当采用板钛矿相 TiO_2 催化剂、氙灯作为光源照射的条件下,生成产物主要为 CO 及 CH_4,生成速率分别为 2.8μmol/(g·h) 及 0.32μmol/(g·h)[291]。当使用锐钛矿和金红石相混合的 TiO_2 催化剂、汞灯作为光源照射的条件下,CH_4 的生成速率为 34μmol/(g·h)[292]。当使用 73%锐钛矿和 27%板钛矿相混合的 TiO_2 催化剂、氙灯作为光源照射的条件下,生成的主要产物为 CH_3OH,生成速率为 0.59μmol/(g·h)[293]。当使用 75%锐钛矿和 25%板钛矿相混合的 TiO_2 催化剂、太阳光模拟器作为光源照射的条件下,生成的主要产物为 CO,生成速率为 2.1μmol/(g·h)[294]。Zou 等[295]报道了一种超薄(4~5nm)、单晶结构的 WO_3 纳米片,采用可见光、固-液相反应进行光催化还原 CO_2。相比传统的块状材料,这种超薄的纳米结构 WO_3 纳米片可调整其禁带宽度,从而在光催化还原 CO_2 反应中表现出优异的性能。其他金属氧化物光催化剂材料如 SiO_2、MoO_3、V_2O_5、SnO_2 等,通常采用氧化物复合体系如 MoO_3-TiO_2、SiO_2-TiO_2、$V_2O_5-TiO_2$ 及 SnO_2-TiO_2 等,此外还有 $ZnGa_2O_4$、Zn_2GeO_4、$MnCo_2O_4$、$Cd_2Ge_2O_6$、$Na_2V_6O_{16}$ 等[288, 296, 297]。

在其他光催化剂开发方面,Hou 等[298]报道了一种 Vo-NaTaON 及氮掺杂石墨烯量子点嫁接的 N-G QDs/Vo-NaTaON 复合催化体系(图 2.34),N 和 O 空穴的协同作用调节催化剂材料的光吸收从 315nm 拓展至 600nm。N-G QDs/Vo-NaTaON 复合催化体系展示了强的可见光吸收及抑制的电子复合反应,显著改善了光吸收及电荷分离,从而提高了光催化还原 CO_2 反应的效率。Maeda 等[299]开发了一种可见光驱

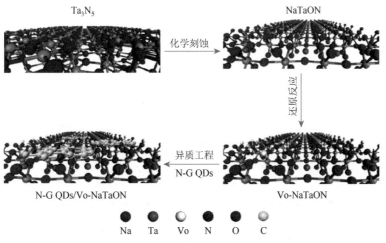

图 2.34　Vo-NaTaON 及 N-G QDs/Vo-NaTaON 催化体系示意图[298]

动的 Ru 络合物/C_3N_4 复合光催化剂,其展现出对光催化还原 CO_2 生成 HCOOH 反应优异的催化性能,获得了高的 TON 值(>1000)及 5.7%的表观量子产率(400nm)。

提高光催化剂催化还原 CO_2 反应的催化活性、选择性等参数的关键在于明确 CO_2 在催化剂表面的吸附及活化过程[289, 300, 301](图 2.35)。目前相关研究结果表明,CO_2 吸附通过和催化剂表面原子的相互作用生成电荷离域的 $CO_2^{\delta-}$,此种吸附物不具有自由 CO_2 分子的线形对称结构,最低未占分子轨道(LUMO)能级降低从而使得接受电子的势垒降低。CO_2 分子具有线形结构,且不具有偶极矩,每个 O 原子具有一对孤电子,可将电子贡献给 Lewis 酸中心的表面。C 原子可从 Lewis 碱中心如 O^{2-} 获得电子,形成碳酸盐式物种。此外,CO_2 分子还可同时作为电子供体和受体形成混合配位。CO_2 分子的化学吸附可通过增加催化剂表面积、表面缺陷、碱性位、贵金属共催化剂等手段改善。

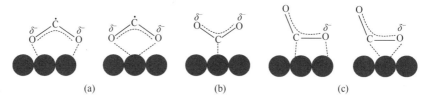

图 2.35　CO_2 在催化剂表面的吸附及活化过程[301]

(a)氧配位;(b)碳配位;(c)混合配位

（3）光催化还原 CO_2 反应体系

太阳能光催化还原 CO_2 及 H_2O 生成碳氢燃料的反应最初是由 Halmann 在 1978 年发现并提出的[289, 302]。通常可将光催化还原 CO_2 反应分为两种,如图 2.36

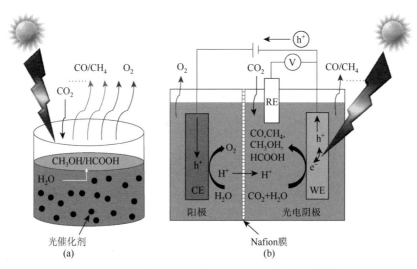

图 2.36　光催化及光电催化还原 CO_2 反应体系[289]

所示。一种是利用光催化剂的悬浮溶液对溶解的 CO_2 进行还原。此种体系在太阳光驱动下，由光催化剂和简单的装置组成，相对较为容易。但氧化反应和还原反应发生在催化剂颗粒的不同表面活性位点，导致产物的混合。通常在加入牺牲剂，如 H_2O_2、Na_2SO_3、CH_3OH 等的条件下，反应中生成的 CO_2 还原产物会被光生空穴或生成的氧再氧化。而使用空穴清除剂会产生额外的成本。另一种是光电反应体系，通常包括半导体光电极（也称为工作电极）、对电极和参比电极。光电极俘获太阳光产生载流子发生半反应。通常在光电阴极上进行 CO_2 的还原反应，另一个半反应发生在对电极上。还原产物及氧化产物可通过质子交换膜（Nafion）分开，避免还原产物的再次被氧化。相比单纯的光催化还原 CO_2，光电催化还原 CO_2 体系由于额外的偏压促进光生电子与空穴的分离，从而可获得更高的效率。

（4）光催化还原 CO_2 反应装置

与光催化分解 H_2O 产 H_2 类似，研究较多的单纯光催化还原 CO_2 反应装置[290]通常采取固-液界面反应模式，在此模式中，光催化剂分散悬浮在溶解有 CO_2 的溶液中，反应发生在固-液界面，如图 2.37 所示。然而，光催化剂和液态 H_2O 溶液的直接接触及 CO_2 在 H_2O 溶液中的溶解度有限，导致 H_2O 优先吸附在催化剂表面，从而限制了光生电子还原 CO_2。为了增加 CO_2 在 H_2O 溶液中的溶解度，可采取碱性介质，然而生成的 CO_3^{2-} 或 HCO_3^- 通常比 CO_2 更难还原。采取固-气界面反应模式可克服这些问题和限制。

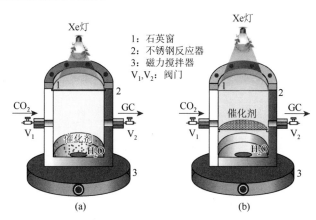

图 2.37　光催化还原 CO_2 反应装置[290]

（a）固-液模式；（b）固-气模式

光电催化还原 CO_2 体系又可分为三种典型的由质子交换膜分割的两电极催化体系[288]。半导体可作为光电阳极也可作为光电阴极，所有电极均负载半导体光催化剂。

2.2.1.3 光催化其他应用

光催化反应除典型的光催化分解 H_2O 产 H_2 及光催化还原 CO_2 反应之外,还有很多其他领域的相关应用,如废水处理、塑料降解、空气净化、自清洁材料等。

(1) 光催化处理废水

光催化技术用于废水处理的工作原理为,半导体光催化剂表面在特定波长光源照射下产生氧化能力极强的羟基自由基(·OH)和超氧自由基(O^{2-})等,这些自由基氧化使得水中的各种有机污染物降解为环境友好的 CO_2、H_2O 和无毒的无机物,具有安全无毒、条件温和、成本低、无二次污染等优点。废水处理主要包括染料降解、重金属离子去除、藻类控制、无机污水处理、水质杀菌等。

(2) 光催化降解塑料

光催化降解塑料是指通过光催化剂如 TiO_2 对传统通用塑料如聚乙烯(PE)、聚丙烯(PP)、聚苯乙烯(PS)和聚氯乙烯(PVC)等复合形成可光降解的塑料,具有降解彻底、产生二次污染少等特点。

(3) 光催化空气净化

光催化技术用于空气净化主要指通过光催化剂将室内的主要污染物甲醛、甲苯等挥发性有机化合物(VOC)氧化分解成 CO_2、H_2O 及其他无机物,达到消除 VOC 的目的,其具有处理量大、处理速度快、适用范围广、节约能源、反应条件温和、成本低、使用寿命长、无毒无害等优点。

(4) 光催化自清洁材料

光催化自清洁材料通常用于建筑领域,通过将纳米 TiO_2 与涂料、玻璃、水泥、陶瓷等建材结合,利用 TiO_2 光催化剂的光催化、自清洁和抗菌功能等特性,将建材广泛应用于建筑中,使接触于光催化功能建材表面的有毒有害污染物得到及时处理,细菌繁殖得到抑制,从而实现功能建材的自清洁过程。

2.2.1.4 总结与展望

光催化技术作为一种高效、安全、清洁、环保、节能的新技术,有效地利用可再生能源太阳光催化反应,在能源及环保领域具有重要意义。虽然光催化目前在诸多领域已经取得很大进展,但由于技术不成熟,还存在很多问题。例如,光催化分解水产 H_2 反应目前普遍存在纯水中量子产率低、光电转换效率低等问题,距离太阳能规模化制备且达到产业化尚存在很大差距。光催化还原 CO_2 反应尚存在反应速率慢、太阳光利用率低、产物转化率低、相关反应机制尚不清楚等诸多亟待解决的问题。光催化处理废水则须在新型光催化剂开发、提高光催化剂效率及重复使用率、光催化降解机理、反应器等方面加强研究。光催化降解塑料存在的问题如光降解的可控性、无光条件下降解、复合降解方式等,需要进一步研究。

光催化空气净化领域中，对光催化剂进行改性，改善其稳定性、吸附性是未来的一个主要发展方向。对于光催化自清洁材料领域，光催化材料与建材的相互作用是亟待解决的重要问题之一。虽然诸多领域存在很多关键科学问题需要去探索及解决，但这是一种新技术突破和发展的必经阶段，相信经过全世界研究者的共同努力，光催化反应必将取得突破性进展，为能源、环境及社会的可持续发展做出贡献。

2.2.2 微反应过程

自 1998 年，Anastas 和 Warne 提出绿色化学的基本原则以来[303]，微反应技术[304]和流体化学在可持续发展的绿色化学过程中起到了举足轻重的作用。与传统釜式反应器相比，连续流体操作的微米级或毫米级尺寸反应器，普遍被称为微反应器[305]，其内部通道大多由有机硅、玻璃、不锈钢或聚合物等材质刻蚀而成，形成的窄通道能够明显增加反应器内部的比表面积、传质速率，改善温度及反应停留时间[306]，进而强化可持续的化学反应过程。该过程不仅取决于反应器的结构，而且反应环境如绿色介质离子液体、超临界、电及超声等外场条件的影响也较大。目前，该微型化技术与离子液体、负载型离子液体催化剂和超临界介质相结合，应用于离子液体合成、连续化制备包括功能化离子液体在内的催化功能材料等，超临界环境中催化过程转化等的过程强化，实现了流体的高效传递，强化了绿色反应过程，使反应表现出了远远优于传统反应器的高效、高收率和高选择性的反应结果[307-309]。除此之外，微反应器[310]在研究成果快速转化、降低生产成本、放大生产能力、减小输送能耗及提高市场应变能力等方面具有潜在的优势，且在实际应用中更具安全性和灵活应变性。

2.2.2.1 微反应器内离子液体的合成

（1）均相离子液体的合成

离子液体由于具有低饱和蒸气压、阴阳离子结构单元可调的物理化学性质，作为传统有机溶剂的替代品，在有机合成、催化化学和萃取等领域中[311]的需求日益增加。目前，合成离子液体的传统途径，普遍利用叔胺、咪唑或吡啶在釜式或半间歇釜式反应器内，与烷基化试剂如烷基卤代烃、烷基硫酸盐或酯等发生烷基化获得，但由于反应强放热、动力学速率快，很容易产生副产物，且规模化生产受限、产品纯度难以达到要求。为了快速移除热量、稳定反应温度、减少副产物的生成，微反应器作为一种新型前沿技术被应用于离子液体的合成，获得高纯的离子液体产品。

Renken 等[312]以 1-甲基咪唑和二乙基硫酸盐为原料，在连续操作的微反应器内合成离子液体$[C_2MIM][EtSO_4]$，工艺流程图见图 2.38。图中微混合器采用德国美因兹（IMM）公司的微混合器（图 2.39，通道尺寸为 $600\mu m \times 600\mu m$），随后混合液进入含毫米级平行通道的微反应器（图 2.40）内，再经柱状管式反应器阶段式升温控制反应温度，中等温度条件下可获得近 99.8%的转化率（图 2.41）。

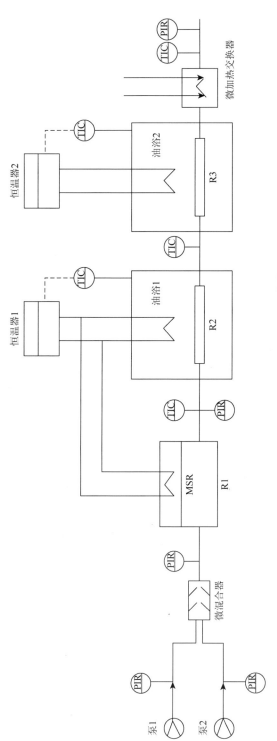

图 2.38 连续反应流程示意图[312]

  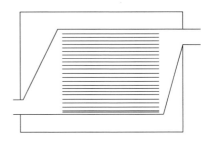

图 2.39 IMM 柱状微混合器[312]

图 2.40 IMM 微反应器[312]

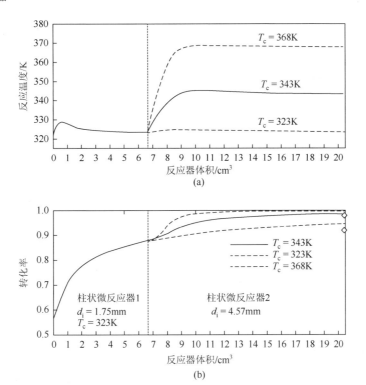

图 2.41 反应温度变化曲线（a）和柱状微反应器内转化率（b）的变化曲线[312]

为实现更低温条件下高效时空转化率，Singh 等[313]利用蛇状微通道反应器（图 2.42）合成离子液体$[C_2MIM][EtSO_4]$。该微反应器的蛇状通道是经玻璃板刻蚀而成，1-甲基咪唑和二乙基硫酸盐两种反应底物分别经主入口输送进入微反应器内，并在"T"型部位混合，混合液进入尺寸为 $278\mu m \times 319\mu m$ 的蛇状微通道内反应，反应停留时间为 100s 时，底物的转化率可达到 90%（图 2.43），时空转化率高达 $2239g/(min \cdot L)$，该时空转化率高出釜式反应器 2 倍多，且明显高于普通"T"型或分离再组合微反应器内的反应结果。

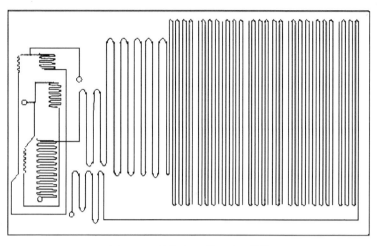

图 2.42　蛇状微通道反应器[313]

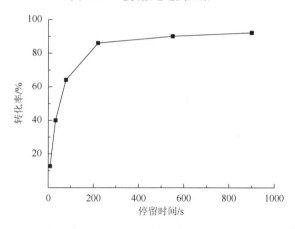

图 2.43　蛇状微通道反应器内转化率随停留时间的变化[313]

其他咪唑基离子液体的合成同样能够由釜式反应器成功转移到微反应器内，强化其合成过程，提高效率，减少副产物的生成。Lowe 等[314]在微反应器（图 2.44）内合成了多种咪唑基的离子液体，该过程中 1-甲基咪唑的转化率受流体速率、停留时间及反应温度的影响较大，在 200℃左右反应生成 1-丁基咪唑氯盐的收率可超过 99%以上（表 2.3）；Waterkamp 等[315]在微反应器（图 2.45）内强化了 1-甲基咪唑和溴丁烷的混合过程，反应温度 85～155℃，5min 内合成了副产物含量低、浅颜色的离子液体[C_4MIM][Br]，1-甲基咪唑的转化率高达 99%以上（图 2.46）。微反应器内的离子液体合成有效地弥补了釜式离子液体合成过程中烦琐的烷基化操作步骤，强化了烷基化过程中的能量传递，提高了离子液体产品的时空转化率，且避免了由局部过热导致的副产物增多现象，提高了产品的纯度，最高纯度可达 99%。

图 2.44 微反应器内部结构[315]

表 2.3 流体速率和反应温度对 1-甲基咪唑转化率的影响[315]

流量/(μL/min)	停留时间/min	C_{MIM}（170℃）/%	C_{MIM}（180℃）/%	C_{MIM}（200℃）/%
53	6.5	89.7	92.3	97.6(98.4)[a]
27	13.0	94.2	95.6	>99[b]

a 代表结果由 HPLC 测量；b 代表底物剩余物未检测到。

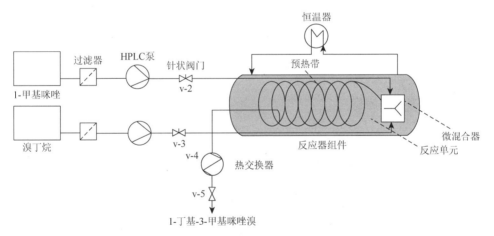

图 2.45 微反应器内合成[C_4MIM][Br]的流程图[315]

（2）负载型离子液体的合成

Zhang 等[316]使用微膜反应器（图 2.47）连续制备了季鏻基的聚离子液体纳米颗粒，该结构纳米颗粒作为模型颗粒，为其他结构聚离子液体提供可借鉴的实例，合成的负载型离子液体尺寸在 6.4～375nm 范围内。实验中所使用的微膜反应器由金属编织膜和不锈钢薄片堆积而成，其中金属编织膜的直径为 10mm、孔径为 1.0μm，反应器的尺寸为 40mm×30mm×20mm 左右，而最小的通道尺寸为 2.00mm。为

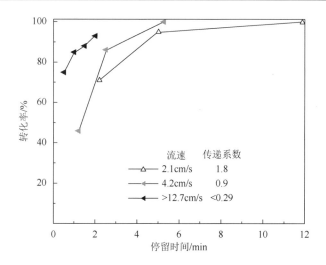

图 2.46 1-甲基咪唑转化率随停留时间的变化曲线[315]

了实现对液滴多级剪切，微膜反应器内嵌入了双层膜结构，液滴固化成型后，进而获得较小尺寸的纳米颗粒（图 2.48），且尺寸大小对分散相流量具有一定的依赖性，尺寸大小可调变规律如图 2.49 所示。

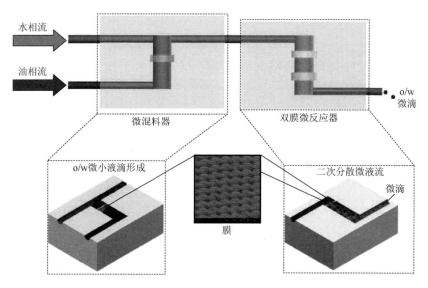

图 2.47 可控合成季鏻基离子液体的膜微设备示意图[316]

2.2.2.2 基于功能化离子液体的微反应过程

（1）离子液体作反应介质

Ryu 等[317]利用低黏度的离子液体[C_4MIM][NTf_2]作反应溶剂，通过在 CPC

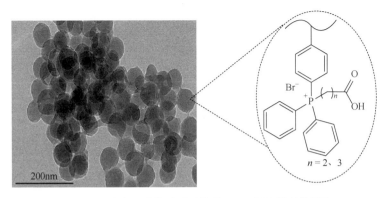

图 2.48　纳米尺寸羧酸季鏻盐的 TEM 图和微结构[316]

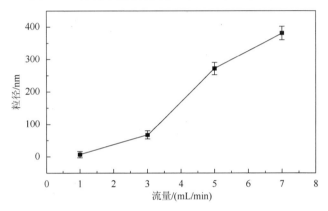

图 2.49　纳米颗粒的可控调节规律[316]

CYTOS®微流体设备（图 2.50）内开展 Mizoroki-Heck 反应合成了肉桂酸丁酯。实验研究中为了分离产品和催化剂相，以正己烷作萃取剂，使得肉桂酸丁酯和卡宾

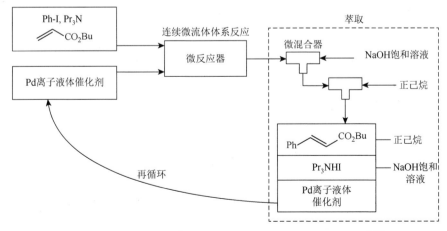

图 2.50　CPC CYTOS®微流体体系中的 Mizoroki-Heck 反应[317]

钯催化剂两相分离，卡宾钯催化剂分散在离子液体相，且保留活性不变，进入下一催化循环过程中，这种催化剂的连续循环再利用并没有造成催化活性的降低，产品的收率依然保持在90%～99%。

Ryo等[318]利用离子液体[C$_4$MIM][PF$_6$]为反应介质，以卡宾钯为催化剂，在微型反应装置（图2.51）内，实现了离子液体-碘代芳烃-CO三相反应体系的羰基化反应过程强化。为了达到CO气体与催化剂和反应介质的均匀混合，使用了内部尺寸为1000μm的"T"型微混合器。随后反应底物利用HPLC经内径为400μm的"T"型微混合器与含催化剂和离子液体介质的混合液均匀混合，经管式微反应器，完成反应，反应结果如表2.4所示。由表2.4可见，在相同压力条件下，微型反应装置内的反应结果明显优于釜式间歇反应器，且羰基化产品的收率、选择性及反应效率得到明显提高，更加倾向于获得单一选择性的产品，副产物几乎不存在。

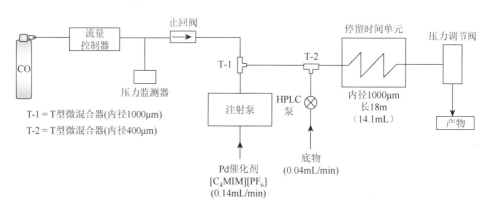

图2.51　离子液体-底物-CO多相MSR微型反应装置示意图[16]

表2.4　不同反应体系中三相羰基化反应结果①[318]

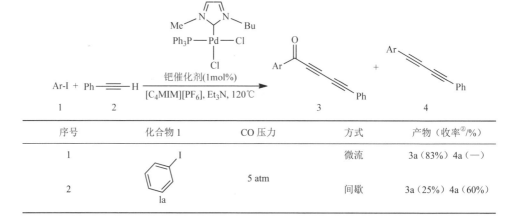

序号	化合物1	CO压力	方式	产物（收率②/%）
1		5 atm	微流	3a（83%）4a（—）
2	1a		间歇	3a（25%）4a（60%）

续表

序号	化合物1	CO 压力	方式	产物（收率[②]/%）
3	1a	3 atm	微流	3a（80%） 4a（—）
4	1a	3 atm	间歇	3a（14%） 4a（65%）
5	1b	5 atm	微流	3b（77%） 4b（—）
6	1b	5 atm	间歇	3b（67%） 4b（21%）
7	1b	3 atm	微流	3a（77%） 4b（—）
8	1b	3 atm	间歇	3b（44%） 4b（39%）
9	1c	5 atm	微流	3c（92%） 4c（—）
10	1c	5 atm	间歇	3c（36%） 4c（37%）
11	1d	5 atm	微流	3d（72%） 4d（—）
12	1d	5 atm	间歇	3d（65%） 4d（16%）

①代表反应条件。微流：1（7mmol），2［8.4mmol，1.2equiv.（摩尔当量，后同）］，Et$_3$N（25.2mmol，3.6equiv.），CO（5atm 或 3atm），Pd 催化剂［1mol%（摩尔分数，后同）］，[C$_4$MIM][PF$_6$]（0.14mL/min），CO（1.0mL/min）；120℃；停留时间：12min。间歇：1（1.0mmol），2（1.2equiv.），Et$_3$N（3.6equiv.），Pd 催化剂（1mol%），[C$_4$MIM][PF$_6$]（3.0mL），CO（5atm 或 3atm）；120℃。反应时间：1h。②代表收率由 ^{1}H NMR 确定。

鉴于离子液体具有良好的电化学窗口，以离子液体为电解液的电化学取代反应在层流微反应器内也能表现出良好的电化学特性。Atobe 等[319]利用离子液体电解液/反应溶剂稳定的层状流，借助"Y"微通道反应器（图 2.52），形成了液-液层流界面层，并以 N-(甲氧基羰基)吡咯烷和三甲基烯丙基硅烷为反应底物，在界面层发生阳极取代反应合成 2-烯丙基吡咯甲酸甲酯产品。研究中发现离子液体电解液对 C$^+$的稳定性和 N-(甲氧基羰基)吡咯烷的转化率起到决定性的作用（表 2.5）。

（2）均相离子液体作催化剂

离子液体本身的高黏度性质往往是其在反应过程中表现出高活性的限制因素。以离子液体为相转移催化剂，利用微反应器强化其与反应底物苯甲酰氯、苯酚的混合过程，对于提高其酯化反应效率具有明显的促进作用。Kralisch 等[320]采用 IMM 公司提供的微反应器，对比研究不同微反应器内部结构对酯化反应的影响，结果如表 2.6 所示。由表 2.6 可见，交叉指型的反应器比鱼排状反应器更适于催化合成苯甲酸苯酯，且相转移催化剂[MIM][BuSO$_3$]比[C$_{18}$MIM][Br]在较短停留

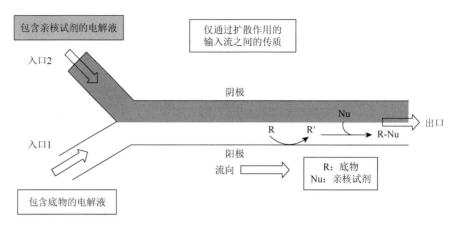

图 2.52 用于阳极取代反应的层流微反应器示意图[319]

表 2.5 层流微反应器内的阳极取代反应 a[319]

序号	电解液	原料 1 转化率 b/%	产物 3 收率 c/%
1	0.1mol/L n-Bu$_4$NBF$_4$/ACN	73	0.6
2	0.1mol/L n-Bu$_4$NBF$_4$/TFE	58	59
3	[C$_2$MIM][BF$_4$]	61	62
4	[C$_2$MIM][TFSI]	66	73
5	[C$_2$MIM][TFSI]	54	91

a 代表分别含有 1 和 2 的两种电解液的流速均固定为 0.1mL/min, 电流密度为 3mA/cm², 反应温度为 20℃; b 代表由 GC 测得; c 代表收率依据初始原料消耗量计算。

时间内更容易表现出较高的催化活性, 前者在停留时间为 0.83s 时, 可获得 62% 的苯甲酸苯酯产品, 该反应结果明显比釜式反应器内的催化效率高出 2 倍多。

表 2.6 相转移催化剂催化苯甲酰氯和苯酚酯化合成苯甲酸苯酯[320]

序号	催化剂	温度/℃	混合结构	停留时间	收率/%
1	无	57	叉指式混合器	0.83s	10
2	无	57	人字形混合器	18.8s	26

续表

序号	催化剂	温度/℃	混合结构	停留时间	收率/%
3	[C$_{18}$MIM][Br]	62	人字形混合器	18.8s	45
4	[C$_{18}$MIM][Br]	68	乳化混合器	1.355s	51
5	[MIM][BuSO$_3$]	75	叉指式混合器	0.83s	62
6	无	30	叉指式混合器	0.83s	70
7	无	66	间歇合成	5400s（90min）	66
8	[C$_4$MIM][Cl]	45.5	间歇合成	2700s（45min）	72

Hessel 等[321]分别利用含碳氢阴离子结构单元的[C$_2$MIM][HC]、[C$_4$MIM][HC]和[C$_1$MIM][HC]为催化剂，催化苯酚及其衍生物的 Kolbe-Schmitt 反应，生成目标化合物甲酸苯酚或其衍生物。研究者考虑到该反应体系中离子液体催化剂的存在，采用传统油浴（图 2.53）和微波加热（图 2.54）两种不同的加热方式，将对微柱

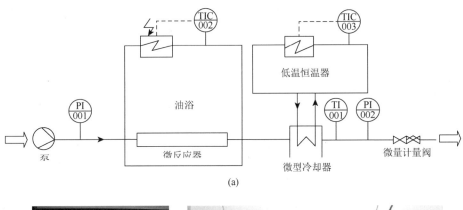

(a)

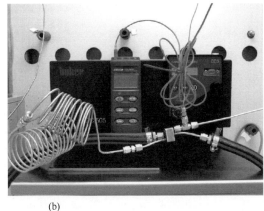

(b)

图 2.53 （a）微反应器内强化 Kolbe-Schmitt 合成过程，（b）柱状微通道反应器传统油浴加热细节[321]

状反应器内传热速率产生不同的影响,两者相比,微波辐射的加热方式更有利于缩短传热途径,促进反应,反应结果见图2.55。由反应结果可见,反应温度越高,生成目标产品的收率越高,当反应温度为220℃时,[C_2MIM][HC]更容易表现出较高的催化活性,获得产品甲酸苯酚的最高收率约58%。

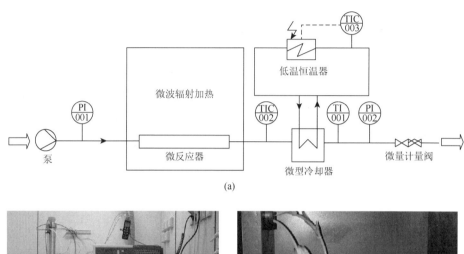

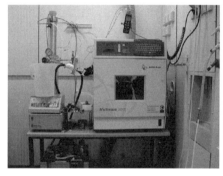

图2.54 (a)微波辅助加热的Kolbe-Schmitt微流体合成流程图,(b)微波加热器内的柱状反应器[321]

(3)负载型离子液体作催化剂

众所周知,离子液体具有远远大于水和众多有机溶剂的高黏性质,且室温条件下其黏度范围普遍在10～500mPa·s,这样在其催化应用过程中,不可避免地容易造成体系较高的压降和能耗,且黏度流动性的限制使得离子液体难以从反应混合溶液中分离出来,因而导致繁琐的应用后处理过程,阻碍了其工业化推广和应用。固载化催化剂容易与产品分离的优势,可减少分离过程中产生的能量消耗和复杂的分离步骤成本,产生高附加值的社会和经济效益,且可循环再利用,实现环境友好型可持续性催化反应过程,利于生态环境保护。因此,科学家为了获得高催化活性的催化剂,不仅通过将离子液体活性相负载化,制备了容易分离的复相化均相催化剂,而且通过分子水平上的深入研究,将功能化离子液体键连到载

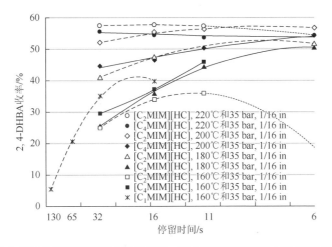

图 2.55　对比分析三种离子液体[C_2MIM][HC]、[C_4MIM][HC]和[C_1MIM][HC]环境中 Kolbe-Schmitt 反应收率随停留时间的变化[322]

2,4-DHBA 代表 2,4-二羟基苯甲酸

体材料上，获得了负载型离子液体（SILP）催化剂。目前，该类 SILP 型催化剂已应用在氢甲酰化反应[323]、羰基化反应、加氢反应、Heck 反应、羟胺化反应及环氧化反应中，并实现了该过程的连续微型化改善，强化了催化反应过程，提高了催化效率。

Fehrmann 等[324]将贵金属催化剂 Rh-TPPTS 限制在含离子液体[C_4MIM][PF_6]或[C_4MIM][n-$C_8H_{17}OSO_3$]的 MCM-41 介孔结构材料中，获得的 Rh-TPPTS/SILP（图2.56）用于烯烃底物的气相氢甲酰化反应。当用丙烯作反应底物时，Rh/[C_4MIM]

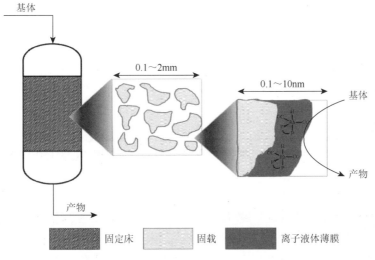

图 2.56　SILP 催化剂气相催化烯烃氢甲酰化反应机理过程[324]

[n-$C_8H_{17}OSO_3$]/硅负载型离子液体催化剂表现出较高的催化活性,获得线形氢甲酰化产物的收率高达96.0%(表2.7),且与离子液体/Rh金属存在的两相催化反应体系相比,在连续化固定床微反应器内的活性明显高出3倍以上[26, 325, 326]。

表2.7 SILP Rh-1/硅复合型催化剂催化丙烯氢甲酰化反应 a[324]

序号	$n(L)/n(Rh)$[b]	离子液体 [C_4MIM]X	离子液体负载量 wt%	a[c]	TOF[d]/h^{-1}	n/iso[e]	线形产物/%
1	2.5	—	—	0.00	37.4	1.7	63.0
2	2.4	[PF_6]	23.6	0.17	1.5	1.8	64.0
3	2.5	[PF_6]	68.1	0.49	5.1	2.0	66.4
4	2.5	[n-$C_8H_{17}OSO_3$]	56.0	0.52	6.4	1.9	65.4
5	10.2	—	—	0.00	40.8	16.9	94.4
6	10.0	[PF_6]	11.1	0.08	37.0	23.3	95.9
7	10.0	[PF_6]	25.0	0.18	34.9	22.6	95.8
8	10.0	[PF_6]	72.2	0.52	25.4	22.0	95.6
9	10.0	[n-$C_8H_{17}OSO_3$]	53.8	0.50	17.9	18.6	94.9
10	20.0	[PF_6]	27.8	0.20	16.9	23.7	96.0
11[f]	—	[n-$C_8H_{17}OSO_3$]	54.9	0.51	0.2	1.0	50.0
12[g]	—	[PF_6]	95.6	0.76	0.0	—	—

a 代表反应条件:C_3H_6:CO:H_2 = 1:1:1;$p(C_3H_6/CO/H_2)$ = 10bar;T = 100℃;转化率≈1%;GHSV = 7000h^{-1};Rh负载量为0.2wt%;Rh前驱体为Rh(acac)(CO)$_2$;载体为硅胶100。
b 代表配体与Rh的摩尔比。
c 代表载体的孔隙填充度以离子液体体积与载体孔体积的比值计。
d 代表稳态下(4h)的TOF以单位小时内每摩尔Rh产生醛的摩尔量计算,醛的选择性为100%。
e 代表线形醛与支链醛的摩尔比。
f 代表无配体催化剂。
g 代表仅负载[C_4MIM][PF_6]。

Kiwi-Minsker等[327]为实现连续流体[328-330]中负载型离子液体高效催化1,3-环己二烯加氢还原为环己烯反应过程的强化,将[C_4MIM][BF_4]和[SO_3H-$BMIM$][CF_3SO_3]分别负载在金属烧结纤维表面的碳纳米纤维上,形成了负载型[Rh(H)$_2$Cl(PPh$_3$)$_3$IL/CNF/SMF(SSILP,图2.57)]催化剂金属板,嵌入固定床反应器内后,用于连续化操作条件下的加氢催化反应过程强化,催化剂的TOF值为150~250h^{-1},选择性高达96%,见表2.8。

负载型催化剂的高比表面积有助于获得高催化活性的反应结果。通过提高反应底物与催化剂的接触面积,增大催化剂比表面积,能够提高催化剂的催化效率。Scott等[331]为了增加负载型催化剂的比表面积,以波纹状聚合物薄片(图2.58)为载体,Rh/[C_8MIM][NTf_2]复合物为催化活性中心,负载在该薄片上。其中聚合物

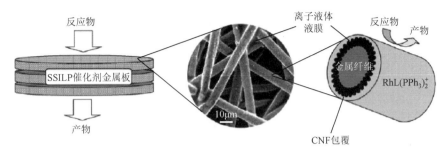

图 2.57　负载型离子液体催化剂 SSILP 用于气相加氢反应[327]

表 2.8　SSILP 催化 1, 3-环己二烯加氢反应[327]

项目	载体(SMF)	[C₄MIM]X	IL 负载量/%	Rh 负载量/%	n(酸)/n(IL)	n(PPh₃)/n(Rh)	TOF/h⁻¹	选择性/%
1	铬镍铁合金	[PF₆]	10	0.06	—	8	<1	—
2	铬镍铁合金	[PF₆]	10	0.06	0.3 (H₃PO₄)	8	20	93
3	铬镍铁合金	[PF₆]	11	0.06	0.5 (H₃PO₄)	8	85	>96
4	铬镍铁合金	[PF₆]	11	0.06	1.0 (H₃PO₄)	8	35	96
5	2%CNF/铬镍铁合金	[PF₆]	11	0.06	0.5 (H₃PO₄)	8	140	>96
6	铬镍铁合金	[BF₄]	10	0.06	0.5 (HBF₄)	2	75	70
7	铬镍铁合金	[BF₄]	11	0.06	0.5 (HBF₄)	4	115	78
8	铬镍铁合金	[BF₄]	11	0.06	0.5 (HBF₄)	6	150	90
9	铬镍铁合金	[BF₄]	11	0.06	0.5 (HBF₄)	8	130	96
10	2%CNF/铬镍铁合金	[BF₄]	12	0.06	0.5 (HBF₄)	8	285	>96
11	铁铬铝合金	[PF₆]	8	0.06	0.5 (H₃PO₄)	8	55	95
12	6%ZSM-5/铁铬铝合金	[PF₆]	7	0.06	0.5 (H₃PO₄)	8	115	95
13	铬镍铁合金	[SO₃H-BMIM][CF₃SO₃]	10	0.06	—	8	60	>96

薄片选用了两种材质：一种是无孔结构的聚苯乙烯片，其厚度为 0.4mm；另一种是孔状的硅/聚乙烯复合薄片，凸条花纹的尺寸 1mm×1mm、间距 5mm、厚度 0.5mm，以及孔隙率 40%。波纹状的薄片是通过热压机在 85～90℃下用磨具压成 100mm×100mm×0.5mm（$L×W×D$），嵌入微反应器内（图 2.59）。研究连续操作条件下丙烯加氢反应的活性随时间的变化曲线（图 2.60），发现当丙烯的流速为 6mL/min、催化剂用量 1%时，随反应停留时间由 0～150min 变化，丙烯的转化率呈逐渐增加的变化趋势，最高转化率可达 40%以上。

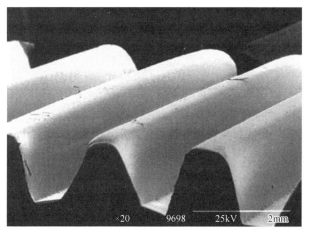

图 2.58 波纹状聚合物薄片[331]

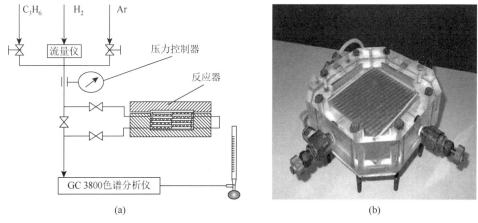

图 2.59 连续反应流程图（a）和嵌入波纹状催化剂的微反应器（b）[331]

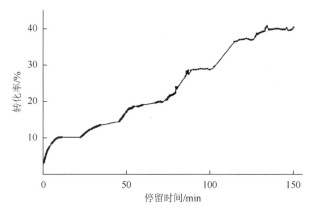

图 2.60 连续操作下丙烯的转化率随停留时间的变化曲线[331]

Vishwakarma 等[332]将基于 1,8-二氮杂双环(5,4,0)十一碳-7-烯（DBU）的离子液体负载在硅纳米纤维上，同时捕捉并实现 CO_2 气体的化学转化，形成气/液两相反应的界面层，溶剂沉淀后获得目标产品噁唑烷酮或喹唑啉二酮。CO_2 和胺类反应底物分别从微反应器（图 2.61）的两个入口进入，两相流体仅在纳米纤维催化剂界面处相互接触，且反应发生在纳米纤维催化剂的尖端处，产生气-液反应的纳界面，温和条件下可获得 81%~97% 的产品收率。

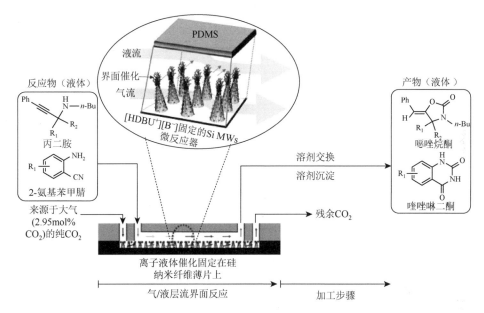

图 2.61　离子液体固载在硅纳米纤维上为 CO_2 气/液连续化学转化[332]

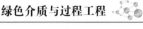

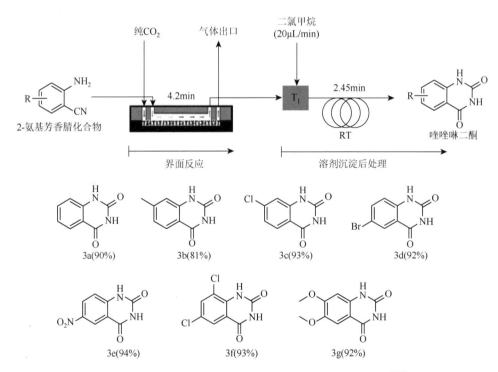

图 2.62 负载型离子液体微流体反应器内催化合成噁唑烷酮及其衍生物[332]

炔丙烯胺类化合物需溶解在DMSO溶液中作为反应底物相流入含[HDBU][MIM]催化剂的微反应器内（图 2.62），瞬间反应后，混合液中通入了适量的水作为稀释剂稀释DMSO溶液，再借助微分离器利用DCM将混合液中的反应底物萃取处理，完成了反应和分离同时进行的微过程，获得最终的产物噁唑烷酮类化合物。这与传统釜式反应器内[333]的反应（8～26h）相比，明显缩短到了反应与分离耗时不足9min，反应产物收率由83%提高到了90%以上，其反应效率不仅明显提高，且催化剂的利用量至少可减少一半。

图 2.63 负载型离子液体微流体反应器内合成喹唑啉二酮[334]

在不同的反应器内，负载在纳米纤维上的[HDBU][TFE]催化合成喹唑啉二酮的反应结果差别很大。该反应在微反应器内比传统釜式反应器内的催化效率更高，在图 2.63 所示的界面反应器内室温停留时间4.2min，可获得约2.8mmol/h的产品，这相当于釜式反应器内 24h 的反应结果[334]，且催化剂的用量明显减少。这些都得益于微反应器提供的高比表面积对反应过程的促进作用[335,336]。

2.2.2.3 其他绿色介质参与的微反应过程

（1）超临界 CO_2

超临界 CO_2 是一种价格便宜、可替代有毒有害有机溶剂的绿色介质，已经被广泛用于微反应器内的有机化学转变、合成材料[337,338]和纳米晶体合成，且超临界 CO_2 与微体系的结合被称为"超临界微流体"[339,340]。由于超临界 CO_2 操作压力和温度的特殊需求，对微反应器材质提出了特殊的要求，玻璃或聚甲基丙烯酸甲酯（PMMA）材质很难满足反应条件，然而金属材质却较适于加工制造超临界流体反应器。Hessel 等[341]在如图 2.64 所示的不锈钢微管式反应器中，用超临界 CO_2 代替有毒有害的 CO 气体分子，通过[C_4MIM][Cl]/金属钌复合型催化剂催化端烯烃获得甲氧基羰基化产物［式（2.45）］，与传统釜式反应器内的反应结果进行比较[342]（图 2.65），微反应器内的时空转化率为 10mol/(h·L)，高于釜式反应器近 5 倍。

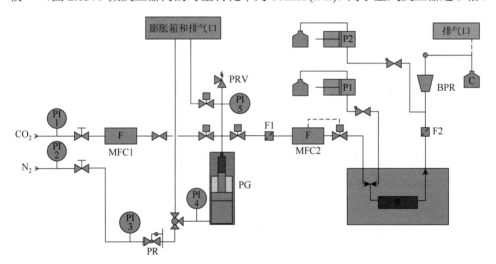

图 2.64　微流体设备连续合成甲氧基羰基化产物[341]

$$3R\!\!-\!\!\diagup + 2CO_2 + 4MeOH \xrightarrow[\text{[BMIM]Cl(2 equiv.)}]{Ru_3(CO)_{12}(1mol\%)} 3R\!\!-\!\!\diagdown\!\!\diagup\!\!\diagdown\!\!\diagup\!\!O\!\!-\!\! + 2H_2O$$

（2.45）

此外，超临界 CO_2 在固定床微反应器内也被应用于催化环己烯的加氢还原反应［式（2.46）][343]。Trachsel 等[344]报道了一种硅/玻璃材质的固定床微反应器（图 2.66），用于以超临界 CO_2 为反应介质的烯烃高压加氢还原反应。硅材料的引入使得该微反应器具备良好导热、耐压性，有助于氢分子由气相顺利移入液相中，促进加氢反

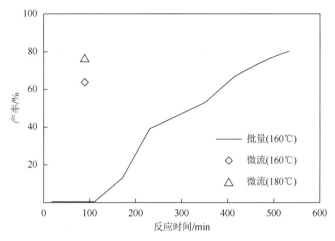

图 2.65 对比研究釜式反应器和微流体设备中的甲氧基羰基化反应[341, 342]

应的进行，且催化效率相比在其他连续流体反应器如传统固定床反应器[345]、多相微反应器[346]内得到明显提高，提高了近 10 倍，时空转化率为 $1.5 \times 10^6 \text{kg/(h·m}^3)$。

$$\text{C}_6\text{H}_{10} + \text{H}_2 \xrightarrow[\text{scCO}_2]{2\% \text{ Pd/Al}_2\text{O}_3} \text{C}_6\text{H}_{12} \tag{2.46}$$

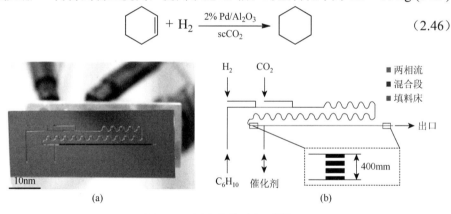

图 2.66 固定床微反应器[344]

（a）硅玻璃微反应器；（b）内部通道示意图

（2）超临界 H_2O

H_2O 作为一种绿色溶剂，被应用于众多有机合成反应中，包括 Beckmann 重排、Claisen 重排及超临界 H_2O 氧化反应等，其中 Beckmann 重排反应[347]是合成 nylon-6 材料中间体己内酰胺的重要途径之一［式（2.47）］。然而，传统工业生产普遍使用发烟硫酸作催化剂，通过催化环己酮肟重排合成己内酰胺中间体，但发烟硫酸的强酸性容易造成设备腐蚀、生产过程安全系数降低，且工业化生产中产生大量硝酸铵副产物，对环境污染严重，迫切地需要寻找一种安全系数高、生产效率高的解决办法。为了降低发烟硫酸的腐蚀，近些年来大量的固体酸催化剂如

B_2O_5[348]、Nb_2O_5[349]和酸性分子筛[350]等,被陆续应用于 Beckmann 重排反应中,但这些固体酸催化剂在该反应中表现出的反应效率并不高[351,352]。Beckmann 重排反应微型化装置的设计和开发,实现了这一过程的安全性操作、瞬间反应,减少了副产物的生成,提高了反应效率。Wang 等[353]利用内径为 0.75mm 的"T"型微混合器(图 2.67),实现了 Beckmann 重排反应在 300~400℃、32MPa 的瞬间安全转化过程,环己酮肟的转化率为 90%,生成己内酰胺的选择性在 50%以上,明显提高了反应效率和生成目标产品的选择性。

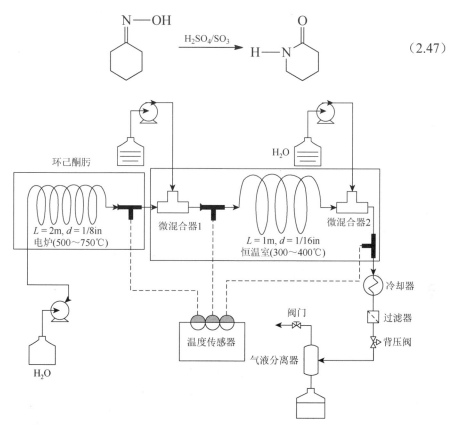

图 2.67 "T"型微混合器内催化合成己内酰胺单体[353]

(3)超临界乙醇

Takebayashi 等[354]在超临界乙醇的微流体环境中合成了在医药、颜料领域具有重要用途的 4-羟基喹啉产品[式(2.48)],实现了高压(10.0MPa)、高温(350℃)条件下苯胺类衍生物的瞬间转化,27s 可获得 97%的喹啉产品。通过对流体反应条件的精确控制,确定其反应过程受准一级速率常数控制,活化能为(204±2)kJ/mol,这与计算化学的密度泛函数理论验证的结果 187kJ/mol 基本一致。

$$\text{(2.48)}$$

2.2.2.4 总结与展望

与传统间歇反应器相比,微反应器具有如下一些潜在优势:研究成果可快速转化为生产力、可降低生产成本实现产业化和规模化、生产能力容易放大、企业规模较小、易于输送原料和能量及市场应变能力强等,利用设计并制造的微型化装置,实现反应过程的微型化,使得流体在反应器内高效、快速流动,能够快速达到反应平衡,减少外界条件对反应过程的干扰。因此,可实现对反应过程的精确、可靠分析。随着该技术的发展,微反应器与绿色化工过程如离子液体、功能材料合成及超临界流体等相结合,有益于发展可持续性绿色化工转化过程,缩短生产周期,加速向工业化成果转化进程,提升过程操作的安全性。但是,离子液体介质、超临界流体等本身存在的物理性质缺陷,如黏度过高、高压或高温操作等,对微反应器的材质和内部结构提出了更高的要求,使得很多反应过程难以实现微系统集成化,严重阻碍了微流体技术产业化的进程。因此,实现低黏度离子液体的合成、高压/高温微反应器的设计及反应过程的微系统集成化,是绿色反应过程将要面临的挑战和发展方向。

2.2.3 酶催化反应过程

新陈代谢是生命活动的基础,而这个复杂的生命过程都是在酶催化下有序进行的。酶作为生物催化剂与一般催化剂相比具有高效性、专一性、反应条件温和等特点。20世纪初,酶被首次作为生物催化剂应用到有机合成中,但之后并没有得到广泛的应用和关注,直到1984年,Zaks等[355]报道了猪胰腺脂肪酶在99%有机介质中催化三丁酸甘油酯与醇类的酯交换反应,同时证明多种酶能在有机介质中进行酶催化反应,温度100℃下而不失活。这同时也为酶催化反应发展过程中从水介质扩展到有机介质开启了一个新篇章。然而传统有机溶剂有诸多的缺点,常会限制酶的活性和选择性,且易挥发造成环境污染。因此,为了替代传统有机溶剂,近年来新型的绿色溶剂——离子液体被开发并引起了人们广泛关注。离子液体由于其可设计性和可功能性修饰,通过改变阴阳离子或嫁接不同官能团来调节其物化性质,从而满足不同的需求[356,357]。离子液体大部分作为纯溶剂,能与水混溶,形成溶剂-离子液体的共溶剂应用于生物催化过程。

2.2.3.1 脂肪酶在离子液体中的催化反应

由于脂肪酶具有高稳定性、高活性、底物范围应用广等特点，被广泛应用于酶催化反应中的水解反应、酯交换反应、醇解反应、酸解反应、酯化反应、氨基反应等[358-360]。因此脂肪酶是在所有酶催化反应中应用最广的一种。2000年，Seddon等[361]首次报道了南极假丝酵母脂肪酶在纯离子液体中催化辛酸与氨的酰胺化反应，从此吸引了大量学者的研究和报道。

20世纪初，酶催化立体选择性反应机理是由"钥匙和锁"模型来解释的。尽管这种模型的概念被广泛认可并解释了酶催化的立体选择性，但是不能解释酶在不同溶剂中催化不同底物的特异性和对映选择性。因此Ema等[362-364]提出了酶的运动动力学模型，解释了脂肪酶在不同溶剂的催化特性，不同的溶剂能激发出酶催化的潜力。Mezzetti等[365]通过调节伯醇的链长（底物）来发挥脂肪酶的催化特性。Taniguguchi等[366]报道了用脂肪酶催化含有羧基基团的联萘酚衍生物。这些研究表明脂肪酶可以催化不同的底物，而在不同溶剂中的活性和选择性也不相同。所以溶剂的选择对脂肪酶的活性和选择性至关重要。Itoh等[367]首次报道了脂肪酶在离子液体1-丁基-3-甲基咪唑六氟化磷盐介质中发生催化反应，这是由于此离子液体的疏水性质，同时不溶于有机萃取剂，首次做到了离子液体的分离回收再利用。从此，大量的离子液体被作为反应介质参与脂肪酶催化反应[368-370]。Itoh等[371]报道了离子液体$[C_4MIM][BF_4]$能增强脂肪酶的稳定性，脂肪酶被循环使用10次后仍能保持非常好的选择性。Gubicza等[372, 373]报道了脂肪酶在离子液体和有机醇的两相体系中催化乙酸异戊酯反应，相对于传统有机溶剂，选择性大大提高，并且催化剂循环10次后，酶的活性仍保持在最初的活性。Itoh等[374]报道了在脂肪酶435减压条件下催化3-羟基-5-苯基-1-戊烯发生酯化反应，脂肪酶和离子液体$[C_4MIM][PF_6]$循环5次后，其选择性和活性都保持最初的状态（图2.68）。Uyama等[375]利用此减压系统方法，以$[C_4MIM][BF_4]$作为介质，用脂肪酶催化己二酸和1,4-丁二醇发生酯化反应合成聚酯。

脂肪酶由于具有很强的稳定性，可以与过渡金属共同催化有机反应。Kim等[376]在离子液体$[C_4MIM][PF_6]$为溶剂，用脂肪酶和钌络合物为催化剂，催化右旋体苯基乙醇发生酯化反应。Martin等[377]报道了脂肪酶在$[C_4MIM][PF_6]$和$[C_4MIM][BF_4]$中，120℃下，催化邻苯二甲酸衍生物发生酯化反应。Eisenmenger等[378]也证明了脂肪酶在高压条件下的催化反应。脂肪酶的活性一般依赖于离子液体中的阴离子，Burney等[379]用MD分子模拟研究褶皱假丝酵母脂肪酶（candida rugosa lipase 1）在不同溶剂介质酶中的催化反应，结果表明离子液体对酶的结构和活性会有很大的影响。在Hofmeister离子效应研究中[380, 381]，也发现离子液体对脂肪酶的活性有很大的影响。Colton等[382]发现异丙醇能增强假丝酵母脂肪酶的活性，由于脂肪酶活性区域通道上的疏水性氨基酸"盖子"，异丙醇能有助于"盖子"的打开，以增强酶催

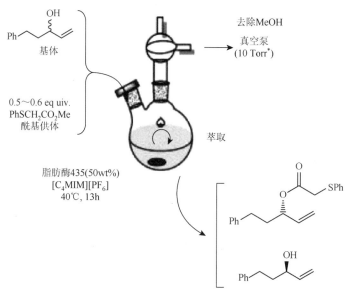

图 2.68　脂肪酶在离子液体[C$_4$MIM][PF$_6$]催化 3-羟基-5-苯基-1-戊烯发生酯化反应[374]

* 1Torr = 1.33322×10^{2}Pa

化的效能。同样类似的结果也被 Quilles 等[383]报道，他们使用了表面活性剂来改变酶的催化活性。离子液体具有两亲性，能与酶活性区域"盖子"疏水性离子液体发生相互作用，因此离子液体也具有活化酶的活性区域的潜质和能力。

　　脂肪酶催化合成生物柴油吸引了大量研究者的兴趣，因为它是可持续能源的重要组成部分。而以离子液体作为介质，脂肪酶催化合成生物柴油取得了非常好的结果。Koo 等[384]首次报道了南极假丝酵母脂肪酶在离子液体[C$_2$MIM][OTf]中催化大豆油与甲醇的酯交换反应，制备生物柴油。DuPon 等[385]报道了洋葱伯克霍尔德菌脂肪酶在离子液体[C$_4$MIM][NTf$_2$]中催化豆油醇解，产物生物柴油可通过简单两相分离，剩下的离子液体和脂肪酶可再循环使用，循环多次活性保持不变。Arai 等[386]报道了米根菌脂肪酶在离子液体[C$_4$MIM][BF$_4$]中催化大豆油醇解制生物柴油，而脂肪酶经过戊二醛胶交联后，其稳定性得到了增强（图 2.69）。

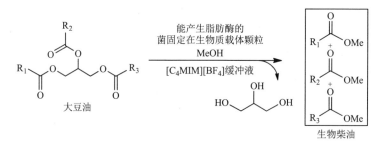

图 2.69　细胞中脂肪酶在离子液体中催化生产生物柴油[386]

同时，脂肪酶在离子液体催化合成糖脂方面吸引了大量研究者的兴趣。因为糖类在有机溶剂中溶解度低，而糖在一些离子液体中有很高的溶解度[386]。Kazlauskas 等[387]报道了洋葱伯克霍尔德菌脂肪酶在离子液体[MOMMIM][PF$_6$]中催化葡萄糖派生物乙酰化反应生成糖脂，选择性远远高于溶剂四氢呋喃。Ganske 等[388, 389]报道了使用[C$_4$MIM][BF$_4$]与异丁醇混合溶剂作为缓冲液，CAL-B 脂肪酶催化合成糖脂，因为糖脂很容易从离子液体溶剂中分离，离子液体和脂肪酶可再循环使用。尽管离子液体相比传统有机溶剂黏度高，但有时候，离子液体作为溶剂其反应速率要高于传统有机溶剂。结果表明，脂肪酶的活性和稳定性都可以被离子液体强化。

2.2.3.2 蛋白酶在离子液体中的催化反应

蛋白酶是作用于蛋白质或者多肽，能够水解蛋白质肽键的一类酶的总称。离子液体溶解能力极强，研究显示它能够溶解大部分天然高分子，如丝素蛋白、角蛋白、甲壳素及淀粉类物质，所以离子液体催化大分子介质具有很大的优势。Erbeldinger 等[390]报道了嗜热菌蛋白酶（Thermolysin）在离子液体[C$_4$MIM][PF$_6$]中催化 Z-天（门）冬氨酰苯丙氨酸甲酯的合成，与传统有机溶剂相比，酶在该离子液体体系中的稳定性明显提高，转化率相近。2000 年，Erbeldinger 等[390]又报道了在离子液体介质中，嗜热菌蛋白酶催化苄氧羰基-L-天冬氨酸和 L-苯丙氨酸甲酯盐，蛋白酶在离子液体中具有很高的稳定性，产率达到 95%，产物很容易分离，酶和离子液体可循环使用。Laszlo 等[391]报道了 α-胰凝乳蛋白酶在不同离子液体[C$_4$MIM][PF$_6$]、[C$_8$MIM][PF$_6$]中进行酯交换反应，发现其催化速率与有机溶剂乙腈相近。后来 Lozano 等[369]研究发现蛋白酶在离子液体中的活性只占在 1-丙醇中的 10%，但酶的稳定性却很强，最终产物在离子液体介质中的浓度更大，转化率更高。Ecksterin 等[392]报道了 α-胰凝乳蛋白酶在离子液体[C$_2$MIM][NTf$_2$]和[C$_4$MIM][NTf$_2$]中催化 N-乙酰-L-苯丙氨酸乙酯和 1-丁醇酯的交换反应，蛋白酶在离子液体中的活性要高于其在有机溶剂中的活性。Zhao 等[393]研究发现在枯草杆菌蛋白酶水解乙酰氨基酯反应中，经常需要加入有机溶剂乙腈，以增强氨基酸衍生物的溶解性，在此过程中会耗用大量挥发性有毒溶剂，造成环境污染，因此离子液体[C$_2$Py][CF$_3$COO]被用来代替有机溶剂，不仅避免了有毒有机溶剂的使用，也表现出更高的选择性。

2.2.3.3 氧化还原酶在离子液体中的催化反应

氧化还原酶广泛存在于自然界中，但对于氧化酶的应用相对较少，因为它的反应往往涉及危险的化学药品。而离子液体作为介质涉及的酶催化反应有漆酶、辣根过氧化酶、大豆过氧化酶等。2002 年，Hinckley 等[394]报道了在离子液体 [4-MBPy][BF$_4$]和[C$_4$MIM][PF$_6$]体系中，漆酶、辣根过氧化酶和大豆过氧化酶等能保持其催化活性，在 25%[4-MBPy][BF$_4$]中活性最高，但随着离子液体浓度的增加，氧化酶的催化活性逐渐降低（图 2.70）。

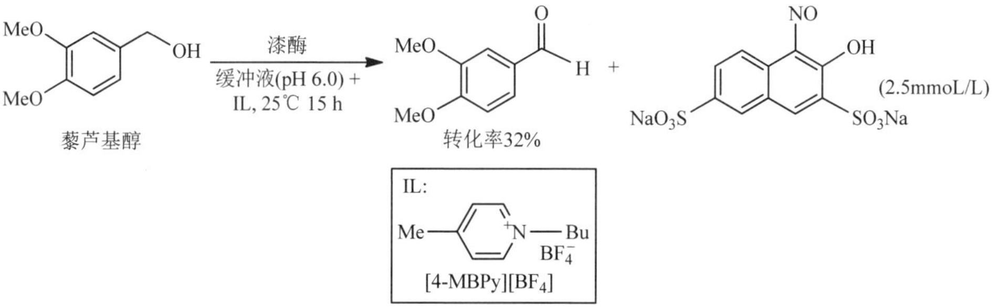

图 2.70　漆酶在离子液体中催化藜芦基醇酯化反应[394]

Laszlo 等[391]报道了过氧化酶催化邻甲氧基苯酚的氧化反应，当离子液体[C$_4$MIM][PF$_6$]和[C$_8$MIM][PF$_6$]作为催化介质时，血晶素和细胞色素过氧化酶中的活性要高于甲醇或二甲基亚砜。Sanfilippo 等[395]报道了过氧化酶催化二氢化萘不对称氧化，发现离子液体在体积分数为 10%时产率最高，减小和增加离子液体体积分数，产率都会有所下降，所以离子液体对酶的活性影响至关重要。Sgalla 等[396]报道了用辣根过氧化酶催化不溶于水的 4-苯基苯酚反应，在离子液体[C$_4$MIM][BF$_4$]（体积比 50%）和缓冲盐混合溶剂中，辣根过氧化酶活性保持良好，产物的选择性能达到 85%，而在传统的缓冲液中，均会有其他副产物的生成，结果表明离子液体能减少酶催化反应中副产物的生成，提高产物的选择性。Kaftzik 等[397]发现博伊丁假丝酵母甲酸脱氢酶，在体积比为 25%离子液体[C$_1$MIM][MeSO$_4$]的介质中催化合成 *N*-乙酰乳糖胺，产率能达到 60%。Eckstein 等[398]研究发现，离子液体[C$_4$MIM][NTf$_2$]和缓冲液双体系醇脱氢酶不对称催化还原 2-辛酮，其反应速率远高于以甲基叔丁基醚为助溶剂体系，转化率接近 100%，ee 值为 99%，同时酶在离子液体中稳定性更好。

2.2.3.4　纤维素酶在离子液体中的催化反应

1886 年，Bary 等[394]在真菌中发现纤维素酶。纤维素酶是降解纤维素合成葡萄糖单体的酶，而葡萄糖通过发酵可生成氢气和乙醇等燃料。由于天然纤维素中含有木质素和半纤维素，它们虽然不抑制酶解，但因其包围阻碍了纤维素酶与纤维素的接触，同时纤维素结晶度高，内含大量氢键，所以纤维素难以被降解和转化。离子液体能破坏纤维素的氢键结构,使其快速溶解,同时部分离子液体也可增强纤维素酶活性。2002 年,Swatloski 等[400]报道了离子液体不同阴阳离子的组成对纤维素溶解的能力,离子液体[C_4MIM][Cl]首次被用作纤维素溶解的介质。此后,Kamiya 等[401]研究了不同比例的水与离子液体[C_2MIM][H_2PO_4]对纤维素的催化作用,当离子液体与水的比例大于 3∶2 时,离子液体活性降低,当离子液体与水的比例减少至 4∶1 时,酶活性显著提高,70%的纤维素能被转化成葡萄糖和纤维二糖。

2.2.3.5 总结与展望

在酶催化反应中,传统缓冲液存在诸多缺点,如底物浓度溶解度低、酶的稳定性差、酶的活性低等。离子液体作为一种新型可设计绿色溶剂,能够通过调节阴阳离子来满足酶催化反应的不同需求,从而解决酶催化反应存在的诸多缺点。尤其是部分离子液体能改变酶的空间构象从而改善酶催化的选择性和活性,这使离子液体作为新型缓冲液在生物催化中开辟了一个新的领域。

然而离子液体作为缓冲液的研究中也存在诸多不足,例如,没有系统性研究离子液体对酶催化的影响,从而不能预测和设计含有不同官能团的离子液体。同时离子液体对酶活性、催化机理等的影响尚不明确。此外,离子液体在生物化学领域的工业发展和应用仍是重要挑战,需要广大研究者的深入研究和对理论的完善,以为离子液体的绿色应用和生物化学更上一个台阶奠定基础。

参 考 文 献

[1] Welton T. Room-temperature ionic liquids: solvents for synthesis and catalysis. Chemical Reviews, 1999, 99: 2071-2083.

[2] Dupont J, Fonseca G S, Umpierre A P, et al. Transition-metal nanoparticles in imidazolium ionic liquids: recyclable catalysts for biphasic hydrogenation reactions. Journal of the American Chemical Society, 2002, 124: 4228-4229.

[3] Dupont J, Kollár L. Ionic liquids (ILs) in organometallic catalysis. Topics in Organometallic Chemistry, 2015, 51: 1-15.

[4] Hallett J P, Welton T. Room-temperature ionic liquids: solvents for synthesis and catalysis. 2. Chemical Reviews, 2011, 111: 3508-3576.

[5] Boxwell C J, Dyson P J, Ellis D J, et al. A highly selective arene hydrogenation catalyst that operates in ionic liquid. Journal of the American Chemical Society, 2002, 124: 9334-9335.

[6] Mikkola J P, Virtanen P, Karhu H, et al. Supported ionic liquids catalysts for fine chemicals: citral hydrogenation. Green Chemistry, 2006, 8: 197-205.

[7] Doherty S, Knight J G, Backhouse T, et al. Highly efficient aqueous phase chemoselective hydrogenation of alpha, beta-unsaturated aldehydes catalysed by phosphine-decorated polymer immobilized IL-stabilized Pd NPs. Green Chemistry, 2017, 19: 1635-1641.

[8] Chen L, Xin J Y, Ni L L, et al. Conversion of lignin model compounds under mild conditions in

pseudo-homogeneous systems. Green Chemistry, 2016, 18: 2341-2352.

[9] Yuan X, Yan N, Xiao C X, et al. Highly selective hydrogenation of aromatic chloronitro compounds to aromatic chloroamines with ionic-liquid-like copolymer stabilized platinum nanocatalysts in ionic liquids. Green Chemistry, 2010, 12: 228-233.

[10] Yang X, Yan N, Fei Z F, et al. Biphasic hydrogenation over PVP stabilized Rh nanoparticles in hydroxyl functionalized ionic liquids. Inorganic Chemistry, 2008, 47: 7444-7446.

[11] Mu X D, Meng J Q, Li Z C, et al. Rhodium nanoparticles stabilized by ionic copolymers in ionic liquids: long lifetime nanocluster catalysts for benzene hydrogenation. Journal of the American Chemical Society, 2005, 127: 9694-9695.

[12] Campbell P S, Santini C C, Bayard F, et al. Olefin hydrogenation by ruthenium nanoparticles in ionic liquid media: does size matter? Journal of Catalysis, 2010, 275: 99-107.

[13] Scholten J D, Leal B C, Dupont J. Transition metal nanoparticle catalysis in ionic liquids. ACS Catalysis, 2012, 2: 184-200.

[14] Hu Y, Yang H M, Zhang Y C, et al. The functionalized ionic liquid-stabilized palladium nanoparticles catalyzed selective hydrogenation in ionic liquid. Catalysis Communications, 2009, 10: 1903-1907.

[15] Jutz F, Andanson J M, Baiker A. A green pathway for hydrogenations on ionic liquid-stabilized nanoparticles. Journal of Catalysis, 2009, 268: 356-366.

[16] Julis J, Holscher M, Leitner W. Selective hydrogenation of biomass derived substrates using ionic liquid-stabilized ruthenium nanoparticles. Green Chemistry, 2010, 12: 1634-1639.

[17] Jiang H Y, Zheng X X. Tuning the chemoselective hydrogenation of aromatic ketones, aromatic aldehydes and quinolines catalyzed by phosphine functionalized ionic liquid stabilized ruthenium nanoparticles. Catalysis Science & Technology, 2015, 5: 3728-3734.

[18] Jiao N M, Li Z L, Xia C G, et al. Palladium nanoparticles immobilized on cross-linked polymeric ionic liquid material: application as efficient and recoverable catalyst for the hydrogenation of nitroarenes. ChemistrySelect, 2017, 2: 4545-4556.

[19] Dyson P J, Ellis D J, Parker D G, et al. Arene hydrogenation in a room-temperature ionic liquid using a ruthenium cluster catalyst. Chemical Communications, 1999, 1: 25-26.

[20] Chauvin Y, Mussmann L, Olivier H. A novel class of versatile solvents for two-phase catalysis: hydrogenation, isomerization, and hydroformylation of alkenes catalyzed by rhodium complexes in liquid 1, 3-dialkylimidazolium salts. Angewandte Chemie-International Edition, 1995, 34: 2698-2700.

[21] Suarez P A Z, Dullius J E L, Einloft S, et al. The use of new ionic liquids in two-phase catalytic hydrogenation reaction by rhodium complexes. Polyhedron, 1996, 15: 1217-1219.

[22] Parvulescu V I, Hardacre C. Catalysis in ionic liquids. Chemical Reviews, 2007, 107: 2615-2665.

[23] Dzyuba S V, Bartsch R A. Recent advances in applications of room-temperature ionic liquid/supercritical CO_2 systems. Angewandte Chemie-International Edition, 2003, 42: 148-150.

[24] Liu F C, Abrams M B, Baker R T, et al. Phase-separable catalysis using room temperature ionic liquids and supercritical carbon dioxide. Chemical Communications, 2001, 5: 433-434.

[25] Skoda-Foldes R. The use of supported acidic ionic liquids in organic synthesis. Molecules, 2014, 19: 8840-8884.

[26] Mehnert C P, Cook R A, Dispenziere N C, et al. Supported ionic liquid catalysis-a new concept for homogeneous hydroformylation catalysis. Journal of the American Chemical Society, 2002, 124: 12932-12933.

[27] Karimi B, Enders D. New *N*-heterocyclic carbene palladium complex/ionic liquid matrix immobilized on silica:

application as recoverable catalyst for the heck reaction. Organic Letters, 2006, 8: 1237-1240.

[28] Valkenberg M H, de Castro C, Holderich W F. Immobilisation of ionic liquids on solid supports. Green Chemistry, 2002, 4: 88-93.

[29] Shi F, Zhang Q H, Li D M, et al. Silica-gel-confined ionic liquids: a new attempt for the development of supported nanoliquid catalysis. Chemistry: a European Journal, 2005, 11: 5279-5288.

[30] Zhang S G, Zhang J H, Zhang Y, et al. Nanoconfined ionic liquids. Chemical Reviews, 2017, 117: 6755-6833.

[31] Carlin R T, Fuller J. Ionic liquid-polymer gel catalytic membrane. Chemical Communications, 1997, 15: 1345-1346.

[32] Virtanen P, Mikkola J P, Salmi T. Kinetics of citral hydrogenation by supported ionic liquid catalysts (SILCA) for fine chemicals. Industrial & Engineering Chemistry Research, 2007, 46: 9022-9031.

[33] Virtanen P, Karhu H, Kordas K, et al. The effect of ionic liquid in supported ionic liquid catalysts (SILCA) in the hydrogenation of alpha, beta-unsaturated aldehydes. Chemical Engineering Science, 2007, 62: 3660-3671.

[34] Knapp R, Jentys A, Lercher J A. Impact of supported ionic liquids on supported Pt catalysts. Green Chemistry, 2009, 11: 656-661.

[35] Jalal A, Uzun A. An exceptional selectivity for partial hydrogenation on a supported nickel catalyst coated with [BMIM][BF$_4$]. Journal of Catalysis, 2017, 350: 86-96.

[36] Romanovsky B V, Tarkhanova I G. Supported ionic liquids in catalysis. Russian Chemical Reviews, 2017, 86: 444-458.

[37] Sandoval C A, Ohkuma T, Muniz K, et al. Mechanism of asymmetric hydrogenation of ketones catalyzed by binap/1, 2-diamine-ruthenium(ii) complexes. Journal of the American Chemical Society, 2003, 125: 13490-13503.

[38] Berger A, de Souza R F, Delgado M R, et al. Ionic liquid-phase asymmetric catalytic hydrogenation: hydrogen concentration effects on enantioselectivity. Tetrahedron-Asymmetry, 2001, 12: 1825-1828.

[39] Jin X, Xu X F, Zhao K. Amino acid-and imidazolium-tagged chiral pyrrolidinodiphosphine ligands and their applications in catalytic asymmetric hydrogenations in ionic liquid systems. Tetrahedron-Asymmetry, 2012, 23: 1058-1067.

[40] Lou L L, Peng X J, Yu K, et al. Asymmetric hydrogenation of acetophenone catalyzed by chiral Ru complex in mesoporous material supported ionic liquid. Catalysis Communications, 2008, 9: 1891-1893.

[41] Podolean I, Hardacre C, Goodrich P, et al. Chiral supported ionic liquid phase (CSILP) catalysts for greener asymmetric hydrogenation processes. Catalysis Today, 2013, 200: 63-73.

[42] Hardacre C, Parvulescu V. Catalysis in Ionic Liquids: from Catalyst Synthesis to Application. London: Royal Society of Chemistry, 2014.

[43] Wasserscheid P, Welton T. Ionic Liquids in Synthesis. 2nd. Weinheim: Wiley-VCH Verlag GmbH & Co. KGaA, 2007.

[44] Betz D, Altmann P, Cokoja M, et al. Recent advances in oxidation catalysis using ionic liquids as solvents. Coordination Chemistry Reviews, 2011, 255: 1518-1540.

[45] Muzart J. Ionic liquids as solvents for catalyzed oxidations of organic compounds. Advanced Synthesis & Catalysis, 2006, 348: 275-295.

[46] Welton T. Ionic liquids in catalysis. Coordination Chemistry Reviews, 2004, 248: 2459-2477.

[47] Gujar A C, White M G. Ionic liquids as catalysts, solvents and conversion agents. Catalysis, 2009, 21: 154-190.

[48] Alvaro M, Carbonell E, Ferrer B, et al. Ionic liquids as a novel medium for photochemical reactions.

Ru(bpy)$_3^{2+}$/viologen in imidazolium ionic liquid as a photocatalytic system mimicking the oxido-reductase enzyme. Photochemistry and Photobiology, 2006, 82: 185-190.

[49] Grodkowski J, Neta P. Reaction kinetics in the ionic liquid methyltributylammonium bis(trifluoromethylsulfonyl) imide. Pulse radiolysis study of (CF$_3$)-C-center dot radical reactions. Journal of Physical Chemistry A, 2002, 106: 5468-5473.

[50] Gordon C M, McLean A J. Photoelectron transfer from excited-state ruthenium(Ⅱ) tris (bipyridyl) to methylviologen in an ionic liquid. Chemical Communications, 2000, 15: 1395-1396.

[51] Vieira R C, Falvey D E. Photoinduced electron-transfer reactions in two room-temperature ionic liquids: 1-butyl-3-methylimidazolium hexafluorophosphate and 1-octyl-3-methylimidazolium hexafluorophosphate. Journal of Physical Chemistry B, 2007, 111: 5023-5029.

[52] Strehmel V, Wishart J F, Polyansky D E, et al. Recombination of photogenerated lophyl radicals in imidazolium-based ionic liquids. Chemphyschem, 2009, 10: 3112-3118.

[53] Crowhurst L, Lancaster N L, Arlandis J M P, et al. Manipulating solute nucleophilicity with room temperature ionic liquids. Journal of the American Chemical Society, 2004, 126: 11549-11555.

[54] Pádua A A H, Costa Gomes M F, Canongia Lopes J N A. Molecular solutes in ionic liquids: a structural perspective. Accounts of Chemical Research, 2007, 40: 1087-1096.

[55] Ren S H, Hou Y C, Wu W Z, et al. Oxidation of SO$_2$ absorbed by an ionic liquid during desulfurization of simulated flue gases. Industrial & Engineering Chemistry Research, 2011, 50: 998-1002.

[56] Singh D, Galetto F Z, Soares L C, et al. Metal-free air oxidation of thiols in recyclable ionic liquid: a simple and efficient method for the synthesis of disulfides. European Journal of Organic Chemistry, 2010, 4: 2661-2665.

[57] Thurow S, Pereira V A, Martinez D M, et al. Base-free oxidation of thiols to disulfides using selenium ionic liquid. Tetrahedron Letters, 2011, 52: 640-643.

[58] Chauhan S M S, Kumar A, Srinivas K A. Oxidation of thiols with molecular oxygen catalyzed by cobalt(Ⅱ) phthalocyanines in ionic liquid. Chemical Communications, 2003, 18: 2348-2349.

[59] Pomelli C S, Chiappe C, Lapi A. Accelerating effect of imidazolium ionic liquids on the singlet oxygen promoted oxidation of thioethers: a theoretical study. Journal of Photochemistry and Photobiology A: Chemistry, 2012, 240: 59-65.

[60] Zhu W S, Zhu G P, Li H M, et al. Catalytic kinetics of oxidative desulfurization with surfactant-type polyoxometalate-based ionic liquids. Fuel Processing Technology, 2013, 106: 70-76.

[61] Lu H Y, Ren W Z, Wang H Y, et al. Deep desulfurization of diesel by ionic liquid extraction coupled with catalytic oxidation using an anderson-type catalyst [(C$_4$H$_9$)$_4$N]$_4$ NiMo$_6$O$_{24}$H$_6$. Applied Catalysis a-General, 2013, 453: 376-382.

[62] Chi Y S, Li C P, Jiao Q Z, et al. Desulfurization by oxidation combined with extraction using acidic room-temperature ionic liquids. Green Chemistry, 2011, 13: 1224-1229.

[63] Li F T, Liu R H, Wen J H, et al. Desulfurization of dibenzothiophene by chemical oxidation and solvent extraction with Me$_3$NCH$_2$C$_6$H$_5$Cl. 2ZnCl$_2$ ionic liquid. Green Chemistry, 2009, 11: 883-888.

[64] Zhu W S, Ding Y X, Li H M, et al. Application of a self-emulsifiable task-specific ionic liquid in oxidative desulfurization of fuels. RSC Advances, 2013, 3: 3893-3898.

[65] Mota A, Butenko N, Hallett J P, et al. Application of (VO)-O-IV(acac)$_2$ type complexes in the desulfurization of fuels with ionic liquids. Catalysis Today, 2012, 196: 119-125.

[66] Zhu W S, Zhang J T, Li H M, et al. Fenton-like ionic liquids/H$_2$O$_2$ system: one-pot extraction combined with

oxidation desulfurization of fuel. RSC Advances, 2012, 2: 658-664.

[67] Zhao D S, Liu R, Wang J L, et al. Photochemical oxidation-ionic liquid extraction coupling technique in deep desulphurization of light oil. Energy & Fuels, 2008, 22: 1100-1103.

[68] Zhang M, Zhu W S, Xun S H, et al. Deep oxidative desulfurization of dibenzothiophene with pom-based hybrid materials in ionic liquids. Chemical Engineering Journal, 2013, 220: 328-336.

[69] Lo W H, Yang H Y, Wei G T. One-pot desulfurization of light oils by chemical oxidation and solvent extraction with room temperature ionic liquids. Green Chemistry, 2003, 5: 639-642.

[70] Ma C H, Dai B, Xu C X, et al. Deep oxidative desulfurization of model fuel via dielectric barrier discharge plasma oxidation using MnO_2 catalysts and combination of ionic liquid extraction. Catalysis Today, 2013, 211: 84-89.

[71] Zhang C, Pan X Y, Wang F, et al. Extraction-oxidation desulfurization by pyridinium-based task-specific ionic liquids. Fuel, 2012, 102: 580-584.

[72] Tang R Y, Zhong P, Lin Q L. Selective oxidation and chlorination of trifluoromethylsulfide using trichloroisocyanuric acid in ionic liquid. Journal of Fluorine Chemistry, 2007, 128: 636-640.

[73] Zhang B, Zhou M D, Cokoja M, et al. Oxidation of sulfides to sulfoxides mediated by ionic liquids. RSC Advances, 2012, 2: 8416-8420.

[74] Hajipour A, Khazdooz L, Ruoho A. Selective and efficient oxidation of sulfides to sulfoxides using ceric ammonium nitrate (CAN) /Brønsted acidic ionic liquid. Phosphorus Sulfur and Silicon and the Related Elements, 2009, 184: 705-711.

[75] Hajipour A R, Mostafavi M, Ruoho A E. Oxidation of thiols using $K_2S_2O_8$ in ionic liquid. Phosphorus Sulfur and Silicon and the Related Elements, 2009, 184: 1920-1923.

[76] Cimpeanu V, Parvulescu A N, Parvulescu V I, et al. Liquid-phase oxidation of a pyrimidine thioether on Ti-SBA-15 and UL-TS-1 catalysts in ionic liquids. Journal of Catalysis, 2005, 232: 60-67.

[77] Cimpeanu V, Pârvulescu V I, Thompson J M, et al. Thioethers oxidation on dispersed Ta-silica mesoporous catalysts in ionic liquids. Catalysis Today, 2006, 117: 126-132.

[78] Cimpeanu V, Parvulescu V I, Amoros P, et al. Heterogeneous oxidation of pyrimidine and alkyl thioethers in ionic liquids over mesoporous Ti or Ti/Ge catalysts. Chemistry: a European Journal, 2004, 10: 4640-4646.

[79] Seddon K R, Stark A. Selective catalytic oxidation of benzyl alcohol and alkylbenzenes in ionic liquids. Green Chemistry, 2002, 4: 119-123.

[80] van Doorslaer C, Schellekens Y, Mertens P, et al. Spontaneous product segregation from reactions in ionic liquids: application in Pd-catalyzed aliphatic alcohol oxidation. Physical Chemistry Chemical Physics, 2010, 12: 1741-1749.

[81] Farmer V, Welton T. The oxidation of alcohols in substituted imidazolium ionic liquids using ruthenium catalysts. Green Chemistry, 2002, 4: 97-102.

[82] Wolfson A, Wuyts S, de Vos D E, et al. Aerobic oxidation of alcohols with ruthenium catalysts in ionic liquids. Tetrahedron Letters, 2002, 43: 8107-8110.

[83] de Souza R F, Dupont J, Dullius J E D. Aerobic, catalytic oxidation of alcohols in ionic liquids. Journal of the Brazilian Chemical Society, 2006, 17: 48-52.

[84] Ansari I A, Gree R. Tempo-catalyzed aerobic oxidation of alcohols to aldehydes and ketones in ionic liquid [Bmim][PF_6]. Organic Letters, 2002, 4: 1507-1509.

[85] Jiang N, Ragauskas A J. Copper(II)-catalyzed aerobic oxidation of primary alcohols to aldehydes in ionic liquid

[bmpy]PF$_6$. Organic Letters, 2005, 7: 3689-3692.

[86] Sun H J, Li X Y, Sundermeyer J. Aerobic oxidation of phenol to quinone with copper chloride as catalyst in ionic liquid. Journal of Molecular Catalysis A: Chemical, 2005, 240: 119-122.

[87] Hosseini-Monfared H, Meyer H, Janiak C. Dioxygen oxidation of 1-phenylethanol with gold nanoparticles and N-hydroxyphthalimide in ionic liquid. Journal of Molecular Catalysis A: Chemical, 2013, 372: 72-78.

[88] Jiang N, Ragauskas A J. Vanadium-catalyzed selective aerobic alcohol oxidation in ionic liquid [Bmim]PF$_6$. Tetrahedron Letters, 2007, 48: 273-276.

[89] Oda Y, Hirano K, Satoh T, et al. A remarkable effect of ionic liquids in transition-metal-free aerobic oxidation of benzylic alcohols. Tetrahedron Letters, 2011, 52: 5392-5394.

[90] Zakzeski J, Jongerius A L, Weckhuysen B M. Transition metal catalyzed oxidation of alcell lignin, soda lignin, and lignin model compounds in ionic liquids. Green Chemistry, 2010, 12: 1225-1236.

[91] Zakzeski J, Bruijnincx P C A, Weckhuysen B M. In situ spectroscopic investigation of the cobalt-catalyzed oxidation of lignin model compounds in ionic liquids. Green Chemistry, 2011, 13: 671-680.

[92] Liu S W, Shi Z L, Li L, et al. Process of lignin oxidation in an ionic liquid coupled with separation. RSC Advances, 2013, 3: 5789-5793.

[93] Liu Z, Chen Z C, Zheng Q G. Mild oxidation of alcohols with O-iodoxybenzoic acid (IBX) in ionic liquid 1-butyl-3-methyl-imidazolium chloride and water. Organic Letters, 2003, 5: 3321-3323.

[94] Yadav J S, Reddy B V S, Basak A K, et al. Recyclable 2nd generation ionic liquids as green solvents for the oxidation of alcohols with hypervalent iodine reagents. Tetrahedron, 2004, 60: 2131-2135.

[95] Qian W X, Jin E L, Bao W L, et al. Clean and highly selective oxidation of alcohols in an ionic liquid by using an ion-supported hypervalent iodine(III) reagent. Angewandte Chemie-International Edition, 2005, 44: 952-955.

[96] Ramakrishna D, Bhat B R, Karvembu R. Catalytic oxidation of alcohols by nickel(II) schiff base complexes containing triphenylphosphine in ionic liquid: an attempt towards green oxidation process. Catalysis Communications, 2010, 11: 498-501.

[97] Xie H B, Zhang S B, Duan H F. An ionic liquid based on a cyclic guanidinium cation is an efficient medium for the selective oxidation of benzyl alcohols. Tetrahedron Letters, 2004, 45: 2013-2015.

[98] Lee J C, Lee J Y, Lee J M. Efficient procedure for oxidation of benzylic alcohols to carbonyl compounds by N-bromosuceinimide in ionic liquid. Synthetic Communications, 2005, 35: 1911-1914.

[99] Khurana J M, Chaudhary A, Kumar S. Rapid oxidation of 1, 2-diols, -hydroxyketones and some alcohols using N-bromosuccinimide in ionic liquid. Organic Preparations and Procedures International, 2013, 45: 241-245.

[100] Hajipour A R, Rafiee F, Ruoho A E. Oxidation of benzylic alcohols to their corresponding carbonyl compounds using KIO$_4$ in ionic liquid by microwave irradiation. Synthetic Communications, 2006, 36: 2563-2568.

[101] Kumar A, Jain N, Chauhan S M S. Oxidation of benzylic alcohols to carbonyl compounds with potassium permanganate in ionic liquids. Synthetic Communications, 2004, 34: 2835-2842.

[102] Zhu C J, Yoshimura A, Wei Y Y, et al. Facile preparation and reactivity of bifunctional ionic liquid-supported hypervalent iodine reagent: a convenient recyclable reagent for catalytic oxidation. Tetrahedron Letters, 2012, 53: 1438-1444.

[103] Zhu C J, Ji L, Wei Y Y. Clean and selective oxidation of alcohols with N-Bu$_4$NHSO$_5$ catalyzed by ionic liquid immobilized tempo in ionic liquid [Bmim][PF$_6$]. Catalysis Communications, 2010, 11: 1017-1020.

[104] Rong M Z, Liu C, Han J Y, et al. Catalytic oxidation of alcohols by a novel copper schiff base ligand derived from

acetylacetonate and l-leucine in ionic liquids. Catalysis Letters, 2008, 125: 52-56.
[105] Fan X S, Qu Y Y, Wang Y Y, et al. Ru(III)-catalyzed oxidation of homopropargyl alcohols in ionic liquid: an efficient and green route to 1, 2-allenic ketones. Tetrahedron Letters, 2010, 51: 2123-2126.
[106] Monteiro B, Gago S, Neves P, et al. Effect of an ionic liquid on the catalytic performance of thiocyanatodioxomolybdenum(VI) complexes for the oxidation of cyclooctene and benzyl alcohol. Catalysis Letters, 2009, 129: 350-357.
[107] Liu L L, Chen C C, Hu X F, et al. A role of ionic liquid as an activator for efficient olefin epoxidation catalyzed by polyoxometalate. New Journal of Chemistry, 2008, 32: 283-289.
[108] Chatel G, Goux-Henry C, Kardos N, et al. Ultrasound and ionic liquid: an efficient combination to tune the mechanism of alkenes epoxidation. Ultrasonics Sonochemistry, 2012, 19: 390-394.
[109] Teixeira J, Silva A R, Branco L C, et al. Asymmetric alkene epoxidation by Mn(III) salen catalyst in ionic liquids. Inorganica Chimica Acta, 2010, 363: 3321-3329.
[110] Owens G S, Durazo A, Abu-Omar M M. Kinetics of MTO-catalyzed olefin epoxidation in ambient temperature ionic liquids: UV/vis and ^{2}H NMR study. Chemistry: a European Journal, 2002, 8: 3053-3059.
[111] Brito J A, Ladeira S, Teuma E, et al. Dioxomolybdenum(VI) complexes containing chiral oxazolines applied in alkenes epoxidation in ionic liquids: a highly diastereoselective catalyst. Applied Catalysis a-General, 2011, 398: 88-95.
[112] Bortolini O, Campestrini S, Conte V, et al. Sustainable epoxidation of electron-poor olefins with hydrogen peroxide in ionic liquids and recovery of the products with supercritical CO_2. European Journal of Organic Chemistry, 2003, 2003: 4804-4809.
[113] Saladino R, Crestini C, Crucianelli M, et al. Ionic liquids in methyltrioxorhenium catalyzed epoxidation-methanolysis of glycals under homogeneous and heterogeneous conditions. Journal of Molecular Catalysis A: Chemical, 2008, 284: 108-115.
[114] Kumar A. Epoxidation of alkenes with hydrogen peroxide catalyzed by 1-methyl-3-butylimidazoliumdecatungstate in ionic liquid. Catalysis Communications, 2007, 8: 913-916.
[115] Herbert M, Galindo A, Montilla F. Catalytic epoxidation of cyclooctene using molybdenum(VI) compounds and urea-hydrogen peroxide in the ionic liquid [Bmim]PF_6. Catalysis Communications, 2007, 8: 987-990.
[116] Pinto L D, Dupont J, de Souza R F, et al. Catalytic asymmetric epoxidation of limonene using manganese schiff-base complexes immobilized in ionic liquids. Catalysis Communications, 2008, 9: 135-139.
[117] Li Z, Xia C G, Xu C Z. Oxidation of alkanes catalyzed by manganese(III) porphyrin in an ionic liquid at room temperature. Tetrahedron Letters, 2003, 44: 9229-9232.
[118] Tangestaninejad S, Moghadam M, Mirkhani V, et al. Efficient epoxidation of alkenes with sodium periodate catalyzed by manganese porphyrins in ionic liquid: investigation of catalyst reusability. Inorganic Chemistry Communications, 2010, 13: 1501-1503.
[119] Li Z, Xia C G, Ji M. Manganeseporphyrin-catalyzed alkenes epoxidation by iodobenzene diacetate in a room temperature ionic liquid. Applied Catalysis a-General, 2003, 252: 17-21.
[120] Chiappe C, Sanzone A, Dyson P J. Styrene oxidation by hydrogen peroxide in ionic liquids: the role of the solvent on the competition between two Pd-catalyzed processes, oxidation and dimerization. Green Chemistry, 2011, 13: 1437-1441.
[121] Conte V, Floris B, Galloni P, et al. The Pt(II)-catalyzed baeyer-villiger oxidation of cyclohexanone with H_2O_2 in ionic liquids. Green Chemistry, 2005, 7: 262-266.

[122] Panchgalle S P, Kalkote U R, Niphadkar P S, et al. Sn-beta molecular sieve catalysed baeyer-villiger oxidation in ionic liquid at room temperature. Green Chemistry, 2004, 6: 308-309.

[123] Kotlewska A J, van Rantwijk F, Sheldon R A, et al. Epoxidation and baeyer-villiger oxidation using hydrogen peroxide and a lipase dissolved in ionic liquids. Green Chemistry, 2011, 13: 2154-2160.

[124] Chrobok A. The Baeyer-Villiger oxidation of ketones with Oxone® in the presence of ionic liquids as solvents. Tetrahedron, 2010, 66: 6212-6216.

[125] Baj S, Chrobok A, Slupska R. The baeyer-villiger oxidation of ketones with bis(trimethylsilyl) peroxide in the presence of ionic liquids as the solvent and catalyst. Green Chemistry, 2009, 11: 279-282.

[126] Rodriguez C, de Gonzalo G, Fraaije M W, et al. Ionic liquids for enhancing the enantioselectivity of isolated bvmo-catalysed oxidations. Green Chemistry, 2010, 12: 2255-2260.

[127] Lu T T, Mao Y, Yao K, et al. Metal free: a novel and efficient aerobic oxidation of toluene derivatives catalyzed by N', N'', N''',-trihydroxyisocyanuric acid and dimethylglyoxime in PEG-1000-based dicationic acidic ionic liquid. Catalysis Communications, 2012, 27: 124-128.

[128] Meng Y, Liang B, Tang S W. A study on the liquid-phase oxidation of toluene in ionic liquids. Applied Catalysis a-General, 2012, 439: 1-7.

[129] Hu Y Q, Wang J Y, Zhao R H, et al. Catalytic oxidation of cyclohexane over ZSM-5 catalyst in N-alkyl-N-methylimidazolium ionic liquids. Chinese Journal of Chemical Engineering, 2009, 17: 407-411.

[130] Wang J Y, Zhao H, Zhang X J, et al. Oxidation of cyclohexane catalyzed by TS-1 in ionic liquid with tert-butyl-hydroperoxide. Chinese Journal of Chemical Engineering, 2008, 16: 373-375.

[131] Gago S, Bruno S M, Queiros D C, et al. Oxidation of ethylbenzene in the presence of an MCM-41-supported or ionic liquid-standing bischlorocopper(II) complex. Catalysis Letters, 2011, 141: 1009-1017.

[132] Wang J R, Liu L, Wang Y F, et al. Aerobic oxidation with N-hydroxyphthalimide catalysts in ionic liquid. Tetrahedron Letters, 2005, 46: 4647-4651.

[133] Dake S A, Kulkarni R S, Kadam V N, et al. Phosphonium ionic liquid: a novel catalyst for benzyl halide oxidation. Synthetic Communications, 2009, 39: 3898-3904.

[134] Hu Y L, Liu Q F, Lu T T, et al. Highly efficient oxidation of organic halides to aldehydes and ketones with H_5IO_6 in ionic liquid [C_{12}mim][$FeCl_4$]. Catalysis Communications, 2010, 11: 923-927.

[135] Khumraksa B, Phakhodee W, Pattarawarapan M. Rapid oxidation of organic halides with N-methylmorpholine N-oxide in an ionic liquid under microwave irradiation. Tetrahedron Letters, 2013, 54: 1983-1986.

[136] Stahlberg T, Eyjolfsdottir E, Gorbanev Y Y, et al. Aerobic oxidation of 5-(hydroxymethyl) furfural in ionic liquids with solid ruthenium hydroxide catalysts. Catalysis Letters, 2012, 142: 1089-1097.

[137] Howarth J. Oxidation of aromatic aldehydes in the ionic liquid [Bmim]PF_6. Tetrahedron Letters, 2000, 41: 6627-6629.

[138] Fall A, Sene M, Gaye M, et al. Ionic liquid-supported tempo as catalyst in the oxidation of alcohols to aldehydes and ketones. Tetrahedron Letters, 2010, 51: 4501-4504.

[139] Miao C X, Wang J Q, Yu B, et al. Synthesis of bimagnetic ionic liquid and application for selective aerobic oxidation of aromatic alcohols under mild conditions. Chemical Communications, 2011, 47: 2697-2699.

[140] Liu L, Ji L Y, Wei Y Y. Aerobic selective oxidation of alcohols to aldehydes or ketones catalyzed by ionic liquid immobilized tempo under solvent-free conditions. Monatshefte Fur Chemie, 2008, 139: 901-903.

[141] Zhu J, Wang P C, Ming L. Tempo-based ionic liquid with temperature-dependent property and application for aerobic oxidation of alcohols. Synthetic Communications, 2013, 43: 1871-1881.

[142] Karthikeyan P, Arunrao A S, Narayan M P, et al. Selective oxidation of alcohol to carbonyl compound catalyzed by l-aspartic acid coupled imidazolium based ionic liquid. Journal of Molecular Liquids, 2012, 173: 180-183.

[143] He X, Chan T H. New non-volatile and odorless organosulfur compounds anchored on ionic liquids. Recyclable reagents for swern oxidation. Tetrahedron, 2006, 62: 3389-3394.

[144] Zhou C L, Liu Y. Selective oxidation of alcohols with molecular oxygen catalyzed by $RuCl_3 \cdot 3H_2O$ in P- and N-containing ligand functionalized ionic liquids. Chinese Journal of Catalysis, 2010, 31: 656-660.

[145] Wu X E, Ma L, Ding M X, et al. Imidazolium ionic liquid-grafted 2, 2'-bipyridine-a novel ligand for the recyclable copper-catalyzed selective oxidation of alcohols in ionic liquid [Bmim][PF_6]. Chemistry Letters, 2005, 34: 312-313.

[146] Chen Y T, Bai L L, Zhou C M, et al. Palladium-catalyzed aerobic oxidation of 1-phenylethanol with an ionic liquid additive. Chemical Communications, 2011, 47: 6452-6454.

[147] Buaki M, Aprile C, Dhakshinamoorthy A, et al. Liposomes by polymerization of an imidazolium ionic liquid: use as microreactors for gold-catalyzed alcohol oxidation. Chemistry: a European Journal, 2009, 15: 13082-13089.

[148] Yang J H, Qiu L H, Liu B Q, et al. Synthesis of polymeric ionic liquid microsphere/Pt nanoparticle hybrids for electrocatalytic oxidation of methanol and catalytic oxidation of benzyl alcohol. Journal of Polymer Science Part a-Polymer Chemistry, 2011, 49: 4531-4538.

[149] Zhao D S, Wang Y A, Duan E H, et al. Oxidation desulfurization of fuel using pyridinium-based ionic liquids as phase-transfer catalysts. Fuel Processing Technology, 2010, 91: 1803-1806.

[150] Zhu W, Xu D, Li H, et al. Oxidative desulfurization of dibenzothiophene catalyzed by $Vo(acac)_2$ in ionic liquids at room temperature. Petroleum Science and Technology, 2013, 31: 1447-1453.

[151] Wang Q L, Lei L C, Zhu J K, et al. Deep desulfurization of fuels by extraction with 4-dimethylaminopyridinium-based ionic liquids. Energy & Fuels, 2013, 27: 4617-4623.

[152] Liu D, Gui J Z, Park Y K, et al. Deep removal of sulfur from real diesel by catalytic oxidation with halogen-free ionic liquid. Korean Journal of Chemical Engineering, 2012, 29: 49-53.

[153] Nejad N F, Soolari E S, Adibi M, et al. Imidazolium-based alkylsulfate ionic liquids and removal of sulfur content from model of gasoline. Petroleum Science and Technology, 2013, 31: 472-480.

[154] Liang W D, Zhang S, Li H F, et al. Oxidative desulfurization of simulated gasoline catalyzed by acetic acid-based ionic liquids at room temperature. Fuel Processing Technology, 2013, 109: 27-31.

[155] Reddy C V, Verkade J G. An advantageous tetrameric titanium alkoxide/ionic liquid as a recyclable catalyst system for the selective oxidation of sulfides to sulfones. Journal of Molecular Catalysis A: Chemical, 2007, 272: 233-240.

[156] Wang S S, Wang L, Dakovic M, et al. Bifunctional ionic liquid catalyst containing sulfoacid group and hexafluorotitanate for room temperature sulfoxidation of sulfides to sulfoxides using hydrogen peroxide. ACS Catalysis, 2012, 2: 230-237.

[157] Zhang B, Li S, Yue S, et al. Imidazolium perrhenate ionic liquids as efficient catalysts for the selective oxidation of sulfides to sulfones. Journal of Organometallic Chemistry, 2013, 744: 108-112.

[158] Bigi F, Gunaratne H Q N, Quarantelli C, et al. Chiral ionic liquids for catalytic enantioselective sulfide oxidation. Comptes Rendus Chimie, 2011, 14: 685-687.

[159] Li H, Hou Z S, Qiao Y X, et al. Peroxopolyoxometalate-based room temperature ionic liquid as a self-separation catalyst for epoxidation of olefins. Catalysis Communications, 2010, 11: 470-475.

[160] Zhang H J, Liu Y, Lu Y, et al. Epoxidations catalyzed by an ionic manganese(III) porphyrin and characterization of manganese(V, IV)-oxo porphyrin complexes by UV-vis spectrophotometer in ionic liquid solution. Journal of Molecular Catalysis A: Chemical, 2008, 287: 80-86.

[161] Tan R, Yin D H, Yu N Y, et al. Easily recyclable polymeric ionic liquid-functionalized chiral salen Mn(III) complex for enantioselective epoxidation of styrene. Journal of Catalysis, 2009, 263: 284-291.

[162] Lu B, Cai N, Sun J, et al. Solvent-free oxidation of toluene in an ionic liquid with H_2O_2 as oxidant. Chemical Engineering Journal, 2013, 225: 266-270.

[163] Xu S A, Huang C P, Zhang J, et al. Catalytic oxidation of 1, 3-diisopropylbenzene using imidazolium ionic liquid as catalyst. Korean Journal of Chemical Engineering, 2009, 26: 985-989.

[164] Liu W, Wan Q X, Liu Y. Oxidation of ethylbenzene (derivatives) catalyzed by a functionalized ionic liquid combined with cationic (tetrakis (N-methyl-4-pyridinium) porphyrinato) manganese(III) and anionic phosphotungstate. Monatshefte Fur Chemie, 2010, 141: 859-865.

[165] Chrobok A, Baj S, Pudlo W, et al. Supported hydrogensulfate ionic liquid catalysis in Baeyer-Villiger reaction. Applied Catalysis a-General, 2009, 366: 22-28.

[166] Dabiri M, Salehi P, Bahramnejad M. Ecofriendly and efficient one-pot procedure for the synthesis of quinazoline derivatives catalyzed by an acidic ionic liquid under aerobic oxidation conditions. Synthetic Communications, 2010, 40: 3214-3225.

[167] Chen X L, Souvanhthong B, Wang H, et al. Polyoxometalate-based ionic liquid as thermoregulated and environmentally friendly catalyst for starch oxidation. Applied Catalysis B-Environmental, 2013, 138: 161-166.

[168] Lang X J, Li Z, Xia C G. [α-$PW_{12}O_{40}$]$^{3-}$ immobilized on ionic liquid-modified polymer as a heterogeneous catalyst for alcohol oxidation with hydrogen peroxide. Synthetic Communications, 2008, 38: 1610-1616.

[169] Nadealian Z, Mirkhani V, Yadollahi B, et al. Selective oxidation of alcohols to aldehydes using inorganic-organic hybrid catalyst based on zinc substituted polyoxometalate and ionic liquid. Journal of Coordination Chemistry, 2012, 65: 1071-1081.

[170] Zhu J, Wang P C, Lu M. Synthesis of novel magnetic silica supported hybrid ionic liquid combining tempo and polyoxometalate and its application for selective oxidation of alcohols. RSC Advances, 2012, 2: 8265-8268.

[171] Bordoloi A, Sahoo S, Lefebvre F, et al. Heteropoly acid-based supported ionic liquid-phase catalyst for the selective oxidation of alcohols. Journal of Catalysis, 2008, 259: 232-239.

[172] Tan R, Liu C, Feng N, et al. Phosphotungstic acid loaded on hydrophilic ionic liquid modified SBA-15 for selective oxidation of alcohols with aqueous H_2O_2. Microporous and Mesoporous Materials, 2012, 158: 77-87.

[173] Chrobok A, Baj S, Pudlo W, et al. Supported ionic liquid phase catalysis for aerobic oxidation of primary alcohols. Applied Catalysis a-General, 2010, 389: 179-185.

[174] Zhuang J P, Lin L, Pang C S, et al. Selective catalytic conversion of glucose to 5-hydroxymethylfurfural over $Zr(H_2PO_4)_2$ solid acid catalysts. Advanced Materials Research, 2011, 236-238: 134-137.

[175] Ciriminna R, Hesemann P, Moreau J J E, et al. Aerobic oxidation of alcohols in carbon dioxide with silica-supported ionic liquids doped with perruthenate. Chemistry: a European Journal, 2006, 12: 5220-5224.

[176] Karimi B, Badreh E. SBA-15-functionalized tempo confined ionic liquid: an efficient catalyst system for transition-metal-free aerobic oxidation of alcohols with improved selectivity. Organic & Biomolecular Chemistry, 2011, 9: 4194-4198.

[177] Tang L, Luo G Q, Kang L H, et al. A novel [BMIM]PW/HMS catalyst with high catalytic performance for the

oxidative desulfurization process. Korean Journal of Chemical Engineering, 2013, 30: 314-320.

[178] Zhao P P, Zhang M J, Wu Y J, et al. Heterogeneous selective oxidation of sulfides with H_2O_2 catalyzed by ionic liquid-based polyoxometalate salts. Industrial & Engineering Chemistry Research, 2012, 51: 6641-6647.

[179] Shi X Y, Wei J F. Selective oxidation of sulfide catalyzed by peroxotungstate, immobilized on ionic liquid-modified silica with aqueous hydrogen peroxide. Journal of Molecular Catalysis A: Chemical, 2008, 280: 142-147.

[180] Tan R, Li C Y, Peng Z G, et al. Preparation of chiral oxovanadium(IV) schiff base complex functionalized by ionic liquid for enantioselective oxidation of methyl aryl sulfides. Catalysis Communications, 2011, 12: 1488-1491.

[181] Doherty S, Knight J G, Ellison J R, et al. An efficient recyclable peroxometalate-based polymer-immobilised ionic liquid phase (PIILP) catalyst for hydrogen peroxide-mediated oxidation. Green Chemistry, 2012, 14: 925-929.

[182] Du M M, Zhan G W, Yang X, et al. Ionic liquid-enhanced immobilization of biosynthesized Au nanoparticles on TS-1 toward efficient catalysts for propylene epoxidation. Journal of Catalysis, 2011, 283: 192-201.

[183] Hajian R, Tangestaninejad S, Moghadam M, et al. Olefin epoxidation with tert-buooh catalyzed by vanadium polyoxometalate immobilized on ionic liquid-modified MCM-41. Journal of Coordination Chemistry, 2011, 64: 4134-4144.

[184] Liu Y, Zhang H J, Lu Y, et al. Mild oxidation of styrene and its derivatives catalyzed by ionic manganese porphyrin embedded in a similar structured ionic liquid. Green Chemistry, 2007, 9: 1114-1119.

[185] Li X H, Geng W G, Wang F R, et al. Selective oxidation of styrene catalyzed by Pd/carboxyl-appended ionic liquids. Chinese Journal of Catalysis, 2006, 27: 943-945.

[186] Luo L R, Yu N Y, Tan R, et al. Gold nanoparticles stabilized by task-specific oligomeric ionic liquid for styrene epoxidation without using vocs as solvent. Catalysis Letters, 2009, 130: 489-495.

[187] 张铸勇. 精细有机合成单元反应. 上海: 华东化工学院出版社, 1990.

[188] Shah H C, Shah V H, Desai N D. Simultaneous C-and N-alkylation of 2-oxo-4, 6-diaryl-1, 2, 3, 4-tetrahydropyridine-3-carbonitrile under solid-liquid phase-transfer conditions. Synthetic Communications, 2010, 40: 540-550.

[189] Holm S C, Siegle A F, Loos C, et al. Preparation and N-alkylation of 4-aryl-1, 2, 4-triazoles. Synthesis-Stuttgart, 2010, 2010: 2278-2286.

[190] 黄宪, 等. 新编有机合成化学. 北京: 化学工业出版社, 2003.

[191] 刘鹰, 刘植昌, 黄崇品, 等. 氯铝酸离子液体催化异丁烷/丁烯烷基化反应. 化学反应工程与工艺, 2004, 20: 229-234.

[192] 刘植昌, 张睿, 刘鹰, 等. 复合离子液体催化碳四烷基化反应性的研究. 燃料化学学报, 2006, 34: 328-331.

[193] Cui J, de With J, Klusener P A A, et al. Identification of acidic species in chloroaluminate ionic liquid catalysts. Journal of Catalysis, 2014, 320: 26-32.

[194] Qian H, Zhao G, Zhang S, et al. Improved catalytic lifetime of H_2SO_4 for isobutane alkylation with trace amount of ionic liquids buffer. Industrial & Engineering Chemistry Research, 2015, 54: 1464-1469.

[195] Xing X Q, Zhao G Y, Cui J Z, et al. Isobutane alkylation using acidic ionic liquid catalysts. Catalysis Communications, 2012, 26: 68-71.

[196] 王鹏, 张镇, 李海方, 等. 离子液体/CF_3SO_3H 耦合催化 1-丁烯/异丁烷烷基化反应. 过程工程学报, 2012, 12: 194-199.

[197] 贺丽丽, 丁洪生, 周晓东. 离子液体催化 1-癸烯齐聚反应. 工业催化, 2010, 18: 46-49.

[198] 乔焜, 邓友全. 氯铝酸室温离子液体介质中正十二碳烯的选择环化反应. 催化学报, 2002, 165-167.

[199] 熊燕, 刘克成, 李玉玲. 温控离子液体/有机两相体系在 1-十二烯催化加氢中的应用. 南阳师范学院学报, 2009, 8: 47-50.

[200] 董斌琦, 吴芹, 韩明汉, 等. [BMIM]Cl/AlCl$_3$ 离子液体催化 C$_{16}$~C$_{18}$ 直链烯烃/苯烷基化反应. 过程工程学报, 2007, 7: 59-62.

[201] 方云进, 郭欢欢. 离子液体催化苯与环己烯的烷基化合成环己基苯. 精细化工, 2008, 25: 405-408.

[202] 董聪聪. 离子液体催化苯与丙烯烷基化反应的研究. 北京: 北京化工大学, 2006.

[203] 刘晓飞, 陈静, 夏春谷. 吡啶基功能化酸性离子液体催化苯酚-叔丁醇选择性烷基化反应. 分子催化, 2008, 22: 392-397.

[204] 郜蕾, 刘民, 聂小娃, 等. 离子液体催化邻甲酚与叔丁醇烷基化反应. 石油学报（石油加工）, 2011, 27: 256-262.

[205] 王莉, 罗国华, 徐新, 等. Lewis 酸离子液体催化的苯和氯乙烷烷基化反应. 过程工程学报, 2011, 11: 289-293.

[206] 陈敏, 张燕, 袁新华, 等. 几种无机盐与离子液体催化茚的偶联反应. 江苏大学学报（自然科学版）, 2007, 28: 131-134.

[207] 曹少庭, 方东, 巩凯, 等. 功能离子液体水相催化芳醛与 5,5-二甲基-1,3-环己二酮的反应. 应用化学, 2009, 26: 1123-1125.

[208] 寇元, 朴玲钰, 付晓, 等. 一种合成直链烷基二苯醚的方法: 03105027.1. 2006-05-31.

[209] 柯明, 汤奕婷, 曹文智, 等. 二烯烃与噻吩烷基化反应研究. 西安石油大学学报（自然科学版）, 2008, 23: 75-80.

[210] Le Z G, Chen Z C, Hu Y, et al. Organic reactions in ionic liquids: a simple and highly regioselective N-substitution of pyrrole. Synthesis-Stuttgart, 2004, 1951-1954.

[211] Le Z G, Zhong T, Xie Z B, et al. A simple N-substitution of pyrrole and indole using basic ionic liquid [BMIM][OH] as catalyst and green solvent. Heterocycles, 2009, 78: 2013-2020.

[212] Lu X B, He R, Bai C X. Synthesis of ethylene carbonate from supercritical carbon dioxide/ethylene oxide mixture in the presence of bifunctional catalyst. Journal of Molecular Catalysis A: Chemical, 2002, 186: 1-11.

[213] Lu X B, Zhang Y J, Liang B, et al. Chemical fixation of carbon dioxide to cyclic carbonates under extremely mild conditions with highly active bifunctional catalysts. Journal of Molecular Catalysis A: Chemical, 2004, 210: 31-34.

[214] Melendez J, North M, Pasquale R. Synthesis of cyclic carbonates from atmospheric pressure carbon dioxide using exceptionally active aluminium (salen) complexes as catalysts. European Journal of Inorganic Chemistry, 2007, 21: 3323-3326.

[215] Clegg W, Harrington R W, North M, et al. Cyclic carbonate synthesis catalysed by bimetallic aluminium-salen complexes. Chemistry: a European Journal, 2010, 16: 6828-6843.

[216] Lu X B, Liang B, Zhang Y J, et al. Asymmetric catalysis with CO$_2$: direct synthesis of optically active propylene carbonate from racemic epoxides. Journal of the American Chemical Society, 2004, 126: 3732-3733.

[217] Chen S W, Kawthekar R B, Kim G J. Efficient catalytic synthesis of optically active cyclic carbonates via coupling reaction of epoxides and carbon dioxide. Tetrahedron Letters, 2007, 48: 297-300.

[218] Zhang S L, Huang Y Z, Jing H W, et al. Chiral ionic liquids improved the asymmetric cycloaddition of CO$_2$ to epoxides. Green Chemistry, 2009, 11: 935-938.

[219] Sun J M, Fujita S, Zhao F Y, et al. Synthesis of styrene carbonate from styrene oxide and carbon dioxide in the presence of zinc bromide and ionic liquid under mild conditions. Green Chemistry, 2004, 6: 613-616.

[220] Ju H Y, Ahn J Y, Manju M D, et al. Catalytic performance of pyridinium salt ionic liquid in the synthesis of cyclic

carbonate from carbon dioxide and butyl glycidyl ether. Korean Journal of Chemical Engineering, 2008, 25: 471-473.

[221] Yu J I, Ju H Y, Kim K H, et al. Cycloaddition of carbon dioxide to butyl glycidyl ether using imidazolium salt ionic liquid as a catalyst. Korean Journal of Chemical Engineering, 2010, 27: 446-451.

[222] Lee E H, Ahn J Y, Dharman M M, et al. Synthesis of cyclic carbonate from vinyl cyclohexene oxide and CO_2 using ionic liquids as catalysts. Catalysis Today, 2008, 131: 130-134.

[223] Li F W, Xiao L F, Xia C G, et al. Chemical fixation of CO_2 with highly efficient $ZnCl_2$/[Bmim]Br catalyst system. Tetrahedron Letters, 2004, 45: 8307-8310.

[224] Me H B, Li S H, Zhang S B. Highly active, hexabutylguanidinium salt/zinc bromide binary catalyst for the coupling reaction of carbon dioxide and epoxides. Journal of Molecular Catalysis A: Chemical, 2006, 250: 30-34.

[225] Cheng W, Fu Z, Wang J, et al. $ZnBr_2$-based choline chloride ionic liquid for efficient fixation of CO_2 to cyclic carbonate. Cheminform, 2012, 42: 2564-2573.

[226] Sun J M, Fujita S I, Zhao F Y, et al. A highly efficient catalyst system of $ZnBr_2$/N-Bu_4NI for the synthesis of styrene carbonate from styrene oxide and supercritical carbon dioxide. Applied Catalysis a-General, 2005, 287: 221-226.

[227] Sun J, Wang L, Zhang S J, et al. $ZnCl_2$/phosphonium halide: an efficient lewis acid/base catalyst for the synthesis of cyclic carbonate. Journal of Molecular Catalysis A: Chemical, 2006, 256: 295-300.

[228] Wu S S, Zhang X W, Dai W L, et al. $ZnBr_2$-Ph_4PI as highly efficient catalyst for cyclic carbonates synthesis from terminal epoxides and carbon dioxide. Applied Catalysis A General, 2008, 341: 106-111.

[229] Li F W, Xia C G, Xu L W, et al. A novel and effective Ni complex catalyst system for the coupling reactions of carbon dioxide and epoxides. Chemical Communications, 2003, 34: 2042-2043.

[230] Bu Z, Wang Z, Yang L, et al. Synthesis of propylene carbonate from carbon dioxide using trans-dichlorotetrapyridineru-thenium(II) as catalyst. Applied Organometallic Chemistry, 2010, 24: 813-816.

[231] Dharman M M, Yu J I, Ahn J Y, et al. Selective production of cyclic carbonate over polycarbonate using a double metal cyanide-quaternary ammonium salt catalyst system. Cheminform, 2009, 11: 1754-1757.

[232] Ion A, Parvulescu V, Jacobs P, et al. Sc and Zn-catalyzed synthesis of cyclic carbonates from CO_2 and epoxides. Applied Catalysis a-General, 2009, 363: 40-44.

[233] Taherimehr M, Decortes A, Al-Amsyar S M, et al. A highly active Zn(salphen) catalyst for production of organic carbonates in a green CO_2 medium. Catalysis Science & Technology, 2012, 2: 2231-2237.

[234] Yang Y, Hayashi Y, Fujii Y, et al. Efficient cyclic carbonate synthesis catalyzed by zinc cluster systems under mild conditions. Catalysis Science & Technology, 2012, 2: 509-513.

[235] Sun J, Ren J Y, Zhang S J, et al. Water as an efficient medium for the synthesis of cyclic carbonate. Tetrahedron Letters, 2009, 50: 423-426.

[236] Whiteoak C J, Nova A, Maseras F, et al. Merging sustainability with organocatalysis in the formation of organic carbonates by using CO_2 as a feedstock. Chemsuschem, 2012, 5: 2032-2038.

[237] Wilhelm M E, Anthofer M H, Cokoja M, et al. Cycloaddition of carbon dioxide and epoxides using pentaerythritol and halides as dual catalyst system. Chemsuschem, 2014, 7: 1357-1360.

[238] Liu M S, Gao K Q, Liang L, et al. Insights into hydrogen bond donor promoted fixation of carbon dioxide with epoxides catalyzed by ionic liquids. Physical Chemistry Chemical Physics, 2015, 17: 5959-5965.

[239] Sun J, Zhang S J, Cheng W G, et al. Hydroxyl-functionalized ionic liquid: a novel efficient catalyst for chemical

fixation of CO_2 to cyclic carbonate. Tetrahedron Letters, 2008, 49: 3588-3591.

[240] Wang J Q, Cheng W G, Sun J, et al. Efficient fixation of CO_2 into organic carbonates catalyzed by 2-hydroxymethyl-functionalized ionic liquids. RSC Advances, 2014, 4: 2360-2367.

[241] Denizalti S. İmidazolium based ionic liquids bearing hydroxyl group as highly efficient catalysts for the addition of CO_2 to epoxides. Cheminform, 2015, 46: 45454-45458.

[242] Cheng W, Xiao B, Jian S, et al. Effect of hydrogen bond of hydroxyl-functionalized ammonium ionic liquids on cycloaddition of CO_2. Tetrahedron Letters, 2015, 56: 1416-1419.

[243] Zhou Y X, Hu S Q, Ma X M, et al. Synthesis of cyclic carbonates from carbon dioxide and epoxides over betaine-based catalysts. Journal of Molecular Catalysis A: Chemical, 2008, 284: 52-57.

[244] Zhang W, Wang Q X, Wu H H, et al. A highly ordered mesoporous polymer supported imidazolium-based ionic liquid: an efficient catalyst for cycloaddition of CO_2 with epoxides to produce cyclic carbonates. Green Chemistry, 2014, 16: 4767-4774.

[245] Zhang W, Liu T Y, Wu H H, et al. Direct synthesis of ordered imidazolyl-functionalized mesoporous polymers for efficient chemical fixation of CO_2. Chemical Communications, 2015, 51: 682-684.

[246] Duan S, Jing X, Li D, et al. Catalytic asymmetric cycloaddition of CO_2 to epoxides via chiral bifunctional ionic liquids. Journal of Molecular Catalysis A: Chemical, 2016, 411: 34-39.

[247] Breitenlechner S, Fleck M, Muller T E, et al. Solid catalysts on the basis of supported ionic liquids and their use in hydroamination reactions. Journal of Molecular Catalysis A: Chemical, 2004, 214: 175-179.

[248] Hagiwara H, Sugawara Y, Hoshi T, et al. Sustainable mizoroki-heck reaction in water: remarkably high activity of Pd(OAC)$_2$ immobilized on reversed phase silica gel with the aid of an ionic liquid. Chemical Communications, 2005, 2942-2944.

[249] Gu Y L, Ogawa C, Kobayashi S. Silica-supported sodium sulfonate with ionic liquid: a neutral catalyst system for michael reactions of indoles in water. Organic Letters, 2007, 9: 175-178.

[250] Auer E, Freund A, Pietsch J, et al. Carbons as supports for industrial precious metal catalysts. Applied Catalysis a-General, 1998, 173: 259-271.

[251] Shim J W, Park S J, Ryu S K. Effect of modification with HNO_3 and NaOH on metal adsorption by pitch-based activated carbon fibers. Carbon, 2001, 39: 1635-1642.

[252] Li J Y, Ma L, Li X N, et al. Effect of nitric acid, pretreatment on the properties of activated carbon and supported palladium catalysts. Industrial & Engineering Chemistry Research, 2005, 44: 5478-5482.

[253] Kim D W, Chi D Y. Polymer-supported ionic liquids: imidazolium salts as catalysts for nucleophilic substitution reactions including fluorinations. Angewandte Chemie-International Edition, 2004, 43: 483-485.

[254] Wolfson A, Vankelecom I F J, Jacobs P A. Co-immobilization of transition-metal complexes and ionic liquids in a polymeric support for liquid-phase hydrogenations. Tetrahedron Letters, 2003, 44: 1195-1198.

[255] 郑国才, 林棋. SBA-15 固载离子液体催化合成碳酸丙烯酯的研究. 闽江学院学报, 2013, 34: 105-109.

[256] Sun J M, Fujita S, Arai M. Development in the green synthesis of cyclic carbonate from carbon dioxide using ionic liquids. Journal of Organometallic Chemistry, 2005, 690: 3490-3497.

[257] Palgunadi J, Kwon O S, Lee H, et al. Ionic liquid-derived zinc tetrahalide complexes: structure and application to the coupling reactions of alkylene oxides and CO_2. Catalysis Today, 2004, 98: 511-514.

[258] Molinari H, Montanari F, Quici S, et al. Polymer-supported phase-transfer catalysts-high catalytic activity of ammonium and phosphonium quaternary-salts bonded to a polystyrene matrix. Journal of the American Chemical Society, 1979, 101: 3920-3927.

[259] Sun J, Cheng W G, Fan W, et al. Reusable and efficient polymer-supported task-specific ionic liquid catalyst for cycloaddition of epoxide with CO_2. Catalysis Today, 2009, 148: 361-367.

[260] 熊玉兵, 崔紫鹏, 王鸿, 等. 聚合物负载季鳞盐催化 CO_2 与环氧化物的环加成反应. 催化学报, 2010, 31: 1473-1477.

[261] Gao J, Song Q W, He L N, et al. Preparation of polystyrene-supported lewis acidic Fe(III) ionic liquid and its application in catalytic conversion of carbon dioxide. Tetrahedron, 2012, 68: 3835-3842.

[262] 苏丹. 金属官能化离子液体的合成及催化性能研究. 哈尔滨: 黑龙江大学, 2013.

[263] Xu W, Ji S, Wei Q, et al. One-pot synthesis of dimethyl carbonate over basic zeolite catalysts. Modern Research in Catalysis, 2013, 2: 22-27.

[264] Udayakumar S, Lee M K, Shim H L, et al. Functionalization of organic ions on hybrid MCM-41 for cycloaddition reaction: the effective conversion of carbon dioxide. Applied Catalysis a-General, 2009, 365: 88-95.

[265] Watile R A, Deshmukh K M, Dhake K P, et al. Efficient synthesis of cyclic carbonate from carbon dioxide using polymer anchored diol functionalized ionic liquids as a highly active heterogeneous catalyst. Catalysis Science & Technology, 2012, 2: 1051-1055.

[266] Zhang X L, Wang D F, Zhao N, et al. Grafted ionic liquid: catalyst for solventless cycloaddition of carbon dioxide and propylene oxide. Catalysis Communications, 2009, 11: 43-46.

[267] Cheng W G, Chen X, Sun J, et al. SBA-15 supported triazolium-based ionic liquids as highly efficient and recyclable catalysts for fixation of CO_2 with epoxides. Catalysis Today, 2013, 200: 117-124.

[268] Xiao L F, Li F W, Peng H H, et al. Immobilized ionic liquid/zinc chloride: heterogeneous catalyst for synthesis of cyclic carbonates from carbon dioxide and epoxides. Journal of Molecular Catalysis A: Chemical, 2006, 253: 265-269.

[269] Sakai T, Tsutsumi Y, Ema T. Highly active and robust organic-inorganic hybrid catalyst for the synthesis of cyclic carbonates from carbon dioxide and epoxides. Green Chemistry, 2008, 10: 337-341.

[270] Zheng X X, Luo S Z, Zhang L, et al. Magnetic nanoparticle supported ionic liquid catalysts for CO_2 cycloaddition reactions. Green Chemistry, 2009, 11: 455-458.

[271] Bai D S, Wang Q O, Song Y Y, et al. Synthesis of cyclic carbonate from epoxide and CO_2 catalyzed by magnetic nanoparticle-supported porphyrin. Catalysis Communications, 2011, 12: 684-688.

[272] Ma D X, Li B Y, Liu K, et al. Bifunctional MOF heterogeneous catalysts based on the synergy of dual functional sites for efficient conversion of CO_2 under mild and Co-catalyst free conditions. Journal of Materials Chemistry A, 2015, 3: 23136-23142.

[273] Kudo A, Miseki Y. Heterogeneous photocatalyst materials for water splitting. Chemical Society Reviews, 2009, 38: 253-278.

[274] Chen X B, Shen S H, Guo L J, et al. Semiconductor-based photocatalytic hydrogen generation. Chemical Reviews, 2010, 110: 6503-6570.

[275] Kment S, Riboni F, Pausova S, et al. Photoanodes based on TiO_2 and α-Fe_2O_3 for solar water splitting-superior role of 1D nanoarchitectures and of combined heterostructures. Chemical Society Reviews, 2017, 46: 3716-3769.

[276] Fujishima A, Honda K. Electrochemical photolysis of water at a semiconductor electrode. 1972, 238: 37-38.

[277] Li R G, Weng Y X, Zhou X, et al. Achieving overall water splitting using titanium dioxide-based photocatalysts of different phases. Energy & Environmental Science, 2015, 8: 2377-2382.

[278] Liu F, Feng N D, Wang Q, et al. Transfer channel of photoinduced holes on a TiO_2 surface as revealed by solid-state nuclear magnetic resonance and electron spin resonance spectroscopy. Journal of the American

Chemical Society, 2017, 139: 10020-10028.

[279] Wang Y, Li F, Zhou X, et al. Highly efficient photoelectrochemical water splitting with an immobilized molecular Co_4O_4 cubane catalyst. Angewandte Chemie-International Edition, 2017, 56: 6911-6915.

[280] Wang Q, Hisatomi T, Jia Q X, et al. Scalable water splitting on particulate photocatalyst sheets with a solar-to-hydrogen energy conversion efficiency exceeding 1%. Nature Materials, 2016, 15: 611-615.

[281] Li Z J, Fan X B, Li X B, et al. Visible light catalysis-assisted assembly of Ni(h)-QD hollow nanospheres in situ via hydrogen bubbles. Journal of the American Chemical Society, 2014, 136: 8261-8268.

[282] Chen S, Qi Y, Hisatomi T, et al. Efficient visible-light-driven Z-scheme overall water splitting using a $MgTa_2O_{(6-x)}N_y/TaON$ heterostructure photocatalyst for H_2 evolution. Angewandte Chemie-International Edition, 2015, 46: 8498-8501.

[283] Wang Y L, Nie T, Li Y H, et al. Black tungsten nitride as a metallic photocatalyst for overall water splitting operable at up to 765 nm. Angewandte Chemie-International Edition, 2017, 56: 7430-7434.

[284] Jia J, Seitz L C, Benck J D, et al. Solar water splitting by photovoltaic-electrolysis with a solar-to-hydrogen efficiency over 30%. Nature Communications, 2016, 7: 13237.

[285] Walter M G, Warren E L, McKone J R, et al. Solar water splitting cells. Chemical Reviews, 2010, 110: 6446-6473.

[286] Turan B, Becker J P, Urbain F, et al. Upscaling of integrated photoelectrochemical water-splitting devices to large areas. Nature Communications, 2016, 7: 12681.

[287] White J L, Baruch M F, Pander J E, et al. Light-driven heterogeneous reduction of carbon dioxide: photocatalysts and photoelectrodes. Chemical Reviews, 2015, 115: 12888-12935.

[288] Xie S J, Zhang Q H, Liu G D, et al. Photocatalytic and photoelectrocatalytic reduction of CO_2 using heterogeneous catalysts with controlled nanostructures. Chemical Communications, 2016, 52: 35-59.

[289] Chang X, Wang T, Gong J. CO_2 photo-reduction: insights into CO_2 activation and reaction on surfaces of photocatalysts. Energy & Environmental Science, 2016, 9: 2177-2196.

[290] Xie S, Yu W, Zhang Q, et al. MgO- and Pt-promoted TiO_2 as an efficient photocatalyst for the preferential reduction of carbon dioxide in the presence of water. ACS Catalysis, 2014, 4: 3644-3653.

[291] Liu L, Zhao H, Andino J M, et al. Photocatalytic CO_2 reduction with H_2O on TiO_2 nanocrystals: comparison of anatase, rutile, and brookite polymorphs and exploration of surface chemistry. ACS Catalysis, 2012, 2: 1817-1828.

[292] Li G H, Ciston S, Saponjic Z V, et al. Synthesizing mixed-phase TiO_2 nanocomposites using a hydrothermal method for photo-oxidation and photoreduction applications. Journal of Catalysis, 2008, 253: 105-110.

[293] Truong Q D, Le T H, Liu J Y, et al. Synthesis of TiO_2 nanoparticles using novel titanium oxalate complex towards visible light-driven photocatalytic reduction of CO_2 to CH_3OH. Applied Catalysis a-General, 2012, 437: 28-35.

[294] Zhao H, Liu L, Andino J M, et al. Bicrystalline TiO_2 with controllable anatase-brookite phase content for enhanced CO_2 photoreduction to fuels. Journal of Materials Chemistry A, 2013, 1: 8209-8216.

[295] Chen X, Zhou Y, Liu Q, et al. Ultrathin, single-crystal WO_3 nanosheets by two-dimensional oriented attachment toward enhanced photocatalystic reduction of CO_2 into hydrocarbon fuels under visible light. ACS Applied Materials & Interfaces, 2012, 4: 3372-3377.

[296] Liu Q, Wu D, Zhou Y, et al. Single-crystalline, ultrathin $ZnGa_2O_4$ nanosheet scaffolds to promote photocatalytic activity in CO_2 reduction into methane. ACS Applied Materials & Interfaces, 2014, 6: 2356.

[297] Wang S B, Hou Y D, Wang X C. Development of a stable $MnCo_2O_4$ cocatalyst for photocatalytic CO_2 reduction

with visible light. ACS Applied Materials & Interfaces, 2015, 7: 4327-4335.

[298] Hou J, Cao S, Wu Y, et al. Perovskite-based nanocubes with simultaneously improved visible-light absorption and charge separation enabling efficient photocatalytic CO_2 reduction. Nano Energy, 2016, 30: 59-68.

[299] Kuriki R, Sekizawa K, Ishitani O, et al. Visible-light-driven CO_2 reduction with carbon nitride: enhancing the activity of ruthenium catalysts. Angewandte Chemie-International Edition, 2015, 54: 2406-2409.

[300] Freund H J, Roberts M W. Surface chemistry of carbon dioxide. Surface Science Reports, 1996, 25: 225-273.

[301] Gattrell M, Gupta N, Co A. A review of the aqueous electrochemical reduction of CO_2 to hydrocarbons at copper. Journal of Electroanalytical Chemistry, 2006, 594: 1-19.

[302] Halmann M. Photoelectrochemical reduction of aqueous carbon-dioxide on p-type gallium-phosphide in liquid junction solar-cells. Nature, 1978, 275: 115-116.

[303] Anastas P, Eghbali N. Green chemistry: principles and practice. Chemical Society Reviews, 2010, 39: 301-312.

[304] 韦广梅, 曾尚红. 微反应器的发展现状. 世界科技研究与发展, 2005, 27: 51-56.

[305] Fletcher P D I, Haswell S J, Pombo-Villar E, et al. Micro reactors: principles and applications in organic synthesis. Tetrahedron, 2002, 58: 4735-4757.

[306] Mason B P, Price K E, Steinbacher J L, et al. Greener approaches to organic synthesis using microreactor technology. Chemical Reviews, 2007, 107: 2300-2318.

[307] Basavaraju K C, Sharma S, Maurya R A, et al. Safe use of a toxic compound: heterogeneous OsO_4 catalysis in a nanobrush polymer microreactor. Angewandte Chemie-International Edition, 2013, 52: 6735-6738.

[308] Brandt J C, Wirth T. Controlling hazardous chemicals in microreactors: synthesis with iodine azide. Beilstein Journal of Organic Chemistry, 2009, 5: 30.

[309] Kashid M N, Renken A, Kiwi-Minsker L. Microstructured reactors and supports for ionic liquids. Chemical Engineering Science, 2011, 66: 1480-1489.

[310] 陈光文. 微化工技术研究进展. 现代化工, 2007, 27: 8-13.

[311] Wagner M. Synthesis and catalysis in ionic liquids. Chimica Oggi-Chemistry Today, 2004, 22: 17-19.

[312] Renken A, Hessel V, Lob P, et al. Ionic liquid synthesis in a microstructured reactor for process intensification. Chemical Engineering and Processing, 2007, 46: 840-845.

[313] Sen N, Singh K K, Mukhopadhyay S, et al. Comparison of different microreactors for solvent-free, continuous synthesis of [EMIM][EtSO$_4$] ionic liquid: an experimental and CFD study. Journal of Molecular Liquids, 2016, 222: 622-631.

[314] Lowe H, Axinte R D, Breuch D, et al. Flow chemistry: imidazole-based ionic liquid syntheses in micro-scale. Chemical Engineering Journal, 2010, 163: 429-437.

[315] Waterkamp D A, Engelbert M, Thoming J. On the effect of enhanced mass transfer on side reactions in capillary microreactors during high-temperature synthesis of an ionic liquid. Chemical Engineering & Technology, 2009, 32: 1717-1723.

[316] Liu Y, Cheng W G, Zhang Y Q, et al. Controllable preparation of phosphonium-based polymeric ionic liquids as highly selective nanocatalysts for the chemical conversion of CO_2 with epoxides. Green Chemistry, 2017, 19: 2184-2193.

[317] Liu S F, Fukuyama T, Sato M, et al. Continuous microflow synthesis of butyl cinnamate by a mizoroki-heck reaction using a low-viscosity ionic liquid as the recycling reaction medium. Organic Process Research & Development, 2004, 8: 477-481.

[318] Rahman M T, Fukuyama T, Kamata N, et al. Low pressure Pd-catalyzed carbonylation in an ionic liquid using a

multiphase microflow system. Chemical Communications, 2006, 1: 2236-2238.

[319] Horii D, Fuchigami T, Atobe M. A new approach to anodic substitution reaction using parallel laminar flow in a micro-flow reactor. Journal of the American Chemical Society, 2007, 129: 11692.

[320] Huebschmann S, Kralisch D, Loewe H, et al. Decision support towards agile eco-design of microreaction processes by accompanying (simplified) life cycle assessment. Green Chemistry, 2011, 13: 1694-1707.

[321] Benaskar F, Hessel V, Krtschil U, et al. Intensification of the capillary-based kolbe-schmitt synthesis from resorcinol by reactive ionic liquids, microwave heating, or a combination thereof. Organic Process Research & Development, 2009, 13: 970-982.

[322] Krtschil U, Hessel V, Reinhard D, et al. Flow chemistry of the kolbe-schmitt synthesis from resorcinol: process intensification by alternative solvents, new reagents and advanced reactor engineering. Chemical Engineering & Technology, 2009, 32: 1774-1789.

[323] Riisager A, Wasserscheid P, van Hal R, et al. Continuous fixed-bed gas-phase hydroformylation using supported ionic liquid-phase (SILP) Rh catalysts. Journal of Catalysis, 2003, 219: 452-455.

[324] Riisager A, Fehrmann R, Haumann M, et al. Supported ionic liquid phase (SILP) catalysis: an innovative concept for homogeneous catalysis in continuous fixed-bed reactors. European Journal of Inorganic Chemistry, 2006, 37: 695-706.

[325] Riisager A, Eriksen K M, Wasserscheid P, et al. Propene and l-octene hydroformylation with silica-supported, ionic liquid-phase (SILP) Rh-phosphine catalysts in continuous fixed-bed mode. Catalysis Letters, 2003, 90: 149-153.

[326] Riisager A, Fehrmann R, Flicker S, et al. Very stable and highly regioselective supported ionic-liquid-phase (SILP) catalysis: continuous flow fixed-bed hydroformylation of propene. Angewandte Chemie-International Edition, 2005, 44: 815-819.

[327] Ruta M, Yuranov I, Dyson P J, et al. Structured fiber supports for ionic liquid-phase catalysis used in gas-phase continuous hydrogenation. Journal of Catalysis, 2007, 247: 269-276.

[328] Poechlauer P, Manley J, Broxterman R, et al. Continuous processing in the manufacture of active pharmaceutical ingredients and finished dosage forms: an industry perspective. Organic Process Research & Development, 2012, 16: 1586-1590.

[329] Geyer K, Codee J D C, Seeberger P H. Microreactors as tools for synthetic chemists-the chemists' round-bottomed flask of the 21st century? Chemistry: a European Journal, 2006, 12: 8434-8442.

[330] Wiles C, Watts P. Continuous flow reactors: a perspective. Green Chemistry, 2012, 14: 38-54.

[331] Scott K, Basov N, Jachuck R J J, et al. Reactor studies of supported ionic liquids-rhodium-catalysed hydrogenation of propene. Chemical Engineering Research & Design, 2005, 83: 1179-1185.

[332] Vishwakarma N K, Singh A K, Hwang Y H, et al. Integrated CO_2 capture-fixation chemistry via interfacial ionic liquid catalyst in laminar gas/liquid flow. Nature Communications, 2017, 8: 14676.

[333] Hu J Y, Ma J, Zhu Q G, et al. Transformation of atmospheric CO_2 catalyzed by protic ionic liquids: efficient synthesis of 2-oxazolidinones. Angewandte Chemie-International Edition, 2015, 54: 5399-5403.

[334] Yoshida M, Mizuguchi T, Shishido K. Synthesis of oxazolidinones by efficient fixation of atmospheric CO_2 with propargylic amines by using a silver/1, 8-diazabicyclo[5.4.0]undec-7-ene (DBU) dual-catalyst system. Chemistry: a European Journal, 2012, 18: 15578-15581.

[335] Sharma S, Maurya R A, Min K I, et al. Odorless isocyanide chemistry: an integrated microfluidic system for a multistep reaction sequence. Angewandte Chemie-International Edition, 2013, 52: 7564-7568.

[336] Ley S V, Fitzpatrick D E, Ingham R J, et al. Organic synthesis: march of the machines. Angewandte Chemie-International Edition, 2015, 54: 3449-3464.

[337] Maurya R A, Park C P, Lee J H, et al. Continuous in situ generation, separation, and reaction of diazomethane in a dual-channel microreactor. Angewandte Chemie-International Edition, 2011, 50: 5952-5955.

[338] Reverchon E, Adami R, Caputo G, et al. Spherical microparticles production by supercritical antisolvent precipitation: interpretation of results. Journal of Supercritical Fluids, 2008, 47: 70-84.

[339] Martin A, Teychené S, Camy S, et al. Fast and inexpensive method for the fabrication of transparent pressure-resistant microfluidic chips. Microfluidics and Nanofluidics, 2016, 20: 92.

[340] Marre S, Roig Y, Aymonier C. Supercritical microfluidics: opportunities in flow-through chemistry and materials science. Journal of Supercritical Fluids, 2012, 66: 251-264.

[341] Stouten S C, Noel T, Wang Q, et al. Continuous ruthenium-catalyzed methoxycarbonylation with supercritical carbon dioxide. Catalysis Science & Technology, 2016, 6: 4712-4717.

[342] Wu L, Liu Q, Fleischer I, et al. Ruthenium-catalysed alkoxycarbonylation of alkenes with carbon dioxide. Nature Communications, 2014, 5: 3091.

[343] Trachsel F, Hutter C, von Rohr P R. Transparent silicon/glass microreactor for high-pressure and high-temperature reactions. Chemical Engineering Journal, 2008, 135: S309-S316.

[344] Trachsel F, Tidona B, Desportes S, et al. Solid catalyzed hydrogenation in a Si/glass microreactor using supercritical CO_2 as the reaction solvent. Journal of Supercritical Fluids, 2009, 48: 146-153.

[345] Hitzler M G, Smail F R, Ross S K, et al. Selective catalytic hydrogenation of organic compounds in supercritical fluids as a continuous process. Organic Process Research & Development, 1998, 2: 137-146.

[346] Losey M W, Schmidt M A, Jensen K F. Microfabricated multiphase packed-bed reactors: characterization of mass transfer and reactions. Industrial & Engineering Chemistry Research, 2001, 40: 2555-2562.

[347] Dahlhoff G, Niederer J P M, Hoelderich W F. Epsilon-caprolactam: new by-product free synthesis routes. Catalysis Reviews-Science and Engineering, 2001, 43: 381-441.

[348] Mao D S, Chen Q L, Lu G Z. Vapor-phase beckmann rearrangement of cyclohexanone oxime over B_2O_3/TiO_2-ZrO_2. Applied Catalysis a-General, 2003, 244: 273-282.

[349] Anilkumar M, Hoelderich W F. New non-zeolitic Nb-based catalysts for the gas-phase beckmann rearrangement of cyclohexanone oxime to caprolactam. Journal of Catalysis, 2012, 293: 76-84.

[350] Heitmann G P, Dahlhoff G, Holderich W F. Catalytically active sites for the beckmann rearrangement of cyclohexanone oxime to epsilon-caprolactam. Journal of Catalysis, 1999, 186: 12-19.

[351] Ronchin L, Vavasori A, Bortoluzzi M. Organocatalyzed beckmann rearrangement of cyclohexanone oxime by trifluoroacetic acid in aprotic solvent. Catalysis Communications, 2008, 10: 251-256.

[352] Ronchin L, Vavasori A. On the mechanism of the organocatalyzed beckmann rearrangement of cyclohexanone oxime by trifluoroacetic acid in aprotic solvent. Journal of Molecular Catalysis A: Chemical, 2009, 313: 22-30.

[353] Li Y, Wang K, Qin K, et al. Beckmann rearrangement reaction of cyclohexanone oxime in sub/supercritical water: byproduct and selectivity. RSC Advances, 2015, 5: 25365-25371.

[354] Takebayashi Y, Furuya T, Yoda S. Kinetic study of the microflow synthesis of 4-hydroxyquinoline in supercritical ethanol. Journal of Supercritical Fluids, 2016, 114: 18-25.

[355] Zaks A, Klibanov A M. Enzymatic catalysis in organic media at 100℃. Science, 1984, 224: 1249-1251.

[356] 张锁江. 离子液体从基础研究到工业应用. 北京: 科学出版社, 2006.

[357] Fannin A A, Floreani D A, King L A, et al. Properties of 1, 3-dialkylimidazolium chloride aluminum-chloride ionic

liquids .2. phase-transitions, densities, electrical conductivities, and viscosities. Journal of Physical Chemistry, 1984, 88: 2614-2621.

[358] Wong C H. Organic Compounds; Synthesis. Enzymes. Oxford: Pergamon Press, 1994.

[359] Wu S K, Zhou Y, Seet D, et al. Regio-and stereoselective oxidation of styrene derivatives to arylalkanoic acids via one-pot cascade biotransformations. Advanced Synthesis & Catalysis, 2017, 359: 2132-2141.

[360] Faber K. Organic Chemistry. Heidelberg: Springer, 2011.

[361] Lau R M, van Rantwijk F, Seddon K R, et al. Lipase-catalyzed reactions in ionic liquids. Organic Letters, 2000, 2: 4189-4191.

[362] Ema T, Kobayashi J, Maeno S, et al. Origin of the enantioselectivity of lipases explained by a stereo-sensing mechanism operative at the transition state. Bulletin of the Chemical Society of Japan, 1998, 71: 443-453.

[363] Ema T. Rational strategies for highly enantioselective lipase-catalyzed kinetic resolutions of very bulky chiral compounds: substrate design and high-temperature biocatalysis. Tetrahedron-Asymmetry, 2004, 15: 2765-2770.

[364] Ema T, Doi T, Sakai T. Hydrolase-catalyzed kinetic resolution of 5-[4-(1-hydroxyethyl) phenyl]-10, 15, 20-tris (pentafluorophenyl) porphyrin in ionic liquids. Chemistry Letters, 2008, 37: 90-91.

[365] Mezzetti A, Keith C, Kazlauskas R J. Highly enantioselective kinetic resolution of primary alcohols of the type Ph-X-CH(CH_3)-CH_2OH by pseudomonas cepacia lipase: effect of acyl chain length and solvent. Tetrahedron-Asymmetry, 2003, 14: 3917-3924.

[366] Taniguchi T, Fukuba T A, Nakatsuka S, et al. Linker-oriented design of binaphthol derivatives for optical resolution using lipase-catalyzed reaction. Journal of Organic Chemistry, 2008, 73: 3875-3884.

[367] Itoh T, Akasaki E, Kudo K, et al. Lipase-catalyzed enantioselective acylation in the ionic liquid solvent system: reaction of enzyme anchored to the solvent. Chemistry Letters, 2001, 2001: 262-263.

[368] Husum T L, Jorgensen C T, Christensen M W, et al. Enzyme catalysed synthesis in ambient temperature ionic liquids. Biocatalysis and Biotransformation, 2001, 19: 331-338.

[369] Lozano P, de Diego T, Guegan J P, et al. Stabilization of alpha-chymotrypsin by ionic liquids in transesterification reactions. Biotechnology and Bioengineering, 2001, 75: 563-569.

[370] Kim K W, Song B, Choi M Y, et al. Biocatalysis in ionic liquids: markedly enhanced enantioselectivity of lipase. Organic Letters, 2001, 3: 1507-1509.

[371] Itoh T, Nishimura Y, Ouchi N, et al. 1-Butyl-2, 3-dimethylimidazolium tetrafluoroborate: the most desirable ionic liquid solvent for recycling use of enzyme in lipase-catalyzed transesterification using vinyl acetate as acyl donor. Journal of Molecular Catalysis B: Enzymatic, 2003, 26: 41-45.

[372] Gubicza L, Nemestothy N, Frater T, et al. Enzymatic esterification in ionic liquids integrated with pervaporation for water removal. Green Chemistry, 2003, 5: 236-239.

[373] Ulbert O, Frater T, Belafi-Bako K, et al. Enhanced enantioselectivity of candida rugosa lipase in ionic liquids as compared to organic solvents. Journal of Molecular Catalysis B: Enzymatic, 2004, 31: 39-45.

[374] Itoh T, Akasaki E, Nishimura Y. Efficient lipase-catalyzed enantioselective acylation under reduced pressure conditions in an ionic liquid solvent system. Chemistry Letters, 2002, 31: 154-155.

[375] Uyama H, Takamoto T, Kobayashi S. Enzymatic synthesis of polyesters in ionic liquids. Polymer Journal, 2002, 34: 94-96.

[376] Kim M J, Kim H M, Kim D, et al. Dynamic kinetic resolution of secondary alcohols by enzyme-metal combinations in ionic liquid. Green Chemistry, 2004, 6: 471-474.

[377] Martin J R, Nus M, Gago J V S, et al. Selective esterification of phthalic acids in two ionic liquids at high

temperatures using a thermostable lipase of bacillus thermocatenulatus: a comparative study. Journal of Molecular Catalysis B: Enzymatic, 2008, 52-53: 162-167.

[378] Eisenmenger M J, Reyes de corcuera J I. Enhanced synthesis of isoamyl acetate using an ionic liquid-alcohol biphasic system at high hydrostatic pressure. Journal of Molecular Catalysis B: Enzymatic, 2010, 67: 36-40.

[379] Burney P R, Pfaendtner J. Structural and dynamic features of Candida rugosa lipase 1 in water, octane, toluene, and ionic liquids BMIM-PF_6 and BMIM-NO_3. Journal of Physical Chemistry B, 2013, 117: 2662-2670.

[380] Baldwin R L. How hofmeister ion interactions affect protein stability. Biophysical Journal, 1996, 71: 2056-2063.

[381] Zhao H, Campbell S M, Jackson L, et al. Hofmeister series of ionic liquids: kosmotropic effect of ionic liquids on the enzymatic hydrolysis of enantiomeric phenylalanine methyl ester. Tetrahedron-Asymmetry, 2006, 17: 377-383.

[382] Colton I J, Ahmed S N, Kazlauskas R J. A 2-propanol treatment increases the enantioselectivity of candida-rugosa lipase toward esters of chiral carboxylic-acids. Journal of Organic Chemistry, 1995, 60: 212-217.

[383] Quilles J C J, Brito R R, Borges J P, et al. Modulation of the activity and selectivity of the immobilized lipases by surfactants and solvents. Biochemical Engineering Journal, 2015, 93: 274-280.

[384] Ha S H, Lan M N, Lee S H, et al. Lipase-catalyzed biodiesel production from soybean oil in ionic liquids. Enzyme and Microbial Technology, 2007, 41: 480-483.

[385] Gamba M, Lapis A A M, Dupont J. Supported ionic liquid enzymatic catalysis for the production of biodiesel. Advanced Synthesis & Catalysis, 2008, 350: 160-164.

[386] Arai S, Nakashima K, Tanino T, et al. Production of biodiesel fuel from soybean oil catalyzed by fungus whole-cell biocatalysts in ionic liquids. Enzyme and Microbial Technology, 2010, 46: 51-55.

[387] Park S, Kazlauskas R J. Improved preparation and use of room-temperature ionic liquids in lipase-catalyzed enantio- and regioselective acylations. Journal of Organic Chemistry, 2001, 66: 8395-8401.

[388] Ganske F, Bornscheuer U T. Optimization of lipase-catalyzed glucose fatty acid ester synthesis in a two-phase system containing ionic liquids and t-BuOH. Journal of Molecular Catalysis B: Enzymatic, 2005, 36: 40-42.

[389] Ganske F, Bornscheuer U T. Lipase-catalyzed glucose fatty acid ester synthesis in ionic liquids. Organic Letters, 2005, 7: 3097-3098.

[390] Erbeldinger M, Mesiano A J, Russell A J. Enzymatic catalysis of formation of Z-aspartame in ionic liquid-an alternative to enzymatic catalysis in organic solvents. Biotechnology Progress, 2000, 16: 1129-1131.

[391] Laszlo J A, Compton D L. Comparison of peroxidase activities of hemin, cytochrome C and microperoxidase-11 in molecular solvents and imidazolium-based ionic liquids. Journal of Molecular Catalysis B: Enzymatic, 2002, 18: 109-120.

[392] Eckstein M, Sesing M, Kragl U, et al. At low water activity alpha-chymotrypsin is more active in an ionic liquid than in non-ionic organic solvents. Biotechnology Letters, 2002, 24: 867-872.

[393] Zhao H, Malhotra S V. Enzymatic resolution of amino acid esters using ionic liquid N-ethyl pyridinium trifluoroacetate. Biotechnology Letters, 2002, 24: 1257-1260.

[394] Hinckley G, Mozhaev V V, Budde C, et al. Oxidative enzymes possess catalytic activity in systems with ionic liquids. Biotechnology Letters, 2002, 24: 2083-2087.

[395] Sanfilippo C, D'Antona N, Nicolosi G. Chloroperoxidase from caldariomyces fumago is active in the presence of an ionic liquid as co-solvent. Biotechnology Letters, 2004, 26: 1815-1819.

[396] Sgalla S, Fabrizi G, Cacchi S, et al. Horseradish peroxidase in ionic liquids-reactions with water insoluble phenolic substrates. Journal of Molecular Catalysis B: Enzymatic, 2007, 44: 144-148.

[397] Kaftzik N, Wasserscheid P, Kragl U. Use of ionic liquids to increase the yield and enzyme stability in the beta-galactosidase catalysed synthesis of N-acetyllactosamine. Organic Process Research & Development, 2002, 6: 553-557.

[398] Eckstein M, Villela M, Liese A, et al. Use of an ionic liquid in a two-phase system to improve an alcohol dehydrogenase catalysed reduction. Chemical Communications, 2004, (9): 1084-1085.

[399] 陈骈声. 酶制剂生产技术. 北京: 化学工业出版社, 1994.

[400] Swatloski R P, Spear S K, Holbrey J D, et al. Dissolution of cellose with ionic liquids. Journal of the American Chemical Society, 2002, 124: 4974-4975.

[401] Kamiya N, Matsushita Y, Hanaki M, et al. Enzymatic in situ saccharification of cellulose in aqueous-ionic liquid media. Biotechnology Letters, 2008, 30: 1037-1040.

第 3 章
绿色分离过程

3.1 气体吸收

3.1.1 引言

社会经济的持续快速发展和城市化进程加快离不开煤、石油和天然气等重要化石能源及工业化的快速发展。与此同时，这些化石燃料在燃烧过程中和其他化工过程中往往会产生大量含 CO_2、SO_2、NH_3、H_2S、NO_x 等的污染性气体，其中以 CO_2、SO_2 和 H_2S 为代表的酸性气体和以 NH_3 为代表的碱性气体影响较为突出。CO_2 作为一种大气中含量最高的温室气体，是造成全球气候变暖的主要原因。此外，燃气中 CO_2 的存在还会降低其热值，增加燃气运输、储存和使用成本，水存在的情况下还可能造成管道的腐蚀[1, 2]。H_2S 是一种剧毒的腐蚀性气体，它的存在会对生产设备和操作人员的安全造成巨大的威胁。SO_2 是一种典型有毒有害的气态污染物，也是形成酸雨的主要原因之一。酸雨不仅严重污染生态环境，还会造成巨大的经济损失，据估计每年由 SO_2 和酸雨所造成的损失高达 1100 多亿元[3]。NH_3 是大气中一种典型的偏碱性污染物，空气中氨含量超过 0.02%时便会引起人体慢性中毒，它与大气中的 SO_2 反应生成的硫酸铵/亚硫酸铵气溶胶粒子是造成雾霾天气的元凶 $PM_{2.5}$（细颗粒物）的主要组成。因此，这些污染性气体的排放不仅会加剧温室效应、酸雨和雾霾等环境问题，还会严重威胁人体健康和工业的持续发展。但是，CO_2、H_2S、SO_2 和 NH_3 又是重要的化工原料，广泛应用于石油炼制，制备硫酸、硫磺、氮肥，合成纤维等不同领域。因此，CO_2、H_2S、SO_2 和 NH_3 等气体的捕集分离与回收对环境保护和资源有效利用具有极其重要的意义。

目前对含 CO_2、H_2S、SO_2 和 NH_3 等气体的分离应用较多的方法主要有溶剂吸收法、吸附法、膜分离法等，但这些方法普遍存在溶剂或吸附剂用量大、易损失、投资成本高、再生能耗高、溶剂挥发或产生副产物造成二次污染等问题，因此，发展高效、低能耗和低成本的气体分离技术是当前急需解决的焦点问题之一。针对不同气体分离的特点，近些年来离子液体由于特有的低挥发性、较高的化学/热稳定性、良好气体溶解性和选择性及阴阳离子结构可设计性等优势，已成为气体分离领域备受关注的一类新型吸收剂[4]。到目前为止，关于离子液体吸收分离 CO_2、H_2S、SO_2 和 NH_3 等气体的研究已经积累了大量的数据和理论基础，但要实现其真正的工业化，仍存在很大差距：①与传统有机溶剂相比，气体吸收能力仍需进一步提高；②离子液体的高黏度问题，高黏度会导致低的传质传热性能，不仅影响吸收速度，还会增加输运过程的能耗和操作费用；③离子液体较高的原料价格和复杂的合成工艺可能导致捕集成本的增加，这些问题都导致离子液体难以应用于传统分离方法中。因此，开展吸收性能佳、黏度较低和成本低的离子液体结构设计及其在气体分离方面的研究具有重大的现实意义，其将为形成具有工业应用价值的新一代气体分离技术提供重要的科学依据。

3.1.2 SO_2 气体分离

到目前为止，关于离子液体吸收分离 SO_2 的报道大多是各种离子液体的合成表征及其吸收性能的研究，所涉及的离子液体种类主要有胍类、醇胺类、咪唑类、季鏻类和季胺类离子液体等，其代表性阴阳离子结构如图 3.1 所示。

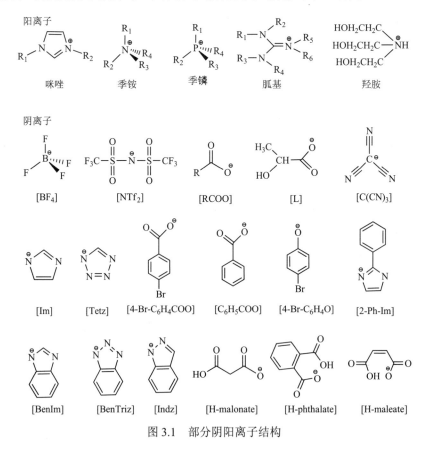

图 3.1 部分阴阳离子结构

3.1.2.1 胍类离子液体

2004 年，Wu 等[5]以 1, 1, 3, 3-四甲基胍和乳酸为原料合成了四甲基胍乳酸离子液体[TMG][L]并首次用于吸收 SO_2。研究发现，在 40℃ 和 0.12MPa 条件下，该离子液体吸收量为 1.70mol SO_2/mol IL，而且在低浓度条件 [8vol%（体积分数，后同）SO_2，其余为 N_2] 下吸收量仍可达 0.978mol SO_2/mol IL。通过红外和核磁谱图对吸收机理进行分析，认为[TMG][L]离子液体阳离子上的 NH_2 与 SO_2 发生反应，该过程属于化学吸收，反应机理如图 3.2 所示。

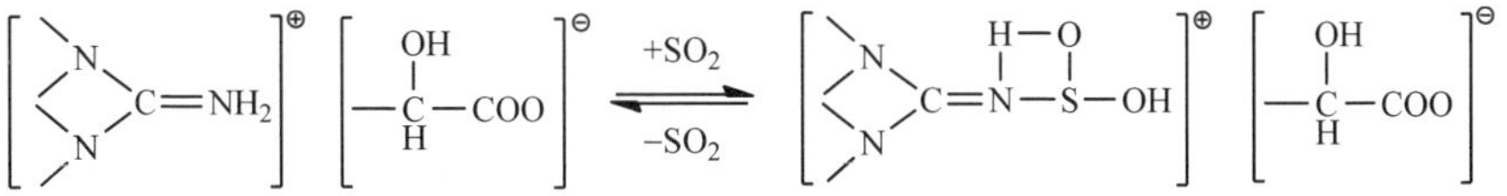

图 3.2　[TMG][L]与 SO_2 的作用机理[5]

Huang 等[6]研究了不同阴离子结构的胍类离子液体如[TMG][BF_4]、[TMG][NTf_2]和[TMG][NTf_2]对 SO_2 的吸收性能。在 20℃ 和 0.10MPa 条件下，这 3 种离子液体的吸收量分别是 1.27mol SO_2/mol IL、1.18mol SO_2/mol IL 和 1.60mol SO_2/mol IL，但当 SO_2 分压降为 0.01MPa 时，它们的吸收量均不足 0.10mol SO_2/mol IL。红外和核磁谱图表明，被吸收的 SO_2 仍以分子状态存在于离子液体中，说明 SO_2 与这 3 种胍类离子液体间是物理作用。针对上述胍类离子液体与 SO_2 间不同的吸收机理，Yu 等[7]利用分子动力学模拟和从头算法进一步深入研究了[TMG][L]、[TMG][BF_4]和[TMG][NTf_2] 3 种胍类离子液体与 SO_2 之间的相互作用。分子模拟结果表明（图 3.3），SO_2 与 3 种胍类离子液体的作用没有明显差异，可能均为物理吸收。而从头算法结果（表 3.1）表明，SO_2 与 L^-、BF_4^- 和 NTf_2^- 3 种阴离子的相互作用明显大于其与阳离子的作用，说明阴离子在离子液体吸收 SO_2 时起着重要作用，而且 L^-

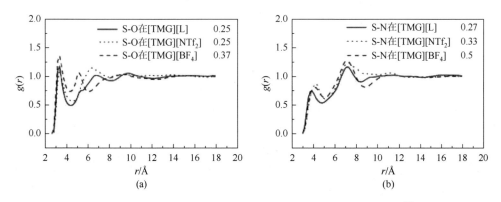

图 3.3　SO_2-阴离子（a）和 SO_2-阳离子（b）的径向分布函数[7]

阴离子质子亲和性更强,所以[TMG][L]与 SO_2 存在化学作用,而[TMG][NTf$_2$]和[TMG][BF$_4$]与 SO_2 间均是物理作用,这与前面所报道的实验结果是一致的。

表 3.1 SO_2-阳/阴离子间作用能和阴离子的质子亲和性(B3LYP/6-31G* Level^a)[7]

SO_2-阳/阴离子	作用能/(kJ/mol)		离子液体	阴离子的质子亲和力/(kJ/mol)
	有ZPE	无ZPE		
SO_2-[TMG]$^+$	−36.8	−40.1	[TMG][L]	1452.2
SO_2-[L]$^−$	−103.0	−108.2	[TMG][NTf$_2$]	1296.8
SO_2-[NTf$_2$]$^−$	−37.2	−39.5	[TMG][BF$_4$]	1258.5
SO_2-[BF$_4$]$^−$	−70.0	−73.1		

a 代表相互作用能定义为SO_2-离子复合物的能量与孤立SO_2和离子的能量之和之差;ZPE 代表零点能校正。

随后,Ren 等[8]提出了一个利用阴离子对应的有机酸的pK_a值来判别胍类离子液体吸收 SO_2 机理的新方法。如果阴离子对应的有机酸 pK_a 大于亚硫酸,则离子液体与 SO_2 间是化学吸收,反之亦然。[TMG][BF$_4$]的阴离子所对应的四氟硼酸酸性较亚硫酸强,则[TMG][BF$_4$]与 SO_2 间不能发生化学反应;而[TMG][L]的阴离子对应的乳酸酸性较亚硫酸弱,则阳离子上的 NH_2 可与 SO_2 发生化学反应,乳酸阴离子恢复成乳酸,新的吸收机理如图 3.4 所示。

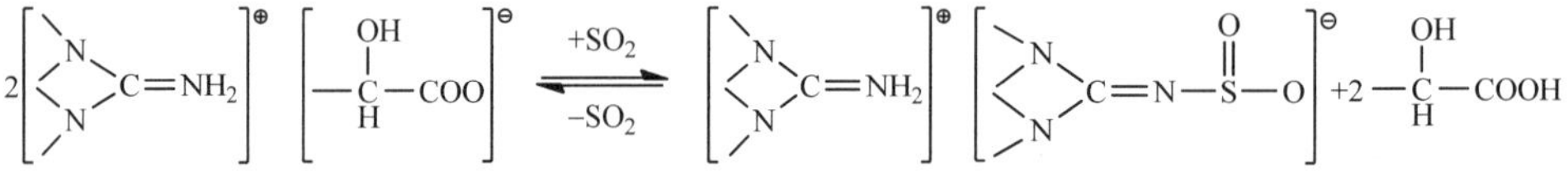

图 3.4 [TMG][L]与 SO_2 的新吸收机理[8]

另外,胍类离子液体还被用于负载型吸附材料[9]和聚合离子液体[10]用于 SO_2 气体分离,均表现出较好的吸附性能,但对于胍类离子液体的吸收机理存在不同的争议,还需要进一步深入研究。

3.1.2.2 醇胺类离子液体

醇胺类离子液体是以醇胺与有机酸为原料通过一步反应得到的。与胍类离子液体相比,该类离子液体原料便宜,热稳定性较好,但 SO_2 吸收量相对较低。Yuan 等[11]研究了以乙醇胺、二乙醇胺和三乙醇胺为阳离子与以甲酸、乙酸和乳酸为阴离子的一系列醇胺类离子液体对 SO_2 的吸收性能。研究表明,阴阳离子结构对 SO_2 吸收起着同样重要的作用,SO_2 吸收量随阴阳离子结构变化遵循以下顺序:乳酸根>乙酸根>甲酸根;乙醇胺>三乙醇胺>二乙醇胺,其中在 25℃和 0.1MPa 条件下,乙醇胺乳酸离子液体[MEA][L]对 SO_2 的吸收量最高,为 1.04mol SO_2/mol IL。利用红外谱图对其吸收机理进行分析,认为吸收过程中 SO_2 分子与阳离子上的 NH

基团形成较弱的 N—S 键（图 3.5），通过加热或减压的方式可使 N—S 键断裂，从而将吸收的 SO_2 全部释放出来，实现离子液体的循环使用。这与 Ren 等[12]所提出的醇胺类离子液体的吸收机理是一致的。

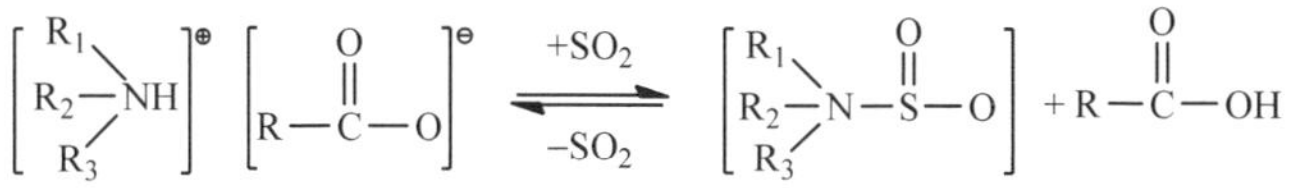

$$\begin{bmatrix} R_1 \\ R_2\text{—NH} \\ R_3 \end{bmatrix}^{\oplus} \begin{bmatrix} O \\ \| \\ R\text{—C—O} \end{bmatrix}^{\ominus} \xrightleftharpoons[-SO_2]{+SO_2} \begin{bmatrix} R_1 \\ R_2\text{—N—S—O} \\ R_3 \end{bmatrix} + R\text{—C—OH}$$

R_1, R_2, R_3: H 或 $HO—CH_2—CH_2$— 或 $HO—CH_2—CH_2—O—CH_2—CH_2$—; R: H, CH_3 和 $CH_3—CH(OH)$—

图 3.5　醇胺类离子液体与 SO_2 的吸收机理[11]

Li 等[13]采用量化计算进一步研究了上述几种醇胺离子液体与 SO_2 的相互作用机理。结果表明，该类离子液体与 SO_2 间确实形成了平均距离为 0.240nm 的 N—S 键，使电荷从离子液体转移到 SO_2 上，而且阳离子结构对吸收过程起着关键作用，不同阳离子体系的反应活化能顺序为：ΔE_a（二乙醇胺）<ΔE_a（三乙醇胺）<ΔE_a（乙醇胺）。

3.1.2.3　咪唑类离子液体

关于 SO_2 捕集分离方面研究较多的离子液体是咪唑类离子液体。Anderson 等[14]研究了$[C_6MIM][NTf_2]$和$[C_6MPy][NTf_2]$两种离子液体在不同温度和压力下对 SO_2 的吸收性能，在 25℃和 0.1MPa 条件下，$[C_6MIM][NTf_2]$和$[C_6MPy][NTf_2]$对 SO_2 的吸收量相差不多，分别为 0.92mol SO_2/mol IL 和 1.09mol SO_2/mol IL，而在 0.01MPa 下均不足 0.005mol SO_2/mol IL，同时发现在 25℃和 0.30MPa 时，$[C_6MIM][NTf_2]$ 对 SO_2 的吸收量是对 CO_2 的 9 倍，说明咪唑类离子液体对 SO_2 具有好的选择性。机理研究表明这两种离子液体与 SO_2 间主要是物理作用，阳离子的影响并不明显。Lee 等[15]研究了阴离子为卤素的一系列咪唑类离子液体对 SO_2 的吸收性能，在 50℃和 0.1MPa 条件下，$[C_4MIM][Cl]$、$[C_4MIM][Br]$、$[C_4MIM][I]$、$[C_2MIM][Cl]$ 和 $[C_6MIM][Cl]$ 的吸收量分别为 2.06mol SO_2/mol IL、2.11mol SO_2/mol IL、1.91mol SO_2/mol IL、2.03mol SO_2/mol IL 和 2.19mol SO_2/mol IL，阴阳离子对 SO_2 吸收的影响并不明显。Huang 等[6]也报道了两种以物理吸收为主的咪唑类离子液体$[C_4MIM][BF_4]$和$[C_4MIM][NTf_2]$，在 20℃和 0.10MPa 条件下的吸收量分别为 1.33mol SO_2/mol IL 和 1.50mol SO_2/mol IL，并与相同条件下$[TMG][BF_4]$和$[TMG][NTf_2]$的 SO_2 吸收能力对比，认为阳离子结构起主要的作用，阴离子对 SO_2 吸收影响不大，这与 Anderson 等[14]的研究结果不太相符。

常规离子液体虽易再生，但其 SO_2 吸收能力不具优势，为了进一步提高 SO_2 吸收性能，Hong 等[16]将具有较强 SO_2 亲和能力的醚基引入咪唑类离子液体，考察了醚基对 SO_2 吸收性能的影响。结果显示，在 30℃和 0.1MPa 条件下，

[C$_n$MIM][MeSO$_3$]（n = 0、1、2、3、8）的吸收量分别为 1.86mol SO$_2$/mol IL、2.30mol SO$_2$/mol IL、3.18mol SO$_2$/mol IL、3.81mol SO$_2$/mol IL 和 6.30mol SO$_2$/mol IL，表明醚基的引入能显著提高离子液体对 SO$_2$ 的吸收性能，且该性能随醚基数目的增多而增加，其较高的吸收量主要来源于阳离子上醚基和甲基磺酸阴离子与 SO$_2$ 间的共同物理作用（图 3.6）。

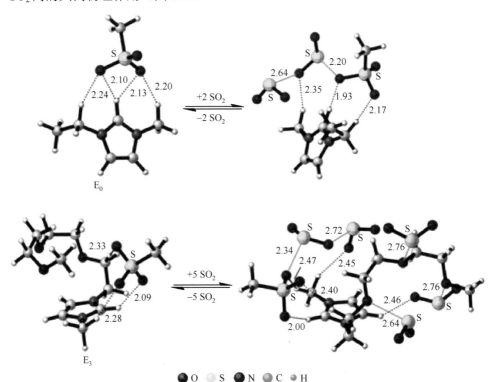

图 3.6 醚基离子液体与 SO$_2$ 的相互作用[16]

键长单位为 Å；E$_0$ 和 E$_3$ 分别表示醚基数目

3.1.2.4　季鏻类离子液体

与物理吸收相比，虽然化学吸收通常具有较高的吸收量，但同时也需要更高的解吸能耗。为了实现 SO$_2$ 高容量、低能耗的可逆捕集，浙江大学王从敏教授课题组提出了阴离子调控多位点化学吸收的思想，合成系列功能化季鏻类离子液体高效吸收 SO$_2$。首先 Wang 等[17, 18]合成了两种阴离子为唑基的季鏻类功能化离子液体，在 20℃和 0.1MPa 条件下，[P$_{66614}$][Tetz]和[P$_{66614}$][Im]对 SO$_2$ 的吸收量分别为 3.72mol SO$_2$/mol IL 和 4.80mol SO$_2$/mol IL，当 SO$_2$ 分压为 0.01MPa 时，[P$_{66614}$][Tetz]和[P$_{66614}$][Im]仍具有较高的吸收量，分别为 1.54mol SO$_2$/mol IL 和 2.07mol SO$_2$/mol IL，并具有稳定的吸收-解吸循环性能（28 次循环）。同时红外和核磁表征及量化计算结果表明，这两种唑基离子液体主要通过阴离子中带电负性的 N 原子与 SO_2 分子中带正电荷的 S 原子的化学作用实现多位点高效捕集。图 3.7 表示的是[Tetz]阴离子与 SO_2 间的相互作用。

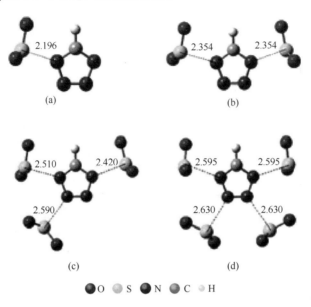

图 3.7　[Tetz]阴离子与 SO_2 的多位点相互作用[17]

（a）[Tetz]-SO_2，ΔH = -89.3kJ/mol；（b）[Tetz]-2SO_2，ΔH = -59.9kJ/mol；（c）[Tetz]-3SO_2，ΔH = -39.7kJ/mol；（d）[Tetz]-4SO_2，ΔH = -34.4kJ/mol；键长单位为 Å

在此基础上，Wang 等[19]将苯环引入唑基阴离子合成了含不同苯环唑基的季鏻类离子液体，结果表明，在 20℃和 0.1MPa 条件下，[P_{66614}][BenIm]、[P_{66614}][2-Ph-Im]、[P_{66614}][BenTriz]和[P_{66614}][Indz]对 SO_2 吸收量分别为 5.75mol SO_2/mol IL、5.74mol SO_2/mol IL、3.89mol SO_2/mol IL 和 4.10mol SO_2/mol IL，这说明苯环的加入能有效提高 SO_2 的吸收量。在 40℃和 SO_2 浓度为 500ppm（1ppm = 10^{-6}）条件下，[P_{66614}][BenIm]仍能吸收 1.51mol SO_2/mol IL，而且多次吸收-解吸后该类离子液体仍保持稳定的吸收性能。光谱表征和量化计算结果表明，离子液体对 SO_2 吸收量的提高主要是因为阴离子上的苯环与 SO_2 之间较强的 π⋯S 相互作用（图 3.8）。

为了不影响离子液体的吸收量，同时实现低能耗解吸，Wang 等[20]又提出了在阴离子上引入能与 SO_2 作用的吸电子基团（如卤素）来调控离子液体与 SO_2 的相互作用的策略。一方面，阴离子中卤素能与 SO_2 间形成卤硫作用，增加离子液体对 SO_2 的吸收量；另一方面，卤素能有效分散阴离子中 O 原子上的负电荷，降低 SO_2 吸收焓，从而达到高效解吸。实验结果很好地证明了这一想法，在 20℃和 0.1MPa 条件下，含卤素的季鏻类离子液体[P_{66614}][4-BrC_6H_4COO]、[P_{66614}][4-ClC_6H_4COO]

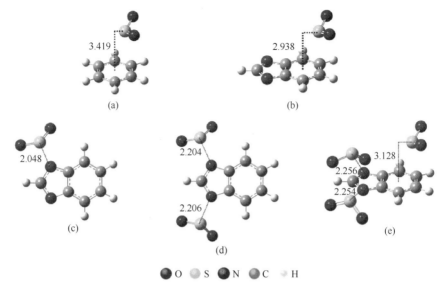

图 3.8 苯环与 SO_2 和[BenIM]阴离子与 SO_2 间的相互作用[19]

(a) 苯环与 SO_2 间的作用，$\Delta H = -4.3$ kJ/mol；(b) [BenIM]阴离子中苯环与 SO_2 间的作用，$\Delta H = -48.6$ kJ/mol；(c) ～ (e) [BenIM]阴离子与 SO_2 多位点作用：(c) [BenIM]-SO_2，$\Delta H = -98.2$ kJ/mol；(d) [BenIM]-$2SO_2$，$\Delta H = -64.8$ kJ/mol；(e) [BenIM]-$3SO_2$，$\Delta H = -24.2$ kJ/mol；键长单位为 Å

和[P$_{66614}$][4-FC$_6$H$_4$COO]对 SO_2 的吸收量分别是 4.12mol SO_2/mol IL、3.93mol SO_2/mol IL 和 3.96mol SO_2/mol IL，而[P$_{66614}$][C$_6$H$_5$COO]对 SO_2 的吸收量仅为 3.74mol SO_2/mol IL，并且吸收的 SO_2 可全部被解吸出来，实现了高效可逆捕集。图 3.9 是含卤素的阴离子与 SO_2 间的相互作用。

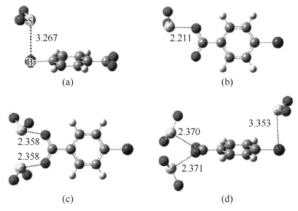

图 3.9 阴离子[4-BrC$_6$H$_4$COO]与 SO_2 间的相互作用[20]

(a) 阴离子[4-BrC$_6$H$_4$COO]中 Br 原子与 SO_2 间的作用，$\Delta H = -26.6$ kJ/mol；(b) ～ (d) [4-BrC$_6$H$_4$COO]阴离子与 SO_2 多位点作用：(b) [4-BrC$_6$H$_4$COO]-SO_2，$\Delta H = -92.2$ kJ/mol；(c) [4-BrC$_6$H$_4$COO]-$2SO_2$，$\Delta H = -53.7$ kJ/mol；(d) [4-BrC$_6$H$_4$COO]-$3SO_2$，$\Delta H = -19.6$ kJ/mol；键长单位为 Å

调控阴离子实现多位点吸收 SO_2 为设计更有竞争力的离子液体提供了指导。虽然季鏻类离子液体具有较高的 SO_2 摩尔吸收量，但相应的质量吸收量并不高，而且该类离子液体合成步骤较为复杂，黏度较高，要将其实现工业化，还存在一定的差距。

3.1.2.5 季铵类离子液体

为了实现较高的 SO_2 质量吸收量和可逆吸收，Wu 和 Hu 等[21]设计合成了一系列阴离子为二元羧酸的低黏度季铵类功能化离子液体。结果表明，在 40℃和 0.1MPa 条件下，该类离子液体的质量吸收量最高可达 0.456g SO_2/g IL，分压为 0.0155MPa 时，吸收量也可达 0.232g SO_2/g IL，而且与 SO_2 相互作用焓也非常低（-42.2～-29.9kJ/mol），可实现低能耗解吸，其与 SO_2 的相互作用如图 3.10 所示。在此研究基础上，Wu 和 Hu 等[22]将这类二元羧酸季铵类离子液体与二甲基亚砜混合形成复配溶剂吸收 SO_2，在 30℃和 0.1MPa 条件下，该吸收剂能吸收 6.836～7.624mol SO_2/kg 吸附剂，在极低分压（0.0004MPa）下也可吸收 0.836～0.954mol SO_2/kg 吸附剂，解决了离子液体黏度大、吸收速率慢的问题，为离子液体的应用拓展了新的思路。但该类离子液体合成过程较复杂，导致成本较高，目前关于该类离子液体的系统研究还相对较少。

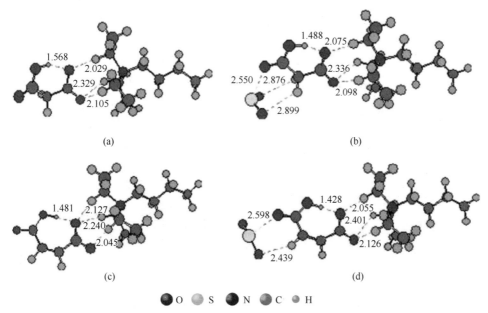

图 3.10　季胺类离子液体结构及其与 SO_2 相互作用的稳态结构[21]

(a) [N_{2224}][dim alonate]；(b) [N_{2224}][dim alonate]···SO_2(-34.0kJ/mol)；(c) [N_{2224}][dim aleate]；(d) [N_{2224}][dim aleate]···SO_2(-30.0kJ/mol)；键长单位为 Å

3.1.3　CO_2 气体分离

自从 Blanchard 等[4]在 Nature 上首次报道 CO_2 在离子液体[C_4MIM][PF_6]中具有较高的溶解度,即在 25℃和 8MPa 条件下,CO_2 溶解度高达 0.8mol CO_2/mol IL,但[C_4MIM][PF_6]几乎不溶解 CO_2,离子液体作为一种新型绿色介质用于捕集 CO_2 受到了广泛关注。根据离子液体的结构特征和吸收机理不同,目前用于 CO_2 吸收的离子液体主要有常规和功能化离子液体两大类。

3.1.3.1　常规离子液体

常规离子液体主要依靠阴阳离子与 CO_2 间的静电力、范德华力、氢键等物理作用吸收 CO_2,符合亨利定律,因此 CO_2 在离子液体中的溶解度大小与阴阳离子结构有直接关系。

（1）阳离子的影响

咪唑类离子液体是用于 CO_2 吸收分离研究最广泛的一类离子液体。Kazarian 等[23]认为之所以 CO_2 在咪唑类离子液体中具有较高的溶解度,是因为咪唑环中 C2 上 H 的活性和酸性为 CO_2 与 C2 间的作用提供了可能,而这种作用可能是咪唑环中 C2 上 H 与 CO_2 形成的氢键作用[24]。Welton 等[25]的研究结果也很好地证明,咪唑环中 C2 上 H 与溶质形成的氢键能力明显强于 C2 上的甲基。为了研究咪唑环中 C2 上 H 对 CO_2 吸收能力的影响,Brennecke 等[26]测定了 CO_2 在三组离子液体即[C_4MIM][PF_6]和[BMMIM][PF_6]、[C_4MIM][BF_4]和[BMMIM][BF_4]、[C_2MIM][NTf_2]和[EMMIM][NTf_2]中的溶解度（图 3.11）。实验结果表明,阳离子中 C2 上 H 被甲基取代后会小幅度降低 CO_2 的溶解度,说明阳离子对 CO_2 的溶解度影响非常小。

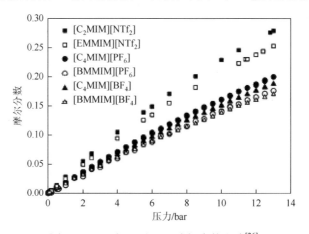

图 3.11　C2 上 H 对 CO_2 溶解度的影响[26]

为了研究阳离子上不同烷基碳链长度对 CO_2 溶解度的影响，Aki 等[27]测定了 CO_2 在三种咪唑类离子液体[C_4MIM][NTf$_2$]、[C_6MIM][NTf$_2$]和[C_8MIM][NTf$_2$]中的溶解度，结果表明随着咪唑环上烷基侧链长度的增加，CO_2 在离子液体中的溶解度随之增加。Huang 等[28]研究表明（图 3.12），在溶解过程中 CO_2 分子会进入离子液体阴阳离子本身形成的空腔中，导致离子液体结构重排而不会发生像常规有机溶剂那样明显的体积变化。因此，阳离子上烷基侧链长度的增加导致离子液体的自由体积增大，从而促进 CO_2 在离子液体中的溶解。同样，Yunus 等[29]也研究了含不同侧链长度的吡啶类离子液体[C_4Py][NTf$_2$]、[C_8Py][NTf$_2$]、[C_{10}Py][NTf$_2$]和[C_{12}Py][NTf$_2$]对 CO_2 的溶解性能，发现了同样的变化规律，而且当阴离子和侧链长度相同时，吡啶类离子液体与咪唑类离子液体对 CO_2 的溶解能力相当，再次表明阳离子对 CO_2 溶解度影响较小。

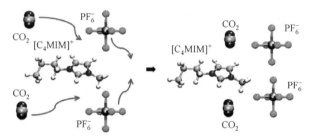

图 3.12　CO_2 溶解造成的离子液体结构重排[28]

另外，Almantariotis 等[30]还研究了咪唑阳离子侧链上引入氟取代基对 CO_2 溶解度的影响，结果表明（图 3.13），CO_2 在含多氟取代基的离子液体[$C_8H_4F_{13}$MIM][NTf$_2$]

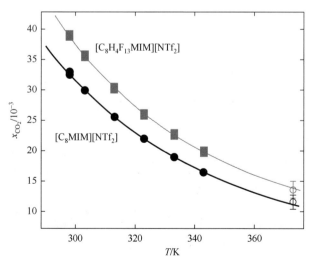

图 3.13　氟取代基对 CO_2 溶解度的影响[30]

中的溶解度明显高于无氟取代基的离子液体[C$_8$MIM][NTf$_2$]。其主要原因可能是阳离子的烷基侧链与氟原子形成氢键作用，造成阴阳离子间的作用减弱，有利于CO_2进入离子液体的结构空隙中，从而使含氟离子液体对CO_2的溶解能力增强。

（2）阴离子的影响

大量研究表明，与阳离子相比，离子液体的阴离子对CO_2溶解度的影响更大。Anthony等[31]系统地研究了阳离子（咪唑、吡咯、季铵和季鏻）和阴离子（NTf_2^-、PF_6^-和BF_4^-）对CO_2溶解度的影响。当阴离子相同时，阳离子的种类对CO_2溶解度的影响非常小。相比之下，阴离子影响更明显，其中NTf_2^-阴离子与CO_2的亲和力明显大于BF_4^-和PF_6^-两种阴离子，这充分表明阴离子对CO_2溶解起关键作用。Kazarian等[23]采用原位ATR-IR研究了CO_2在两种不同阴离子离子液体[C$_4$MIM][BF$_4$]和[C$_4$MIM][PF$_6$]中的溶解机理，结果发现CO_2与BF_4^-和PF_6^-阴离子间可能存在弱的Lewis酸碱作用，而BF_4^-是较PF_6^-更强的Lewis碱，理论上CO_2与BF_4^-之间的Lewis酸碱作用更强，所对应的CO_2溶解度应该更高。但实验结果却恰恰相反，[C$_4$MIM][PF$_6$]具有更高的CO_2溶解度，这说明仅用阴离子-CO_2的Lewis酸碱作用来解释CO_2在离子液体中的溶解度是不适用的。Bhargava等[32]通过量化计算进一步研究了CO_2与不同阴离子的作用，对于单原子阴离子如卤素来说，阴离子-CO_2相互作用会随离子半径减小而增大；但对于多原子阴离子，CO_2更易与邻近的电负性原子结合，而且CO_2邻近的阴离子中的活性位数目也会影响CO_2的溶解能力，如阴离子尺寸较大的NTf_2^-具有更多结合CO_2的活性位因而具有更高的溶解度（图3.14），即离子液体的自由体积在CO_2溶解过程中也起着同样重要的作用[33]。

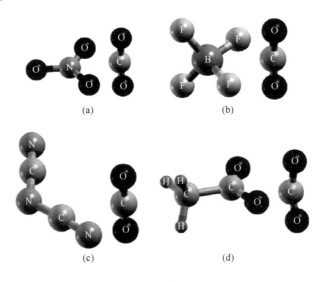

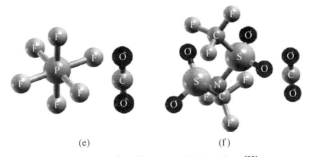

图 3.14　阴离子与 CO_2 间的相互作用[32]

(a) NO_3^-；(b) BF_4^-；(c) $N(CN)_2^-$；(d) CH_3COO^-；(e) PF_6^-；(f) NTf_2^-

虽然离子液体的出现为 CO_2 气体的捕集分离提供了新途径，但与工业用的醇胺类吸收剂相比，常规离子液体对 CO_2 的吸收量还非常有限，尤其是对低浓度 CO_2 的混合气体来说，不具竞争力，因此设计合成高性能的功能化离子液体成为研究的重点。

3.1.3.2　功能化离子液体

功能化离子液体是在离子液体中引入碱性基团，通过化学作用来实现 CO_2 高效吸收，主要包括单氨基、双氨基和非氨基三类功能化离子液体。

（1）单氨基离子液体

工业醇胺法中的吸收剂具有较高的 CO_2 吸收量，主要归因于醇胺溶剂中的氨基与 CO_2 间强的化学作用，但考虑到传统醇胺溶剂易挥发和氧化降解、难解吸等缺点，Bates 等[34]首次将氨基引入咪唑阳离子上，合成了氨基功能化离子液体[APBIM][BF$_4$]。在 22℃和 0.1MPa 条件下，该离子液体对 CO_2 的吸收量接近 0.5mol CO_2/mol IL（CO_2 质量分数为 7.4%）。通过红外和核磁结果提出了离子液体与 CO_2 间可能的反应机理（图 3.15），该功能化离子液体阳离子上的氨基与 CO_2 以 2:1 的摩尔比发生化学反应生成了氨基甲酸盐，并且通过加热或减压的方式可以将 CO_2 解吸出来，实现离子液体再生循环。

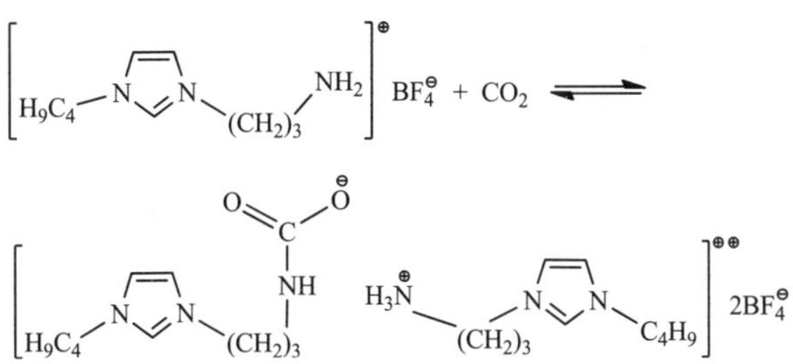

图 3.15　氨基功能化离子液体[APBIM][BF$_4$]与 CO_2 可能的反应机理[34]

咪唑环上氨基的引入虽然能够有效提高 CO_2 的吸收量，但并非所有阳离子上含氨基的离子液体都能对CO_2实现高效吸收。Zhang 等[35]研究了阳离子上含氨基的胍类乳酸盐离子液体1,1,3,3-四甲基胍乳酸盐（[TMG][L]）对CO_2的吸收，结果发现[TMG][L]对CO_2的吸收量非常低，CO_2质量分数仅为0.25%，氨基并没有按2∶1的摩尔比与CO_2发生化学反应，而是以物理吸收为主。这可能是因为[APBIM][BF_4]分子内部的氢键和与氨基相连的电子基团均有利于提高氨基与CO_2间的分子轨道能量，从而提高氨基与CO_2间的相互作用[36]，导致CO_2与氨基咪唑类离子液体[APBIM][BF_4]之间的能极差（6.07eV）明显小于CO_2与胍类离子液体[TMG][L]的能极差（9.53eV），如图3.16[37]所示。

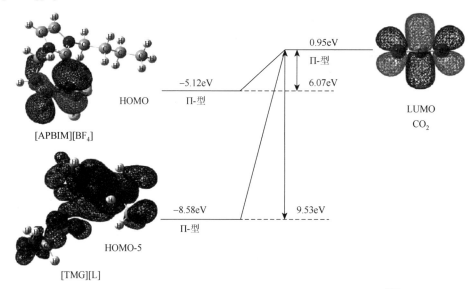

图3.16　[APBIM][BF_4]和[TMG][L]分别与CO_2之间的能极差[37]

Brennecke 等[38,39]将氨基引入阴离子使其功能化，合成了两种高吸收量的氨基酸离子液体[P_{66614}][Pro]和[P_{66614}][Met]。在常温常压下这两种离子液体对CO_2的吸收量高达0.9mol CO_2/mol IL，完全突破了阳离子上的氨基吸收CO_2的摩尔比2∶1，实现等摩尔1∶1吸收CO_2。量化计算结果表明，阴离子上的氨基与CO_2发生化学反应形成了氨基甲酸阴离子（图3.17），而且红外谱图也进一步证实了这一结果，吸收CO_2后[P_{66614}][Pro]中对应的3290cm^{-1}处N—H伸缩振动峰消失，但在1689cm^{-1}处出现了归属于Pro^-与CO_2形成的—COOH新峰。

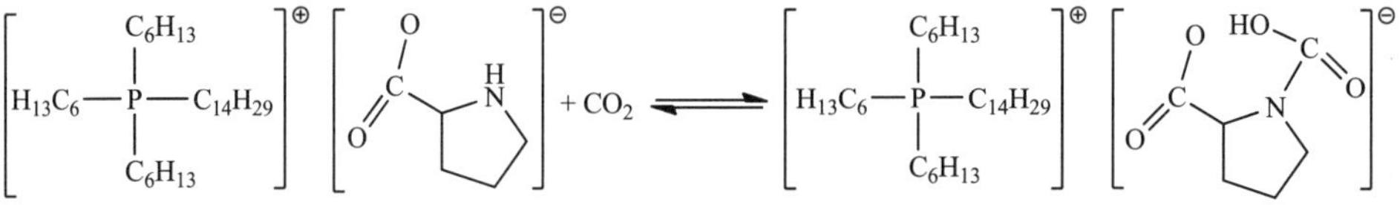

图3.17　[P_{66614}][Pro]与CO_2可能的反应机理[38]

(2) 双氨基离子液体

根据离子液体结构可调和设计的特点，Zhang 等[40]将氨基分别引入阴离子和阳离子，设计合成了阴阳离子双氨基功能化离子液体 3-丙胺-三丁基膦氨基酸盐[aP$_{4443}$][AA]（图 3.18）。该类离子液体热稳定性好，但黏度较高，最高约 1985mPa·s（25℃），因此将该类离子液体负载在 SiO$_2$ 上用于 CO$_2$ 吸收，常温常压下 CO$_2$ 吸收量可达 1.0mol CO$_2$/mol IL。按上述的吸收机理来看，阳阴离子上的氨基与 CO$_2$ 分别遵循 2∶1 和 1∶1 的吸收机理，因此阴阳离子双氨基功能化离子液体对 CO$_2$ 的吸收量理论上是 1.5mol CO$_2$/mol IL，但实验结果远达不到理论值。为此，Xue 等[41]合成双氨基咪唑类功能化离子液体，进一步研究阴阳离子与 CO$_2$ 的吸收机理，其认为阴离子上的氨基与 CO$_2$ 间同样遵循 2∶1 吸收机理（图 3.19）。

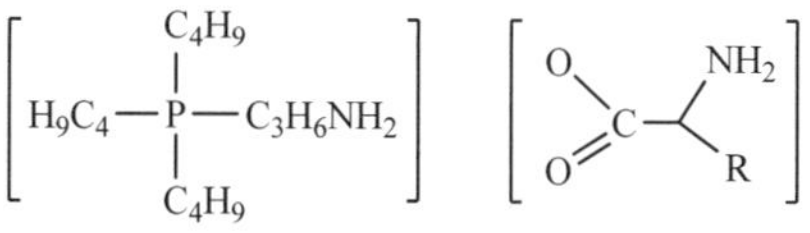

图 3.18　双氨基功能化离子液体[aP$_{4443}$][AA]的结构[40]

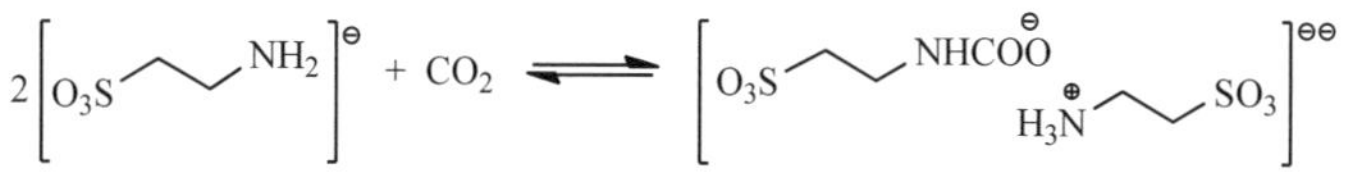

图 3.19　阴离子[Tau]与 CO$_2$ 可能的反应机理[41]

另外，Zhang 等[42]还合成了双氨基阳离子的咪唑类离子液体 1,3-双(2-氨基乙基)-2-甲基咪唑溴盐 {[1,3-(ae)$_2$-2-MIM][Br]}，该离子液体黏度极大，30℃时为 71.25Pa·s，因此采用该离子液体水溶液来吸收 CO$_2$。在 30℃和 0.1MPa 条件下，10%的离子液体水溶液吸收量达到 1.05mol CO$_2$/mol IL。通过光谱表征和量化计算研究了吸收机理（图 3.20），认为该离子液体的一个氨基首先与 CO$_2$ 反应生成—NHCOOH；随后—NHCOOH 又与另一个氨基发生酸碱反应，每个氨基与 CO$_2$ 遵从 2∶1 的吸收机理。

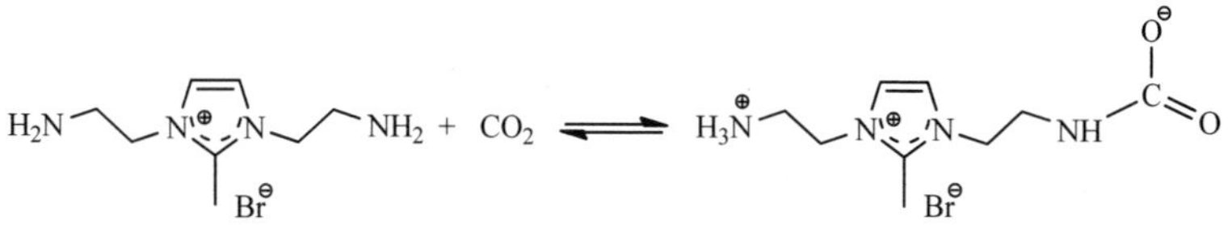

图 3.20　双氨基阳离子的咪唑类离子液体吸收 CO$_2$ 的机理[42]

与常规离子液体相比，氨基功能化离子液体在 CO$_2$ 吸收性能上更具优势，甚至可实现等摩尔吸收，但该类离子液体合成过程较为复杂，不仅本身黏度较高，而且吸收后在正负离子间形成更强的氢键作用,导致其黏度剧增,严重影响传质效果,另外氨基与 CO_2 较强的化学作用也会加大解吸的难度。

(3) 非氨基离子液体

针对上述氨基功能化离子液体存在的问题,浙江大学王从敏教授课题组做了大量的工作,开发了系列新型的非氨基阴离子功能化离子液体捕集 CO_2[43-49]。Wang 等[43,45]利用超强碱与弱质子供体如咪唑、三氟乙醇、吡咯烷酮等合成了系列超强碱质子型离子液体,其结构如图 3.21 所示。该类离子液体合成方法简单,黏度较低,在 23℃和 0.1MPa 条件下,[MTBDH][TFE]和[MTBDH][Im]具有非常高的吸收量,分别为 1.13mol CO_2/mol IL 和 1.03mol CO_2/mol IL。量化计算和光谱研究结果表明,该类离子液体主要靠阴离子与 CO_2 的化学作用实现 CO_2 的捕集,超强碱阳离子的存在为弱质子供体与 CO_2 反应提供驱动力,吸收机理如图 3.22 所示。其缺点是热稳定性较差,热分解温度均不超过 200℃,其中[MTBDH][TFE]在 86℃就开始发生分解。

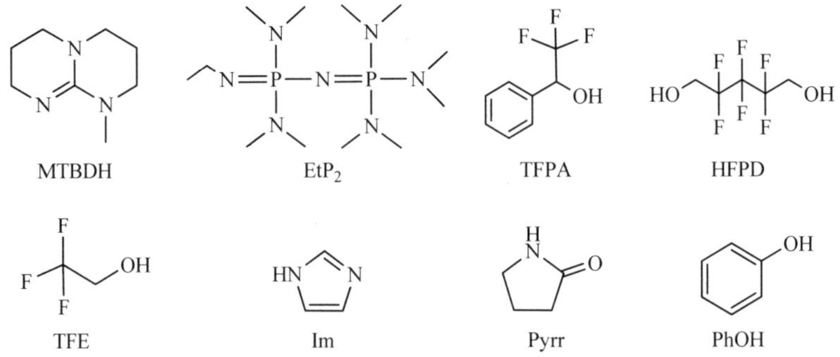

图 3.21 超强碱质子型离子液体的结构[43]

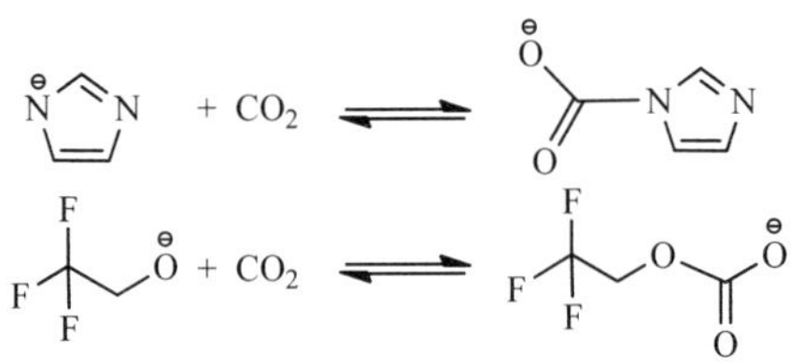

图 3.22 超强碱质子型离子液体阴离子与 CO_2 的作用机理[43]

另外,Wang 等[46]还设计合成了一类阴离子为苯酚型功能化离子液体 $[P_{66614}][SPhO]$,系统研究了苯酚阴离子上取代基的位置、数量及其吸电子或供电子性对 CO_2 吸收量的影响。这类离子液体通过氢氧季鏻和各种取代基苯酚发生中和反应制备而得。其中$[P_{66614}][4\text{-Me-PhO}]$和$[P_{66614}][4\text{-Cl-PhO}]$两种离子液体对 CO_2 吸收量较高,分别为 0.91mol CO_2/mol IL 和 0.95mol CO_2/mol IL,而且吸收速率较快，吸收后离子液体的黏度也不会发生明显变化。该类苯酚型离子液体虽与 CO_2 发生了化学反应生成羧酸盐（图 3.23），但吸收焓均小于 $-52kJ/mol$，有利于离子液体的再生。

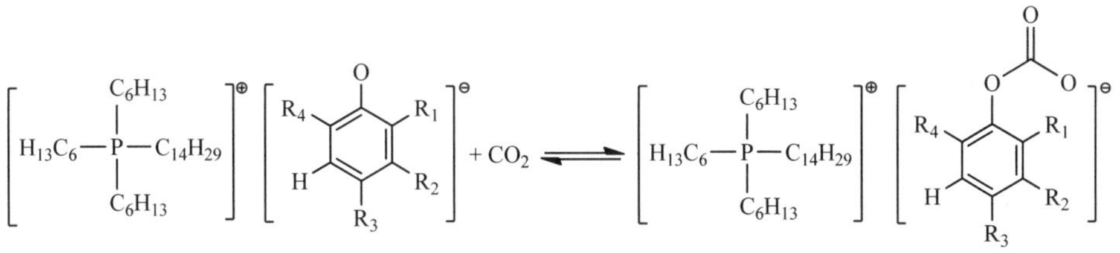

图 3.23　苯酚类离子液体 $[P_{66614}][SPhO]$ 吸收 CO_2 机理[46]

在前期工作基础上，Wang 等[48]又提出了利用离子液体与 CO_2 间的多位点协同作用高效捕集 CO_2 的新策略。他们将电负性的 N 原子引入酚羟基上，合成含有多个作用位点的含羟基吡啶阴离子的季鏻类功能化离子液体，其结构如图 3.24 所示。研究表明，在常温常压下，$[P_{66614}][2\text{-}Op]$ 对 CO_2 的吸收量达到 1.58mol CO_2/mol IL，远远超过了前面所提到的等摩尔吸收，这是因为吡啶环上的 N 原子和酚羟基上的 O 原子均能与 CO_2 发生化学反应，起到了协同作用，吸收机理如图 3.25 所示。

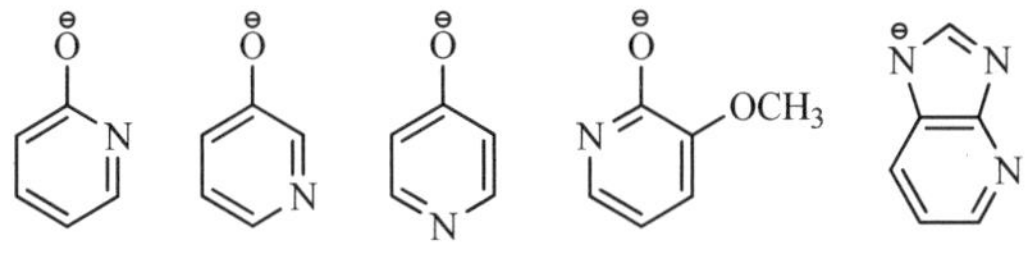

图 3.24　羟基吡啶型功能化离子液体阴离子的结构[48]

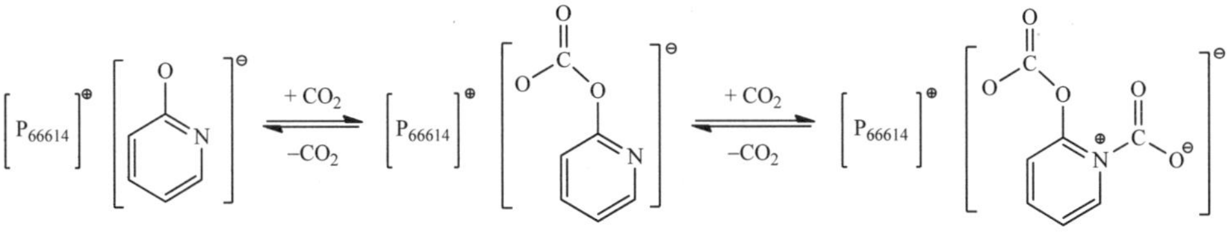

图 3.25　$[P_{66614}][2\text{-}Op]$ 多位点协同作用吸收 CO_2 的机理[48]

3.1.4　H_2S 气体分离

与 CO_2 和 SO_2 的研究相比，离子液体吸收 H_2S 的研究相对较少，主要集中在 H_2S 在离子液体中的溶解度测定和相关热力学性质等方面。

3.1.4.1 H₂S 在离子液体中的溶解度实验研究

2007 年，Jou 等[50]报道了温度为 298～403K，压力高达 9.6MPa 时，H₂S 在离子液体[C₄MIM][PF₆]中的溶解度。结果表明，实验压力对 H₂S 在离子液体[C₄MIM][PF₆]中的溶解度有很大的影响。当温度为 298.15K，压力为 115kPa 时，H₂S 溶解度为 0.077（摩尔分数）；当压力升至 2000kPa 时，H₂S 溶解度为 0.840（摩尔分数）。实验结果还表明，在相同温度下，H₂S 在[C₄MIM][PF₆]中的亨利系数远小于 CO_2 在[C₄MIM][PF₆]中的亨利系数，即 H₂S 在[C₄MIM][PF₆]中有较高的溶解度。此后，Jalili[51-59]、Shiflett[60, 61]、Duan[62]、张志炳等[63]测量了 H₂S 在不同常规离子液体中的溶解度，表 3.2 总结了这方面的研究。

表 3.2 离子液体吸收 H_2S 的研究进展

离子液体	T/K	P/kPa	参考文献
[C_nMIM][X]，（X = Cl、BF₄、OTf、PF₆、NTf₂）	298.15	1400	[59]
[C₄MIM][X]（X = BF₄、NTf₂、PF₆）	303.15～343.15	60.8～1011	[64]
[C₆MIM][X]（X = BF₄、NTf₂、PF₆）	303.15～343.15	97.4～1070	[51]
[C₆EMIM][BF₄]	303.15～353.15	119～1194	[52]
[C₂MIM][BF₄]、[C₂MIM][NTf₂]	303.15～353.15	107～1933	[53]
[C₂MIM][X]（X = NTf₂、PF₆、OTf）	303.15～353.15	105.9～1839	[54]
[C₄MIM][MeSO₄]	295.8～314.4	0～10000	[60]
[C₄MIM][PF₆]	283～343	0～10000	[61]
[C₂MIM][EtSO₄]	303.15～353.15	122～1546	[55]
[N₄₄₄₄][Br]	303.2～363.2	101.325	[62]
[C₈MIM][NTf₂]	303.15～353.15	68.5～2016.8	[56]
[C₂MIM][X]（X = Ac、Pro、Lac）[Y][Ac]（Y = C₈MIM、C₆MIM）	293.15～333.15	0～350	[65]
[C₈MIM][PF₆]	303.15～353.15	84.5～1958.4	[57]

从表 3.2 可以看出，目前 H₂S 在离子液体中的溶解度测量基本上只针对常规离子液体，而未涉及功能化离子液体，尤其是氨基功能化离子液体吸收 H₂S 的研究很少。总之，H₂S 在离子液体中的溶解度与阴阳离子结构、相互作用及阴阳离子取代基都有关系，下面对上述因素对溶解度的影响做了深入分析。

3.1.4.2 H₂S-离子液体体系的热力学性质及模型

Jalili 等[51-56, 58, 64]在离子液体吸收分离 H₂S 方面开展了一系列研究。他们先后系统测量了 H₂S 气体在不同离子液体中的溶解度，并用溶解度数据估算了亨利常数和热力学性质,采用 Krichevsky-Kasarnovsky 方程关联了 H_2S 在离子液体中的溶解度数据:

$$\ln\left(\frac{f_2}{x_2}\right) = \ln K_h + \frac{(P - P_1^s)V_1^\infty}{RT} \quad (3.1)$$

式中,f_2 为气相中 H_2S 的逸度;x_2 为液相中 H_2S 的摩尔分数;P_1^s 为离子液体的饱和蒸气压;K_h 为压力为 P 时气体的亨利常数;R 为摩尔气体常数;V_1^∞ 为气体偏摩尔体积;T 为热力学温度。离子液体的蒸气压可被忽略,即 $P_1^s = 0$,因此气相中 H_2S 的逸度 f_2 可用 H_2S 的逸度 f_2^0 表示,式(3.1)可被写为

$$\ln\left(\frac{f_2^0}{x_2}\right) = \ln K_h + \frac{PV_1^\infty}{RT} \quad (3.2)$$

其中,H_2S 的逸度 f_2^0 可由 Peng-Robinson 状态方程[66]计算:

$$P = \frac{RT}{V - b} - \frac{a}{V(V + V_m) + b(V - b)} \quad (3.3)$$

$$a = \frac{0.45724R^2T_c^2}{P_c}[1 + (0.37464 + 1.54226\omega - 0.26992\omega^2)(1 - \sqrt{T_r})]^2 \quad (3.4)$$

$$b = \frac{0.07780RT_c}{P_c} \quad (3.5)$$

式中,a,b 为常数;V_m 为气体摩尔体积;T_c 和 P_c 分别为临界温度和临界压力;$T_r = T/T_c$;ω 为偏心因子。根据不同温度下 H_2S 在离子液体中的溶解度数据,Jalili 等[53,55,64]计算了吸收热力学性质,包括吉布斯自由能 $\Delta_{sol}G^\infty$、偏摩尔焓 $\Delta_{sol}H^\infty$ 和偏摩尔熵 $\Delta_{sol}S^\infty$,即

$$\Delta_{sol}G^\infty = RT\ln\left(\frac{K_h}{P^0}\right) \quad (3.6)$$

$$\Delta_{sol}H^\infty = -T^2\frac{\partial}{\partial T}\left(\frac{\Delta_{sol}G^\infty}{T}\right) = -RT^2\frac{\partial}{\partial T}\left[\ln\left(\frac{K_h}{P^0}\right)\right] \quad (3.7)$$

$$\Delta_{sol}S^\infty = \frac{(\Delta_{sol}H^\infty - \Delta_{sol}G^\infty)}{T} \quad (3.8)$$

式中,P^0 为标准大气压。

表 3.3 列出了 313K 时 H_2S 在离子液体中的溶解度和相关热力学性质。

表 3.3 313K 时 H_2S 在离子液体中的溶解度和热力学性质

离子液体	P/kPa	x	K_h/MPa	$\Delta_{sol}G^\infty$/(kJ/mol)	$\Delta_{sol}H^\infty$/(kJ/mol)	$\Delta_{sol}S^\infty$/[kJ/(mol·K)]	参考文献
[C_4MIM][PF_6]	171	0.075	2.16±0.04	8.00	−13.8	−69.7	—
[C_4MIM][BF_4]	146	0.076	1.91±0.01	7.67	−13.0	−66.0	[64]
[C_4MIM][NTf_2]	107	0.065	1.65±0.14	7.24	−13.9	−67.4	—

续表

离子液体	P/kPa	x	K_h/MPa	$\Delta_{sol}G^\infty$ /(kJ/mol)	$\Delta_{sol}H^\infty$ /(kJ/mol)	$\Delta_{sol}S^\infty$ /[kJ/(mol·K)]	参考文献
[C$_6$MIM][PF$_6$]	156	0.063	2.17±0.03	8.01	−16.3	−77.5	—
[C$_6$MIM][BF$_4$]	127	0.070	1.52±0.01	7.09	−7.09	−71.7	[51]
[C$_6$MIM][NTf$_2$]	113	0.040	2.17±0.01	8.01	−17.5	−81.5	—
[C$_2$MIM][NTf$_2$]	118	0.065	1.78±0.01	7.50	−14.4	−69.8	[53]
[HEMIM][PF$_6$]	144	0.166	0.89	5.67	−11.8	−55.9	—
[HEMIM][OTf]	117	0.195	0.61	4.76	−12.7	−55.6	[54]
[HEMIM][NTf$_2$]	170	0.202	0.88	5.74	−14.8	−65.7	—
[C$_2$MIM][EtSO$_4$]	121	0.018	7.10±0.20	5.10	−12.8	−57.1	[60]
[C$_6$MIM][NTf$_2$]	163	0.104	1.51±0.03	7.06	−15.2	−71.1	—
[C$_8$MIM][NTf$_2$]	102	0.077	1.18±0.02	5.79	−13.1	−62.5	[57]
[C$_8$MIM][PF$_6$]	94.4	0.062	1.44±0.02	7.09	−13.1	−64.4	—

从表 3.3 可以看出，对于 H$_2$S 与离子液体体系，吉布斯自由能是正值，而焓变和熵变是负值。对阳离子为[C$_4$MIM]$^+$的三种离子液体[C$_4$MIM][NTf$_2$]、[C$_4$MIM][PF$_6$]和[C$_4$MIM][BF$_4$]来讲，313K 时吉布斯自由能由大到小变化顺序是：[C$_4$MIM][PF$_6$] > [C$_4$MIM][BF$_4$] > [C$_4$MIM][NTf$_2$]，且[C$_4$MIM][PF$_6$]的焓变和熵变随温度的变化和另外两种离子液体稍有不同，从分子水平上讲，这可能是由[C$_4$MIM][PF$_6$]较强的溶质-溶剂作用和较大的自由体积引起的。而对于阳离子为[C$_6$MIM]$^+$的离子液体来说，[C$_6$MIM][PF$_6$]≈[C$_6$MIM][NTf$_2$] > [C$_6$MIM][BF$_4$]。上述规律不仅与离子液体和 H$_2$S 之间的相互作用有关，还与离子液体阴阳离子本身的结构有关[51, 64]。Ghotbi 等[67]用 UNIFAC 活度系数模型和状态方程 SAFT-VR（statistical associating fluid theory for potential of variable range）和 PC-SAFT（perturbed chain statistical associating fluid theory）预测了酸性气体（如 H$_2$S 等）在咪唑类离子液体[C$_2$MIM][NTf$_2$]、[C$_4$MIM][NTf$_2$]、[C$_6$MIM][NTf$_2$]、[C$_2$MIM][PF$_6$]、[C$_4$MIM][PF$_6$]、[C$_6$MIM][PF$_6$]、[C$_4$MIM][BF$_4$]、[C$_6$MIM][BF$_4$]和[C$_8$MIM][BF$_4$]中的溶解度，并考察了阴阳离子及烷基链长对溶解度的影响。结果显示修正后的模型能够很好地预测高压下 H$_2$S 在离子液体中的溶解度。

3.1.4.3 离子液体吸收 H$_2$S 机理分析

与 H$_2$S 在离子液体中的溶解度测量相比，离子液体吸收 H$_2$S 的机理研究较少。Pomelli 等[59]用核磁光谱研究了 H$_2$S 在阳离子为[C$_4$MIM]$^+$类和阴离子为 NTf$_2^-$ 类（图 3.26）离子液体中的溶解度及 H$_2$S 与离子液体之间的相互作用。研究表明 H$_2$S

在上述离子液体中的溶解度普遍比 CO_2 高。而且阳离子同为$[C_4MIM]^+$时，H_2S 在咪唑类离子液体中的溶解度随阴离子顺序递减：$Cl^->BF_4^->OTf^->NTf_2^->PF_6^-$。而当阴离子同为 NTf_2^- 时，H_2S 在不同阳离子的离子液体中的摩尔分数为 0.72~0.9，说明阳离子对于 H_2S 在离子液体中的溶解度起着一定的作用。进一步采用量化计算从分子水平上理解 H_2S 和离子液体之间的相互作用，结果表明 H_2S 在离子液体中的溶解度主要是由 H_2S 和阴离子之间的相互作用决定的，而且 H_2S 与这些阴离子的相互作用能为 7~14kcal/mol，与传统氢键作用大小相当。

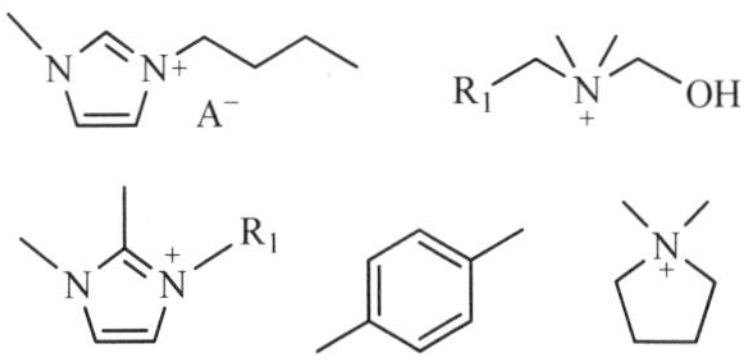

$A^-=Cl^-、BF_4^-、OTf^-、NTf_2^-、PF_6^-$，$R_1=C_2H_5、C_4H_9、CH_2Ph(bz)$

图 3.26　吸收 H_2S 离子液体的结构

对 H_2S 在 5 种咪唑类离子液体中的溶解度的研究结果表明，阴离子碱性和阳离子取代基长度对 H_2S 溶解度都有一定的影响[59]。根据经典的共轭酸碱理论，酸性较弱的羧酸，其相应的羧酸盐则碱性较强。因为 3 种氨基甲酸、乙酸、乳酸的酸度常数[68]分别为 4.87、4.75、3.86，则相应的羧酸盐碱性强弱为 $Pro^->Ac^->Lac^-$。而 H_2S 在相应的$[C_2MIM]^+$类离子液体中的溶解度顺序与此相一致，即$[C_2MIM][Pro]>[C_2MIM][Ac]>[C_2MIM][Lac]$，说明碱性较强的离子液体通过阴离子与气体分子相互作用吸收较多的 H_2S。另外该研究还表明离子液体阳离子从$[C_2MIM]^+$、$[C_4MIM]^+$到$[C_6MIM]^+$，烷基取代基增长，增加了利于溶解 H_2S 的自由体积，因此 H_2S 溶解度逐渐增大，这也证实了 Jalili 课题组的研究结果[52, 54]。该研究也说明，为提高 H_2S 在离子液体中的溶解度，可以选择阴离子酸性相对较弱，阳离子烷基取代基较长的离子液体。Jalili 等[69, 70]还研究了温度和压力对 H_2S 在离子液体中溶解度的影响，低温或者高压有利于 H_2S 的溶解，离子液体阳离子对 H_2S 溶解度的影响比较小，而阴离子的影响较明显，且阴离子含氟越多，H_2S 溶解度越大。从溶剂特性和结构来讲，离子液体阴阳离子均对 H_2S 溶解度有一定的影响，表 3.4 总结了部分文献的研究结果。

表 3.4　阴阳离子对 H_2S 在离子液体中溶解度的影响[51-53, 55-57, 64, 71]

类别	相同离子	H_2S 溶解度大小
相同阳离子	$[C_4MIM]^+$	$NTf_2^->BF_4^->PF_6^-$
	$[C_6MIM]^+$	$PF_6^-\approx NTf_2^->BF_4^-$
	$[C_2MIM]^+$	$Pro^->Ac^->Lac^-$

续表

类别	相同离子	H_2S 溶解度大小
相同阳离子	[HEMIM]$^+$	$NTf_2^- >OTf^- > PF_6^- > BF_4^-$
相同阴离子	Ac$^-$	[C$_6$MIM]$^+$>[C$_4$MIM]$^+$>[C$_2$MIM]$^+$
	NTf$_2^-$	[C$_8$MIM]$^+$>[C$_6$MIM]$^+$

Jalili 等[53]还研究了 H_2S 在离子液体中溶解度和其密度的关系。H_2S 在阴离子为 NTf_2^-、OTf^-、PF_6^- 和 BF_4^- 的[HEMIM]$^+$类离子液体中的溶解度大小顺序为[HEMIM][NTf$_2$]>[HEMIM][OTf]>[HEMIM][PF$_6$]>[HEMIM][BF$_4$],而上述离子液体的密度大小顺序刚好与此相反。密度的变化从熵的角度解释了 H_2S 在上述离子液体中溶解度变化的原因。当离子液体密度从[HEMIM][NTf$_2$]到[HEMIM][BF$_4$]不断增大,离子液体空隙体积(或称其为自由体积)随之减小,从而降低酸性气体如 H_2S 或 CO_2 等与离子液体接触的可能性,因此气体溶解度从[HEMIM][NTf$_2$]到[HEMIM][BF$_4$]依次减小。Aparicio 等[72]用分子动力学计算法(molecular dynamics methods)从分子水平上研究了气体对离子液体结构的影响,考察了纯胍类离子液体[HMG][Lac]及吸收气体 H_2S、CH_4 和 CO_2 后的特性和分子结构,并分析了离子液体与气体之间的相互作用。结果表明,Lac$^-$阴离子上羟基和羧酸盐的存在,导致 H_2S 和 CO_2 与 Lac$^-$阴离子之间有很强的作用,而这些基团是决定离子液体吸收酸性气体的重要因素。

3.1.4.4 离子液体分离 H_2S 混合气体研究

实际工业酸性气体是一个多组分混合气体,相应的气体吸收分离应考虑多种气体并存的特殊性和复杂性,例如,天然气净化应该考虑离子液体对 H_2S、SO_2 和 CH_4 等混合气体的分离性能。Lee 等[73]通过相分离技术将离子液体嫁接到聚(偏二氟乙烯)[poly(vinylidene fluoride)]获得支撑液膜,并研究了气体 H_2S、CO_2 与 CH_4 在离子液体支撑膜的渗透行为。他们发现,H_2S 和 CO_2 的渗透系数比 CH_4 的渗透系数要高很多,而且由于液膜中离子液体体积分数的不同,H_2S/CH_4 的选择性为 200~600,远高于 CO_2/CH_4 的选择性(50~100)。2009 年,Heintz 等[74]研究了 H_2S 和 CO_2 在季铵盐类离子液体 TEGO ILK5 中的溶解度和液相传质系数,发现 H_2S 在该离子液体中的溶解度要大于 CO_2 的溶解度,该结论与 Pomelli 报道的 CO_2 在咪唑类离子液体中的溶解度相吻合[59]。然而,出于商业保护的目的,该研究并没有公开 TEGO IL K5 的组分。Shiflett 等[60,61]先后研究了[C$_4$MIM][PF$_6$]和[C$_4$MIM][MeSO$_4$]离子液体吸收分离 H_2S/CO_2 混合气体,发现[C$_4$MIM][MeSO$_4$]对 H_2S/CO_2 的选择性达到 13.5,远高于[C$_4$MIM][PF$_6$]的选择性(3.7)。究其原因主要是 H_2S 与大部分离子液体阴离子有较强的相互作用,正如 Pomelli 所报道的,该相互作用强度与氢键相当[59]。

在以往文献的基础上，Coutinho 等[75]用现有的气液平衡数据，研究了 H_2S、CH_4 和 SO_2 在离子液体中的非理想性。研究发现，H_2S、CH_4 和 SO_2 与离子液体体系的液相理想性呈负偏差，这主要是由熵效应决定的。对于 CH_4 和 SO_2 与离子液体体系，理想性和溶解度偏差可以用 Flory-Huggins 模型预测，而对于 H_2S 和离子液体体系而言，由于熵效应引起的非理想性正偏差，该模型的预测性并不好。分析表明，尽管溶剂本身的化学特性和纯物质的分子间相互作用存在差异，溶液中 CH_4 和 SO_2 的非理想性非常小，基本是由熵效应决定。Coutinho 等[75]研究了离子液体极性对 H_2S/CH_4 和 CO_2/CH_4 气体选择性的影响，H_2S/CH_4 和 CO_2/CH_4 气体在 4 种离子液体中的选择性顺序为：$[P_{66614}][NTf_2]<[C_4MIM][NTf_2]<2mHEAPr<[C_4MIM][CH_3SO_3]$。研究还表明，选择性模型不能很好地检验实验数据，改用 Kamlet-Taft 的 β 参数可以来最大化 H_2S/CH_4 和 CO_2/CH_4 选择性。

最近 Mortazavi-Manesh 等[76]提出了新模型来预测气体在一系列离子液体中的溶解度。他们是用 COSMO-RS 预测 H_2S、CH_4、C_2H_6 在 400 多种离子液体二元体系活度系数，用立方型 Peng-Robinson 状态方程计算了逸度系数。研究发现，酸性气体-离子液体二元体系的活度系数，对于 CH_4-IL 和 C_2H_6-IL 来讲，参数离子液体的分子表面积（molecular surface area）能很好地关联活度系数；对于 H_2S-IL 来讲，分子量起关键作用。除此之外，他们还计算了 425 种离子液体吸收酸性气体 CO_2 和 H_2S，与碳氢化合物 CH_4 和 C_2H_6 的选择性，筛选得到了 58 种有应用前景的离子液体，其中以阳离子为 $[N_{4111}]^+$、$[pmg]^+$ 和 $[TMG]^+$，阴离子为 BF_4^-、NO_3^- 和 $MeSO_4^-$ 的离子液体居多。但理论模型只是一个吸收剂的初步筛选，为使离子液体真正应用与酸性气体吸收分离，离子液体的物理性质和化学稳定性，如熔点、黏度、腐蚀性、降解温度及气体扩散系数等都需要进一步深入研究。

3.1.5 NH_3 净化分离

与 SO_2 和 CO_2 两种酸性气体相比，关于离子液体吸收分离 NH_3 的研究较少，侧重于 NH_3 在离子液体的溶解度测定、热力学性质及吸收机理的研究。

文献中实验结果表明[77-81]，离子液体对 NH_3 具有较好的吸收溶解能力，而且 NH_3 在离子液体中的溶解度主要受阳离子种类和结构的影响。Yokozeki 等[77,78]先后测定了不同温度和压力下 NH_3 在 $[C_4MIM][BF_4]$、$[C_4MIM][PF_6]$、$[C_2MIM][EtOSO_3]$、$[C_2MIM][SCN]$、$[C_2MIM][NTf_2]$ 和 $[C_2MIM][Ac]$ 等常规咪唑类离子液体中的溶解度，结果发现（图 3.27），当阳离子相同时，NH_3 在 $[C_2MIM][EtOSO_3]$、$[C_2MIM][SCN]$、$[C_2MIM][NTf_2]$ 和 $[C_2MIM][Ac]$ 四种离子液体中的溶解度非常接近，没有太大差别，这说明阴离子对 NH_3 的吸收溶解没有明显的影响。

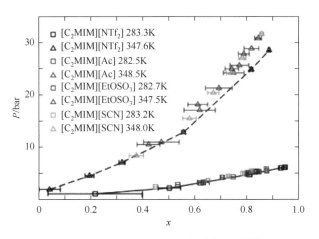

图 3.27 阴离子对 NH_3 溶解度的影响[79]

Shi 等[79]通过分子动力学模拟和量化计算深入研究了离子液体[C_2MIM][NTf_2]吸收 NH_3 的机理。结果表明（图 3.28），阳离子与 NH_3 的相互作用明显高于阴离子与 NH_3 的作用，这是因为 NH_3 能分别与阴阳离子形成氢键，其中 NH_3 分子上碱性的 N 原子易与咪唑环中 C2 位上酸性的 H 原子形成较强的氢键，强于 NH_3 分子中 H 原子与阴离子中 O 原子形成的氢键，而且 NH_3 分子中 H 原子与 F 原子不会形成氢键。该研究进一步证明阳离子对 NH_3 的吸收起主要作用，这与前面所提到的离子液体对 CO_2 吸收主要由阴离子决定是不同的。

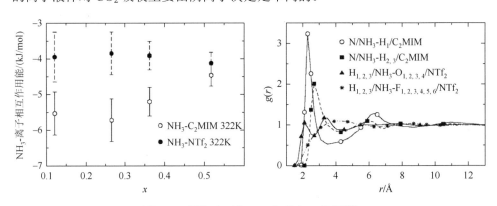

图 3.28 阴阳离子与 NH_3 间的相互作用[79]

另外，Li 等[80]测定了 NH_3 在 4 种离子液体[C_2MIM][BF_4]、[C_4MIM][BF_4]、[C_6MIM][BF_4]和[C_8MIM][BF_4]中的溶解度，研究了阳离子咪唑环上烷基侧链长度的影响。研究表明（图 3.29），NH_3 在这几种离子液体中的溶解度随咪唑环上烷基侧链长度的增加而增大，而且吸收过程中 NH_3 和离子液体间主要是物理作用。随着阳离子尺寸的增加，阳离子空间体积增大，因此 NH_3 的溶解度也相应增大。

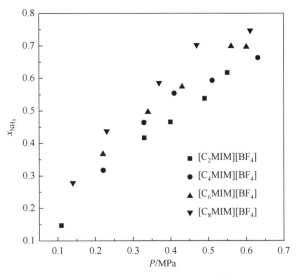

图 3.29 阳离子烷基链的影响[80]

随后，Palomar 等[82]采用 COSMO-RS 和实验相结合的方法对 272 种不同阴阳离子组合的离子液体进行了筛选，期望获得高 NH_3 吸收量的吸收剂。结果表明（图 3.30），与吡咯、喹啉和季鏻等阳离子相比，咪唑和季铵类离子液体对 NH_3 具有更高的溶解能力，而且在阳离子侧链上引入羟基，或者将阴离子氟化均能提高 NH_3 的溶解度。在 20℃和 0.1MPa 条件下，NH_3 在羟基功能化离子液体[HEMIM][BF_4]和[choline][NTf_2]（choline 代表胆碱）中的溶解度分别为 0.63 和 0.65（摩尔分数），

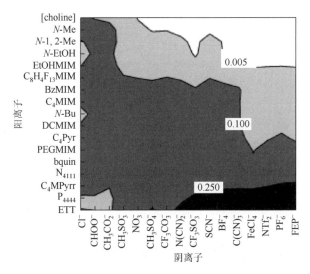

图 3.30 COSMO-RS 预测 NH_3 在离子液体的亨利常数[82]

而在常规离子液体[C$_2$MIM][BF$_4$]中的溶解度仅为 0.22（摩尔分数），这可能是阳离子上羟基能与 NH$_3$ 分子形成更强的氢键作用所导致。

尽管羟基的引入可以提高 NH$_3$ 在离子液体中的溶解度，但该类功能化离子液体与 NH$_3$ 间同样是以物理作用为主，NH$_3$ 吸收量仍然有限，常温常压下小于 2.0mol NH$_3$/mol IL。为了进一步提高 NH$_3$ 的吸收性能，Chen 等[83]合成了含金属络合阴离子的离子液体[C$_4$MIM][Zn$_2$Cl$_5$]，通过金属离子 Zn^{2+} 与 NH$_3$ 间的化学络合作用实现高效吸收，如图 3.31 所示。在 50℃和 0.1MPa 条件下，NH$_3$ 在[C$_4$MIM][Zn$_2$Cl$_5$]中的溶解度高达 0.89（摩尔分数），约 8.1mol NH$_3$/mol IL，远高于羟基功能化离子液体，但目前对于该类离子液体低温下的溶解度、解吸性能及吸收机理并没有详细的研究与报道。另外，Kohler 等[84]将含 Cu 络合物阴离子的离子液体，如[C$_8$MIM][Cu(NTf$_2$)$_2$]和[C$_8$MIM][CuCl$_2$]用于支撑液体材料吸附 NH$_3$，吸附过程中 Cu^{2+} 与 NH$_3$ 分子形成了[Cu(NH$_3$)$_4$]$^{2+}$络合物，虽然吸附量较高，但 Cu^{2+} 与 NH$_3$ 间的化学络合作用较强导致无法完全解吸，仅 56%NH$_3$ 可解吸出来。

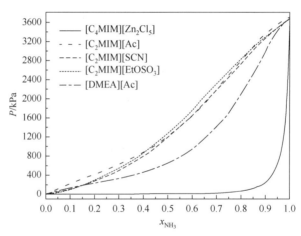

图 3.31　NH$_3$ 在不同离子液体中的溶解度[83]

综上所述，离子液体吸收 NH$_3$ 的相关研究已取得一定进展，但对于功能化离子液体的研究还处于起步阶段，因此需要在此基础上权衡吸收量与解吸难易程度，设计开发出两者俱佳的功能化离子液体高效吸收 NH$_3$。

3.1.6　其他气体分离

除以上典型的酸性和碱性气体外，离子液体还用于吸收分离其他气体，如 O$_2$、H$_2$、N$_2$、CO 和烃类物质。Jacquemin 等[85]在温度范围为 10～70℃的条件下，测量了低压下 H$_2$、O$_2$、CO、N$_2$、Ar 等多种气体在[C$_4$MIM][BF$_4$]和[C$_4$MIM][PF$_6$]中的溶解度，研究发现 H$_2$、O$_2$、CO、N$_2$、Ar 在[C$_4$MIM][BF$_4$]和[C$_4$MIM][PF$_6$]中的

溶解度很低，亨利常数通常可达 1000bar 以上，溶解度大小顺序近似为：Ar>O_2≈N_2>CO>H_2。Kumelan 等[86-88]测定了 H_2 在[C_6MIM][NTf_2]、[C_4MIM][$MeSO_4$]和[C_4MPyr][NTf_2]中的溶解度，发现 H_2 在离子液体中的溶解度极低，20℃下在这3 种离子液体的亨利常数分别为 963bar、1684bar 和 908bar，并且发现 H_2 在离子液体中的溶解度随着温度的升高反而有所增加。Finotello 等[89]在研究 H_2 在咪唑类离子液体中的溶解度时也得到相同结论，这有异于气体溶解度随温度变化的一般规律。Kumelan 等[90,91]还测定了 20℃时 CO 在[C_4MIM][$MeSO_4$]中的亨利常数为935bar；另外，测定了温度范围为 20~100℃和压力高达 9.1MPa 时 O_2 的溶解度，发现在不同温度下 O_2 在[C_4MIM][PF_6]中的亨利常数大约为 510bar，随温度变化不明显；对于 20~40℃温度范围下 Xe、CH_4 在[C_6MIM][NTf_2]和[C_4MIM][$MeSO_4$]中溶解度的研究发现，20℃下 Xe 在[C_6MIM][NTf_2]和[C_4MIM][$MeSO_4$]中的亨利常数分别为 28.7bar 和 74.6bar，而 CH_4 的亨利常数分别为 138bar 和 345bar，说明 Xe在上述两种离子液体中的溶解度显著高于 CH_4。

针对烃类物质，Camper 等[92]研究了温度为 40℃时乙烷、乙烯、丙烷、丙烯、丁烷、丁烯和丁二烯等气体在 5 种咪唑类离子液体[C_4MIM][PF_6]、[C_4MIM][BF_4]、[C_2MIM][NTf_2]、[C_2MIM][CF_3SO_3]和[C_2MIM][DCA]中的溶解度。研究表明，对于同一种离子液体而言，相同碳数的烯烃比烷烃在离子液体中的溶解度更大，这可能是因为烯烃中的 π 电子增强了气体溶质与离子液体间的相互作用，如与咪唑阳离子中 π 共轭体系的作用、与阴离子中 π 电子的 π-π 作用及与阴离子中孤对电子的相互作用等，同时由于范德瓦耳斯力和极性随气体分子碳链增大而增强，碳链较长的气体分子在离子液体中的溶解度会更大。通过比较 1-丁烯和 1,3-丁二烯在[C_4MIM][PF_6]、[C_2MIM][NTf_2]、[C_2MIM][CF_3SO_3]中的溶解度，表明相同碳数烯烃的不饱和度越高溶解度越大。由于烯烃分子具有不饱和的双键结构，可以根据 π 电子的络合作用实现烯烃和烷烃的分离。Scovazzo 等[93,94]分别对乙烯、丙烯、丁烷、1-丁烯和 1,3-丁二烯等烷烃、烯烃在阴离子为 NTf_2^-，阳离子分别为季鏻类和季铵类离子液体中的溶解度进行了研究，发现离子液体阴离子中 π 电子的存在会增大不饱和烯烃在离子液体中的溶解度。例如，30℃下乙烯在[P_{66614}][NTf_2]、[P_{44414}][DBS]（十四烷基-三丁基十二烷基苯磺酸盐）和[P_{66614}][Cl]中的亨利常数分别为 25bar、27bar 和 35bar，[P_{66614}][Cl]的阴离子中没有 π 电子可能导致了其亨利常数相对较大；对于阴离子为 NTf_2^-，阳离子为季铵类离子液体来说，随着离子液体中季铵烷基链的增长，烷烃和烯烃在离子液体中的溶解度往往也随之增大，造成这一现象的部分原因可以通过空穴理论进行解释，离子液体烷基链的增长使得其自由体积增大，利于气体的溶解。Lee 等[95]研究了不同温度下丙烷、丙烯、丁烷和 1-丁烯在[C_4MIM][NTf_2]中的溶解度，结果表明，烯烃在离子液体中的溶解度比相应烷烃的溶解度大，随碳链的增长溶解度呈上升趋势，随温度的升高溶解度有所下降。此外，Zhang 等[96]研究发现咪唑环 C1 位引入氰丙基会使 C_2H_4 溶解度下降，而与 CO_2 不同的是，用甲基取代咪唑环 C2 位上的 H 后，C_2H_4 溶解度反而有所增加。

与烷烃、烯烃不同，炔烃具有一定的酸性，现有研究结果表明具有一定碱性的离子液体对炔烃有较高的溶解度，氨基、胍基及氨基酸等具有较强碱性的功能化离子液体有望对炔烃有较好的溶解能力，可能成为炔烃分离的研究热点。Palgunadi 等[97]对单组分乙炔、乙烯在咪唑类和吡啶类离子液体中的溶解度分别进行了研究，在所用的 13 种离子液体中发现乙炔比乙烯具有更高的溶解度，并且乙炔的溶解度随着离子液体阴离子碱性的增强而增大，以 $Me_2PO_4^-$、OAc^- 等具有一定碱性的离子液体吸收效果较好，而乙烯溶解度几乎不随阴离子碱性变化。同时，离子液体的空间效应是决定乙烯溶解度的重要因素之一，如摩尔体积较大的离子液体如[C_4MIM][NTf_2]和[C_4MPyr][NTf_2]对乙烯有相对较高的溶解度。综合以上两方面的因素，Palgunadi 认为具有较强碱性阴离子和较小体积阳离子的离子液体有利于提高乙炔/乙烯的选择性，如[C_2MIM][OAc]，若将咪唑环 C2 位显酸性的 H 用甲基取代降低离子液体的酸性，可能会进一步提高对乙炔的选择性。在后续的研究中，Palgunadi 等[98]用离子液体的氢键碱性与乙炔的亨利常数进行关联，得到了更好的拟合效果（$R^2 = 0.96$，图 3.32），进一步证实了离子液体的碱性是吸收乙炔的主要因素。

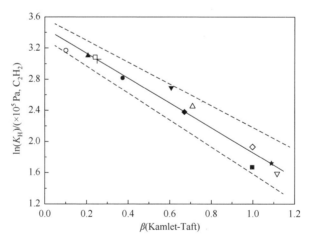

图 3.32 乙炔溶解度与离子液体氢键碱性 β（Kamlet-Taft）的关联[98]

虚线代表 95%置信区间的上下限

离子液体在烯烃和烷烃的分离上也有一定的效果，两种气体在离子液体中的溶解度存在明显的差异，可以实现分离。Mokrushin 等[99]研究了不同离子液体对丙烯/丙烷的萃取分离能力，发现加入离子液体可以改变丙烯和丙烷的相对挥发度，其中含有氰基官能团的离子液体[C₂MIM][B(CN)₄]有最好的分离效果，对丙烯/丙烷的分离因子约为 0.4。Krummen 等[100]比较了[CₙMIM][NTf₂]和[C₂MIM][EtSO₄]对烯烃和烷烃的分离能力，在 40℃时，[C₁MIM][NTf₂]对烯烃/烷烃的分离因子达到 2.16，高于甲基吡咯烷酮的分离因子。由于烯烃分子具有不饱和的双键结构，可根据 π 电子的络合作用实现烯烃和烷烃的分离。研究发现，含有过渡金属的有机溶剂对烯烃/烷烃有明显的分离能力。Meindersma 等[101]采用含银离子的离子液体作为吸收剂分离乙烯/乙烷混合物，根据银离子和烯烃的 π 电子作用，在压力为 1bar 条件下的分离因子比对应的纯离子液体提高 30~50 倍。不同离子液体银盐吸收剂对乙烯的溶解能力高于银盐水溶液，其中[C₂MIM][NTf₂]-Ag 对乙烯/乙烷的分离因子高于 100。Ortiz 等[102-104]采用含银离子液体[C₄MIM][BF₄]和[C₄MPy][BF₄]分离丙烯和丙烷，当阴离子浓度提高，丙烯分压降低时，分离因子增大，当阴离子浓度为 1mol/L，丙烯分压为 0.5bar 时，[C₄MPy][BF₄]-Ag 对丙烯/丙烷的分离因子达到 103，且离子液体芳香性的增强和不饱和基团的增多有利于提高烷烃和烯烃的分离选择性。同样，含银离子的离子液体对环己烯/环己烷也有很好的分离能力。此外，咪唑类、吡啶类离子液体的咪唑环和吡啶环也具有 π 电子，可用于烷烃和芳香化合物间的分离，如甲苯/庚烷、苯/环己烷、苯/正己烷等混合体系[105-108]。

3.1.7 总结与展望

离子液体因其特有的低挥发性、较好的化学/热稳定性、良好的气体溶解性和结构可设计性等优势，已成为气体分离领域备受关注的一类新型吸收剂。目前在离子液体吸收分离 SO_2、H_2S、CO_2、NH_3 等气体方面已经积累了大量的基础数据和理论，但相关研究大多处于实验室阶段，要真正实现离子液体在气体分离方面的工业化，需要开展如下工作：

1）结合分子动力学模拟、量化计算和实验表征等手段，深入和完善离子液体对不同气体的吸收机理，获得离子液体与不同气体间相互作用机理及调控机制，建立离子液体结构、性质（黏度、稳定性等）与 NH_3 分离性能（吸收量、选择性、吸收焓等）间的定量关系，优化离子液体合成路径和纯化方法，开发"物美价廉"的新型离子液体。

2）针对离子液体普遍黏度较高的问题，将离子液体和商用多孔材料或膜材料相结合制备新型离子液体材料，可有效避免直接吸收导致的高黏度难题，利用离子液体和多孔材料/膜材料与不同气体间的协同作用，实现高效低能耗的气体选择性分离。

3）针对实际工业气体中待分气体如 SO_2、H_2S、CO_2、NH_3 分压较低、含有其他组分如杂质气体（N_2、O_2 等）、水蒸气等的情况，开展真实条件下离子液体对待分组分的吸收/解吸研究,获得实际工况下离子液体分离待分组分的基础数据,为实际应用奠定基础。

4)目前关于离子液体吸收分离不同气体的研究大多集中在热力学性质上,对其动力学过程研究如气液传递性质、吸收动力学模型、流动-传递规律仍然非常缺乏,需开展系统研究以满足工业放大和工业化的需求。

3.2 萃取分离

3.2.1 引言

萃取由于其选择性高、工艺操作简单,是湿法冶金中常用的分离工艺,尤其对性质相似的物质有很好的选择性。它是一种利用组分在两种互不相溶的两相中溶解度或分配系数的不同,使目标物质从一相转移到另一相而与其他物质分离的方法。根据萃取机理的不同,可将其分为螯合萃取、阳离子交换萃取、离子缔合萃取、中性配合物萃取、简单分子萃取[109]。

传统的萃取主要是液-液萃取和固-液萃取,前者又称溶剂萃取,后者又称浸取。传统的溶剂萃取过程中往往引入甲苯、氯仿、煤油等挥发性有机溶剂作为稀释剂,给操作环境和人身健康带来了安全隐患。随着离子液体、超临界流体等新型介质和微波、超声等过程强化方法的出现,绿色萃取和分离技术迅速发展,离子液体萃取、超临界流体萃取、双水相萃取、反胶团萃取及物理场强化萃取等新型的萃取分离技术层出不穷,不仅萃取的效率和选择性大大提高,而且大大降低了萃取过程中的能耗并改善了产品质量;萃取分离的应用范围也更加广泛,从传统的在湿法冶金中的应用延伸到了生化、食品、医药、精细化工、环境等领域,绿色萃取技术将是未来分离技术发展的方向和研究的热点。本节将从离子液体萃取技术、超临界流体萃取技术、物理场强化萃取技术等几个方面介绍绿色萃取技术的应用及发展前景。

离子液体以其优异的热力学稳定性、结构的可设计性、良好的选择性和溶解性在萃取和分离领域已有很多应用[110,111]。离子液体是由有机阳离子和无机(或有机)阴离子组成,在室温或接近室温下呈液体状态的熔盐,由于结构的特殊性,表现出和传统熔盐及分子溶剂不同的性质。①与常规的分子溶剂相比,离子液体有可忽略的蒸气压、不易挥发、不易燃烧、热稳定性良好,可作为许多化工分离过程的绿色溶剂[111]。②离子液体中存在着较强的静电力、范德瓦耳斯力和氢键网络结构[112],见图3.33,以上作用为结构相似物质的分离和气体的吸收创造了条件。例如,Yang等[113]利用离子液体氢键的碱性强度从生育酚的四种衍生物中选择性分离δ型衍生物,又如,Zhang等[114,115]的研究表明,离子液体中氢键和范德瓦耳斯力都对离子液体选择性吸收 CO_2 起到关键的作用。③离子液体的可设计性。以离子液体作为萃取剂，通过在其阳离子或阴离子上引入特殊官能团可提高对目标物质的选择性。鉴于离子液体的优良特性，其在萃取分离、催化、CO_2 捕集分离及转化、生物质的清洁转化和综合利用、化学合成等领域具有广阔的应用前景[116]。本节主要介绍离子液体在液-液萃取金属离子及离子液体双水相萃取技术在生物活性物质分离中的应用。

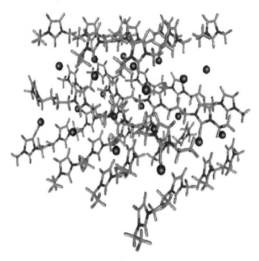

图 3.33　离子液体的氢键网络结构

3.2.2　离子液体液-液萃取技术

离子液体作为一种环境友好的溶剂，在苯系有机物、农药残留、天然有机物、氨基酸、蛋白质、DNA 及金属离子等的萃取应用方面已取得了一定的进展[117]。该节重点介绍离子液体在萃取分离金属离子方面的研究进展。离子液体用于金属离子的萃取分离主要集中于以下三个方面的研究。

3.2.2.1　离子液体取代挥发性有机溶剂

以疏水性的离子液体取代传统的挥发性有机溶剂，再添加有机或无机萃取剂/金属离子络合或螯合形成疏水性的离子或分子实现金属离子的萃取分离，这是离子液体最早用于萃取金属离子采用的方法。例如，Dai 等[118]首次报道了以咪唑类疏水离子液体[R_1R_2MIM][NTf$_2$]和[R_1R_2MIM][PF$_6$]为溶剂，二环己基-18-冠醚-6 为萃取剂从硝酸锶的水溶液中萃取 Sr^{2+} 的研究，发现 Sr^{2+} 在离子液体中的分配比比在甲苯和氯仿中高出几个数量级。Visser 等[119]研究了以室温离子液体[C_nMIM][PF$_6$]为溶剂，PAN$^-$、TAN$^-$、CN$^-$、OCN$^-$、SCN$^-$和卤素阴离子为萃取

剂对 Cd^{2+}、Co^+、Ni^{2+}、Fe^{3+} 的萃取能力，结果表明 pH 和萃取剂的种类对金属离子的分配比有显著的影响。Chun 等[120]以[C_6MIM][PF_6]为溶剂，二环己基-18-冠醚-6 为萃取剂，研究了该萃取体系对碱金属的萃取效率和选择性，发现碱金属的萃取效率随离子液体阳离子烷基长度的增加而减小，K^+/Rb^+ 和 K^+/Cs^+ 的萃取选择性随烷基长度的增加而增加。Wei 等[111]报道了咪唑基离子液体[C_4MIM][PF_6]作为萃取剂，二硫腙作为螯合剂从酸性水溶液中萃取重金属离子 Pb^{2+}、Cd^{2+}、Cr^{2+}、Hg^{2+} 的研究，发现这些金属离子的分配比比相同条件下在有机溶剂中的分配比大几个数量级。

3.2.2.2 离子液体为萃取剂、传统的有机溶剂为稀释剂

以阴离子为氯离子、阳离子含长链烷基的离子液体，如三己基十四烷基氯化磷（Cyphos IL 101）甲基三辛基氯化铵（Aliquat 336）为萃取剂，有机溶剂为稀释剂组成的有机相作为萃取金属离子的萃取体系，常用于盐酸体系中金属离子的萃取分离，这一类离子液体萃取金属离子的机理为阴离子交换和中性分子缔合萃取的共同作用。由于这类离子液体的黏度较高，为了提高传质速率和便于化工操作，通常需要加入有机溶剂作为稀释剂，以降低离子液体的黏度。例如，Kogelnig 等[121]利用氯仿作为稀释剂，Cyphos IL 101 作为萃取剂从 6mol/L 的盐酸体系中分离 Fe^{3+}、Ni^{2+}，研究结果表明，当 Cyphos IL 101 和 Fe(III)的摩尔比为 1∶1 时，Fe(III)的萃取率接近于 100%，可能的萃取机制如下：

$$FeCl_3 + PR_4Cl \longrightarrow PR_4FeCl_{4o}$$

$$FeCl_4^- + PR_4Cl \longrightarrow PR_4FeCl_{4o} + Cl_{aq}^-$$

Mishra 等[122]利用煤油为稀释剂，p-壬基苯酚为相调节剂，季铵盐离子液体 Aliquat 336 为萃取剂从低品位铁矿的盐酸浸取体系中萃取分离 Fe^{3+}，当溶液中盐酸浓度为 10mol/L 时，Fe^{3+}的萃取效率为 97.52%。Regel-Rosocka 等[123, 124]采用 Cyphos IL 101/甲苯作为萃取体系，从盐酸水溶液中萃取分离 Zn^{2+} 和 Pd^{2+}，研究结果表明，盐酸的浓度对金属离子的萃取效率有显著的影响。另外，他们还采用 Aliquat 336/煤油萃取体系从硫酸溶液中萃取分离 Co^{2+} 和 Ni^{2+}，在优化的萃取条件下，Co^{2+} 和 Ni^{2+} 的分离因子达到了 606.7[125]。

以上离子液体/有机溶剂萃取体系虽然可以对一些金属离子具有很好的萃取效率和选择性，但挥发性有机溶剂的加入又丧失了离子液体作为绿色溶剂的优势。研究表明[123, 127]，升高温度或者在萃取过程中引入水和其他杂质可大大降低离子液体的黏度。因此，研究人员采用未稀释的 Cyphos IL 101 离子液体开展了 Co^{2+}、Ni^{2+} 及其他稀土金属离子的萃取分离研究，不仅在实验室实现了 Cyphos IL 101 萃取分离 Co^{2+}、Ni^{2+} 的连续操作[128-130]，而且在最优条件下，Nd/Fe 和 Sm/Co 的分离因子分别达到了 5.0×10^6 和 8.0×10^5。Cui 等[131, 132]利用未稀释的 Cyphos IL 101

和 Aliquat 336 从盐酸体系中分离 Fe^{3+} 和 Al^{3+}，研究结果表明，该萃取体系对 Fe^{3+} 的萃取效率高、萃取平衡时间短、选择性好，经反萃后离子液体可多次回用。

3.2.2.3 功能化离子液体萃取金属离子

为了提高金属离子在离子液体中的分配比和离子液体对金属离子的选择性，研究者在离子液体的阳离子上引入配位原子或基团（如硫脲、硫醚等）合成了新的功能化离子液体，这类离子液体萃取金属离子的机理主要为配位原子或基团与金属离子的螯合作用。Visser 等[133]将尿素、硫脲和硫醚功能化到咪唑离子液体阳离子的烷基侧链上，合成的系列疏水性离子液体（图 3.34）提高了 Hg^{2+}、Cd^{2+} 的分配系数，其中含硫醚官能团的功能化离子液体对 Cd^{2+} 的萃取能力更强，含脲和硫脲官能团的离子液体对 Hg^{2+} 表现出较高的选择性。

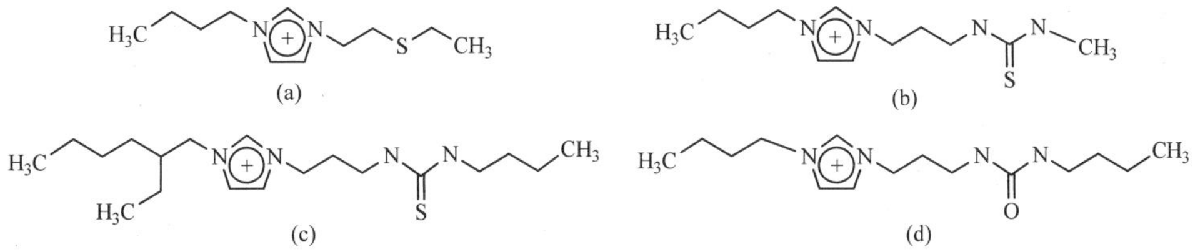

图 3.34　阴离子为 PF_6^- 的功能化离子液体的阳离子部分

Sun 等[134]研究了以季铵盐阳离子（$[A336]^+$）与二(2-乙基己基)磷酸酯（HDEHP）和 2-乙基己基磷酸单 2-乙基己酯（HEHEHP]）功能化的阴离子组成的离子液体对稀土金属离子的萃取能力，通过改变季铵盐阳离子或阴离子的结构可实现稀土金属的选择性萃取。Jia 等[135]采用不同萃取体系对水溶液中锂分离能力进行了研究，研究结果表明，与采用二(2,4,4-三甲基戊基)次磷酸（Cyanex 272）为萃取剂相比，以阴离子为 Cyanex 272 功能化的季鏻盐离子液体作为萃取剂时，锂的萃取效率可显著提高。

3.2.3 离子液体双水相萃取技术

离子液体双水相体系是 2003 年 Du Pont 等[136]在合成[C_4MIM][BF_4]时首次发现的，Gutowshki 等[137]进一步证明了离子液体双水相萃取技术（ionic liquids aqueous two-phase system，IL-ATPS）在萃取分离方面的应用价值，此后，关于离子液体双水相体系的报道不断涌现[138,139]，并在生物、环境领域中显示出了很好的应用前景。IL-ATPS 是基于高聚物双水相发展而来的一种高效温和的萃取分离体系，它主要是由亲水性的离子液体与无机盐的水溶液形成的两相体系[140]。ATPS 常用的离子液体结构如图 3.35 所示，常用的无机盐有钾盐和钠盐。

图 3.35 双水相体系常用离子液体的结构

alkayl 代表丙烯基

3.2.3.1 离子液体双水相体系相平衡

影响离子液体双水相体系相平衡的影响因素主要包括无机盐的种类、浓度、温度及离子液体的分子结构,其中无机盐的种类是最主要的影响因素。Liu 等[141]发现在[C_4MIM][Cl]中加入 K_2HPO_4、K_3PO_4、K_2CO_3、KOH、NaOH、Na_2HPO_4 可以形成 IL-ATPS,而 KCl 和 NaCl 不能和[C_4MIM][Cl]形成 IL-ATPS,图 3.36 为 4 种钾盐和[C_4MIM][Cl]形成 IL-ATPS 的相图。无机盐使离子液体水溶液分相的能力主要和无机盐阴离子的盐析效应有关,盐析效应大小符合 Hofmeister 序列:CF_3COO^-<NO_3^-<Br^-<Cl^-<CH_3COO^-<SO_4^{2-}。无机盐浓度越大,越利于 IL-ATPS 的形成。张锁江等[142, 143]发现碳水化合物也可以诱导离子液体均相水溶液分相。影响 IL-ATPS 相平衡的另一个重要因素是离子液体的种类,Roger 等[144]研究了[C_4MIM][Cl]、[BMMIM][Cl]、[C_4Py][Cl]、[N_{4444}][Cl]及[P_{4444}][Cl]和无机盐的相图,如图 3.37 所示,离子液体形成两相的程度从易到难依次为[P_{4444}][Cl]、[N_{4444}][Cl]、

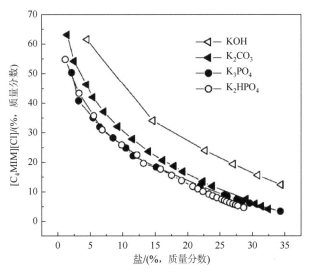

图 3.36 [C_4MIM][Cl]-钾盐-水体系在 22℃下的相图[144]

[C$_4$Py][Cl]、[BMMIM][Cl]、[C$_4$MIM][Cl]，这和离子液体的阳离子水化作用特性有关；此外，离子液体的烷基链的长度也影响体系的相平衡。

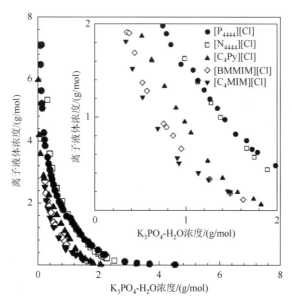

图 3.37 离子液体-K$_3$PO$_4$-H$_2$O 体系在室温下的相图[145]

3.2.3.2 离子液体双水相体系在萃取分离中的应用

离子液体双水相萃取与水/有机溶剂的液-液萃取类似，主要是依据物质在两相间的选择性分配。IL-ATPS 结合了离子液体和双水相的共同特点，体系的平衡速度快、回收率较高、不易乳化、不易挥发；由于体系的含水量高达 70%以上，其能为绝大部分生物分子提供温和的萃取环境，不易使其变性失活，在萃取和纯化生物活性物质（如酶、蛋白质、RNA）方面有很好的应用前景，目前已有大量的文献报道，并取得了很好的分离效果。例如，林潇[145]用[C$_8$MIM][Br]和 55% K$_2$HPO$_4$ 组成的双水相体系萃取分离牛血清蛋白，其回收率大于 95%。Cao 等[146]考察了[C$_n$MIM][Cl] + K$_2$HPO$_4$ 双水相体系对辣根过氧化酶的萃取效率，并研究了离子液体对酶活性的影响，结果表明，80%左右的辣根过氧化酶转移到了离子液体相中，90%以上的酶仍保持了酶反应活性。Zhang 等[147]采用季铵盐离子液体和聚乙二醇、Na$_2$SO$_4$/Na$_2$CO$_3$ 组成的 ATPS 萃取 RNA，取得了很好的分离效果。影响 IL-ATPS 萃取生物活性物质的因素主要包括 pH、温度等，静电作用是 IL-ATPS 萃取分离生物活性物质的主要机制[144]。此外，IL-ATPS 在药物、环境、精细化工中的应用也有许多报道[143,148,149]。该技术易于放大，能在常温、常压下连续操作，具有潜在的工业化前景。

3.2.4 超临界流体萃取技术

3.2.4.1 超临界流体萃取技术概述

超临界流体(SCF)是指处于临界温度和临界压力以上的流体,其物理性质介于气体与液体之间,既有与气体相当的高扩散能力和低的黏度,又兼有与液体相近的密度和对许多物质优良的溶解能力。表 3.5 列出了典型的液体、气体和超临界流体的密度、黏度和扩散系数。表 3.6 是各种物质的临界压力、临界温度和临界密度。在临界点附近,压力和温度的微小变化都可以引起流体密度很大的变化,从而使物质在超临界流体中的溶解度发生较大的改变。

表 3.5 液体、气体和超临界流体的比较

物质	密度/(kg/m³)	黏度/(μPa·s)	扩散系数/(mm²/s)
气体	1	10	1~10
超临界流体	100~1000	50~100	0.01~0.1
液体	1000	500~1000	0.001

表 3.6 各种化学物质的临界压力、临界温度和临界密度

物质	M_W/(g/mol)	T_c/K	P_c/MPa	ρ_c/(g/cm³)
CO_2	44.01	304.1	7.38	0.469
H_2O	18.01	647.10	22.06	0.322
CH_4	16.04	190.4	4.60	0.162
C_2H_6	30.07	305.3	4.87	0.203
C_3H_8	44.09	369.8	4.25	0.217
C_2H_4	28.05	282.4	5.04	0.215
C_3H_6	42.08	364.9	4.60	0.232
CH_3OH	32.04	512.6	8.09	0.272
C_2H_5OH	46.07	513.9	6.14	0.276
C_3H_6O	58.08	508.1	4.70	0.278

超临界萃取(SFE)是利用超临界状态的流体在其临界点附近温度和压力的微小变化而引起流体溶解度、渗透性、扩散性发生数量级的突变来实现其对某些组分的提取和分离,然后对体系升温、减压实现被萃取物质分离的技术[150, 151]。最早将 SFE 应用于大规模生产的是美国通用食品公司,之后法国、英国、德国等国也很快将该技术应用于大规模生产中。20 世纪 90 年代初,我国开始了 SFE 技术的产业化工作,且发展速度很快,实现了 SFE 从理论研究、中小水平向大

规模产业化的转变。目前，SFE 已被广泛应用于香料、食品、中草药等有效成分的提取和分离[152, 153]。

由于 CO_2 的临界温度比较低（304.1K），临界压力适中（7.38MPa），溶解力强，且无毒、不可燃、化学稳定性好，是最常用和研究最多的超临界流体。图 3.38 为 CO_2 的相图，图中气-液相平衡的终点 C 所对应的温度和压力分别为 CO_2 的临界温度和临界压力，温度和压力高于临界温度和临界压力的状态为超临界状态。虽然超临界流体涉及高压系统，大规模使用对工艺过程和技术的要求高，但由于其特殊的溶解能力和选择性、操作温度低，可有效地萃取易挥发物质和避免生物活性物质的氧化分解，在热敏性天然产物和生物活性物质的萃取分离方面有显著的优势；而且 CO_2 廉价易得、无毒、操作安全。目前 SFE 在医药行业、精细化工、化妆品的应用受到广泛关注。

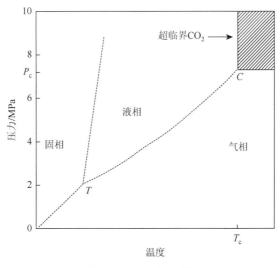

图 3.38　CO_2 的相图

3.2.4.2　超临界流体萃取技术的应用

SFE 技术绿色无污染、无溶剂残留，而且可有效防止热敏性和化学不稳定成分的高温分解和氧化，因此采用 SFE 技术从植物或种子中分离天然活性物质如精油、草药中活性成分、食品用天然色素和抗氧化剂等的应用最为广泛[154-156]。

维生素 E（V_E）是一种天然的抗氧化剂，在人类体内具有清除自由基和抗氧化的作用，其水解产物为生育酚，在临床上可以治疗不孕不育，因其在食品、药品、化妆品等行业的广泛应用，其安全性也备受重视。V_E 是一种脂溶性的维生素，传统的溶剂萃取常采用挥发性有机溶剂如正己烷、氯仿、甲醇等作为萃取剂提取天然 V_E。Ge 等[157]采用 SFE 技术从麦芽中提取天然 V_E，在压力为 275bar、萃取温度为 40℃时，采用流速为 2mL/min 的超临界 CO_2 萃取 90min，提取不同形式的 V_E（α、β、γ、δ 型）的量高于传统溶剂萃取的提取量（表 3.7）。

表 3.7 SFE-CO_2 和传统溶剂萃取 V_E 的收率比较

类型	提取量/(mg/100g)		
	SFE-CO_2	己烷	$CHCl_3$/MeOH
α-V_E	1329	1275	586
β-V_E	458	879	1261
γ-V_E	305	—	—
δ-V_E	87	—	—
V_E 总量	2179	2154	1874

黄酮类化合物是中药中具有临床疗效的重要有效成分，用于防治心脑血管疾病和治疗肝炎。采用 SFE 技术从草本植物中提取黄酮类化合物已有广泛的应用[158,159]。例如，liu 等[158]采用 SFE-CO_2 从玉米须中提取黄酮类化合物，在优化的工艺条件下，黄酮的最大提取量为 4.24mg/g，且获得了较高的纯度。Lin 等[160]采用 SFE 技术从黄芩中提取 3 种黄酮类化合物，证明 SFE 技术和传统的萃取方法相比有很大的优势。也可以采用 SFE 技术从草药中提取萜类化合物、精油等热不稳定、易挥发的活性组分[161]。

SFE 技术和传统的溶剂萃取技术相比，既可以显著提高萃取效率、降低能耗，又无溶剂残留，是一种非常有前景的绿色分离技术。然而，如何降低萃取压力和温度、缩短萃取时间和提高传质速率、扩大其应用范围仍然是目前的研究趋势和热点。

3.2.5 新型物理场强化萃取技术

物理场主要包括超声场、电场、磁场、微波等，利用物理场等外场强化技术可产生较大的传质比表面，或者在液滴内部及周围产生高强度的湍动，从而强化萃取传质，同时不污染环境[162]，是一种新型对环境友好的高效分离技术。以下分别对这几种物理场强化技术的原理和应用进行介绍。

3.2.5.1 超声强化萃取技术

超声波是一种频率高于 20000Hz 的声波，它的方向性好，穿透能力强，在超声诊断、超声清洗、超声除油等许多领域已有实际应用。超声对萃取分离的强化作用主要来源于超声空化[163]。超声空化引起了湍动、微扰、界面、聚能效应，其中湍动效应使边界层减薄，增大了传质速率；微扰效应强化了微孔扩散；界面效应增大了传质表面积；聚能效应活化了分离物分子；从而整体强化萃取分离过程的传质速率和效果。

超声萃取（UAE）技术已广泛应用于食品、医药、化工等有用成分的分离和提取。在食品应用方面[164,165]，超声技术可以强化油脂的浸出、缩短提取时间、提高产量的同时保持植物油的生理活性和营养价值。超声强化可避免高温对天然产物或药物中活性成分的破坏[166]。超声不仅可以强化常规流体对物质的萃取过程，而且可以强化超临界状态下物质的萃取过程。罗登林等[167]用超声强化超临界CO_2萃取人参皂苷，发现在超声强化作用下萃取温度降低 10℃，明显提高了产物的萃取效率，降低了生产能耗。丘泰球等[168]比较了超声强化前后超临界CO_2萃取薏苡仁油和薏苡仁酯的效果，结果显示，超声强化超临界流体萃取比超临界流体萃取的最适萃取温度降低了 5℃，萃取压力降低了 5MPa，最佳萃取时间缩短了 0.5h，萃取效率提高了 10%左右。Sethura 等[169]用超声强化超临界流体萃取辣椒中的辣椒素，萃取效率及萃取容器的负载量都明显提高。超声波也可以和微波协同萃取，实现低温常压条件下样品的快速、高效预处理[170]。

3.2.5.2 微波强化萃取技术

微波是指频率为 300MHz～300GHz 的电磁波，其能够穿透到物料内部直接加热，加热迅速且均匀性好。较早运用微波技术的是微波消解预处理样品，微波萃取（MAE）技术是随后发展起来的。由于微波具有穿透能力，可以直接与被分离物作用，通过激活作用导致样品基体内不同成分的反应差异，使被萃取物与基体快速分离，并达到较高萃取效率。MAE 技术已应用于土壤、沉积物中多环芳烃、农药残留、有机金属化合物、植物中有效成分、有害物质、霉菌毒素、矿物中金属的萃取及血清中药物、生物样品中农药残留的萃取研究。

影响 MAE 效率的因素有溶剂极性、萃取温度、压力、时间等。溶剂的极性对萃取效率有很大的影响，极性越大微波吸收能力越强，溶剂和样品间的相互作用更有效[171]。MAE 可以在比溶剂沸点高得多的温度下进行，可显著提高化学反应速率，缩短反应时间。Lu 等[172]使用离子液体 MAE 药用植物中的酚醛类生物碱，萃取时间从 2h 缩短到 90s，萃取效率提高了 20%～50%。Pan 等[173]采用 MAE 从茶叶中提取茶多酚和咖啡因，萃取 4min 的萃取效率高于常温条件下萃取 20h、超声条件下萃取 90min 和热回流条件下萃取 45min 的萃取效率。MAE 技术在医学和食品中也应用广泛[174,175]，也有研究将 MAE 技术和 IL-ATPS 技术或者 UAE 技术联合使用以发挥萃取协同作用[176,177]。

3.2.5.3 电场强化萃取技术

电场强化萃取（EAE）过程是另一项新的高效分离技术。电场强化是利用电场强度和交叉频率对液滴的聚合和分散的影响来强化萃取过程[178]。用于强化萃取过程的电场有静电场、交变电场、直流电场和脉冲电场，电场对萃取过程强化的机理可以从以下几个方面解释：①高强度的电场力作用下，分散相液滴进一步破碎，增大了传质比表面积；②在电场力的作用下，导电能力较强的液滴在连续相中快速运动，一方面加剧了液滴内液体的湍动，另一方面也使液滴周围的液体运动发生变化，有效地强化了传质过程；③在电场强度较低的电场力作用下，有利于液滴的聚并，可缩短分相时间，并可减少两相夹带。

利用 EAE 目前已有许多研究，如 Puertolas 等[179]采用脉冲电场强化萃取技术从土豆中提取花青素，发现在电场作用下，40℃处理 480min，采用水作溶剂得到的花青素的收率和未加电场处理下采用乙醇作溶剂的收率相当，且能耗低，EAE 技术不仅可以降低萃取的温度，还可以避免挥发性有机溶剂的引入。彭新林等[180]研究了直流电场下在层流界面池中 P204 和 P507 萃取稀土元素传质的动力学过程，当电压不超过 5V 时，外电场可显著提高 P204 和 P507 萃取 Pr、Nd 的传质速率，且随着电压的增大传质速率逐步增加。也有研究者将静电场强化和超声强化联合，考察两者对甘草中甘草酸提取的协同作用和提取机理，表明在超声场中引入静电场后，可以缩短溶液中空化泡的崩溃时间，增加超声频率的作用范围，增强了溶液中的空化效应[181]。

电场强化作用可大幅提高萃取设备的效率，能耗降低几个数量级，由于电场可变参数多，易于通过计算机控制，因此可以有效地控制调节化工过程。EAE 不仅可以应用于化工分离领域，还适用于石油开采过程原油脱盐除水等工艺过程。然而目前电场强化萃取的研究尚处于实验室开发阶段，存在若干重要技术难点，如防止高压击穿、设备放大、寻找有效介电材料、有机相连续操作的局限性等[182]。

3.2.5.4 超重力强化萃取技术

超重力技术是强化多相流传递及反应过程的新技术，自 20 世纪超重力机问世以来，其在国内外受到广泛的重视。由于它的广泛适用性及具有传统设备所不具有的体积小、质量轻、能耗低、易运转、易维修、安全、可靠、灵活及更能适应环境等优点，超重力技术在环保和生物化工等工业领域中有广阔的应用前景。最初提出超重力技术是基于气-液接触过程的强化，超重力强化液-液萃取是一个崭新的研究领域。超重力萃取的原理是利用旋转床旋转所产生的离心力——超重力克服液体表面张力使其高度分散，提高两相间的接触面积和湍动程度及两相间的相对运动速率，达到加快相间传质的目的[162]。

中北大学化学工程技术研究中心[183]对超重力床的设计和强化液-液传质过程中的应用做了大量的工作。他们以旋转填料床为基础，结合撞击流反应器发明了撞击流-旋转填料床（IS-RPB，图 3.39），经实验证实，该反应器在传质和混合效果方面有着极大的优越性，它使萃取过程在超重力场中进行，两液相先对撞后成扇面状喷洒在填料上,通过转子旋转产生强大的离心力,使液体快速、均匀地混合,达到较高萃取效率。

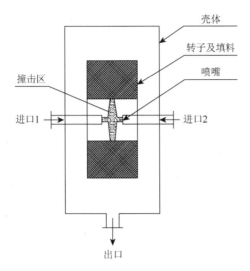

图 3.39　IS-RPB 主体结构示意图[183]

与传统的离心萃取器相比,其设备简单、操作容易,将传统塔器的体积缩小了 1~2 个数量级,减少了占地面积。在用该技术处理含酚废水时,萃取效率达 99%以上[184]。此外,超重力过程强化技术在阳离子聚合、二异氰酸酯合成、金属纳米粒子制备、磺化过程等方面也有许多应用[185]。

3.2.6　总结与展望

萃取分离技术发展至今,其发展方向已经向低能耗、低成本,清洁分离的方向发展。在基础研究方面,研究深度由宏观向微观发展,研究目标由现象描述向过程机理发展,研究手段逐步高技术化,研究方法由传统理论向多学科交叉方面开拓。

新型介质萃取技术耦合物理强化技术是未来绿色萃取的发展方向,也是目前研究的热点和趋势,将传统分离技术和外场结合可以产生一些适应现代分离要求的新型分离技术,如开发 SFE 萃取和外场强化耦合技术等。虽然物理场强化萃取技术已经有了一定的发展,但离工业化还有距离,物理场强化机理、强化设备的设计和外场加入方式还有待进一步深入研究。

萃取作为一种重要的化工分离技术,在工业上有着广泛的应用,绿色萃取技术是萃取发展的方向和趋势。绿色萃取技术为推进化工、天然产物、生物制品、中药和食品领域的绿色、安全具有重要的意义和价值。

3.3 膜分离

3.3.1 引言

膜分离技术是 20 世纪 60 年代后迅速崛起的一门分离新技术。该技术是以选择性透过膜作为分离介质,在膜两侧某种推动力(如能量、浓度、化学位差或压力)的作用下,原料组分选择性地透过膜,从而达到分离、分级、提纯和浓缩富集等目的。膜分离过程是一个物理过程,具有低能耗、可拆分、自动化程度高等特点,对色度、浊度、悬浮颗粒、大分子有机物等具有很好的分离能力,因此,已广泛应用于食品、环保、医药、生物、化工、冶金、水处理等领域。目前,除了以微滤(MF)和超滤(UF)为代表的第一代膜技术已广泛应用于工业废水处理,以纳滤(NF)和反渗透(RO)为代表的第二代膜技术已广泛应用于海水/苦咸水淡化和废水处理等领域外,其他已工业化的膜分离过程还包括渗透汽化(PV)、气体分离(GS)、渗析(D)、电渗析(ED)等。另外,膜蒸馏(MD)和膜反应器等膜分离技术是目前研究的热点。本节主要阐述了渗透汽化、气体分离和膜蒸馏三类分离技术的基本原理和应用领域,同时对这三类分离技术的未来发展方向进行了展望。

3.3.2 渗透汽化膜分离技术

近二十年来,以渗透汽化为代表的第三代膜技术得到迅猛发展,成为 21 世纪最有前途的高端技术之一。与传统分离技术相比,渗透汽化膜分离技术具有分离性能高、过程简单、操作方便、能耗低、无污染、易于集成等特点。国际上已投产的工业装置运行结果表明,与传统的精馏技术相比,渗透汽化膜分离技术的能耗仅为蒸馏法的 1/3~1/2,而整套装置的总投资仅为传统分离方法的 40%~80%[186]。目前,渗透汽化膜分离技术的应用领域主要集中在有机物脱水、水中微量有机物的分离浓缩,以及有机混合物的分离三个方面。

3.3.2.1 渗透汽化膜分离技术的基本原理

渗透汽化膜分离技术的传质驱动力为各组分在膜两侧的分压差和溶解度差,利用膜材料对料液中不同组分亲和性和传质阻力的差异实现料液组分的选择性分离[187, 188]。渗透汽化膜分离技术的另一个显著特点是相变过程,组分相变所需的潜热由物料的显热来提供。致密的渗透汽化膜将进料液和渗透物分离为两股独立的物流。渗透汽化过程如图 3.40 所示,一般情况下,进料相维持常压,而渗透相则通过抽真空［图3.40（a）］或载气吹扫［图3.40（b）］等方式处于真空状态。

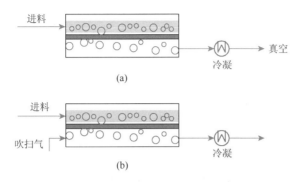

图3.40 渗透汽化过程示意图

渗透汽化是同时包括传质和传热的复杂过程，用于描述其传递过程机理的模型主要有溶解-扩散模型[189]、孔流模型[190]、串联阻力模型[191]，以及不可逆热力学模型[192]等。其中，Lonsdale等于1965年提出的溶解-扩散模型是目前应用最广泛的传质模型。图3.41为该模型示意图，渗透汽化过程中渗透组分通过膜的过程分为三个步骤：①渗透组分在膜表面的吸附溶解；②渗透组分在膜内传递；③渗透组分在渗透侧脱附解吸。

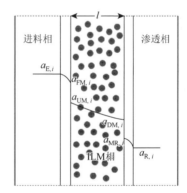

图3.41 渗透汽化膜溶解-扩散模型示意图
ILM表示离子液体膜

其中，第三步的传质阻力可以忽略，因此渗透汽化传质过程可以归结为渗透组分在膜材料中的溶解过程和扩散过程。溶解过程和扩散过程不仅与膜材料的性质和状态有关，还取决于渗透物分子的性质、渗透物分子之间及其与膜材料之间的相互作用。

3.3.2.2 渗透汽化膜的种类及性能评价

渗透汽化膜分离技术中起主要作用的是分隔原料液和渗透物的致密膜。根据致密膜结构的不同，渗透汽化膜可分为均质膜、非对称膜和复合膜。与均质膜和非对称膜相比，复合膜的表层较薄（<20μm），传质阻力较小，渗透通量很高，适宜于工业化应用。目前，商品化的疏水渗透汽化膜大多是复合膜结构[193]。根据致密膜材料的不同，渗透汽化膜主要分为有机聚合物膜、无机膜和有机无机杂化膜。有机聚合物膜分离效果好，但耐高温、耐高压及稳定性都较差。无机膜虽具

有优良的化学稳定性，但成本高，从而限制了其大规模工业化应用。有机无机杂化膜兼具有机聚合物膜的易成膜性能和无机膜的高分离性能等特点，是目前研究比较多的渗透汽化膜。根据分离对象的不同，渗透汽化膜又可分为优先透水膜、优先透有机物膜和有机物分离膜三种。目前商业化的优先透水膜大部分由聚乙烯醇（PVA）制备。与优先透水膜相比，优先透有机物膜的分离系数一般都不是很高，含氟聚合物是一种得到广泛研究的优先透有机物膜材料。有机物分离膜在膜材料的选择方面没有可遵循的规律，必须针对单个体系进行选择和设计，目前开发较为成功的有醇/醚分离膜和芳香烃/烷烃分离膜。

渗透通量（J）、分离因子（β）、溶胀度（SD）和渗透汽化分离指数（PSI）等是评价渗透汽化膜分离性能的主要参数，其中 J 和 β 是评价膜渗透性能与分离性能的参数。通常情况下，J 和 β 是成反比的，即 trade-off 效应。SD 会导致渗透组分的自由体积的变化，从而影响膜的选择性。PSI 可以综合表示渗透汽化分离性能。基于测定的渗透汽化实验数据，通过如下方程可以计算得到这些参数：

$$J_i = \frac{W}{At} = \frac{p_i}{l}(\alpha_{F,i} - \alpha_{R,i}) \tag{3.9}$$

$$\beta = \frac{w_{R,i}/w_{R,j}}{w_{F,i}/w_{F,j}} \tag{3.10}$$

$$\text{SD}(\%) = \frac{m_1 - m_0}{m_0} \times 100 \tag{3.11}$$

$$\text{PSI} = \beta \times J_i \tag{3.12}$$

式中，J_i 为有机物的渗透通量，g/(m²·h)；W 为渗透液的质量，g；A 为有效膜面积，m²；t 为时间，h；p_i 为饱和蒸气压，kPa；$\alpha_{F,i}$ 为原料液中有机物的活度；$\alpha_{R,i}$ 为渗透液中有机物的活度；$w_{R,i}$ 为渗透液中有机物的浓度，g/g；$w_{R,j}$ 为渗透液中水的浓度，g/g；$w_{F,i}$ 为原料液中有机物的浓度，g/g；$w_{F,j}$ 为原料液中水的浓度，g/g；l 为膜的厚度，m；m_0 为膜溶胀前的质量，g；m_1 为膜溶胀后的质量，g。

3.3.2.3 渗透汽化膜分离技术在有机物脱水中的应用

在渗透汽化膜分离技术应用领域中，有机物脱水是工业化最早、应用最普遍、技术最成熟的应用领域。1982 年，德国原 GFT 公司成功地开发了优先透水的聚乙烯醇/聚丙烯腈复合膜（GFT 膜），并通过渗透汽化过程将该膜用于无水乙醇的生产，这标志着渗透汽化膜分离技术工业化应用的开始。我国渗透汽化膜分离技术的研究始于 20 世纪 80 年代中期，至 2002 年，渗透汽化膜分离技术在有机物脱水领域实现了工业化。目前，渗透汽化膜分离技术已广泛应用于醇类、有机酸类和酯类等有机溶剂的脱水，特别是在醇类脱水中取得了重大研究进展或工业化[194-206]。所使用的膜材料从天然醋酸纤维素膜材料到现在的无机膜、合成聚合物膜、离子液体膜和聚电解质膜等。

Li 等[194, 195]以大孔 Al_2O_3 为载体制备了一种 ZSM-5 渗透汽化膜,并将该膜用于质量分数为 90%的正丙醇、异丙醇和正丁醇脱水的研究,这些二元体系通过该膜的渗透通量分别可达到 $3.74kg/(m^2·h)$、$3.85kg/(m^2·h)$ 和 $4.82kg/(m^2·h)$,显示出一定的工业化前景。Liu 等[196]制备了用于分离丁醇-水溶液的 ZIF-71/PEBA(聚醚嵌段酰胺)杂化膜,发现当 ZIF-71 填充量为 20%时,杂化膜的分离性能最好。Fan 等[198]通过喷涂法制备了 ZIF-8/PDMS 聚二甲基硅氧烷杂化膜,发现当 ZIF-8 的填充量为 40%时,杂化膜的分离因子为 81.6,渗透通量为 $4.85kg/(m^2·h)$。Hua 等[199]成功制备了三孔聚酰亚胺中空纤维渗透汽化复合膜,并进行了长时间异丙醇脱水研究,发现该膜具有良好的分离性能。Zhang 等[200]制备了 NAY 无机沸石膜,分别进行了甲醇、乙醇、异丙醇和丁醇的脱水研究,结果表明该膜的渗透汽化分离因子随着分子量的增加而增大。张小明等[201]在一种流动体系中制备了工业应用规格的 NaA 分子筛膜,并建立了年产 100t 无水乙醇的渗透汽化分离装置。该装置不仅可以用于无水乙醇的生产,而且在异丙醇、四氢呋喃等有机溶剂的脱水中也表现出优异的分离性能。吴峰等[202]用聚偏二氟乙烯(PVDF)超滤膜作为支撑膜,将[C_4MIM][PF_6]离子液体固定于 PVDF 中得到支撑离子液体液膜,用于乙醇-水体系分离。在 50℃下,进料液中水的摩尔分数为 0.024~0.24 时,渗透汽化分离因子为 5.5~3.2,渗透通量可以达到 $55g/(m^2·h)$。在最优参数下经过 140h 的测试,该支撑液膜对乙醇-水的分离性能保持稳定。

Isiklan 等[207]合成了苹果酸改性的 PVA 膜,用于分离乙酸质量分数为 90%的水溶液,40℃下该膜的分离因子为 670,渗透通量为 $48g/(m^2·h)$。Alghezawi 等[208]通过将丙烯腈接枝到 PVA 上制备了聚阴离子膜,用于乙酸-水体系的渗透汽化分离研究,当下游侧压力增加时,渗透通量增大,分离因子减小。与 PVA 膜相比,该膜具有较低的渗透通量和较高的分离因子。另外,渗透汽化膜分离技术在有机溶剂脱水与化学反应耦合方面,也取得了一定的研究进展[209, 210]。例如,Zhang 等[210]将有机溶剂脱水过程与酯化反应耦合,利用渗透汽化膜在线脱除酯化反应过程中产生的水,使酯化反应的化学平衡向产物方向移动,从而提高了乳酸乙酯产品的产率。

3.3.2.4 渗透汽化膜分离技术在水中微量有机物分离浓缩中的应用

与传统的分离浓缩技术相比,渗透汽化膜分离技术在水中微量有机物分离浓缩领域(如有机废水处理、天然芳香物提取、生物醇的浓缩)具有明显的经济和技术优势。

(1)有机废水处理

在化工生产过程中,经常会产生大量含有挥发性有机物(如酯类、醇类、酚类、醛类、酮类、芳香烃、卤代烃和醚类等）的工业废水，环境污染十分严重。渗透汽化法分离水中微量有机物一般选用优先透有机物膜。图 3.42 总结了有机废水的处理方法及有机物浓度范围[211]。由图 3.42 可知，渗透汽化膜分离技术适合处理有机物浓度范围为 10ppm～10%的废水。

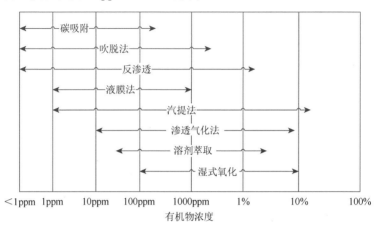

图 3.42 有机废水的处理方法及有机物浓度范围

Wu 等[212]用渗透汽化膜分离水-乙酸乙酯（乙酸乙酯含量为 5wt%），实验结果表明辛基改性的 MCM-48 膜对乙酸乙酯具有较好的分离性能，室温下该膜的分离因子为 251，渗透通量达到 4.35kg/(m^2·h)。Raisi 等[213]采用不同分离层厚度的聚甲基辛基硅氧烷（POMS）复合膜分离水中乙酸异戊酯，发现当雷诺数为 2000 时，料液边界层的传质阻力是复合膜本身传质阻力的 0.04～5.33 倍。Kujawski 等[214]采用 PDMS 渗透汽化复合膜处理浓度为 0.7%的乙酸丁酯废水。实验发现，在温度为 53℃，时间为 180min 时，废水中乙酸丁酯浓度可下降至初始浓度的 5.7%，而透过液中乙酸丁酯的浓度可达 41%，该膜对乙酸丁酯的分离因子为 480[203]。Dali 等[215]将多孔基膜分别浸泡在[C$_4$MIM][BF$_4$]和[C$_4$MIM][PF$_6$]室温离子液体中，制得支撑离子液体膜，用蒸汽渗透法分离水-乙醇、水-环己烷和乙醇-环己烷体系。结果表明，由[C$_4$MIM][BF$_4$]制得的支撑离子液体膜表现出了良好的吸附性、选择性和稳定性。水、乙醇和环己烷在由[C$_4$MIM][BF$_4$]制得的支撑离子液体膜中的渗透速率遵循的顺序为：水＞乙醇＞环己烷，该膜对水-环己烷体系和乙醇-环己烷体系的分离因子分别为 371 和 217[204]。采用 PEBA、PERVAP1060 和 PERVAP1070 膜去除废水中的苯酚，发现 PEBA 膜对苯酚的脱除效果最好。当温度为 60℃时，采用 PEBA 膜处理质量分数为 3%的苯酚废水，8h 后废水中苯酚含量降至 0.17%，渗透液中苯酚含量高达 35.2%[203, 216]。Liu 等[217]制备了 ZIF-8/PDMS 杂化膜用于分离 1%的糠醛-水溶液，结果显示 ZIF-8 颗粒显著提高了 PDMS 膜对糠醛的分离选择性和渗透通量。Kujawa 等[218]利用全氟烃基硅烷渗透汽化膜回收溶液中的甲基叔丁基酮、丁醇、乙酸乙酯等，取得了良好的分离效果，并发现膜材料在渗透汽化过程中起着至关重要的作用。Luo 等[219]制备了含 25%苯基的硅橡胶均质膜（PPMS）用于分离浓度为 5%的丙酮-水溶液，发现苯基能够提高 PPMS 膜对丙酮的分离选择性。

Aliabadi 等[220]利用商品化的聚二甲基硅氧烷膜分离回收石化废水中的苯乙烯，发现渗透汽化膜分离技术在回收废水中的挥发性有机物方面具有很好的工业化前景。Vane 等[221, 222]报道了渗透汽化膜分离技术脱除浸提液中有机溶剂的实验室小试、中试、中试放大的研究结果。以 $4m^2$ 的卷式膜组件处理阴离子表面活性剂浸提液，该浸提液中三氯乙烷和甲苯的含量分别为 17～265mg/L 和 5～200mg/L，在优化的操作条件下，该技术可去除浸提液中大于 97%的三氯乙烷和甲苯[203]。Panek 等[223]将炭黑分别填充到 PDMS 和 PEBA 聚合物膜材料中，用于分离水中微量的甲苯。结果显示炭黑能够提高 PDMS 膜对甲苯的分离选择性和 PEBA 膜的渗透通量。Uragami 等[224]将疏水性[ABIM][NTf$_2$]离子液体固载到 PSt-b-PDMS 膜材料中制得了一种渗透汽化膜，并进行了废水中的三氯甲烷、苯和甲苯分离的研究。[ABIM][NTf$_2$]对这些挥发性有机物具有很好的选择性，因此随着离子液体含量的增加，膜的渗透通量及选择性均是增加的。另外，利用渗透汽化膜分离水中甲基叔丁基醚（MTBE）也取得了一些研究进展[225, 226]。例如，Vane 等[225]采用硅橡胶螺旋卷式渗透汽化膜处理含 MTBE 的废水，77h 后，废水中 MTBE 的浓度从 26mg/L 降为 44μg/L，继续延长处理时间，可将废水中的 MTBE 浓度进一步降到小于 20μg/L。

（2）天然芳香物提取

天然芳香物质的传统提取方法包括吸附法、蒸汽蒸馏法、溶剂萃取法和空气气提法等。与这些传统的提取方法相比，渗透汽化膜分离技术无须添加任何物质，并且可以在中低温下操作，被认为是一种提取天然芳香物的清洁替代法[221]。Rafia 等[227]用 POMS 渗透汽化膜提取柠檬汁中的芳香物，发现 POMS 膜能够有效地富集浓缩柠檬汁中的 $α$-蒎烯、$β$-蒎烯和柠檬烯。Martínez 等[193, 228]采用 PERVAPTM4060 膜提取螃蟹煮汁模拟液中的海鲜芳香物（异缬草醛、蘑菇醇、安息香醛等），研究结果表明渗透汽化膜对这些芳香物具有很高的富集倍数，但易挥发性芳香物的回收率较低，特别是安息香醛和 4-甲基-2, 3-戊二酮。She 等[229]用 PDMS 和 POMS 复合膜提取苹果汁、橙汁及黑茶中的芳香物，发现 POMS 具有较好的分离效果。Trifunović 等[230]采用 Aspen 软件模拟渗透汽化法芳香物提取过程中芳香物回收率与所需膜面积之间的关系，并详细考察了渗透汽化操作条件对所需膜面积的影响。结果表明，所需膜面积随芳香物回收率和下游侧压力的增加而增加，随料液温度增加而下降[203]。

（3）生物醇分离浓缩

以生物质为原料，通过微生物发酵制备生物醇的过程中，当发酵液中醇达到一定质量分数（1%～10%）后，会对微生物的生长代谢产生抑制作用，致使目标产物的浓度很低[231]。渗透汽化膜分离耦合发酵工艺可实现生物醇的原位分离，从而降低产物对微生物的反馈抑制作用，加快反应进程，提高生物醇的生产效率，并实现发酵过程连续化[232-235]。徐南平等[235]提出的双膜法生产无水乙醇的新工艺，即将生物发酵与渗透汽化膜分离技术进行耦合制备乙醇的新工艺。将发酵罐中含低浓度乙醇的发酵液抽出，通过微滤膜、渗透汽化优先透醇膜使乙醇透过增浓至质量分数为40%～95%，根据所抽出发酵液的浓度不同，该增浓后的透过液可采用直接送入无机透水膜分离器渗透除去剩余水，最终得到质量分数大于99.5%的燃料乙醇。该发明将乙醇发酵与渗透汽化膜分离技术耦合，降低了发酵过程中乙醇的抑制作用，提高了生产能力，并节省了生产中的能耗，大大降低了乙醇的生产成本。Jee等[234]利用渗透汽化膜分离耦合发酵工艺生产丁醇，结果表明渗透汽化膜分离技术可以有效地解除丁醇对发酵的反馈抑制作用，从而提高微生物发酵产率。

Chen等[236]采用间歇式和连续式的渗透汽化膜分离耦合发酵工艺生产丙酮-丁醇-乙醇（ABE），发现间歇耦合工艺中渗透汽化膜的平均通量高于连续耦合工艺，但是连续耦合工艺的产率约为间歇耦合工艺的两倍。Liu等[237]采用PDMS/陶瓷渗透汽化膜耦合发酵工艺生产ABE，发现发酵液中的无机盐可以提高渗透汽化膜的分离性能，而微生物降低渗透汽化膜的分离性能。Li等[238]以木薯为发酵基质，采用沸石填充PDMS渗透汽化复合膜耦合发酵工艺生产ABE，ABE的发酵产率为0.38g/g，膜对丁醇的分离因子为31。Offeman等[239]采用ZSM-5/PDMS杂化膜分离发酵液中的乙醇，发现杂化膜分离真实发酵液的性能低于分离模拟液的性能，并认为发酵液中存在的油脂和脂肪酸会降低杂化膜的分离性能。

3.3.2.5 渗透汽化膜分离技术在有机混合物分离中的应用

化工生产过程中，大量的有机混合物需要分离。由于有机体系的物性非常接近，特别是恒沸物、近沸物、同分异构物，普通的精馏方法难于或不能分离，而渗透汽化膜分离技术具有过程简单、能耗低、投资少、无污染等特点，在技术和经济上具有明显的优势。因此，有机混合物分离是渗透汽化膜分离技术中节能潜力最大的应用。然而，有机混合物分离要求渗透汽化膜的耐溶剂性非常强，目前渗透汽化膜分离技术在该方面的应用处于实验室研究阶段。所研究的渗透汽化有机混合物分离体系主要包括醇-醚[240-243]、芳香烃-脂肪烃[244-246]、醇-芳香烃[247-249]、异构体[250-253]等。

（1）醇-醚混合物的分离

Smitha等[240]制备了3种甲基丙烯酸乙酯（HEMA）含量依次递增的丙烯酰胺共聚物，并进一步采用交联法合成了用于分离甲醇中含量为0%～10%的MTBE

的渗透汽化膜。这些亲水溶胶共聚物膜是优先透过甲醇的，并且甲醇的渗透通量随着交联度的增加而减少。Han 等[241]制备了新型的金属有机骨架/聚醚砜有机无机杂化膜，以用于甲醇-甲基叔丁基醚共沸物分离方面的研究。结果表明，金属有机骨架的填充可以提高有机无机杂化膜的渗透通量和分离因子。Zhou 等[242]将 PVA 和壳聚糖（CS）共混制备了 PVA/CS 共混膜，在分离甲醇-甲基叔丁基醚混合物时，在 PVA/CS 共混膜的渗透通量增加的同时，对甲醇的分离选择性却呈下降的趋势。Weibel 等[243]采用等离子体技术处理聚氨酯（PU）膜表面，发现等离子体处理条件对 PU 膜的表面亲水性和渗透汽化分离性能有较大影响。在等离子体处理功率和时间分别为 100W 和 1min 条件下制备的 PU 膜，对甲醇-甲基叔丁基醚混合物具有最好的分离性能。

（2）芳香烃-脂肪烃混合物的分离

Wang 等[244]成功制备了聚乙烯醇/氧化石墨烯杂化膜，并将其用于甲苯-正庚烷混合物的分离。结果表明，氧化石墨烯的填充可以极大地改善渗透汽化膜的分离性能和稳定性。Zhang 等[245]采用金属有机框架 $Cu_3(BTC)_2$ 填充的 PVA 杂化膜分离甲苯-正庚烷混合物，发现该膜对甲苯的分离因子为 17.9，渗透通量为 $133g/(m^2 \cdot h)$。Shen 等[246]将银离子修饰的多壁碳纳米管填充到壳聚糖中制备了有机无机杂化膜，并进行了苯-环己烷混合物分离方面的研究。结果表明，银离子改性的有机无机杂化膜对苯-环己烷混合物具有更好的分离性能。

（3）醇-芳香烃混合物的分离

Garg 等[247]将黏土填充到 PDMS 膜中用于分离甲醇-甲苯混合物，发现黏土/PDMS 杂化膜对甲苯的分离选择性增加的同时，渗透通量却是降低的。Lue 等[248,249]制备了 PDMS/PU 共混膜，并将其用于甲醇-甲苯混合物分离。实验发现 PU 链段的存在抑制了 PDMS 链段在有机混合液中的溶胀，有效地提高了共混膜的运行稳定性。然而，刚性 PU 链段却降低了聚合物链段的柔性，随着 PU 含量的增加，PDMS/PU 共混膜的自由体积下降，膜的渗透通量降低。当 PU 含量为 20%时，PDMS/PU 共混膜对甲醇-甲苯恒沸物的分离性能是最好的[203]。

（4）异构体的分离

Bayati 等[250]以 α-氧化铝多孔陶瓷管为载体制备了 ZSM-5 沸石膜，用于正戊烷-异戊烷混合物的分离，发现温度的升高导致正戊烷和异戊烷分离因子的降低。Zheng 等[251]采用分子印迹醋酸纤维素膜分离二甲苯异构体，发现在分离低浓度的邻二甲苯时，该膜优先透过邻二甲苯，而在分离高浓度的邻二甲苯时，该膜优先透过间二甲苯和对二甲苯。Lue 等[252]将 ZSM 沸石添加到 PU 中制得有机无机杂化膜，并将其用于邻二甲苯和对二甲苯同分异构体的分离。结果显示，与纯 PU 膜相比，掺入 ZSM 沸石的 PU 膜对二甲苯的吸附性能呈现下降的趋势，但分散系数和分散选择性增加，二甲苯同分异构体的分离效率增大[204]。Wang 等[253]用间苯二胺-环糊精水溶液处理聚酰胺-酰亚胺（PAI）膜表面，发现膜表面的环糊精能提高了 PAI 膜对丁醇异构体的分离选择性。

3.3.2.6 总结与展望

制备高效的渗透汽化膜是目前渗透汽化技术发展的关键。膜材料决定渗透汽化膜的优先吸附选择性，而膜的扩散性则取决于分离层的厚度。因此，膜材料的选择是渗透汽化膜的研究重点。有机无机杂化膜材料结合了有机膜和无机膜的优点，具有优良的成膜性能、分离选择性和热稳定性，是目前渗透汽化膜的研究热点。然而，目前有机无机杂化膜的分离性能仍然比较低，不能满足工业需求。造成这种结果的主要原因包括：无机材料的吸附选择性较低；无机材料和有机材料的兼容性较差，导致无机和有机界面处产生缺陷；支撑层与分离层的亲和性较差，且支撑层存在传质阻力。要使渗透汽化膜在工业上进一步得到广泛应用，或许可以从以下两个方面着手[206]。

1）高效渗透汽化膜的研制。基于分离物系的性质，采用分子模拟的技术筛选合适的膜材料，采取最优的制膜配方，制备渗透系数高、渗透通量大、稳定性好的渗透汽化膜。

2）膜组件的优化设计。改进目前使用的板框式膜组件结构，采用廉价且质优的材料，开发紧凑、高效的卷式与中空纤维式膜组件。

3.3.3 膜蒸馏分离技术

自 20 世纪 60 年代至今，膜蒸馏分离技术的发展经过了四个阶段：初始阶段（1960～1970 年），停滞阶段（1971～1980 年），复苏阶段（1981～1990 年）和快速发展阶段（1991 年至今）[254]。膜蒸馏分离技术将膜技术与蒸馏过程融合为一体，是唯一能够直接得到超纯水的过程。该技术在海水和苦咸水淡化、食品和药物浓缩、废水处理、挥发性物质分离浓缩等领域有独特的优势。

3.3.3.1 膜蒸馏分离技术的基本原理

膜蒸馏是一种以疏水微孔膜为介质，膜两侧蒸气压差为驱动力使上游侧蒸气分子穿过膜孔后在下游侧冷凝富集的膜分离过程。疏水微孔膜作为物理屏障，在防止液体进入膜孔的同时，只允许挥发性组分以蒸气的形式透过膜孔。为了避免膜孔被润湿，跨膜压差应小于膜的水穿透压力（LEP）。膜蒸馏的传质过程主要分为三个步骤：①挥发性组分在上游侧蒸发；②挥发性组分以蒸气的形式穿过膜孔的迁移过程；③蒸气在膜的下游侧冷凝。图 3.43 是膜蒸馏过程的示意图[255]。其中，料液中挥发性组分的传质速率可表示为

$$dN_A = k(c - c_m)dA \quad (3.13)$$

式中，c 和 c_m 分别为料液主体和上游侧膜表面挥发性组分的浓度；k 为传质系数；A 为传质面积。挥发性组分在上游侧膜表面吸收热量发生气化，这一步发生很快，可近似认为处于气-液平衡状态。另外，挥发性组分的气化蒸气在膜的下游侧冷凝并释放出热量，这一步也可近似认为处于气-液平衡状态。

膜蒸馏的传热过程则主要分为4个步骤：①热量由料液主体通过边界层转移至上游侧膜表面；②蒸发形式的潜热传递；③热量由上游侧膜表面通过膜孔传递到下游侧膜表面；④热量由下游侧膜表面穿过边界层传递到气相主体。

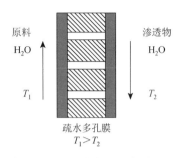

图 3.43　膜蒸馏示意图

3.3.3.2　膜蒸馏分离技术的分类

膜蒸馏膜的上游侧直接与料液接触，但水蒸气穿过膜孔后在下游侧的冷凝收集有多种方式。根据膜下游侧冷凝方式不同，膜蒸馏分离技术主要分为4种操作类型：直接接触式膜蒸馏（DCMD）、真空式膜蒸馏（VMD）、气隙式膜蒸馏（AGMD）、气扫式膜蒸馏（SGMD）[256]。就 DCMD 技术而言，膜两侧均与液体直接接触，膜的上游侧为高温料液，下游侧为温度较低的冷凝液。该技术不需要外加冷凝器，结构简单，操作简便，是应用范围最广的膜蒸馏分离技术。然而，上游侧的进料液与下游侧的冷凝液之间仅由膜分隔，从而导致了传热过程中热量损失大、热量利用率低等问题[256,257]。就 VMD 技术而言，下游侧的真空状态使该侧的压力低于上游侧高温料液中易挥发组分的饱和蒸气压，因此，透过膜的水蒸气可以迅速被真空泵抽到冷凝器中冷凝。该技术虽具有操作压力低、传质驱动力大、渗透通量高等优点，但对膜的疏水性和膜结构的要求非常高[258]。对于 AGMD 技术，膜的下游侧与冷凝液之间存在气隙，蒸气透过膜和气隙在冷却板上冷凝。原料液可作为冷凝液，因此热量利用率高。从工艺的稳定性来看，该技术被认为是最具有工业应用前景的膜蒸馏类型[259]。然而，AGMD 复杂的结构是目前影响其在实际生产中应用的主要原因。SGMD 技术则是用载气吹扫膜的透过侧，将透过膜的蒸气吹扫至外置冷凝装置中冷凝的蒸馏方式。该技术具有热量损失少和传质阻力小等优点，但吹扫气的动力消耗大是限制该技术工业化应用的主要原因[260]。

针对以上膜蒸馏分离技术存在的问题，为了进一步提高其渗透通量和热效率，开发了一些新型的膜蒸馏过程，如鼓泡式膜蒸馏、曝气式膜蒸馏、超滤膜蒸馏和多效膜蒸馏等[261-265]。Lu 等[261]设计了鼓泡强化真空式膜蒸馏（AVMD）过程，气泡的存在增大了料液侧膜表面流体流动的剪切力，从而削弱了温差极化和膜污染，大幅度提高了膜的渗透通量。针对 DCMD 过程中存在的膜污染和膜通量小等问题，董畅等[262]设计了一种曝气强化的膜蒸馏组件，并将其用于处理蔗糖溶液。实验结果表明，膜曝气可使 DCMD 的初始膜通量提升 24.7%、膜通量衰减率降低 55.0%、高膜通量的连续运行时间延长了 4 倍。Francis 等[263]设计了一种新型的材料间隙式膜蒸馏过程，即将不同的材料填充到传统气隙式膜组件中的气隙中，使得膜通量增加了 200%~800%。Gryta 等[264]采用超滤-膜蒸馏耦合技术处理含油废水，证明了该技术对船底油污水的处理效果显著。德国 Memsys 公司[265]开发了真空强化多效膜蒸馏（VMEMD）过程，即将膜的下游侧气隙处抽真空，透过膜的蒸气可在内部冷却板和外置冷凝器中冷凝，并通过膜组件回收冷却液的潜热，从而提高了分离过程的热效率。

3.3.3.3 膜蒸馏分离技术在海水和苦咸水淡化中的应用

海水或苦咸水淡化生产高品质纯水是 MD 发展最久、应用最广的领域，经 MD 过程所得的水，质量远远高于其他膜过程。与纯水相比，MD 在处理高浓度的盐溶液时显示更好的应用前景[266-272]。匡琼芝等[273]采用 MD 分离技术考察了不同操作条件对高盐水溶液的膜通量和截留率的影响，发现减压膜蒸馏装置的通量可以维持 $1m^3/h$。同样的装置可以将电导率为 $102500\mu S/cm$ 的地下苦咸水淡化处理至 $10\mu S/cm$，盐的截留率高达 99.9%以上。Khalifa 等[259]采用不同孔径的 PTFE 膜进行了 AGMD 海水脱盐的研究，结果表明，在 38h 连续运行过程中，$0.45\mu m$ 的 PTFE 膜的脱盐率一直稳定在 99.9%以上，产水的总溶解固体（TDS）维持在 6~38mg/L 范围内。Karakulski 等[274]制备了新型的疏水/亲水多孔复合膜，通过 MD 分离技术处理 1mol/L 的 NaCl 水溶液，该复合膜的水通量与 PTFE 商品膜的持平，NaCl 的截留率达到 99.7%。

然而，在 MD 过程中，90%的能耗来自于对原水的加热，MD 所需的热量约为 $628kW/m^3$，产水价格高于 2.2 美元/t[275]。因此，产水成本高是限制 MD 分离技术商业化应用的主要原因。为了有效降低 MD 分离技术在实际应用中的经济成本，MD 分离技术与可再生能源（太阳能、风能等）或工业废热等耦合技术显示出良好的工业化前景[276-281]。Wang 等[276]以太阳能集热器为热源，采用孔径为 $0.1\mu m$ 的 PP 中空纤维膜通过 VMD 分离技术进行了地下水脱盐的研究，最高渗透通量达到了 $32.19kg/(m^2 \cdot h)$，累计日产水量为 $173.5kg/m^2$。Mericq 等[277]将经过太阳能集热器加热的海水进行了 VMD 脱盐处理，在夏季较强的日照条件下海水可被加热到 70℃，最大渗透通量为 $142L/(m^2 \cdot h)$，产水量为 $617L/m^2$。Achmad 等[278]开发了一种集成的太阳能膜蒸馏系统，该系统结合了太阳能光伏发电和太阳能集热两种方式，具有较高的热水箱温度、低进料流率和较强的太阳辐射强度等特点。通过该系统在最佳进料流量为 69L/h 的操作条件下，生产淡水的平均电导率为 $6.2\mu S/cm$。Susanto 等[254]设计并开发了由太阳能和风能驱动，并带有热量回收装置的 DCMD 脱盐设备（图 3.44），该设备特别适用于偏远沿海地区。另外，以工业废热作为热源，采用带有热量回收装置的 Memstill 系统进行海水淡化，产水能耗仅为 50～100kW·h/m^3[279, 280]。2014 年 Aquever 公司以当地发电厂废热为热源，在马尔代夫建成了日产水量为 10000L 的膜蒸馏海水淡化厂。刘超等[281]将热泵与多效膜蒸馏过程相结合，设计了耦合热泵技术的减压多效膜蒸馏工艺（HP-VMEMD）。相比未耦合热泵的减压多效膜蒸馏，该工艺不仅可以实现冷却水的循环利用，而且能够有效提高造水比。

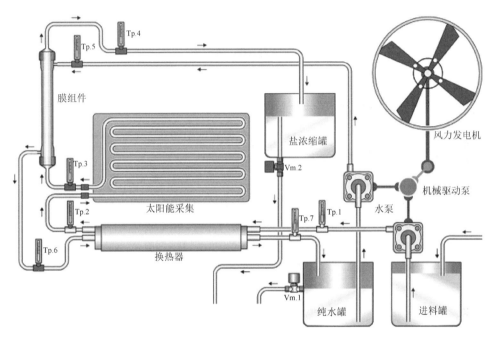

图 3.44　太阳能和风能驱动 DCMD 示意图[254]

3.3.3.4　膜蒸馏分离技术在食品及药物浓缩中的应用

MD 具有独特的传递机制，即在膜两侧蒸气压差的作用下，挥发性存在差异的待分离组分可以在料液侧或渗透侧得到浓缩。该传递机制使 MD 分离技术在食品[282-286]和药物浓缩[287-289]等领域得到了广泛的应用。在较温和的操作条件下，MD 分离技术非常有利于生物活性物质和敏感性物质的回收。Kujawski 等[282]用 MD 分离技术对红葡萄汁进行脱水浓缩，证实了该技术不会影响浓缩液的多酚含量和抗氧化活性。Bagger-Jørgensen 等[283]采用 MD 分离技术提取果汁中的挥发性芳香组分，考察了主要操作参数对回收的挥发性组分性质的影响。Vaillant 等[284]搭建了渗透蒸馏浓缩果汁的工业示范装置，在 30℃下可将果汁中的总悬浮固体（TSS）浓缩至 0.60g/g，浓缩果汁的外观和维生素 C 含量与未浓缩前保持一致。粘立军等[287]开展了多效膜蒸馏技术在中药提取液浓缩中的应用研究，结果表明该技术可将中药提取液浓缩 16 倍以上。当操作温度为 70℃时，膜通量为 $3L/(m^2 \cdot h)$，造水比可达到 7。石飞燕等[288]采用 MD 分离技术研究了黄芩提取液浓缩过程中不同操作参数对浓缩效率的影响，在优化的操作条件下，黄芩苷的截留率可达 100.0%，表明该技术在黄芩提取液的浓缩领域具有较好的应用前景。针对 MD 分离技术在中药提取液浓缩应用中存在的问题，潘林梅等[289]给出了相应的对策，减小浓差极化和温差极化现象，料液中加盐提高选择性，膜组件结构的优化设计等。

3.3.3.5 膜蒸馏分离技术在废水处理中的应用

MD 分离技术因其对非挥发性组分的高截留率而受到广泛的关注。目前，MD 分离技术在核工业废水、含油废水、含重金属离子废水处理领域得到了广泛的应用，并表现出良好的发展趋势。

由于核电工业中的废热和冷却液在许多工段都可以被回收并重新应用于驱动力的产生，MD 分离技术在放射性污水处理中的应用就变得相对便捷，而且可在源头进行处理，使成本大为降低。Khayet 等[290]采用 DCMD 分离技术处理了含有放射性物质的工业废水，发现该技术在原子能技术领域表现出巨大的应用潜力。段小林等[291]采用聚丙烯微孔膜对含铀废水进行了 MD 处理研究，在最佳工艺条件下铀的截留率为 99.1%，排出液中铀的质量浓度低于国家排放标准。另外，Zakrzewska-Trznadel 等[292]发现 DCMD 分离技术对核工业废水中的 ^{60}Co 和 ^{137}Cs 等放射性元素也具有很高的去除率。

与热化学法和超声乳化法相比，MD 分离技术处理含油废水的优势在于无须使用化学药剂、环境友好且具有较好的分离效果。王斯佳等[293]采用自制的中空纤维膜蒸馏组件对模拟的乳化油废水进行 MD 处理研究，发现乳化油的去除率可达到 90%以上。Gryta 等[264]采用 UF-MD 耦合技术处理含油废水，即用 MD 深度净化 UF 渗透液。该技术对船底油污水的处理效果显著，超滤膜处理后含油量低于 5mg/L，进一步经 MD 处理后总有机碳和 TDS 的去除率分别为 99.5%和 99.9%。Zuo 等[294]制备了一种 MD 用 PVDF-PT 亲水疏油膜，发现该膜对含油废水的处理具有一定的工业化潜力。Munirasu 等[295]针对正渗透与 MD 耦合技术在含油废水处理中的应用进展作以综述。

MD 分离技术在含重金属离子废水处理领域也具有一定的技术优势。工业废水中普遍存在有毒的含硼化合物，传统的 RO 和 ED 技术对该化合物的截留率仅为 30%～50%，而 MD 的截留率高达 99.8%[296]。另外，MD 对砷、铬等重金属离子也能实现完全截留。曲丹等[297]采用新型的 MD 分离技术进行废水中砷的脱除研究，实验结果表明，MD 对水中 As(III)及 As(V)具有较高的脱除能力。在 360h 连续运行过程中产水通量及电导率稳定，且整个过程中产出水的 As(III)含量均低于检测限。Criscuoli 等[298]则采用 VMD 分离技术处理被砷污染的地下水，在地下水无须进行预处理的情况下,该技术可以实现两种价态砷[As(III)和As(V)]的同时分离。杜军等[299]采用 VMD 工艺处理了含铬的废水,发现铬的截留率可以达到 90%以上,但是 Cr(VI)会在一定程度上破坏聚合膜的结构,因此需采用化学稳定性更强的 PTFE 膜处理含 Cr(VI)的溶液。

3.3.3.6 膜蒸馏分离技术在挥发性物质分离浓缩中的应用

另外,通过 VMD 分离技术,还能有效分离浓缩水溶液中的挥发性物质[300-306]。Couffin 等[300]采用 VMD 的方法脱除可饮用的纯净水中的三氯乙烯等挥发性物质,结果表明该方法可以有效去除水中低浓度的三氯乙烯和其他挥发性有机物。Li 等[301]采用 AGMD 与外部热交换器相结合的 MEMD 过程来浓缩稀硫酸溶液,利用该过程可将 2%的硫酸溶液浓缩至 40%,且馏分可视为纯水。秦英杰等[302]利用具有内部潜热回收功能的气隙式多效膜蒸馏技术浓缩回收化纤废水中的 DMSO,在整个浓缩过程中,DMSO 的回收率维持在 99.6%以上,且膜组件在连续运行的 1 个月内仍保持良好的操作性能。万印华等[303]利用改性 PAN 膜采用 VMD 分离技术进行离子液体水溶液的浓缩,浓缩过程中离子液体的截留率维持在 99.5%以上,在优化的操作条件下,离子液体可浓缩至 65.5%(图 3.45)。唐建军等[304]利用减压膜蒸馏脱除水溶液中的氨,结果表明料液的初始温度和浓度均对膜通量造成一定的影响,料液侧流速位于层流区时,流速增加使得氨的脱除效率更高。Zhang 等[305]采用 VMD 分离技术处理玉米秸秆的水解液,对葡萄糖的截留率达到 98%,以浓缩后的水解液作为培养基发酵得到的乙醇产量与之前相比提高了 2.64 倍。An 等[306]采用 MD 分离技术处理了纺织工业过程中产生的印染废水,发现连续 5 天运行后,PTFE 膜在有效去除染色废水中色度的基础上,仍维持稳定的膜通量。

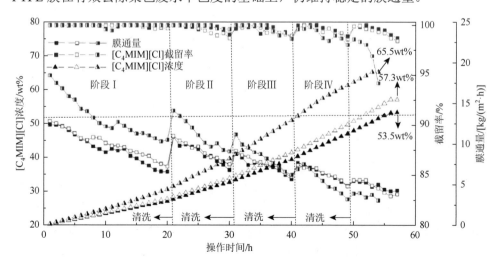

图 3.45 VMD 浓缩过程中[C₄MIM][Cl]浓度、膜通量和截留率与操作时间之间的关系[303]

3.3.3.7 总结与展望

虽然膜蒸馏分离技术已有五十多年的历史,且在应用上有诸多优点,然而其至今尚未得到工业化应用。造成这个结果的主要原因包括:①现有膜材料的成本相对较高、温度极化和浓度极化对渗透通量的影响较大;②膜稳定性差和膜通量小;③膜蒸馏过程存在热传导效率低、能耗高等。目前,大部分膜蒸馏分离技术的应用研究仍然处于实验室或中试放大阶段。欲使膜蒸馏分离技术实现工业化,或许可以从以下几个方面着手[307]:研制开发成本更加低廉的膜材料,特别是具有良好分离性能、孔隙率高、通量大、易于工业化生产的中空纤维膜,以降低膜蒸馏分离技术的生产成本;开发传热、传质性能优良的膜组件,以通过强化膜蒸馏分离技术的传质效果来提高分离性能和热量利用率;进一步提高膜的抗污染和抗润湿能力,增加膜的稳定性,以实现膜蒸馏分离技术长周期连续运行;开发多级热能回收装置及膜蒸馏分离技术与不可再生能源或废热资源的有效耦合技术,以降低膜蒸馏分离技术运行成本,并拓宽膜蒸馏分离技术应用范围。

3.3.4 气体膜分离技术

3.3.4.1 气体膜分离技术的基本原理及种类

膜分离技术是一种被广泛研究并应用的气体分离方法,以气体分离膜两侧的压力差或浓度差为驱动力,基于不同气体分子与膜之间的物理化学作用不同或由于分子本身结构大小的不同,导致其通过膜的速率不同,从而达到对目标组分的分离。与其他气体分离技术相比,气体膜分离技术具有高效低能耗、可操作性强、易于安装维修、占地面积小、无相变及化学污染等特点,主要应用于富氮、富氧、提氢、CO_2分离、VOC分离及脱湿等领域[308]。

(1) 气体膜材料

膜是一种界面,它将两个不同的流体相分隔开,在某种推动力的作用下,两个流体相通过该界面进行传质,从而实现膜分离过程。膜的形式多样,从形态结构上来说,膜可以是对称和非对称的。气体膜材料是气体分离技术的关键,其渗透性和选择性是膜材料的两个重要分离性能。气体分离膜材料主要有有机聚合物膜、无机膜、混合基质膜、固定载体膜、离子液体膜等。

有机聚合物膜:高分子聚合物是最早研究和使用的膜材料。常见的用于气体分离的有机聚合物膜材料主要有醋酸纤维素(CA)、聚酰亚胺(PI)、聚砜(PSF)、聚醚酰亚胺(PEI)、PDMS和聚三甲基硅氧烷丙炔(PTMSP)等。聚合物通常可分为玻璃态聚合物和橡胶态聚合物。玻璃态聚合物膜具有良好的力学性能和气体分离性能,其中一些已经工业化,如聚酰亚胺膜及醋酸纤维素膜,但其气体渗透性能较低。在玻璃态聚合物中引入特殊官能团能够提高 CO_2 的渗透性，如在聚酰亚胺上引入 4,4-六氟苯二甲酸酐（6FDA），可提升聚酰亚胺对 CO_2 的渗透性能，但对选择性有一定影响[309]。橡胶态聚合物的高分子链比较松弛，自由体积比玻璃态聚合物高，因此由该类聚合物制得的膜材料通常具有较高的气体渗透性，但是对气体的选择性较低。虽然对橡胶态聚合物进行一些改性能够提高其选择性，但是气体渗透性会随之降低。总的来说，聚合物膜的选择性与渗透性间存在着相互制约关系，Robeson[310]将这种关系用式（3.14）描述：

$$P_i = k\alpha_{ij}^n \tag{3.14}$$

式中，P_i 为 i 组分气体的渗透系数；α_{ij} 为膜对组分 i 和组分 j 的选择性；k 和 n 为相关系数，可以通过经验公式拟合得到。Robeson 总结了不同聚合物与气体之间的相互作用参数，并对其进行了拟合，即"Robeson"上限或"upper bound line"，通常将其作为衡量膜分离性能的标准。

无机膜：无机膜一般由金属、陶瓷、沸石、多孔玻璃、碳材料和 MOFs 等无机材料制备而成，具有物理化学稳定性好、分离效率高、孔径大小和尺寸分布均匀且可控、机械性能强及抗微生物能力强等优点，但无机膜，尤其是 MOFs 等新型多孔膜材料的制备过程较为复杂，不易加工，生产成本高。多孔陶瓷膜、碳分子筛膜、多孔金属膜、沸石膜和多孔玻璃膜等是常用的分离 CO_2 的无机膜。例如，Zhou 等[311]在氧化铝载体上制备二氧化硅 MFI 膜，其在 35℃条件下对 CO_2 的渗透性达 $51\times10^{-7}\text{mol}/(\text{m}^2\cdot\text{s}\cdot\text{Pa})$，$CO_2/H_2$ 选择性可达 109。

混合基质膜：混合基质膜由无机多孔材料和高分子聚合物制备而成，既能发挥有机聚合物膜制备容易、成本低的优势，又能利用无机多孔材料分离性能好、稳定性高的优势提高有机聚合物膜的分离性能及物理稳定性。例如，Shahid 等[312]将 ZIF-8 负载到聚酰亚胺 Matrimids@5218 聚合物中，大幅度提高了有机聚合物膜的气体分离性能；在 ZIF-8 含量为 40%时，CO_2 渗透系数为原来的 2 倍，CO_2/CH_4 选择性增加了 65%。Yu 等[313]通过 NH_2-ZIF-8 与聚酰胺共混，制备了薄膜纳米复合材料，其 CO_2/N_2、CO_2/NO 和 CO_2/He 气体的分离性能均超过了 Robeson 上限。混合基质膜将多种材料的优点结合起来，利用各材料间的协同作用有效提高了膜的性能，有望制备出高分离性能的膜。

离子液体膜材料：离子液体是一种新型、可设计的介质材料，极低的饱和蒸气压、良好的热稳定性和化学稳定性、结构性能可调、易循环利用等特点，使其在气体分离方面展现了良好优势。离子液体膜材料是将离子液体通过物理或化学作用固载化到膜材料中制备而成的。离子液体极低的饱和蒸气压使其不易因挥发而造成损失和环境污染，显著降低了气体净化和解吸过程的能耗；离子液体的可设计性，可以通过调整或修饰阴阳离子结构调控离子液体的物理化学性质及其对分离气体的溶解能力和选择性,从而提高膜材料的分离性能。离子液体膜材料包括离子液体支撑液膜、聚离子液体膜、离子液体-聚合物共混膜、离子液体-聚合物-多孔材料共混膜等[314]。

(2)气体膜分离原理

气体分离膜按结构不同可分为多孔膜和非多孔膜,其中后者又分为致密膜和非对称膜。不同结构的膜对气体的分离机理不同,即气体在膜中存在不同的渗透传递方式。多孔膜的分离机理为微孔扩散,非多孔膜的分离机理为溶解-扩散。另外,气体与膜中特殊成分发生可逆反应的传质过程用促进传递机理描述。下面主要针对溶解-扩散机理、微孔扩散机理和促进传递机理进行介绍。

溶解-扩散机理:气体通过非多孔膜的分离机理为溶解-扩散。气体分子首先与膜表面接触,吸附溶解在膜两侧产生浓度梯度;浓度差的驱动使膜内的气体分子向另一侧扩散;气体分子从膜的另一侧表面解吸。溶解-扩散机理认为气体的渗透速率由气体在膜内的扩散速率和在膜表面的溶解速率控制。假设扩散符合 Fick 定律,则扩散的气体量 q 可表示为

$$q = \frac{D(c_1-c_2)A_\mathrm{m}t}{\delta} \tag{3.15}$$

式中,t 为时间。假设气体在膜表面溶解符合 Henry 定律,则膜两侧表面的气体浓度 c_1、c_2 与膜两侧表面的气体分压 p_1、p_2 相关,则有

$$c_i = Sp_i \quad (i=1,2) \tag{3.16}$$

式(3.15)则变为

$$q = \frac{DS(p_1-p_2)A_\mathrm{m}t}{\delta} = \frac{P(p_1-p_2)A_\mathrm{m}t}{\delta} \tag{3.17}$$

即

$$P = DS \tag{3.18}$$

式中,P 为渗透系数;D 为气体在膜中的扩散系数;S 为溶解度系数;c_1、c_2 为膜两侧的气体浓度;A_m 为膜的有效面积;δ 为膜厚度。

膜的气体分离选择性 α_{ij} 可表示为

$$\alpha_{ij} = \frac{P_i}{P_j} = \frac{D_i}{D_j} \times \frac{S_i}{S_j} \tag{3.19}$$

微孔扩散机理:气体透过多孔膜通常用微孔扩散机理进行描述。微孔扩散机理有如下四种情况。①克努森扩散。气体分子在膜孔内移动受分子平均自由程和孔径的制约,一般发生在分子的平均自由程远大于扩散孔径时。②表面扩散。当孔径与气体分子直径相当时,气体分子吸附在孔壁表面,产生的浓度差驱动扩散。③毛细管凝聚现象。当吸附的气体分子在孔壁内凝聚时,其他的分子被阻碍,因而实现不同气体的分离。④分子筛效应。当多孔膜的孔径在不同气体分子的动力

学直径之间时，发生分子筛分过程。膜会阻碍大于膜孔径的气体分子，相反使得较小的气体分子通过。分子筛分过程能够高效地分离混合气体，是一种较为理想的分离方法。

促进传递机理：对于一些具有特殊基团的膜，其与被分离气体发生可逆反应，从而促进气体传质，有效提高气体分离性能。这类膜的气体透过机理通常用促进传递机理描述。气体分子在膜的表面与特殊官能团发生可逆反应，接着生成的复合物进行扩散传递到膜的另一侧，最后复合物分解，气体解吸。对于 CO_2 分离膜来说，通常是带有氨基官能团的促进传递膜，这种膜需要在水分的辅助下促进 CO_2 的传质[315,316]。对于烯烃/烷烃分离，常用含金属离子载体的膜与烯烃发生可逆络合作用，实现分离[317]。

3.3.4.2 离子液体膜气体分离研究

（1）离子液体支撑液膜

离子液体支撑液膜是最早开始被研究的一类离子液体膜材料，其是将离子液体通过浸渍法、涂布法或加压填充等方法负载在多孔支撑体上制备而成的。其中多孔支撑体的选择主要取决于离子液体，要求离子液体在膜孔中分散均匀且通量高，根据不同需求常选用的支撑体包括聚偏氟乙烯、聚砜、陶瓷、超滤膜和纳滤膜等。离子液体支撑液膜较传统支撑液膜最大的优势在于离子液体不易挥发的特点，其作为液膜相负载到膜上，可避免因溶剂损失而导致膜性能下降的问题。根据离子液体的分类，离子液体支撑液膜的研究主要集中在常规离子液体支撑液膜和功能化离子液体支撑液膜。

离子液体对气体的吸收能力直接影响离子液体支撑液膜的气体分离性能。对气体分子起物理吸收作用的离子液体形成的支撑液膜，其气体渗透行为符合溶解-扩散机理。离子液体的黏度影响气体在膜中的扩散。因此，离子液体对气体的溶解性及离子液体的黏度对膜的分离性能发挥关键性作用。Scovazzo 等[318,319]研究了一系列含不同阴离子的[C_2MIM][X]离子液体支撑液膜，发现离子液体支撑液膜对 CO_2 的渗透性按阴离子顺序为 $Cl^- < DCA^- < CF_3SO_3^- < NTf_2^-$ 依次增加，这与纯离子液体对 CO_2 的溶解规律相似（$Cl^- < DCA^- \approx CF_3SO_3^- < NTf_2^-$）[320]。Jindaratsamee 等[321]以 PVDF 为基底制备了一系列咪唑类常规离子液体支撑液膜，当温度升高时，膜的 CO_2 渗透系数提高，这是因为高温下离子液体黏度下降导致扩散性能提高，而当温度较高时，与 CH_4 及 N_2 相比，CO_2 的溶解性降低，因此膜对 CO_2/N_2 的理想选择性下降。离子液体支撑液膜的分离性能与离子液体的性质有很大的关系，含不同阴阳离子液体结构的支撑液膜具有不同的气体分离性能，而且可以根据实际需求设计不同离子结构的离子液体用于制备离子液体支撑液膜，进而提高膜的气体分离性能。含乙酸阴离子的离子液体支撑液膜的 CO_2 渗透系数超过了 2000 Barrer[1Barrer=1×

10^{-10} cm^3(STP)·cm/(cm^2·s·cmHg)][322]。氟烷基、氰基、醚基等极性官能团的引入，能够有效提高离子液体支撑液膜对 CO_2 的选择性[323,324]。铜(Ⅰ)基-离子液体支撑液膜用于对乙烯/乙烷的分离，渗透系数达 2653 Barrer[317]。金属银盐-离子液体支撑液膜对丙烯/丙烷具有良好的分离性能，离子液体中 BF_4^- 阴离子与 Ag^+ 的静电作用增强了 Ag^+ 与聚合物的相互作用[325]。随着功能化离子液体被不断设计合成，功能化离子液体支撑液膜也相继被合成用于气体分离。功能化离子液体支撑液膜利用溶解性的差异达到分离气体的目的，其分离机理以促进传递机理为主。气体分子首先在膜表面溶解，继而与膜内载体发生可逆反应，扩散到膜另一侧后将气体分子释放。Hanioka 等[326]发现在 CO_2 分压较低（0～50kPa）时，以[APMIM][NTf$_2$]制备的离子液体支撑液膜具有 2600 Barrer 左右的 CO_2 渗透系数，其 CO_2/CH_4 选择性约为 130，但随着 CO_2 分压升高，CO_2 的渗透性和选择性均急剧下降，说明了 CO_2 在氨基离子液体支撑液膜中的传质机理是促进传递。氨基酸离子液体支撑液膜也具有相似的传递机制，其中[C$_2$MIM][Gly]离子液体支撑液膜对 CO_2 的渗透系数和 CO_2/N_2 的选择性分别达到 8300 Barrer 和 146[327]。对于离子液体支撑液膜，其水分的影响及稳定性都是需要考察的重要因素。当离子液体含有一定水后，其物理性能及气体在离子液体中的扩散、溶解均会发生一定的变化。在离子液体中加入水或加湿测试会对离子液体支撑液膜的气体分离性能造成一定的影响[318,328]。水对功能化离子液体支撑液膜性能的影响远高于常规离子液体支撑液膜。例如，功能化离子液体支撑液膜分离 CO_2，由于 CO_2 分子在膜内是促进传质，水分子可促进 CO_2 与氨基反应，从而大幅度提高 CO_2 的渗透性和选择性。离子液体支撑液膜较常规离子液体支撑液膜的稳定性有所提高，但仍不能承受较大的跨膜压差。

（2）聚离子液体膜

聚合离子液体是由带有可聚基团（如双键、环氧基）的离子液体单体通过聚合反应合成，具有良好的离子导电性、热稳定性、可调性和化学稳定性等性质。对于气体分离，如 CO_2，聚离子液体相比离子液体单体具有更高的 CO_2 吸收量和更快的 CO_2 吸收-解吸速率[329,330]。聚离子液体兼具离子液体和聚合物的性质，可将其制备成聚离子液体膜，用于气体的纯化分离。与离子液体支撑液膜相比，聚离子液体膜可避免膜液损失，提高膜的稳定性。Noble 研究组[331,332]将含有乙烯基、苯乙烯基和丙烯酸酯基的咪唑类离子液体通过光引发聚合得到了聚离子液体膜并用于气体分离。聚离子液体膜能够承受较大的跨膜压差，但是由于离子液体"固体化"，高分子链较为紧密，其气体渗透性能较差。将聚合物与聚离子液体共聚、接枝是改善其渗透性并保证其机械性能的有效方式。Nguyen 等[333]制备了含有聚离子液体的嵌段共聚物，发现嵌段共聚物的结构对膜性能的影响较大，最高的 CO_2 渗透性高达 9300 Barrer。将离子液体和聚酰亚胺单体（6FDA、MDA）进行共聚，随着共聚物中的离子液体单元比例提高，CO_2/CH_4 选择性增加了近 50%，但 CO_2

渗透性能却下降了 30%左右，主要是因为随着离子液体单元在聚合物链中的比例增加，膜的自由体积下降，从而导致 CO_2 渗透能力下降[334, 335]。对于由离子液体制备的 PVC-g-PIL 接枝共聚物膜则是随着离子液体含量的增加，其气体渗透性能提升[336]。在聚离子液体中加入纯的离子液体可促进气体在膜中的渗透[337-339]，纯的离子液体通过自身对 CO_2 较高的溶解度来提高膜的渗透性能，同时离子液体与聚离子液体阴阳离子间的静电作用又可以保证膜的稳定性。

（3）离子液体共混膜

离子液体共混膜是由离子液体与高分子聚合物通过物理混合的方法制备而成，既保留了离子液体在液体状态下对气体的高传质特性，同时更容易制备和工业化。离子液体与聚合物的相容性影响膜的性能。研究发现[C_2MIM][B(CN)$_4$]离子液体与PVDF 制备的共混膜在微观上是分相的，由于[C_2MIM][B(CN)$_4$]对 CO_2 的溶解性和选择性高于 PVDF，当 CO_2 分子从膜中透过时，优先从分离能力更好的离子液体相通过，因此膜的 CO_2 渗透性能较高[340]。离子液体的结构、含量及对气体的吸收性能等直接影响离子液体共混膜的气体分离性能。在物理吸收 CO_2 的离子液体中，阴离子为 NTf_2^- 的离子液体具有较高的 CO_2 亲和性，常被用于制备离子液体-聚合物共混膜，如[C_2MIM][NTf_2]/SOS46 膜，其 CO_2 渗透系数达 970 Barrer，且长时间连续使用后离子液体无损失，稳定性较好[341]。纯离子液体吸收气体过程中，阳离子上含醚基基团将有利于提高膜的气体选择性，对于由其制备的共混膜同样也有相似的规律[342]。Jansen 等将[C_2MIM][TFSI]加入 PVDF-HFP 共聚物中制膜，发现随着离子液体含量的增加，共混膜对 N_2、CH_4、CO_2、H_2 等气体的渗透系数大幅度上升[343]。Kanehashi 等[341]研究了[C_4MIM][NTf_2]/PI 共混膜对 CO_2、H_2、O_2、CH_4 和 N_2 的渗透性能，结果显示当离子液体含量较低（<35wt%）时，5 种气体的渗透系数均下降，主要是[C_4MIM][NTf_2]在膜中起到了增塑剂的作用，导致气体在膜中的扩散系数和溶解系数均下降，而随着[C_4MIM][NTf_2]含量的升高，气体的渗透系数增加。影响膜分离性能的另一个重要因素是膜的结构，在离子液体共混膜中，离子液体的加入将改变聚合物的一些性能，如玻璃态转变温度、结晶度等，从而影响气体在膜中的渗透性能[344, 345]。通常，随着离子液体含量的增加，离子液体-聚合物共混膜的气体分离性能增加，但机械性能明显下降。通过加入一些多孔材料，可提高膜的稳定性，例如，ZSM-5 分子筛的加入极大地提高了[C_4MIM][Tf_2N]/ZSM-5/PI 膜的力学性能，且在 10atm 的压力下，离子液体含量为 57wt%时，也无离子液体损失。一些多孔材料具有较大的比表面积，自身具有良好的气体分离性能，因此多孔材料的加入，如SAPO 34、MOFs、ZIFs 等也可同时改善共混膜的分离性能[346-350]。离子液体在制备膜的过程中，还可以作为"润滑剂"增加聚合物与多孔材料之间的亲和性，从而减少膜缺陷的产生[351]。离子液体-聚合物-多孔材料共混膜较其他离子液体膜材料具有较好的分离性能，同时兼顾物理稳定性，有很好的应用前景。

3.3.4.3 总结与展望

膜分离技术因具有能耗小、高效灵活、设备简单、环境友好等特点，在气体分离方面具有良好的应用前景。离子液体膜同时结合了离子液体与膜分离材料的优势，为气体分离开辟了新方向，成为近年来的研究热点。其中的离子液体支撑液膜和聚离子液体膜的分离性能良好，部分可接近或达到 Robeson 上限，但存在稳定性不佳、制备复杂、成本高等问题，限制其进一步应用。而离子液体复合膜，如离子液体-聚合膜、离子液体-聚合物-无机多孔材料杂化膜，由于同时结合了离子液体和高分子聚合物的特性，以及无机多孔材料的优势，有望制备出分离性能和稳定性俱佳的气体分离膜。

3.4 溶解法分离

3.4.1 引言

随着石油资源的日益枯竭及可持续发展战略的实施，天然高分子材料因具有生物相容性、可降解性及良好的热、化学稳定性，在造纸、纺织品、塑料、医药等行业有着广泛的应用前景。而自然界中存在着大量丰富的可再生高分子材料，如纤维素、甲壳素、蛋白质等。

纤维素是由葡萄糖组成的大分子多糖，是自然界中分布最广泛、含量最多的一种多糖，占植物界碳含量的 50%以上，广泛存在于木材、棉花、棉短绒、麦草、稻草、芦苇、麻、桑皮、楮皮和甘蔗渣等植物中，在自然界中每年产量约有千亿吨。一般木材中，纤维素占 40%~50%，还有 10~30%的半纤维素和 20%~30%的木质素[352, 353]。

甲壳素的产量仅次于纤维素，每年生物合成量约有百亿吨[354]。它是从甲壳动物外壳中提取的，化学结构和植物纤维素非常相似，都是六碳糖的多聚体，分子量都在 100 万以上。甲壳素应用范围很广泛，在工业上可作布料、衣物、染料、纸张等；在农业上作杀虫剂、植物抗病毒剂；在渔业上作养鱼饲料；在化妆品上作美容剂、毛发保护、保湿剂；在医疗用品上作隐形眼镜、人工皮肤、缝合线、人工透析膜和人工血管等。

角蛋白是一类具有结缔和保护功能的可降解纤维状蛋白质大分子，广泛存在于动物毛、发、趾甲中，其中羊毛、羽毛中角蛋白含量高达 90%[355, 356]。角蛋白具有优良的生物相容性、可降解性、细胞亲和性和安全性，可以将其制备成不同形态和用途的生物医学材料，如骨折内固定棒、人工腱、烧伤敷料等。

离子液体不仅具有催化和溶剂的双重功能,且有不同于一般溶剂的特点,被称为"绿色、可设计"的新型溶剂,对无机和有机化合物及高分子材料表现出良好的溶解性,近些年被广泛应用于溶解提取天然生物大分子,如纤维素、甲壳素、壳聚糖、角蛋白等[357-359]。离子液体是由阴、阳离子组成的化合物,通常根据阴、阳的结构类型进行划分,且阴、阳离子的种类有很多,如图 3.46 和图 3.47 所示。

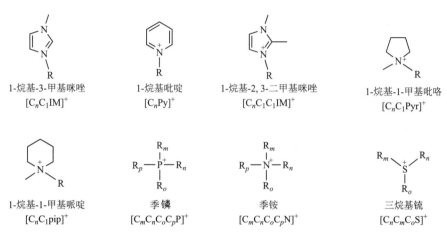

图 3.46　溶解纤维素的离子液体阳离子结构

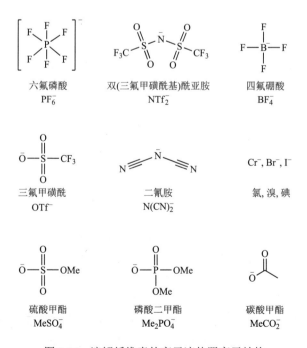

图 3.47　溶解纤维素的离子液体阴离子结构

3.4.2 离子液体溶解纤维素

纤维素是一种不溶于水及一般有机溶剂的高分子聚合物，是地球上最古老、最丰富的天然高分子，是人类最宝贵的天然可再生资源。纤维素化学与工业始于 160 多年前，是高分子化学诞生及发展时期的主要研究对象，纤维素及其衍生物的研究成果为高分子物理及化学学科的创立、发展和丰富做出了重大贡献。纤维素是由 D-葡萄糖基以 β-1,4 糖苷键连接形成的链状高分子化合物，分子中包含大量的分子内及分子间氢键，如图 3.48 所示[360]，因此在水及常规有机溶剂中很难溶解，只能溶于强极性溶剂或强酸强碱溶液中，如 NMMO、DMAc/LiCl、DMF/N_2O_4、熔盐和金属复合物溶液等[361-363]。但因这些溶剂存在一些缺点，如挥发性强、不易回收、有毒等，会对环境造成严重污染，极大地限制了纤维素的应用范围，而离子液体的出现，使其成为当前研究纤维素溶解的热点[364, 365]。

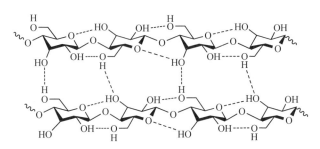

图 3.48　纤维素分子中分子内及分子间氢键[360]

3.4.2.1 离子液体溶解纤维素的构-效关系

目前，用于溶解纤维素的离子液体中咪唑和吡啶基离子液体，被认为是溶解比较高效的，主要原因是芳香环易极化，芳香基离子液体阴、阳离子之间的相互作用力较弱，从而降低了静电力作用[366]。Zhao 等[367]研究了阳离子对纤维素溶解的影响规律，发现阳离子的尺寸越大，离子液体与纤维素形成氢键的能力越弱，溶解性能也随之降低。Erdmenger 等[368]提出阳离子上的官能团会明显影响离子液体的溶解性能，其主要特点如下：①阳离子上的烷基链越长，其溶解性能越低[369]；②1-甲基咪唑和 3-甲基吡啶阳离子上含有烯丙基、乙基、丁基、醚基及羟基，有利于纤维素的溶解；③阳离子侧链上的羟基易于与纤维素形成氢键，从而增强纤维素的溶解[370]。

另外，也有研究表明阴离子的结构对纤维素的溶解影响也比较明显。通常阴离子对氢键的接受能力越强，越有利于纤维素的溶解，如 Cl^-[352]；大尺寸及非配位性阴离子不利于纤维素的溶解，如 PF_6^-、BF_4^- 和 SCN^-。Rooney 等[352]的研究指出随着阴离子的热化学半径比增大,溶解纤维素的能力降低。离子液体中阴、阳离子所形成氢键的碱性及偶极性越强,表明该阴离子具有越高的溶解纤维素的能力[371]。

3.4.2.2 离子液体与纤维素的相互作用机理

离子液体溶解纤维素的机理相对比较复杂,现有表征手段很难从分子水平进行解释。研究者通常借助于计算机在分子水平进行模拟离子液体与纤维素的相互作用。

Li 等[372]以 7×8 葡萄糖单元作为纤维素模型,研究了其在[C_2MIM][OAc]、[C_2MIM][Cl]及[C_4MIM][Cl]中的溶解过程及阴阳离子分别与纤维素形成氢键的能力。结果表明:纤维素在[C_2MIM][OAc]中的溶解过程分为两步,首先是纤维素结构逐渐被打破,随后打破的纤维素链彼此分离,从而使纤维素溶解;而在[C_2MIM][Cl]及[C_4MIM][Cl]中,纤维素模型结构变化不明显,仅松散地包裹在一起,但两者纤维素结构的膨胀形态也明显地展现出溶解趋势。另外,Li 也研究了 100ns 时离子液体中阴、阳离子与纤维素形成氢键的能力,结果表明,阴离子与纤维素形成氢键的能力远大于阳离子。Xu 等[373]研究了纤维素与[C_2MIM][DMP]相互作用的机理。结果显示,[C_2MIM]$^+$与纤维素羟基中的氧原子发生作用,而 DMP$^-$中的氧原子与纤维素羟基中的氢原子发生相互作用从而使纤维素溶解。Zhao 等[374]采用分子动力学模拟方法研究了[C_4MIM][Cl]及[C_4MPy][Cl]中阳离子结构对纤维素溶解的影响,结果表明:[C_4MIM][Cl]体系中的阴离子与纤维素之间的作用能相对于[C_4MPy][Cl]体系更负,即阳离子结构能够明显地影响阴离子与纤维素之间的相互作用力;同时验证了[AMIM][Cl]中烯丙基 C8、C9 位上的氢原子可与纤维素羟基中的氧原子形成弱氢键(图 3.49),并同时提高了阳离子的电负性,从而有利于纤维素的溶解。

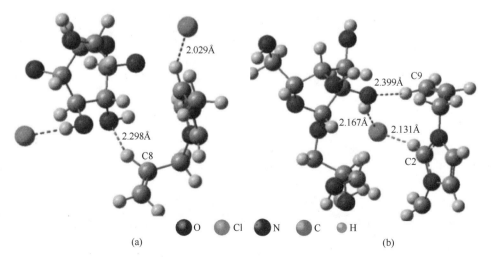

图 3.49 [AMIM][Cl]中烯丙基 C8、C9 位上的氢原子与纤维素羟基中的氧原子的相互作用

研究表明离子液体中的阴、阳离子对纤维素的溶解都非常重要。离子液体可与纤维素中的氢、氧原子形成电子供体-电子受体的复合物，该反应主要发生在纤维素相邻链的 C3 和 C6 羟基位置，两者所产生的相互作用使不同纤维素链中的羟基相分离，从而导致纤维素在离子液体中溶解。除了极性及形成氢键的能力两个重要因素外，溶解的温度和黏度也会影响离子液体的溶解性能，因此，离子液体的结构和类型等物性是高效溶解纤维素的关键。

3.4.2.3 离子液体溶解纤维素的应用及相应关键科学问题

离子液体溶解纤维素得到的溶液是很好的纺丝原液。由于纤维素的可降解再生、生物相容性等性能，可将其制成膜或者纺丝应用于纺织、医药等领域。

Jiang 等[375]利用[C$_4$MIM][Cl]溶解棉浆[聚合度(DP) = 514]，并研究了干喷湿纺过程及纺丝速度对产品性能的影响，结果表明随着纺丝速度的增加，再生纤维素的韧性和初始模量随之增加，延伸率则降低，但提高纺丝速度有助于改善再生纤维素的结晶度、双折射率、晶型及微孔取向。Hauru 等[376]采用[DBNH][OAc]溶解纤维素及干喷湿纺过程，主要考察了挤压速度与拉伸比的关系，最终确定可纺区域，如图 3.50 所示。通过对纺丝工艺参数的优化，得到最佳纺丝条件：纺丝液温度为 15℃，纤维素含量为 13wt%，纺丝流量为 0.02～0.04mL/min，拉伸比为 7.5～12.5。

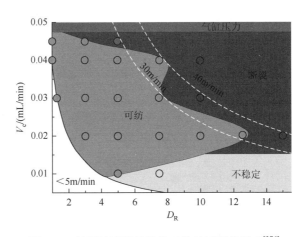

图 3.50　挤压速度及拉伸比对纺丝过程的影响[376]

Xia 等[377]模拟了 6wt%纤维素/[C$_4$MIM][Cl]体系中纺丝通道长宽和纺丝液入口角度对纺丝条件的影响，具体见图 3.51 和图 3.52。结果显示：长宽比为 3∶1，入口角度为 40°时更有利于成丝。

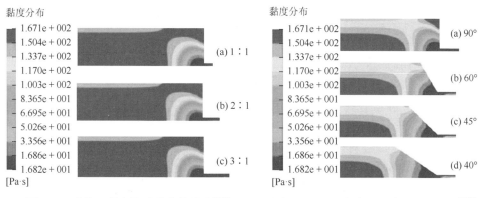

图 3.51　喷丝口长宽比对黏度的影响[377]　　　图 3.52　入口角度对黏度分布的影响[377]

3.4.3　离子液体溶解角蛋白

角蛋白是由多种氨基酸组成的生物蛋白大分子，来源非常丰富，是一种优质蛋白资源，被广泛应用于纺织、填充材料、高性能生物医用材料、皮革和化妆品等众多领域，具有广阔的应用前景。角蛋白结构比较复杂，含有 α-螺旋和 β-折叠两种二级结构，如图 3.53 所示。分子内存在多种作用力，其中氢键和二硫键的作用比较强，一般溶剂很难将其溶解且会严重破坏角蛋白的二级结构。离子液体的阴、阳离子结构具有可设计性，可以在阴离子或者阳离子上引入一些官能团选择性地打开蛋白质分子内的氢键和二硫键，这一举措将明显提高角蛋白的溶解度和再生性质，有利于拓宽角蛋白的应用。因此，离子液体在角蛋白溶解方面的应用也受到越来越多研究者的关注[378,379]。

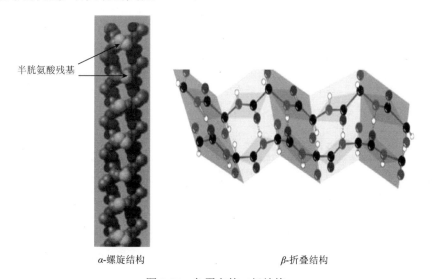

图 3.53　角蛋白的二级结构

3.4.3.1 离子液体与角蛋白的构-效关系

离子液体的阴、阳离子及官能团对角蛋白的溶解都起到重要作用。研究者得到阳离子溶解能力的大小顺序是咪唑类＞季鏻类＞吡啶、季铵类，其中咪唑类离子液体溶解效果最好。阴离子溶解能力的大小顺序是 $OAc^->DMP^->Cl^->FeCl_4^->SCN^-$，阴离子中乙酸类和磷酸酯类效果比较好[379]。郑双双等[378]研究了不同种类的离子液体对角蛋白溶解的影响，发现咪唑类离子液体的烷基侧链对角蛋白的溶解影响相对不明显，而阳离子的结构影响比较显著，如表 3.8 所示。通过选择合适的阴离子，离子液体能够达到很好的溶解效果，说明阴、阳离子的协同作用非常重要。

表 3.8 不同类型阳离子的离子液体对羊毛角蛋白的溶解时间[378]

ILs	溶解时间
[C$_4$MIM][Cl]	5h
[C$_4$Py][Cl]	不溶（24h）
[P$_{4444}$][Cl]	部分溶解（24h）
[N$_{4444}$][Cl]	不溶（24h）
[N$_{2221}$][DMP]	3h
[C$_2$MIM][DMP]	1.5h

谢海波等[380]对比阴离子为 Cl^-、BF_4^- 和 PF_6^- 的咪唑类离子液体对羊毛角蛋白的溶解效果，发现几种离子液体中[C$_4$MIM][Cl]对角蛋白的溶解能力较好，130℃条件下溶解度可达 11wt%；并将溶解后的角蛋白溶液与纤维素共混，制备了角蛋白和纤维素的共混丝、膜。Idris 等[381-383]在离子液体溶解角蛋白方面做了大量的研究，包括羊毛、羽毛中的角蛋白。该团队在研究咪唑类和胆碱类离子液体对羊毛角蛋白的溶解过程中[382]，尝试改变阴离子来提高羊毛角蛋白的溶解度，研究的离子液体包括[C$_4$MIM][Cl]、[AMIM][Cl]和[AMIM][DCA]，发现[AMIM][DCA]对羊毛角蛋白的溶解度最高（475mg/g），加入巯基乙醇还原剂后角蛋白的溶解度提高了 50~100mg/g。Wang 等[384]将—OH 官能团引入咪唑类离子液体中合成出疏水性离子液体[HOEMIM][NTf$_2$]，并用此种离子液体提取羽毛角蛋白，通过对溶解条件的优化，当助剂 NaHSO$_3$ 与羽毛角蛋白质量比为 1∶1，角蛋白与离子液体质量比为 1∶40，80℃溶解 4h 时，得到角蛋白的提取率为 21%。

3.4.3.2 离子液体与角蛋白的相互作用机理

离子液体溶解角蛋白大分子的机理比纤维素要复杂得多，在溶解过程中起主要作用的是氢键和二硫键，其中氢键数量居多，而二硫键作用力则比较强。因此离子液体在溶解角蛋白的过程中主要通过与蛋白质多肽的氢键和二硫键进行作用将其溶解。

刘雪等[385]研究发现离子液体的阳离子和阴离子对角蛋白的溶解都起作用，可以通过改变阴阳离子结构调节离子液体的极性（E_T^N）和氢键碱性（β），从而提高离子液体的溶解能力，最终设计合成出[DBNE][DEP]，此种离子液体在120℃条件下，可以在3h溶解8wt%的山羊毛。Zhang等[386]研究了水含量对离子液体溶解角蛋白的影响，发现随着水含量的增加，角蛋白在离子液体中的溶解时间也随之增加，主要原因是随着水含量的增加，水分子会破坏离子液体分子内的氢键作用，使离子液体溶解能力降低。离子液体和水的相互作用，如图3.54所示。

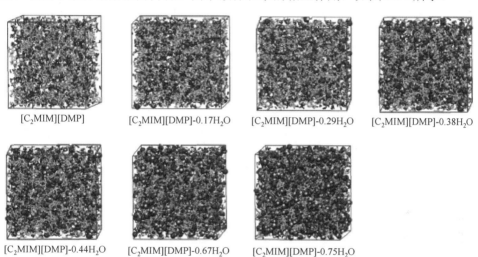

图3.54 [C_2MIM][DMP]和水混合体系的结构随水含量的变化

Li等[387]对比了[C_4MIM][Cl]和[AMIM][Cl]对羊毛角蛋白的溶解效果及甲醇、乙醇、水几种凝固浴对角蛋白膜结构、性质的影响；结果表明[AMIM][Cl]对羊毛角蛋白的溶解效果相对好一些，红外检测到溶解过程二硫键发生断裂，得到的再生角蛋白膜α螺旋结构被破坏，热稳定性也有所下降。

3.4.3.3 离子液体溶解角蛋白的应用及相应关键科学问题

角蛋白是一种生物相容性比较高的蛋白质大分子，角蛋白改性后可以将其制成生物产品，如人造皮肤、人造血管等器官，是生物移植等领域极具潜力的新型生物医学材料。

目前，角蛋白纺丝的研究受到研究者越来越多的关注。Hameed等[388]用离子液体溶解羊毛和纤维素制备共混膜，制备的共混膜与纯羊毛或者纤维素膜相比，热稳定性提高很多；共混膜的拉伸强度随着纤维素含量的增加而增强。通过红外手段检测，发现羊毛和纤维素之间存在氢键作用，这正是共混膜强度增加的原因。

中国科学院过程工程研究所从构建角蛋白分子模型开始，研究离子液体与角蛋白分子的相互作用机制，设计功能化离子液体溶解羊毛角蛋白及添加助溶剂、交联剂提高角蛋白的溶解度和成丝强度，以满足工业化需求。目前已经取得一些研究成果，如聂毅课题组成员研究的离子液体，溶解羊毛角蛋白效果明显比目前文献报道的提高很多，并且通过对比溶解前后角蛋白结晶度和二级结构的变化证明这类离子液体再生的角蛋白性质比较稳定，流变性质表明其角蛋白溶液具有可纺性，进一步与企业合作采用干喷湿法纺丝工艺（图 3.55），通过溶解、纺丝、牵伸等工艺参数的大量优化，成功制备出性能优良的角蛋白长丝[387-389]。

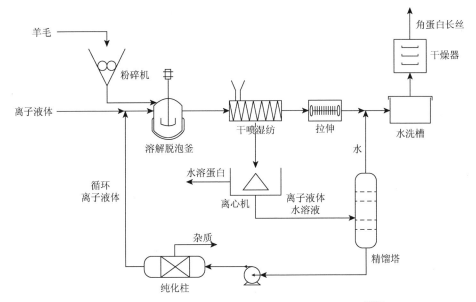

图 3.55　离子液体溶解角蛋白干喷湿法纺丝工艺简图[389]

目前角蛋白溶解存在的关键问题是溶解度不够高且时间比较长，有关角蛋白溶解方面新型功能化离子液体设计比较欠缺；另外角蛋白溶解的微观机理尚不清楚；除此之外，纯角蛋白成丝的强度不高，需要添加其他共混物提高强度和韧性。

3.4.4　离子液体溶解壳聚糖

甲壳素是由 2-乙酰氨基-2-脱氧葡萄糖通过 β-1,4 糖苷键连接而成的线型聚合物，结构同纤维素相似。壳聚糖是由甲壳素在碱性条件下加热脱去 N-乙酰基后得到的。甲壳质与壳聚糖均可看作是纤维素的 C2 位羟基被乙酰基或氨基所取代的产物。在甲壳素分子中，因其内外氢键的相互作用形成了有序的大分子结构，溶解性能差，在很大程度上限制了它的应用。壳聚糖分子结构中存在着大量的羟基和游离氨基，其溶解性能、反应活泼性大大改观[389]。

3.4.4.1 离子液体溶解壳聚糖的构-效关系

随着离子液体溶解纤维素、角蛋白取得了很好的效果，国内外一些学者开始尝试用离子液体溶解甲壳素/壳聚糖。Xie等[390]以[C_4MIM][Cl]为溶剂，可得到10wt%的甲壳素或壳聚糖/IL溶液。Mantz等[391]研究发现[C_2MIM][Cl]对甲壳素有很好的溶解性，用甲醇和乙醇再生回收的甲壳素结晶度与天然试样非常接近。Wu等[392]的研究表明[C_4MIM][OAc]在110℃可很好地溶解不同分子量、不同来源的甲壳素，溶解度达6wt%。Yamazaki等[393]、Prasad等[394]分别在[AMIM][Br]中溶解甲壳素得到了10wt%、7wt%（100℃）的甲壳素/IL溶液。Wang等[395]研究了在不同离子液体中甲壳素的溶解性，研究结果表明：[AMIM][Cl]、[AMIM][OAc]、[DMIM][Me_2PO_4]、[C_2MIM][Me_2PO_4]对甲壳素的溶解度分别可达1wt%（<45℃）、5wt%（110℃）、1.5wt%（<60℃）、1.5wt%（<60℃）。段先泉等[396]对不同分子量的壳聚糖在[C_2MIM][OAc]离子液体中的溶解性研究表明：壳聚糖的溶解度随温度升高而升高，随壳聚糖分子量的增加而下降，低分子量的壳聚糖在[C_2MIM][OAc]中100℃时的溶解度可达15.33%。朱庆松等[397]对壳聚糖在4种咪唑类离子液体中的溶解度比较发现：离子液体的结构对其溶解性能有一定影响，阴离子为OAc^-的离子液体较Cl^-的溶解性更强，例如，壳聚糖在[C_2MIM][OAc]中溶解度可达15.5wt%（110℃）。Chen等[398]系统地测定了不同温度下，壳聚糖在以[C_4MIM]$^+$为阳离子，以$HCOO^-$、CH_3COO^-、$C_2H_5COO^-$、$C_3H_7COO^-$、$HOCH_2COO^-$、$CH_3CHOHCOO^-$、$C_6H_5COO^-$和$N(CN)_2^-$为阴离子的离子液体中的溶解度，研究发现，除[C_4MIM][$N(CN)_2$]外，其余离子液体均可以溶解壳聚糖。Xiao等[399]对[C_1MIM][Cl]∶[C_6MIM][Cl]＝9∶1的混合溶剂进行了壳聚糖的溶解性研究，得到4wt%的壳聚糖/IL溶液。梁升等[400]、李露等[401]研究了以氨基乙酸([Gly])为阳离子的离子液体对壳聚糖的溶解性能，结果表明[Gly][Cl]是壳聚糖的良性溶剂。

3.4.4.2 离子液体与壳聚糖的相互作用机理

甲壳素和壳聚糖在离子液体中的溶解机理与纤维素的溶解机理相似[402]。离子液体通过破坏壳聚糖或甲壳素的分子内或分子间的氢键网络使其溶解[400]。壳聚糖的溶解度随温度升高而升高，随分子量的增大而下降[403]。离子液体的结构对壳聚糖的溶解也有较大影响。当阳离子相同时，具有较好氢键接受能力的阴离子，如Cl^-、$HCOO^-$、OAc^-等，有利于破坏壳聚糖分子内和分子间的氢键作用，从而促进壳聚糖的溶解,是壳聚糖的良性溶剂;当阴离子相同时,具有体积小、强极性的阳离子易于与壳聚糖中—OH 的氧原子和—NH_2 的氮原子产生较强的氢键作用,有利于破坏壳聚糖分子内和分子间的氢键作用,从而促进壳聚糖的溶解,如 [C_4MIM][OAc]和[C_2MIM][OAc],后者的阳离子体积较小,所以在[C_2MIM][OAc]中可得到较高的壳聚糖溶解浓度[404, 405]。

3.4.4.3 离子液体溶解壳聚糖的应用及相应关键科学问题

Rogers 等[402]以[C_2MIM][OAc]为溶剂从虾壳中提取了高纯度、高分子量的甲壳素,并进一步以甲壳素/[C_2MIM][OAc]溶液采用干喷湿法纺丝制备出性能优良的再生甲壳素纤维(图 3.56)。Li 等[406]以[Gly][Cl]为溶剂,制备了壳聚糖纤维,其表面光滑,力学性能好,断裂强度达到 3.77cN/dtex,是由乙酸体系制得的壳聚糖纤维的 4 倍,并且[Gly][Cl]可回收、循环使用。Ma 等[407]采用[Gly][Cl]与[C_4MIM][Cl]混合溶剂,制得壳聚糖/纤维素纤维,其中通过干喷湿法纺丝制备的壳聚糖/纤维素纤维断裂强度高达 4.63cN/dtex。

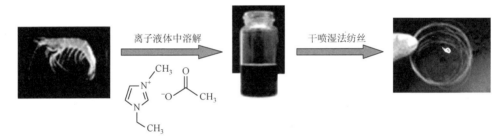

图 3.56　再生甲壳素纤维[402]

3.4.5　总结与展望

离子液体在溶解天然高分子材料及干喷湿法纺丝方面显示出优势,但纤维素、甲壳素与壳聚糖、角蛋白等天然高分子材料能否在纺丝方面实现工业化应用主要在于是否能够高效溶解,离子液体能否成为天然高分子的工业化反应介质,需要重点进行以下几方面关键科学问题的研究:

(1)系统研究离子液体阴、阳离子的结构及它们之间的缔合程度与纤维素、甲壳素或壳聚糖、角蛋白等分子内、分子间氢键及三维交联结构破坏程度的关系,为设计功能化离子液体提供理论指导。

(2)利用新型分子设计和结构设计的新工艺和新技术设计出熔点更低、黏度更小、氢键接受能力更强的功能化离子液体,以提高对天然高分子聚合物的溶解,避免其在溶解过程的过度降解。

(3)采用干喷湿法纺丝可提高喷头拉伸倍数和纺纱速度,有效控制纤维的结构形成过程，针对离子液体溶剂体系，亟须系统研究离子液体天然高分子聚合物纺丝液的流变性、可纺性、稳定性及离子液体在凝固浴中的扩散速度，合理选择和优化控制其成纤工艺参数。

（4）进一步研究离子液体的高效循环再利用方法，如先采用膜分离[405]、吸附、相分离、萃取等方法实现离子液体水溶液的浓缩，然后再进行蒸馏除去少量水分，以降低离子液体回收成本，从而实现天然高分子在纺织工业中的绿色清洁生产[404]。

3.5 超重力分离

3.5.1 引言

超重力是指在比地球重力加速度（9.8N/kg）大得多的环境下，物质所受到的力。超重力环境一般是通过旋转填充床产生的强离心力场来模拟实现的。在超重力环境下，分子间扩散和相间传质过程均比常规重力场下的要快得多，巨大的剪切力将液体撕裂成微米至纳米级的膜、丝和滴，产生快速更新的相界面，使相间传质速率提高，微观混合和传质过程得到极大的强化。目前，超重力技术广泛应用于金属电沉积、酸性气体尾气处理、精馏、强化除尘、油田注水脱氧等分离过程[408]。

3.5.2 超重力分离技术的原理

超重力分离技术是强化多相流传递及反应过程的新技术，即在重力加速度为零时，两相接触过程的浮力因子为零，两相间不会因为密度差而产生相间流动，因此分子间力将会起主要作用，液体团聚至表面积最小的状态而不得伸展，相间传递失去两相充分接触的条件，使相间传递作用越来越弱，无法进行分离。反之，在超重力环境下，浮力因子大，流体相对速度也大，巨大的切应力克服了表面张力，使得相间接触面积增大，从而相间传递过程得到了极大加强[409]。

3.5.3 超重力分离技术的应用

3.5.3.1 电沉积过程

对于水溶液中金属电沉积过程，气体析出是电极副反应，是工业电化学能耗高的主要根源。同时电极表面气体析出对沉积层的形貌、结构和性能都具有非常显著的影响，因此，促进气泡分离是降低能耗、改善沉积层形貌的有效措施之一。研究发现，超重力环境能够加速气泡从电极表面分离，并且能够强化对流传质，降低扩散层厚度，提高沉积时的极限电流密度，极大降低了电化学工业能耗[410]。

唐广涛等[411]在超重力环境下进行了 $AlCl_3$/[C_4MIM][Cl]离子液体系中电解Al 的研究，结果表明超重力环境下电沉积的 Al 层表面光洁、晶粒均匀、致密、缺陷少、附着性更好。狄超群等[412]研究了在 $AlCl_3$-Et_3NHCl 离子液体，超重力场下金属 Al 的电沉积，研究结果显示，在超重力环境下沉积出的 Al 镀层未产生枝晶，并且表面光洁、晶粒均匀、致密度高、附着性更好，Al 的纯度可以达到 97%。郭占成等[413]研究了超重力对水溶液中金属电沉积镍箔的影响，发现超重力环境下电沉积得到的金属 Ni，晶粒细化、韧性和抗拉强度显著提高、杂质元素 H 含量减少，析氢过电势降低。王明涌等[414]发现超重力条件下电沉积得到的镍箔，表面平整、致密，镍箔晶粒尺寸随重力系数和沉积电流密度的增大而减小，组织缺陷减少，并且抗拉强度和硬度均有提升。杜建平等[415]在超重力环境下通过电沉积制备 γ-MnO_2 电极材料，实验发现当超重力场的转速为 3000r/min，电流密度为 15mA/cm^2，电解液浓度为 0.2mol/L，沉积温度为 25℃时，得到的 MnO_2 产品的最大比表面积和放电比容量分别为 125.39m^2/g 和 285.45F/g。Chen 等[416]在 0.7g/L 的氧化石墨烯电解液中，3000r/min 的超重力场转速下利用超重力电沉积镍-氧化石墨烯（Ni-rGO）复合电极材料，测试了材料的阻抗和循环伏安，发现该复合电极材料具有较高的催化活性。

3.5.3.2 气体尾气处理

近年来，超重力技术在气体尾气处理方面取得了显著的成果[417-438]，特别是在 SO_2[417-420]、H_2S[421]、CO_2[422-426] 和 NH_3[427-429]等气体的脱除方面具有一定的工业化应用潜力。

（1）SO_2 脱除

SO_2 是一种常见的空气污染物，是酸雨的主要来源。目前，工业上常用的脱硫技术主要有钙法脱硫、镁法脱硫、氨法脱硫、海水脱硫、电子束脱硫等工艺，以氨法脱硫工艺应用较为广泛。相比于传统脱硫工艺，超重力吸收工艺具有传质效率高、设备体积小、接触时间短、能耗低等明显优势。北京化工大学[417]与中北大学[418]在 SO_2 脱除方面做了大量的研究，与传统氨法脱硫相比，超重力氨法脱硫的效率显著提高，脱硫率为 95%以上。陈建峰等[419]在超重力脱硫方面做了大量的研究工作，并于 2012 年首次利用超重力脱硫技术实现了硫酸工业尾气二氧化硫脱除的工业化应用，建立了尾气处理量为 $7\times10^4 Nm^3$/h 的超重力脱硫工业装置，并在多家公司推广应用。工业运行结果表明，经过超重力脱硫后，尾气中的 SO_2 含量能够降低到 200mg/m^3 以下，远低于国家排放标准，且超重力脱硫将脱除后的

SO_2 转化为亚硫酸铵产品，实现了尾气的资源化利用。目前，超重力脱硫技术在硫铁矿制酸、硫磺制酸装置上都有实际生产应用[420]。

（2）H_2S 吸收

H_2S 不但具有强烈刺激性气味，而且具有腐蚀性和毒性，一般存在于天然气开采时油田伴生气、炼油工业废气中等。传统方法采用湿法氧化吸收，由于其重力场较弱，液膜流动缓慢，传质效率较低。梁作中等[421]用 N_2 和 H_2S 的混合气模拟含硫天然气，以铁基脱硫剂为脱硫液，采用超重力旋转填充床进行了脱除 H_2S 的实验研究，考察了 H_2S 质量浓度、气流量、脱硫液流量、温度及超重力旋转填充床的转子转速等因素对 H_2S 脱除率的影响，得到了铁基脱硫剂超重力法脱除 H_2S 的最佳工艺条件：原料气 H_2S 含量为 $14g/m^3$，原料气流量为 $0.45m^3/h$，脱硫液流量为 $13.5L/h$，脱硫液温度为 $40℃$，转子转速为 $1000r/min$。在此条件下，H_2S 脱除率稳定在 99.98% 以上，脱硫后净化气中的 H_2S 含量小于 $2mg/m^3$。

（3）CO_2 捕集

超重力脱除 CO_2 技术是将化学吸收法与超重力技术相结合，利用超重力装置将 CO_2 分离出来的方法。吸收剂和烟气分别从相应入口进入超重力装置，在旋转床内逆流接触，并且通过旋转床产生的强大离心力来强化传质效果，从而增大分离效率[422]。李幸辉等[423]以 CO_2 和 N_2 的混合气模拟排放气，进行了超重力法捕集 CO_2 的实验研究，结果表明超重力法脱碳工艺可以将旋转填充床出口气中 CO_2 的含量控制在 0.1% 以下，满足了工业生产要求，具有很好的工业应用前景。2009 年，易飞等[424]利用本菲尔德（Benfield）溶液在超重力装置内进行了 CO_2 吸收的实验研究，并建立了超重力装置内传质过程的数学模型，为工业放大提供了理论基础。马丽等[425]将适合海上钻井平台使用的 CO_2 分离的两种方法（膜分离和超重力化学吸收分离）进行了详细的对比分析，总结了这两种方法的优缺点及在海上钻井平台应用的可行性。此外，陈建峰等[426]基于超重力法开发了 CO_2 捕集纯化技术，并在中国石油化工股份有限公司建成了年处理量为 3.0×10^4t 的 CO_2 捕集纯化工业示范线。

（4）NH_3 脱除

NH_3 具有强烈刺激性，吸入过多会对人体造成严重损害，并且在一定条件下遇明火也会引起燃烧和爆炸。NH_3 的主要来源是化学工业中的化肥生产和冷却系统。中北大学[427]利用磷肥生产工艺产生的酸性废水作为吸收剂，利用超重力装置，对磷肥生产工艺中产生的 NH_3 进行了吸收处理。在进气量为 $500m^3/h$、气液比为 $1000m^3/m^3$、超重力因子为 90 的条件下，NH_3 吸收率可达到 90% 以上，并且吸收后的产物可以作为生产原料进行重复利用。北京化工大学[428,429]在超重力装置中分别以水及饱和 $NaCl$、$CaCl_2$ 和 $MgCl_2$ 溶液为吸收液进行了耦合吸收 NH_3 和 CO_2 的研究，并通过建立该耦合吸收反应的传质模型来考察耦合吸收 NH_3 和 CO_2 时的总体积传质系数,确定了最佳工艺参数。在最优操作参数下,NH_3 和 CO_2 的吸收率分别达到 99.2% 和 50.6%,传质系数分别为 $1.8×10^{-4}$ mol/(Pa·m^3·s) 和 $2.6×10^{-5}$ mol/(Pa·m^3·s)。

3.5.3.3 精馏过程

超重力技术应用于精馏过程可极大地强化传质性能,提高分离纯度,同时也可降低投资费用,国内外科研人员在理论研究和工业应用方面做了大量的工作,现已在甲醇-水、乙醇-水、丙酮-水、DMSO-水、DMF-水等的常规精馏过程,无水乙醇制备的萃取精馏过程,乙腈-水的共沸精馏等方面实现了产业化应用[439]。

王新成等[440]在超重力场中的传递模型研究的基础上,通过修正传统精馏模型中传质关联式、相界面积关联式等模型方程的方法,建立了基于非平衡模型的超重力精馏过程模型方程。通过对甲醇-水超重力精馏过程进行模拟与优化,深入分析了超重力精馏塔内进料位置、回流比、转速、原料流量、原料浓度等操作参数对整个体系的影响。根据模拟结果得到了最佳的操作条件,模拟结果与前期实验结果相符。2010 年,史琴等[441]以自主研发的新型超重力旋转床代替反应精馏塔合成乙酸正丁酯,乙酸转化率可达 88%。宋子彬等[442]应用超重力精馏分离回收果胶沉淀溶剂中的乙醇,乙醇回收率为 91.28%,表明超重力精馏工艺具有一定的工业化应用前景。嘉兴金禾化工有限公司[443]采用超重力场旋转床作为甲醇精馏装置,生产的甲醇产品纯度为 99.8%,废液中甲醇的质量分数小于 0.2%。浙江工业大学[444]开发的折流式超重力床,与传统设备相比,不仅设备的体积大大减小,而且在分离热敏性物质或者高黏度物料方面有明显优势,目前已将折流式超重力床实现产业化应用。

3.5.3.4 强化除尘过程

悬浮性颗粒物是主要的大气污染物之一,燃煤工业锅炉排放的烟尘和工业尾气是其主要来源[445,446]。与现有传统除尘技术及设备相比,超重力除尘技术及设备具有除尘效率高、切割粒径小、出口气体含尘量低、设备体积小、设备适应性好、设备操作弹性大、压降小、气液比小、操作维修方便等优势[447]。王探等[448]以燃煤飞灰为实验粉尘,旋转填料床为除尘设备,对低浓度(200mg/m^3)粉尘的脱除进行了研究,结果表明旋转填料床设备的除尘效率达到了 99% 以上,出口含尘浓度小于 100mg/m^3,达到了工业除尘装置的气体排放标准。付加[449]分别对错流和逆流旋转填料床的除尘效率和压降进行了研究,考察了含尘气体浓度、超重力因子、液体喷淋密度、气速等对除尘效率的影响,确定了最佳的操作参数。在优化的操作条件下,错流和逆流旋转填料床的总除尘效率分别为 99.6% 和 99.8%,但错流旋转填料床的气相压降仅为逆流旋转填料床气相压降的 51%,因此,错流旋转填料床更适用于处理大气量的含尘气体。

参 考 文 献

[1] Figueroa J D, Fout T, Plasynski S, et al. Advances in CO_2 capture technology—the U.S. department of energy's carbon sequestration program. International Journal of Greenhouse Gas Control, 2008, 2: 9-20.

[2] Pipitone G, Bolland O. Power generation with CO_2 capture: technology for CO_2 purification. International Journal of Greenhouse Gas Control, 2009, 3: 528-534.

[3] 邢颖. 受酸雨侵蚀的钢-混凝土组合梁耐久性问题探索. 甘肃科技, 2009, 25: 109-111.

[4] Blanchard L A, Hancu D, Beckman E J, et al. Green processing using ionic liquids and CO_2. Nature, 1999, 399: 28-29.

[5] Wu W Z, Han B X, Gao H X, et al. Desulfurization of flue gas: SO_2 absorption by an ionic liquid. Angewandte Chemie-International Edition, 2004, 43: 2415-2417.

[6] Huang J, Riisager A, Wasserscheid P, et al. Reversible physical absorption of SO_2 by ionic liquids. Chemical Communications, 2006, 38: 4027-4029.

[7] Yu G R, Chen X C. SO_2 capture by guanidinium-based ionic liquids: a theoretical study. Journal of Physical Chemistry B, 2011, 115: 3466-3477.

[8] Ren S H, Hou Y C, Tian S D, et al. What are functional ionic liquids for the absorption of acidic gases? Journal of Physical Chemistry B, 2013, 117: 2482-2486.

[9] Zhang Z M, Wu L B, Dong J, et al. Preparation and SO_2 sorption/desorption behavior of an ionic liquid supported on porous silica particles. Industrial & Engineering Chemistry Research, 2009, 48: 2142-2148.

[10] An D, Wu L B, Li B G, et al. Synthesis and SO_2 absorption/desorption properties of poly(1, 1, 3, 3- tetramethylguanidine acrylate). Macromolecules, 2007, 40: 3388-3393.

[11] Yuan X L, Zhang S J, Lu X M. Hydroxyl ammonium ionic liquids: synthesis, properties, and solubility of SO_2. Journal of Chemical and Engineering Data, 2007, 52: 1150.

[12] Ren S H, Hou Y C, Wu W Z, et al. Properties of ionic liquids absorbing SO_2 and the mechanism of the absorption. Journal of Physical Chemistry B, 2010, 114: 2175-2179.

[13] Li X L, Chen J J, Luo M, et al. Quantum chemical calculation of hydroxyalkyl ammonium functionalized ionic liquids for absorbing SO_2. Acta Physico-Chimica Sinica, 2010, 26: 1364-1372.

[14] Anderson J L, Dixon J K, Maginn E J, et al. Measurement of SO_2 solubility in ionic liquids. Journal of Physical Chemistry B, 2006, 110: 15059-15062.

[15] Lee K Y, Kim C S, Kim H G, et al. Effects of halide anions to absorb SO_2 in ionic liquids. Bulletin of the Korean Chemical Society, 2010, 31: 1937-1940.

[16] Hong S Y, Im J, Palgunadi J, et al. Ether-functionalized ionic liquids as highly efficient SO_2 absorbents. Energy and Environ mental Science, 2011, 4: 1802-1806.

[17] Wang C M, Cui G K, Luo X Y, et al. Highly efficient and reversible SO_2 capture by tunable azole-based ionic liquids through multiple-site chemical absorption. Journal of the American Chemical Society, 2011, 133: 11916-11919.

[18] Cui G K, Wang C M, Zheng J J, et al. Highly efficient SO_2 capture by dual functionalized ionic liquids through a combination of chemical and physical absorption. Chemical Communications, 2012, 48: 2633-2635.

[19] Cui G K, Lin W J, Ding F, et al. Highly efficient SO_2 capture by phenyl-containing azole-based ionic liquids through multiple-site interactions. Green Chemistry, 2014, 16: 1211.

[20] Cui G K, Zheng J J, Luo X Y, et al. Tuning anion-functionalized ionic liquids for improved SO_2 capture. Angewandte Chemie-International Edition, 2013, 52: 10620-10624.

[21] Huang K, Wang G N, Dai Y, et al. Dicarboxylic acid salts as task-specific ionic liquids for reversible absorption of SO_2 with a low enthalpy change. RSC Advances, 2013, 3: 16264.

[22] Huang K, Chen Y L, Zhang X M, et al. SO_2 absorption in acid salt ionic liquids/sulfolane binary mixtures: experimental study and thermodynamic analysis. Chemical Engineering Journal, 2014, 237: 478-486.

[23] Kazarian S G, Briscoe B J, Welton T. Combining ionic liquids and supercritical fluids: in situ ATR-IR study of CO_2 dissolved in two ionic liquids at high pressures. Chemical Communications, 2000: 2047-2048.

[24] Dong K, Zhang S, Wang D, et al. Hydrogen bonds in imidazolium ionic liquids. Journal of Physical Chemistry A, 2006, 110: 9775-9782.

[25] Crowhurst L, Mawdsley P R, Perez-Arlandis J M, et al. Solvent-solute interactions in ionic liquids. Physical Chemistry Chemical Physics, 2003, 5: 2790-2794.

[26] Cadena C, Anthony J L, Shah J K, et al. Why is CO_2 so soluble in imidazolium-based ionic liquids? Journal of the American Chemical Society, 2004, 126: 5300-5308.

[27] Aki S, Mellein B R, Saurer E M, et al. High-pressure phase behavior of carbon dioxide with imidazolium-based ionic liquids. Journal of Physical Chemistry B, 2004, 108: 20355-20365.

[28] Huang X H, Margulis C J, Li Y H, et al. Why is the partial molar volume of CO_2 so small when dissolved in a room temperature ionic liquid? structure and dynamics of CO_2 dissolved in $[Bmim^+][PF_6^-]$. Journal of the American Chemical Society, 2005, 127: 17842-17851.

[29] Yunus N M, Mutalib M I A, Man Z, et al. Solubility of CO_2 in pyridinium based ionic liquids. Chemical Engineering Journal, 2012, 189-190: 94-100.

[30] Almantariotis D, Gefflaut T, Padua A A H, et al. Effect of fluorination and size of the alkyl side-chain on the solubility of carbon dioxide in 1-alkyl-3-methylimidazolium bis(trifluoromethylsulfonyl)amide ionic liquids. Journal of Physical Chemistry B, 2010, 114: 3608-3617.

[31] Anthony J L, Anderson J L, Maginn E J, et al. Anion effects on gas solubility in ionic liquids. Journal of Physical Chemistry B, 2005, 109: 6366-6374.

[32] Bhargava B L, Balasubramanian S. Probing anion-carbon dioxide interactions in room temperature ionic liquids: gas phase cluster calculations. Chemical Physics Letters, 2007, 444: 242-246.

[33] Seki T, Grunwaldt J D, Baiker A. In situ attenuated total reflection infrared spectroscopy of imidazolium-based room-temperature ionic liquids under "supercritical" CO_2. Journal of Physical Chemistry B, 2009, 113: 114-122.

[34] Bates E D, Mayton R D, Ntai I, et al. CO_2 capture by a task-specific ionic liquid. Journal of the American Chemical Society, 2002, 124: 926-927.

[35] Zhang S J, Yuan X L, Chen Y H, et al. Solubilities of CO_2 in 1-butyl-3-methylimidazolium hexafluorophosphate and 1,1,3,3-tetramethylguanidium lactate at elevated pressures. Journal of Chemical and Engineering Data, 2005, 50: 1582-1585.

[36] Yu G R, Zhang S J, Zhou G H, et al. Structure, interaction and property of amino-functionalized imidazolium ILs by molecular dynamics simulation and Ab initio calculation. AIChE Journal, 2007, 53: 3210-3221.

[37] Zhang S J, Chen Y H, Li F W, et al. Fixation and conversion of CO_2 using ionic liquids. Catalysis Today, 2006, 115: 61-69.

[38] Gurkan B E, de la Fuente J C, Mindrup E M, et al. Equimolar CO_2 absorption by anion-functionalized ionic liquids. Journal of the American Chemical Society, 2010, 132: 2116-2117.

[39] Goodrich B F, de la Fuente J C, Gurkan B E, et al. Experimental measurements of amine-functionalized anion-tethered ionic liquids with carbon dioxide. Industrial & Engineering Chemistry Research, 2011, 50: 111-118.

[40] Zhang Y, Zhang S, Lu X, et al. Dual amino-functionalised phosphonium ionic liquids for CO_2 capture. Chemistry-A European Journal, 2009, 15: 3003-3011.

[41] Xue Z, Zhang Z, Han J, et al. Carbon dioxide capture by a dual amino ionic liquid with amino-functionalized imidazolium cation and taurine anion. International Journal of Greenhouse Gas Control, 2011, 5: 628-633.

[42] Zhang J, Jia C, Dong H, et al. A novel dual amino-functionalized cation-tethered ionic liquid for CO_2 capture. Industrial & Engineering Chemistry Research, 2013, 52: 5835-5841.

[43] Wang C M, Luo H M, Jiang D E, et al. Carbon dioxide capture by superbase-derived protic ionic liquids. Angewandte Chemie-International Edition, 2010, 49: 5978-5981.

[44] Wang C M, Luo H M, Luo X Y, et al. Equimolar CO_2 capture by imidazolium-based ionic liquids and superbase systems. Green Chemistry, 2010, 12: 2019-2023.

[45] Wang C M, Mahurin S M, Luo H M, et al. Reversible and robust CO_2 capture by equimolar task-specific ionic liquid-superbase mixtures. Green Chemistry, 2010, 12: 870-874.

[46] Wang C M, Luo H M, Li H R, et al. Tuning the physicochemical properties of diverse phenolic ionic liquids for equimolar CO_2 capture by the substituent on the anion. Chemistry-a European Journal, 2012, 18: 2153-2160.

[47] Luo X Y, Ding F, Lin W J, et al. Efficient and energy-saving CO_2 capture through the entropic effect induced by the intermolecular hydrogen bonding in anion-functionalized ionic liquids. Journal of Physical Chemistry Letters, 2014, 5: 381-386.

[48] Luo X Y, Guo Y, Ding F, et al. Significant improvements in CO_2 capture by pyridine-containing anion-functionalized ionic liquids through multiple-site cooperative interactions. Angewandte Chemie-International Edition, 2014, 53: 7053-7057.

[49] Ding F, He X, Luo X Y, et al. Highly efficient CO_2 capture by carbonyl-containing ionic liquids through lewis acid-base and cooperative C—H···O hydrogen bonding interaction strengthened by the anion. Chemical Communications (Cambridge, England), 2014, 50: 15041-15044.

[50] Jou F Y, Mather A E. Solubility of hydrogen sulfide in[bmim][PF_6]. International Journal of Thermophysics, 2007, 28: 490-495.

[51] Rahmati-Rostami M, Ghotbi C, Hosseini-Jenab M, et al. Solubility of H_2S in ionic liquids[hmim][PF_6], [hmim][BF_4], and[hmim][Tf_2N]. Journal of Chemical Thermodynamics, 2009, 41: 1052-1055.

[52] Shokouhi M, Adibi M, Jalili A H, et al. Solubility and diffusion of H_2S and CO_2 in the ionic liquid 1-(2-hydroxyethyl)-3-methylimidazolium tetrafluoroborate. Journal of Chemical and Eengineering Data, 2010, 55: 1663-1668.

[53] Sakhaeinia H, Jalili A H, Taghikhani V, et al. Solubility of H_2S in ionic liquids 1-ethyl-3-methylimidazolium hexafluorophosphate ([Emim][PF_6]) and 1-ethyl-3-methylimidazolium bis(trifluoromethyl)sulfonylimide ([Emim][Tf_2N]). Journal of Chemical and Eengineering Data, 2010, 55: 5839-5845.

[54] Sakhaeinia H, Taghikhani V, Jalili A H, et al. Solubility of H_2S in 1-(2-hydroxyethyl)-3-methylimidazolium ionic liquids with different anions. Fluid Phase Equilibria, 2010, 298: 303-309.

[55] Jalili A H, Mehdizadeh A, Shokouhi M, et al. Solubility and diffusion of CO_2 and H_2S in the ionic liquid 1-ethyl-3-methylimidazolium ethylsulfate. Journal of Chemical Thermodynamics, 2010, 42: 1298-1303.

[56] Jalili A H, Safavi M, Ghotbi C, et al. Solubility of CO_2, H_2S, and their mixture in the ionic liquid 1-octyl-3-methylimidazolium bis(trifluoromethyl)sulfonylimide. Journal of Physical Chemistry B, 2012, 116:

2758-2774.

[57] Safavi M, Ghotbi C, Taghikhani V, et al. Study of the solubility of CO_2, H_2S and their mixture in the ionic liquid 1-octyl-3-methylimidazolium hexafluorophosphate: experimental and modelling. Journal of Chemical Thermodynamics, 2013, 65: 220-232.

[58] Jalili A H, Shokouhi M, Maurer G, et al. Solubility of CO_2 and H_2S in the ionic liquid 1-ethyl-3-methylimidazolium tris(pentafluoroethyl)trifluorophosphate. Journal of Chemical Thermodynamics, 2013, 67: 55-62.

[59] Pomelli C S, Chiappe C, Vidis A, et al. Influence of the interaction between hydrogen sulfide and ionic liquids on solubility: experimental and theoretical investigation. Journal of Physical Chemistry B, 2007, 111: 13014-13019.

[60] Shiflett M B, Niehaus A M S, Yokozeki A. Separation of CO_2 and H_2S using room-temperature ionic liquid[bmim][MeSO_4]. Journal of Chemical and Eengineering Data, 2010, 55: 4785-4793.

[61] Shiflett M B, Yokozeki A. Separation of CO_2 and H_2S using room-temperature ionic liquid[bmim][PF_6]. Fluid Phase Equilibria, 2010, 294: 105-113.

[62] Guo B, Duan E H, Zhong Y F, et al. Absorption and oxidation of H_2S in caprolactam tetrabutyl ammonium bromide ionic liquid. Energy Fuels, 2011, 25: 159-161.

[63] Huang K, Cai D N, Chen Y L, et al. Thermodynamic validation of 1-alkyl-3-methylimidazolium carboxylates as task-specific ionic liquids for H_2S absorption. AIChE Journal, 2013, 59: 2227-2235.

[64] Jalili A H, Rahmati-Rostami M, Ghotbi C, et al. Solubility of H_2S in ionic liquids [Bmim][PF_6], [Bmim][BF_4], and [Bmim][Tf_2N]. Journal of Chemical and Eengineering Data, 2009, 54: 1844-1849.

[65] Carvalho P J, Coutinho J A P. Non-ideality of solutions of NH_3, SO_2, and H_2S in ionic liquids and the prediction of their solubilities using the flory-huggins model. Energy Fuels, 2010, 24: 6662-6666.

[66] Ren W, Sensenich B, Scurto A M. High-pressure phase equilibria of {carbon dioxide(CO_2) + N-alkyl-imidazolium bis(trifluoromethylsulfonyl)amide} ionic liquids. Journal of Chemical Thermodynamics, 2010, 42: 305-311.

[67] Ghotbi C, Sedghkerdar M H, Taghikhani V, et al. Application of UNIFAC and SAFT based models in correlating the solubility of acid gas in ionic liquids. Proceedings of 2010 International Conference on Chemical Engineering and Applications, 2010: 145-151.

[68] Joskowska M, Luczak J, Aranowski R, et al. Use of imidazolium ionic liquids for carbon dioxide separation from gas mixtures. Przemysl Chemiczny, 2011, 90: 459-465.

[69] Blanchard L A, Gu Z Y, Brennecke J F. High-pressure phase behavior of ionic liquid/CO_2 systems. Journal of Physical Chemistry B, 2001, 105: 2437-2444.

[70] Nematpour M, Jalili A H, Ghotbi C, et al. Solubility of CO_2 and H_2S in the ionic liquid 1-ethyl-3-methylimidazolium trifluoromethanesulfonate. Journal of Natural Gas Science & Engineering, 2016, 30 (6): 583-591.

[71] Ni L I U, Xinping O, Zhimin W U, et al. Experimental study on the adsorption characteristics of calcium chloride-ammonia pair with lower heat source. Fluid Machinery, 2007, 35: 55-58.

[72] Aparicio S, Atilhan M. Computational study of hexamethylguanidinium lactate ionic liquid: a candidate for natural gas sweetening. Energy & Fuels, 2010, 24: 4989-5001.

[73] Lee S H, Kim B S, Lee E W, et al. The removal of acid gases from crude natural gas by using novel supported liquid membranes. Desalination, 2006, 200: 21-22.

[74] Heintz Y J, Sehabiague L, Morsi B I, et al. Hydrogen sulfide and carbon dioxide removal from dry fuel gas streams using an ionic liquid as a physical solvent. Energy & Fuels, 2009, 23: 4822-4830.

[75] Carvalho P J, Coutinho J A P. The polarity effect upon the methane solubility in ionic liquids: a contribution for the

[76] Mortazavi-Manesh S, Satyro M A, Marriott R A. Screening ionic liquids as candidates for separation of acid gases: solubility of hydrogen sulfide, methane, and ethane. AIChE Journal, 2013, 59: 2993-3005.

[77] Yokozeki A, Shiflett M B. Vapor-liquid equilibria of ammonia plus ionic liquid mixtures. Applied Energy, 2007, 84: 1258-1273.

[78] Yokozeki A, Shiflett M B. Ammonia solubilities in room-temperature ionic liquids. Industrial & Engineering Chemistry Research, 2007, 46: 1605-1610.

[79] Shi W, Maginn E J. Molecular simulation of ammonia absorption in the ionic liquid 1-ethyl-3-methylimidazolium bis(trifluoromethylsulfonyl)imide ([emim][Tf$_2$N]). AIChE Journal, 2009, 55: 2414-2421.

[80] Li G, Zhou Q, Zhang X, et al. Solubilities of ammonia in basic imidazolium ionic liquids. Fluid Phase Equilibria, 2010, 297: 34-39.

[81] Huang W, Sun G, Zheng D, et al. Vapor-liquid equilibrium measurements of NH_3 + H_2O + ionic liquid ([Dmim]Cl, [Dmim] BF$_4$, and [Dmim]dmp) systems. Journal of Chemical and Engineering Data, 2013, 58: 1354-1360.

[82] Palomar J, Gonzalez-Miquel M, Bedia J, et al. Task-specific ionic liquids for efficient ammonia absorption. Separation and Purification Technology, 2011, 82: 43-52.

[83] Chen W, Liang S Q, Guo Y X, et al. Investigation on vapor-liquid equilibria for binary systems of metal ion-containing ionic liquid[bmim]Zn$_2$Cl$_5$/NH$_3$ by experiment and modified unifac model. Fluid Phase Equilibria, 2013, 360: 1-6.

[84] Kohler F T U, Popp S, Klefer H, et al. Supported ionic liquid phase (SILP) materials for removal of hazardous gas compounds-efficient and irreversible NH$_3$ adsorption. Green Chemistry, 2014, 16: 3560-3568.

[85] Jacquemin J, Gomes M F C, Husson P, et al. Solubility of carbon dioxide, ethane, methane, oxygen, nitrogen, hydrogen, argon, and carbon monoxide in 1-butyl-3-methylimidazolium tetrafluoroborate between temperatures 283K and 343K and at pressures close to atmospheric. Journal of Chemical Thermodynamics, 2006, 38: 490-502.

[86] Jacquemin J, Husson P, Majer V, et al. Low-pressure solubilities and thermodynamics of solvation of eight gases in 1-butyl-3-methylimidazolium hexafluorophosphate. Fluid Phase Equilibria, 2006, 240: 87-95.

[87] Kumelan J, Kamps A P S, Tuma D, et al. Solubility of H$_2$ in the ionic liquid[hmim]Tf$_2$N. Journal of Chemical and Engineering Data, 2006, 51: 1364-1367.

[88] Kumelan J, Kamps A P S, Tuma D, et al. Solubility of the single gases H$_2$ and CO in the ionic liquid [bmim] [CH$_3$SO$_4$]. Fluid Phase Equilibria, 2007, 260: 3-8.

[89] Kumelan J, Kamps A P S, Tuma D, et al. Solubility of the single gases carbon monoxide and oxygen in the ionic liquid[hmim][Tf$_2$N]. Journal of Chemical and Engineering Data, 2009, 54: 966-971.

[90] Finotello A, Bara J E, Camper D, et al. Room-temperature ionic liquids: temperature dependence of gas solubility selectivity. Industrial & Engineering Chemistry Research, 2008, 47: 3453-3459.

[91] Kumelan J, Kamps A P S, Tuma D, et al. Solubility of the single gases methane and xenon in the ionic liquid [hmim] [Tf$_2$N]. Industrial & Engineering Chemistry Research, 2007, 46: 8236-8240.

[92] Kumelan J, Kamps A P S, Tuma D, et al. Solubility of the single gases methane and xenon in the ionic liquid [bmim] [CH$_3$SO$_4$]. Journal of Chemical and Engineering Data, 2007, 52: 2319-2324.

[93] Camper D, Becker C, Koval C, et al. Low pressure hydrocarbon solubility in room temperature ionic liquids containing imidazolium rings interpreted using regular solution theory. Industrial & Engineering Chemistry Research,

2005, 44: 1928-1933.

[94] Ferguson L, Scovazzo P. Solubility, diffusivity, and permeability of gases in phosphonium-based room temperature ionic liquids: data and correlations. Industrial & Engineering Chemistry Research, 2007, 46: 1369-1374.

[95] Condemarin R, Scovazzo P. Gas permeabilities, solubilities, diffusivities, and diffusivity correlations for ammonium-based room temperature ionic liquids with comparison to imidazolium and phosphonium RTIL data. Chemical Engineering Journal, 2009, 147: 51-57.

[96] Lee B C, Outcalt S L. Solubilities of gases in the ionic liquid 1-*N*-butyl-3-methylimidazolium bis(trifluoromethylsulfonyl) imide. Journal of Chemical and Engineering Data, 2006, 51: 892-897.

[97] Zhang J, Zhang Q H, Qiao B T, et al. Solubilities of the gaseous and liquid solutes and their thermodynamics of solubilization in the novel room-temperature ionic liquids at infinite dilution by gas chromatography. Journal of Chemical and Engineering Data, 2007, 52: 2277-2283.

[98] Palgunadi J, Kim H S, Lee J M, et al. Ionic liquids for acetylene and ethylene separation: material selection and solubility investigation. Chemical Engineering and Processing, 2010, 49: 192-198.

[99] Palgunadi J, Hong S Y, Lee J K, et al. Correlation between hydrogen bond basicity and acetylene solubility in room temperature ionic liquids. Journal of Physical Chemistry B, 2011, 115: 1067-1074.

[100] Mokrushin V, Assenbaum D, Paape N, et al. Ionic liquids for propene-propane separation. Chemical Engineering & Technology, 2010, 33: 63-73.

[101] Krummen M, Wasserscheid P, Gmehling J. Measurement of activity coefficients at infinite dilution in ionic liquids using the dilutor technique. Journal of Chemical And Engineering Data, 2002, 47: 1411-1417.

[102] Sanchez L M G, Meindersma G W, Haan A B. Potential of silver-based room-temperature ionic liquids for ethylene/ethane separation. Industrial & Engineering Chemistry Research, 2009, 48: 10650-10656.

[103] Ortiz A, Ruiz A, Gorri D, et al. Room temperature ionic liquid with silver salt as efficient reaction media for propylene/propane separation: absorption equilibrium. Separation and Purification Technology, 2008, 63: 311-318.

[104] Ortiz A, Galan L M, Gorri D, et al. Reactive ionic liquid media for the separation of propylene/propane gaseous mixtures. Industrial & Engineering Chemistry Research, 2010, 49: 7227-7233.

[105] Ortiz A, Gorri D, Irabien A, et al. Separation of propylene/propane mixtures using Ag^+-RTIL solutions. Evaluation and comparison of the performance of gas-liquid contactors. Journal of Membrane Science, 2010, 360: 130-141.

[106] Meindersma G W, Podt A J G, de Haan A B. Selection of ionic liquids for the extraction of aromatic hydrocarbons from aromatic/aliphatic mixtures. Fuel Processing Technology, 2005, 87: 59-70.

[107] Arce A, Earle M J, Rodriguez H, et al. Separation of benzene and hexane by solvent extraction with 1-alkyl-3-methylimidazolium bis{(trifluoromethyl)sulfonyl}amide ionic liquids: effect of the alkyl-substituent length. Journal of Physical Chemistry B, 2007, 111: 4732-4736.

[108] Ren Z Q, Wang M Y, Li Y, et al. Selective separation of benzene/n-hexane with ester-functionalized ionic liquids. Energy & Fuels, 2017, 31: 6598-6606.

[109] 汪家鑫, 陈家镛. 溶剂萃取手册. 北京: 化学工业出版社, 2001.

[110] Earle M J, Seddon K R. Ionic liquids. Green solvents for the future. Pure & Applied Chemistry, 2009, 72: 1391-1398.

[111] Wei G T, Yang Z, Chen C J. Room temperature ionic liquid as a novel medium for liquid/liquid extraction of metal ions. Analytica Chimica Acta, 2003, 488: 183-192.

[112] Zhang S J, Wang J J, Lv X M, et al. Structures and interactions of ionic liquids. London: Structure and Bonding, Springer, Verlag Berlin Heidelberg, 2014.

[113] Yang Q, Xing H, Cao Y, et al. Selective separation of tocopherol homologues by liquid-liquid extraction using ionic liquids. Industrial & Engineering Chemistry Research, 2009, 48: 6417-6422.

[114] Wang L, Jin X, Li P, et al. Hydroxyl-functionalized ionic liquid promoted CO_2 fixation according to electrostatic attraction and hydrogen bonding interaction. Industrial & Engineering Chemistry Research, 2014, 53: 8426-8435.

[115] Yang Q, Wang Z, Bao Z, et al. New insights into CO_2 absorption mechanisms with amino-acid ionic liquids. Chemsuschem, 2016, 9: 806.

[116] 张锁江. 离子液体与绿色化学. 北京：科学出版社，2009.

[117] 冯凯. 离子液体在萃取分离中的应用进展. 自然科学（文摘版），2017，（2）：00191.

[118] Dai S, Ju Y H, Barnes C E. Solvent extraction of strontium nitrate by a crown ether using room-temperature ionic liquids. Journal of the Chemical Society Dalton Transactions, 1999, 8: 1201-1202.

[119] Swatloski R P. Liquid/liquid extraction of metal ions in room temperature ionic liquids. Separation Science & Technology, 2001, 36: 785-804.

[120] Chun S, Dzyuba S V, Bartsch R A. Influence of structural variation in room-temperature ionic liquids on the selectivity and efficiency of competitive alkali metal salt extraction by a crown ether. Analytical Chemistry, 2001, 73: 3737-3741.

[121] Kogelnig D, Stojanovic A, Jirsa F, et al. Transport and separation of iron(III) from nickel(II) with the ionic liquid trihexyl(tetradecyl)phosphonium chloride. Separation & Purification Technology, 2010, 72: 56-60.

[122] Mishra R K, Rout P C, Sarangi K, et al. Solvent extraction of Fe(III) from the chloride leach liquor of low grade iron ore tailings using aliquat 336. Hydrometallurgy, 2011, 108: 93-99.

[123] Regel-Rosocka M. Extractive removal of zinc(II) from chloride liquors with phosphonium ionic liquids/toluene mixtures as novel extractants. Separation & Purification Technology, 2009, 66: 19-24.

[124] Cieszynska A, Wisniewski M. Extraction of palladium(II) from chloride solutions with Cyphos®; IL 101/toluene mixtures as novel extractant. Separation & Purification Technology, 2010, 73: 202-207.

[125] Nayl A A. Extraction and separation of Co(II) and Ni(II) from acidic sulfate solutions using aliquat 336. Journal of Hazardous Materials, 2010, 173: 223.

[126] 赵大川. 离子液体的粘度数据库研究. 北京：北京化工大学，2011.

[127] Bradaric C J, Downard A, Kennedy C, et al. Industrial preparation of phosphonium ionic liquids. Green Chemistry, 2003, 5: 143-152.

[128] Wellens S, Goovaerts R, Möller C, et al. A continuous ionic liquid extraction process for the separation of cobalt from nickel. Green Chemistry, 2013, 15: 3160-3164.

[129] Wellens S, Thijs B, Binnemans K. An environmentally friendlier approach to hydrometallurgy: highly selective separation of cobalt from nickel by solvent extraction with undiluted phosphonium ionic liquids. Green Chemistry, 2012, 14: 1657-1665.

[130] Hoogerstraete T V, Wellens S, Verachtert K, et al. Removal of transition metals from rare earths by solvent extraction with an undiluted phosphonium ionic liquid: separations relevant to rare-earth magnet recycling. Green Chemistry, 2013, 15: 919-927.

[131] Cui L, Cheng F, Zhou J. Preparation of high purity $AlCl_3 \cdot 6H_2O$ crystals from coal mining waste based on iron(III) removal using undiluted ionic liquids. Separation & Purification Technology, 2016, 167: 45-54.

[132] Cui L, Cheng F, Zhou J. Behaviors and mechanism of iron extraction from chloride solutions using undiluted Cyphos IL 101. Industrial & Engineering Chemistry Research, 2015, 54: 7534-7542.

[133] Visser A E, Swatloski R P, Reichert W M, et al. Cheminform abstract: task-specific ionic liquids for the extraction

of metal ions from aqueous solutions. Cheminform, 2001, 32: 135-136.

[134] Sun X, Do-Thanh C L, Luo H, et al. The optimization of an ionic liquid-based talspeak-like process for rare earth ions separation. Chemical Engineering Journal, 2014, 239: 392-398.

[135] Shi C, Jing Y, Xiao J, et al. Liquid-liquid extraction of lithium using novel phosphonium ionic liquid as an extractant. Hydrometallurgy, 2017, 169: 314-320.

[136] Dupont J, Consorti C S, Suarez P A Z, et al. Preparation of 1-butyl-3-methyl imidazolium-based room temperature ionic liquids. Organic Syntheses, 2003, 79: 236-243.

[137] Gutowski K E, Broker G A, Willauer H D, et al. Controlling the aqueous miscibility of ionic liquids: aqueous biphasic systems of water-miscible ionic liquids and water-structuring salts for recycle, metathesis, and separations. Journal of the American Chemical Society, 2003, 125: 6632.

[138] And M H A, Zissimos A M, Huddleston J G, et al. Some novel liquid partitioning systems: water-ionic liquids and aqueous biphasic systems. Industrial & Engineering Chemistry Research, 2004, 42: 413-418.

[139] Freire M G, Cláudio A F, Araújo J M, et al. Aqueous biphasic systems: a boost brought about by using ionic liquids. Cheminform, 2012, 43: 4966-4995.

[140] Li Z, Pei Y, Wang H, et al. Ionic liquid-based aqueous two-phase systems and their applications in green separation processes. Trac Trends in Analytical Chemistry, 2010, 29: 1336-1346.

[141] Li S, He C, Liu H, et al. Ionic liquid-based aqueous two-phase system, a sample pretreatment procedure prior to high-performance liquid chromatography of opium alkaloids. Journal of Chromatography B, 2005, 826: 58.

[142] Zhang Y, Zhang S, Chen Y, et al. Aqueous biphasic systems composed of ionic liquid and fructose. Fluid Phase Equilibria, 2007, 257: 173-176.

[143] Chen Y, Wang Y, Cheng Q, et al. Carbohydrates-tailored phase tunable systems composed of ionic liquids and water. Journal of Chemical Thermodynamics, 2009, 41: 1056-1059.

[144] Bridges N J, Gutowski K E, Rogers R D. Investigation of aqueous biphasic systems formed from solutions of chaotropic salts with kosmotropic salts (salt-salt ABS). Green Chemistry, 2007, 9: 177-183.

[145] 林潇. 离子液体双水相萃取分离生物活性物质及其机理的研究. 长沙: 湖南大学, 2013.

[146] Cao Q, Quan L, He C, et al. Partition of horseradish peroxidase with maintained activity in aqueous biphasic system based on ionic liquid. Talanta, 2008, 77: 160.

[147] Zhang H, Wang Y, Zhou Y, et al. Aqueous biphasic systems containing PEG-based deep eutectic solvents for high-performance partitioning of RNA. Talanta, 2017, 170: 266.

[148] 谷雨,何华,谭树华,等. 离子液体双水相技术萃取头孢呋辛酯及其机理探究. 分析化学,2012,40:1252-1256.

[149] 刘庆芬, 胡雪生, 王玉红, 等. 离子液体双水相萃取分离青霉素. 科学通报, 2005, 50: 756-759.

[150] 于娜娜, 张丽坤, 来江兰, 等. 超临界流体萃取原理及应用. 化工中间体, 2011, 8: 38-43.

[151] 陈维杻. 超临界流体萃取的原理和应用. 北京: 化学工业出版社, 2000.

[152] 张镜澄. 超临界流体萃取. 北京: 化学工业出版社, 2000.

[153] 杨频, 韩玲军, 张立伟. 超临界流体萃取技术在中草药有效成份提取中的应用. 化学研究与应用, 2001, 13: 128-132.

[154] Reverchon E, Marco I D. Supercritical fluid extraction and fractionation of natural matter. Journal of Supercritical Fluids, 2006, 38: 146-166.

[155] Lang Q, Wai C M. Supercritical fluid extraction in herbal and natural product studies-a practical review. Talanta, 2001, 53: 771-782.

[156] Herrero M, Cifuentes A, Ibañez E. Sub-and supercritical fluid extraction of functional ingredients from different

natural sources: plants, food-by-products, algae and microalgae: a review. Food Chemistry, 2006, 98: 136-148.

[157] Ge Y, Yan H, Hui B, et al. Extraction of natural vitamin E from wheat germ by supercritical carbon dioxide. Journal of Agricultural & Food Chemistry, 2002, 50: 685.

[158] Xie Z L, Andreas T. Thermomorphic behavior of the ionic liquids [C_4mim][$FeCl_4$] and [C_{12}mim][$FeCl_4$]. ChemPhysChem, 2011, 12: 364-368.

[159] Liu J, Lin S, Wang Z, et al. Supercritical fluid extraction of flavonoids from maydis stigma and its nitrite-scavenging ability. Food & Bioproducts Processing, 2011, 89: 333-339.

[160] Lin M C, Tsai M J, Wen K C. Supercritical fluid extraction of flavonoids from scutellariae radix. Journal of Chromatography A, 1999, 830: 387-395.

[161] Karale C K, Dere P J, Dhonde S M, et al. An overview on supercritical fluid extraction for herbal drugs. International Journal of Pharmaceutical Innovations, 2011, 1: 93-106.

[162] 石竞竞, 刘有智. 新型物理场强化萃取技术及应用. 化学工业与工程技术, 2005, 26: 9-11.

[163] 秦炜, 原永辉. 超声场对化工分离过程的强化. 化工进展, 1995, (1): 1-5.

[164] 郭孝武. 超声波技术在油脂加工提取中的应用. 中国油脂, 1996, 21: 36-37.

[165] 郏海丽, 陆敏, 高岩磊. 超声波提取核桃油的工艺优化及抗氧化研究. 食品工业, 2013, (4): 48-50.

[166] 郭孝武. 超声提取与常规提取对部分中药碱类成分提出率的比较. 世界科学技术: 中药现代化, 2002, 4: 59-61.

[167] 罗登林, 聂英, 钟先锋, 等. 超声强化超临界 CO_2 萃取人参皂苷的研究. 农业工程学报, 2007, 23: 256-258.

[168] 丘泰球, 杨日福, 胡爱军, 等. 超声强化超临界流体萃取薏苡仁油和薏苡酯的影响因素及效果. 高校化学工程学报, 2005, 19: 30-35.

[169] Sethuraman R. Supercritical fluid extraction of capsaicin from peppers. Lubbock: Texas Tech University, 1997.

[170] 曾里, 夏之宁. 超声波和微波对中药提取的促进和影响. 化学研究与应用, 2002, 14: 245-249.

[171] Ganzler K, Szinai I, Salgó A. Effective sample preparation method for extracting biologically active compounds from different matrices by a microwave technique. Journal of Chromatography A, 1990, 520: 257.

[172] Lu Y, Ma W, Hu R, et al. Ionic liquid-based microwave-assisted extraction of phenolic alkaloids from the medicinal plant nelumbo nucifera gaertn. Journal of Chromatography A, 2008, 1208: 42-46.

[173] Pan X, Niu G, Liu H. Microwave-assisted extraction of tea polyphenols and tea caffeine from green tea leaves. Chemical Engineering & Processing Process Intensification, 2003, 42: 129-133.

[174] Yunan L I, Cao L, Qingbo L I, et al. Optimization of microwave-assisted extraction of lutein from corn protein powder by response surface methodology. China Brewing, 2013, 32: 61-65.

[175] Woźniakiewicz M, Wietecha-Posłuszny R, Garbacik A, et al. Microwave-assisted extraction of tricyclic antidepressants from human serum followed by high performance liquid chromatography determination. Journal of Chromatography A, 2008, 1190: 52-56.

[176] Lin X, Wang Y, Liu X, et al. ILs-based microwave-assisted extraction coupled with aqueous two-phase for the extraction of useful compounds from Chinese medicine. The Analyst, 2012, 137: 4076.

[177] Ma C, Lei Y, Wang W, et al. Extraction of dihydroquercetin from larix gmelinii with ultrasound-assisted and microwave-assisted alternant digestion. International Journal of Molecular Sciences, 2012, 13: 8789-8804.

[178] 王琦, 高彦祥, 刘璇. 不同方法强化超临界 CO_2 萃取的最新研究进展. 包装与食品机械, 2007, 25: 9-12.

[179] Puértolas E, Cregenzán O, Luengo E, et al. Pulsed-electric-field-assisted extraction of anthocyanins from purple-fleshed potato. Food Chemistry, 2013, 136: 1330.

[180] 彭新林. 电场作用下稀土萃取动力学研究. 北京: 北京有色金属研究总院, 2006.

[181] 陈维楚. 超声协同静电场强化提取过程机理研究. 广州：华南理工大学，2012.
[182] 胡熙恩. 电场强化液-液萃取. 有色金属工程，1998，50：65-70.
[183] 刘有智. 超重力撞击流-旋转填料床液-液接触过程强化技术的研究进展. 化工进展，2009，28：1101-1108.
[184] 祁贵生，刘有智，杨利锐. 撞击流-旋转填料床处理含苯酚废水的单级试验研究. 能源化工，2004，25：9-11.
[185] 陈建峰. 超重力过程强化原理、新技术及其工业应用. 中国工程院化工、冶金与材料工学部学术会议，2009.
[186] 孔祥国. 渗透汽化膜法乙醇脱水. 科技情报开发与经济，2005，15：255-256.
[187] 朱茂电. 渗透汽化膜分离技术及在化工生产上的应用. 化工技术与开发，2007，36：29-32.
[188] Feng X, Huang R Y. Liquid separation by membrane pervaporation: a review. Industrial & Engineering Chemistry Research, 1997, 36: 1048-1066.
[189] Wijmans J, Baker R. The solution-diffusion model: a review. Journal of Membrane Science, 1995, 107: 1-21.
[190] Okada T, Yoshikawa M, Matsuura T. A study on the pervaporation of ethanol/water mixtures on the basis of pore flow model. Journal of Membrane Science, 1991, 59: 151-168.
[191] Lipnizki F, Trägårdh G. Modeling of pervaporation: models to analyze and predict the mass transport in pervaporation. Separation and Purification Methods, 2001, 30: 49-125.
[192] Kedem O. The role of coupling in pervaporation. Journal of Membrane Science, 1989, 47: 277-284.
[193] Martínez R, Sanz M T, Beltrán S. Concentration by pervaporation of brown crab volatile compounds from dilute model solutions: evaluation of PDMS membrane. Journal of Membrane Science, 2013, 428: 371-379.
[194] Li L, Yang J, Li J, et al. High performance ZSM-5 membranes on coarse macroporous α-Al_2O_3 supports for dehydration of alcohols. AIChE Journal, 2016, 62: 2813-2824.
[195] Li J, Wang N, Yan H, et al. Roll-coating of defect-free membranes with thin selective layer for alcohol permselective pervaporation: from laboratory scale to pilot scale. Chemical Engineering Journal, 2016, 289: 106-113.
[196] Liu S, Liu G, Zhao X, et al. Hydrophobic-ZIF-71 filled PEBA mixed matrix membranes for recovery of biobutanol via pervaporation. Journal of Membrane Science, 2013, 446: 181-188.
[197] Xia L L, Li C L, Wang Y. In-situ crosslinked PVA/organosilica hybrid membranes for pervaporation separations. Journal of Membrane Science, 2016, 498: 263-275.
[198] Fan H, Shi Q, Yan H, et al. Simultaneous spray self-assembly of highly loaded ZIF-8-PDMS nanohybrid membranes exhibiting exceptionally high biobutanol-permselective pervaporation. Angewandte Chemie-International Edition, 2014, 53: 5578-5582.
[199] Hua D, Ong Y K, Wang P, et al. Thin-film composite tri-bore hollow fiber (TFC TbHF) membranes for isopropanol dehydration by pervaporation. Journal of Membrane Science, 2014, 471: 155-167.
[200] Zhang F, Xu L, Hu N, et al. Preparation of NaY zeolite membranes in fluoride media and their application in dehydration of bio-alcohols. Separation and Purification Technology, 2014, 129: 9-17.
[201] 张小明，吕高孟，雷骞，等. 流动体系中 NaA 分子筛膜的制备及渗透汽化分离性能研究. 膜科学与技术，2010，30：50-59.
[202] 吴锋，王保国. 离子液体充填型支撑液膜分离乙醇/水混合物. 膜科学与技术，2008，28：68-70.
[203] 周慧. 聚二甲基硅氧烷膜的改性及其渗透汽化性能研究. 北京：中国科学院大学，2016.
[204] 魏文静. 有机物/水体系渗透汽化分离膜制备及分离性能研究. 南昌：南昌航空大学，2015.
[205] Hu M, Gao L, Fu W, et al. High-performance interpenetrating polymer network polyurethane pervaporation membranes for butanol recovery. Journal of Chemical Technology and Biotechnology, 2015, 90: 2195-2207.
[206] 庄晓杰. 新型渗透汽化疏水膜的制备及应用. 北京：中国科学院大学，2015.

[207] Isiklan N, Sanli O. Separation characteristic of acetic acid-water mixtures by pervaporation using poly(vinyl alcohol)membranes modified with malic acid. Chemical Engineering and Processing, 2005, 44: 1019.

[208] Alghezawi N, Sanli O, Aras L, et al. Separation of acetic acid-water mixtures through acrylonitrile grafted poly(vinyl alcohol)membranes by pervaporation. Chemical Engineering and Processing, 2005, 44: 51.

[209] Zhu Y, Minet R, Tsotsis T. A continuous pervaporation membrane reactor for the study of esterification reactions using a composite polymeric/ceramic membrane. Chemical Engineering Science, 1996, 51: 4103-4113.

[210] Zhang M, Chen L, Jiang Z, et al. Effects of dehydration rate on the yield of ethyl lactate in a pervaporation-assisted esterification process. Indurstrial Engineering Chemmistry Research, 2015, 54: 6669-6676.

[211] Lipnizki F, Hausmanns S, Ten P K, et al. Organophilic pervaporation: prospects and performance. Chemical Engineering Journal, 1999, 73: 113-129.

[212] Wu S, Wang J, Liu G, et al. Separation of ethyl acetate (EA)/water by tubular silylated MCM-48 membranes grafted with different alkyl chains. Journal of Membrane Science, 2012, 390: 175-181.

[213] Raisi A, Aroujalian A. Aroma compound recovery by hydrophobic pervaporation: the effect of membrane thickness and coupling phenomena. Separation and Purification Technology, 2011, 82: 53-62.

[214] Kujawski W, Roszak R. Pervaporative removal of volatile organic compounds from multicomponent aqueous mixtures. Separation and Purification Technology, 2002, 37: 3559-3575.

[215] Dahi A, Fatyeyeva K, Langevin D, et al. Supported ionic liquid membranes for water and volatile organic compounds separation: sorption and permeation properties. Journal of Membrane Science, 2014, 458: 164-178.

[216] Kujawski W, Warszawski A, Ratajczak W, et al. Application of pervaporation and adsorption to the phenol removal from wastewater. Separation and Purification Technology, 2004, 40: 123-132.

[217] Liu X, Jin H, Li Y, et al. Metal-organic framework ZIF-8 nanocomposite membrane for efficient recovery of furfural via pervaporation and vapor permeation. Journal of Membrane Science, 2013, 428: 498-506.

[218] Kujawa J, Cerneaux S, Kujawski W. Removal of hazardous volatile organic compounds from water by vacuum pervaporation with hydrophobic ceramic membranes. Journal of Membrane Science, 2015, 474: 11-19.

[219] Luo Y, Tan S, Wang H, et al. PPMS composite membranes for the concentration of organics from aqueous solutions by pervaporation. Chemical Engineering Journal, 2008, 137 (3): 496-502.

[220] Aliabadi M, Aroujalian A, Raisi A. Removal of styrene from petrochemical wastewater using pervaporation process. Desalination, 2012, 284: 116-121.

[221] Vane L M, Hitchens L, Alvarez F R, et al. Field demonstration of pervaporation for the separation of volatile organic compounds from a surfactant-based soil remediation fluid. Journal of Hazardous Materials, 2001, 81: 141-166.

[222] Vane L M, Alvarez F R. Full-scale vibrating pervaporation membrane unit: VOC removal from water and surfactant solutions. Journal of Membrane Science, 2002, 202: 177-193.

[223] Panek D, Konieczny K. Preparation and applying the membranes with carbon black to pervaporation of toluene from the diluted aqueous solutions. Separation and Purification Technology, 2007, 57: 507-512.

[224] Uragami T, Matsuoka Y, Miyata T. Permeation and separation characteristics in removal of dilute volatile organic compounds from aqueous solutions through copolymer membranes consisted of poly(styrene)and poly (dimethylsiloxane)containing a hydrophobic ionic liquid by pervaporation. Journal of Membrane Science, 2016, 506: 109-118.

[225] Vane L M, Alvarez F R, Mullins B. Removal of methyl tert-butyl ether from water by pervaporation: bench-and pilot-scale evaluations. Environmental Science & Technology, 2001, 35 (2): 391-397.

[226] Zadaka-Amir D, Nasser A, Nir S, et al. Removal of methyl tertiary-butyl ether (MTBE) from water by polymer-zeolite composites. Microporous and Mesoporous Materials, 2012, 151: 216-222.

[227] Rafia N, Aroujalian A, Raisi A. Pervaporative aroma compoundsrecovery from lemon juice using poly (octylmethylsiloxane) membrane. Journal of Chemical Technology and Biotechnology, 2011, 86: 534-540.

[228] Martínez R, Sanz M T, Beltrán S. Concentration by pervaporation of representative brown crab volatile compounds from dilute model solutions. Journal of Food Engineering, 2011, 105: 98-104.

[229] She M, Hwang S T. Recovery of key components from real flavor concentrates by pervaporation. Journal of Membrane Science, 2006, 279: 86-93.

[230] Trifunović O, Lipnizki F, Trägårdh G. The influence of process parameters on aroma recovery by hydrophobic pervaporation. Desalination, 2006, 189: 1-12.

[231] Vane L M, Alvarez F R, Mairal A P, et al. Separation of vapor-phase alcohol/water mixtures via fractional condensation using a pilot-scale dephlegmator: enhancement of the pervaporation process separation factor. Indurstrial Engineering Chemmistry Research, 2004, 43: 173-183.

[232] Fan S Q, Xiao Z Y, Zhang Y, et al. Enhanced ethanol fermentation in a pervaporation membrane bioreactor with the convenient permeate vapor recovery. Bioresource Technology, 2014, 155: 229-234.

[233] Xue C, Yang D, Du G, et al. Evaluation of hydrophobic micro-zeolite-mixed matrix membrane and integrated with acetone-butanol-ethanol fermentation for enhanced butanol production. Biotechnology for Biofuels, 2015, 8: 105-113.

[234] Jee K Y, Lee Y T. Preparation and characterization of siloxane composite membranes for N-butanol concentration from ABE solution by pervaporation. Journal of Membrane Science, 2014, 456: 1-10.

[235] 徐南平, 林晓, 仲盛来. 生物质发酵和渗透汽化制备无水乙醇的方法: CN 1450166A. 2003-10-22.

[236] Chen C, Xiao Z, Tang X, et al. Acetone-butanol-ethanol fermentation in a continuous and closed-circulating fermentation system with PDMS membrane bioreactor. Bioresource Technology, 2013, 128: 246-251.

[237] Liu G, Wei W, Wu H, et al. Pervaporation performance of PDMS/ceramic composite membrane in acetone butanol ethanol(ABE)fermentation-PV coupled process. Journal of Membrane Science, 2011, 373 (1): 121-129.

[238] Li J, Chen X, Qi B, et al. Efficient production of acetone-butanol-ethanol (ABE) from cassava by a fermentation-pervaporation coupled process. Bioresource Technology, 2014, 169: 251-257.

[239] Offeman R D, Ludvik C N. Poisoning of mixed matrix membranes by fermentation components in pervaporation of ethanol. Journal of Membrane Science, 2011, 367: 288-295.

[240] Smitha B, Suhanya D. Separation of organic-organic mixtures by pervaporation-a review. Journal of Membrane Science, 2004, 241: 1-21.

[241] Han G L, Gong Y, Zhang Q G, et al. Polyarylethersulfone with cardo/poly(vinylpyrrolidone)blend membrane for pervaporation of methanol/methyl tert-butyl ether mixtures. Journal of Membrane Science, 2013, 448: 55-61.

[242] Zhou K, Zhang Q G, Han G L, et al. Pervaporation of water-ethanol and methanol-MTBE mixtures using poly(vinylalcohol)/cellulose acetate blended membranes. Journal of Membrane Science, 2013, 448: 93-101.

[243] Weibel D, Vilani C, Habert A, et al. Surface modification of polyurethane membranes using acrylic acid vapour plasma and its effects on the pervaporation processes. Journal of Membrane Science, 2007, 293: 124-132.

[244] Wang N, Ji S, Li J, et al. Poly(vinyl alcohol)-graphene oxide nanohybrid "pore-filling" membrane for pervaporation of toluene N-heptane mixtures. Journal of Membrane Science, 2014, 455: 113-120.

[245] Zhang Y, Wang N, Ji S, et al. Metal-organic framework/poly(vinyl alcohol)nanohybrid membrane for the pervaporation of toluene/N-heptane mixtures. Journal of Membrane Science, 2015, 489: 144-152.

[246] Shen J, Chu Y, Ruan H, et al. Pervaporation of benzene/cyclohexane mixtures through mixed matrix membranes of chitosan and Ag$^+$ carbon nanotubes. Journal of Membrane Science, 2014, 462: 160-169.

[247] Garg P, Singh R, Choudhary V. Pervaporation separation of organic azeotrope using poly(dimethylsiloxane)/clay nanocomposite membranes. Separation and Purification Technology, 2011, 80 (3): 435-444.

[248] Lue S J, Ou J S, Chen S L, et al. Tailoring permeant sorption and diffusion properties with blended polyurethane/poly(dimethylsiloxane) (PU/PDMS) membranes. Journal of Membrane Science, 2010, 356: 78-87.

[249] Lue S J, Ou J S, Kuo C H, et al. Pervaporative separation of azeotropic methanol/toluene mixtures in polyurethane-poly(dimethylsiloxane) (PU-PDMS) blend membranes: correlation with sorption and diffusion behaviors in a binary solution system. Journal of Membrane Science, 2010, 347: 108-115.

[250] Bayati B, Belbasi Z, Ejtemae M I, et al. Separation of pentane isomers using MFI zeolite membrane. Separation and Purification Technology, 2013, 106: 56-62.

[251] Zheng H, Yoshikawa M. Molecularly imprinted cellulose membranes for pervaporation separation of xylene isomers. Journal of Membrane Science, 2015, 478: 148-154.

[252] Lue S J, Liaw T. Separation of xylene mixtures using polyurethane-zeolite composite membranes. Desalination, 2006, 193 (1): 137-143.

[253] Wang Y, Chung T S, Wang H. Polyamide-imide membranes with surface immobilized cyclodextrin for butanol isomer separation via pervaporation. AIChE Journal, 2011, 57: 1470-1484.

[254] Susanto H. Towards practical implementations of membrane distillation. Chemical Engineering and Processing, 2011, 50: 139-150.

[255] Eykens L, Sitter K D, Dotremont C, et al. How to optimize the membrane properties for membrane distillation: a review. Industrial & Engineering Chemistry Research, 2016, 55: 9333-9343.

[256] 刘丽霞. 多孔疏水膜的表面构建、优化及其在膜蒸馏中的应用. 北京: 中国科学院大学, 2016.

[257] Ashoor B B, Mansour S, Giwa A, et al. Principles and applications of direct contact membrane distillation (DCMD): a comprehensive review. Desalination, 2016, 398: 222-246.

[258] Abuzeid M A, Zhang Y, Hang D, et al. A comprehensive review of vacuum membrane distillation technique. Desalination, 2015, 356: 1-14.

[259] Khalifa A, Lawal D, Antar M, et al. Experimental and theoretical investigation on water desalinationusing air gap membrane distillation. Desalination, 2015, 376: 94-108.

[260] Ding Z, Liu L, Li Z, et al. Experimental study of ammonia removal from water by membrane distillation (MD): the comparison of three configurations. Journal of Membrane Science, 2006, 286: 93-103.

[261] Wu C, Li Z, Zhang J, et al. Study on the heat and mass transfer in air-bubbling enhanced vacuum membrane distillation. Desalination, 2015, 373: 16-26.

[262] 董畅, 高启君, 吕晓龙, 等. 直接接触式膜蒸馏过程的膜曝气强化研究. 化工学报, 2017, 68: 1913-1920.

[263] Francis L, Ghaffour N, Alsaadi A A, et al. Material gap membrane distillation: a new design for water vapor flux enhancement. Journal of Membrane Science, 2013, 448: 240-247.

[264] Gryta M, Karakulski K, Morawski A W. Purification of oily wastewater by hybrid UF/MD. Water Research, 2001, 35: 3665-3669.

[265] Zhao K, Heinzl W, Wenzel M, et al. Experimental study of the memsys vacuum-multi-effect-membrane-distillation (V-MEMD) module. Desalination, 2013, 323: 150-160.

[266] Cabassud C, Wirth D. Membrane distillation for water desalination: how to chose an appropriate membrane. Desalination, 2003, 157 (1-3): 307-314.

[267] Minier-Matar J, Hussain A, Janson A, et al. Field evaluation of membrane distillation technologies for desalination of highly saline brines. Desalination, 2014, 351: 101-108.

[268] Goh P S, Matsuura T, Ismail A F, et al. Recent trends in membranes and membrane processes for desalination. Desalination, 2016, 391: 43-60.

[269] Camacho L M, Dumée L, Zhang J, et al. Advances in membrane distillation for water desalination and purification. Water, 2013, 5: 94-196.

[270] Xu J, Singh Y B, Amy G L, et al. Effect of operating parameters and membrane characteristics on air gap membrane distillation performance for the treatment of highly saline water. Journal of Membrane Science, 2016, 512: 73-82.

[271] Duong H C, Duke M, Gray S, et al. Membrane distillation and membrane electrolysis of coal seam gas reverse osmosis brine for clean water extraction and NaOH production. Desalination, 2016, 397: 108-115.

[272] Sanmartion J A, Khayet M, Garcia-Payo M C, et al. Desalination and concentration of saline aqueous solutions up to supersaturation by air gap membrane distillation and cystallization fouling. Desalination, 2016, 393: 39-51.

[273] 匡琼芝, 李玲, 闵梨园, 等. 用减压膜蒸馏淡化罗布泊地下苦咸水. 膜科学与技术, 2007, 27: 45-49.

[274] Karakulski K, Gryta M, Morawski A. Membrane process used for potable water quality improvement. Desalination, 2002, 145: 315-319.

[275] Kesieme K, Milne N, Aral H, et al. Economic analysis of desalination technologies in the context of carbon pricing, and opportunities for membrane distillation. Desalination, 2013, 323: 66-74.

[276] Wang X, Zhang L, Yang H, et al. Feasibility research of potable water production via solar-heated hollow fiber membrane distillation system. Desalination, 2009, 247: 403-411.

[277] Mericq J P, Laborie S, Cabassud C. Evaluation of systems coupling vacuum membrane distillation and solar energy for seawater desalination. Chemical Engineering Journal, 2011, 166: 596-606.

[278] Chafidz A, Al-Zahrani S, Al-Otaibi M N, et al. Portable and integrated solar-driven desalination system using membrane distillation for arid remote areas in saudi arabia. Desalination, 2014, 345: 36-49.

[279] Hanemaaijer J H. Memstill®-low cost membrane distillation technology for seawater desalination. Desalination, 2004, 168: 355.

[280] Jansen A E, Assink J W, Hanemaaijer J H, et al. Development and pilot testing of full-scale membrane distillation modules for deployment of waste heat. Desalination, 2013, 323: 55-65.

[281] 刘超, 高启君, 吕晓龙, 等. 耦合热泵型减压多效膜蒸馏过程研究. 水处理技术, 2015, 6: 57-61.

[282] Kujawski W, Sobolewska A, Jarzynka K, et al. Application of osmotic membrane distillation process in red grape juice concentration. Journal of Food Engineering, 2013, 116: 801-808.

[283] Bagger-Jørgensen R, Meyer A S, Pinelo M, et al. Recovery of volatile fruit juice aroma compounds by membrane technology: sweeping gas versus vacuum membrane distillation. Innovative Food Science and Emerging Technologies, 2011, 12: 388-397.

[284] Vaillant F, Jeanton E, Dornier M, et al. Concentration of passion fruit juice on an industrial pilot scale using osmotic evaporation. Journal of Food Engineering, 2001, 47: 195-202.

[285] Quist-Jensen C A, Macedonio F, Conidi C, et al. Direct contact membrane distillation for the concentration of clarified orange juice. Journal of Food Engineering, 2016, 187: 37-43.

[286] Purwasasmita M, Kurnia D, Mandias F C, et al. Beer dealcoholization using non-porous membrane distillation. Food Bioproducts Processing, 2015, 94: 180-186.

[287] 粘立军, 韩月芝, 陆堂空, 等. 多效膜蒸馏技术在中药提取液浓缩中的应用研究. 中国医药工业杂质, 2013,

44：76-80.
- [288] 石飞燕，李博，潘林梅，等. 真空膜蒸馏法浓缩黄芩提取液的工艺研究. 中成药，2015，37：95-99.
- [289] 潘林梅，石飞燕，郭立玮. 基于膜蒸馏的中药水提液浓缩技术应用前景及问题探讨. 南京中医药大学学报. 2014，30：97-100.
- [290] Khayet M. Treatment of radioactive wastewater solutions by direct contact membrane distillation using surface modified membranes. Desalination，2013，321：60-66.
- [291] 段小林，陈冰冰，李启成. 真空膜蒸馏法处理含铀废水. 核化学与放射化学，2006，28：220-224.
- [292] Zakrzewska-Trznadel G，Harasimowicz M，Chmielewski A G. Concentration of radioactive components in liquid low-level radioactive waste by membrane distillation. Journal of Membrane Science，1999，163：257-264.
- [293] 王斯佳，蔡蕊，孙求实，等. 膜蒸馏处理乳化油废水的实验研究. 世界地质，2009，28：261-264.
- [294] Zuo G，Wang R. Novel membrane surface modification to enhance anti-oil fouling property for membrane distillation application. Journal of Membrane Science，2013，447：26-35.
- [295] Munirasu S，Haija M A，Banat F. Use of membrane technology for oil field and refinery produced water treatment-a review. Process Safety & Environmental Protection，2016，100：183-202.
- [296] Criscuoli A，Rossi E，Cofone F，et al. Boron removal by membrane contactors：the water that purifies water. Clean Technologies and Environmental Policy，2010，12：53-61.
- [297] 曲丹，王军，侯得印，等. 膜蒸馏去除水中砷的研究. 环境工程学报，2009，3：6-10.
- [298] Alessandra C，Patrizia B，Enrico D. Vacuum membrane distillation for purifying waters containing arsenic. Desalination，2012，323：17-21.
- [299] 杜军，汤忠红. 聚偏氟乙烯微孔膜处理含铬(III)水溶液的研究. 化学研究与应用，2000，12：601-604.
- [300] Couffin N，Cabassud C. Lahoussine-turcaud v. a new process to remove halogenated vocs for drinking water production：vacuum membrane distillation. Desalination，1998，117：233-245.
- [301] Li X J，Qin Y J，Liu R L，et al. Study on concentration of aqueous sulfuric acid solution by multiple-effect membrane distillation. Desalination，2012，307：34-41.
- [302] 王彬，秦英杰，崔东胜，等. 多效膜蒸馏技术浓缩回收废水中的二甲基亚砜. 环境工程学报，2014，8：1091-1098.
- [303] Wu H H，Shen F，Wang J F，et al. Separation and concentration of ionic liquid aqueous solution by vacuum membrane distillation. Journal of Membrane Science，2016，518：216-228.
- [304] 唐建军，周康根，张启修. 减压膜蒸馏法脱除水溶液中的氨-工艺条件影响研究. 矿冶工程，2001，21：52-57.
- [305] Zhang L，Wang Y F，Cheng L H，et al. Concentration of lignocellulosic hydrolyzates by solar membrane distillation. Bioresource Technology，2012，123：382-385.
- [306] An A，Guo J，Jeong S，et al. High flux and antifouling properties of negatively charged membrane for dyeing wastewater treatment by membrane distillation. Water Research，2016，103：362-371.
- [307] Drioli E，Ali A，Macedonio F. Membrane distillation：recent developments and perspectives. Desalination，2015，356：56-84.
- [308] 邱天然，况彩菱，郑祥，等. 全球气体膜分离技术的研究和应用趋势——基于近20年SCI论文和专利的分析. 化工进展，2016，35：2299-2308.
- [309] Qiu W L，Xu L R，Chen C C，et al. Gas separation performance of 6FDA-based polyimides with different chemical structures. Polymer，2013，54：6226-6235.
- [310] Robeson L M. The upper bound revisited. Journal of Membrane Science，2008，320：390-400.
- [311] Zhou M，Korelskiy D，Ye P C，et al. A uniformly oriented MFI membrane for improved CO_2 separation.

Angewandte Chemie-International Edition, 2014, 53: 3492-3495.

[312] Shahid S, Nijmeijer K, Nehache S, et al. MOF-mixed matrix membranes: precise dispersion of MOF particles with better compatibility via a particle fusion approach for enhanced gas separation properties. Journal of Membrane Science, 2015, 492: 21-31.

[313] Yu S W, Li S C, Huang S L, et al. Covalently bonded zeolitic imidazolate frameworks and polymers with enhanced compatibility in thin film nanocomposite membranes for gas separation. Journal of Membrance Science, 2017, 540: 155-164.

[314] 白璐, 张香平, 邓靓, 等. 离子液体膜材料分离二氧化碳的研究进展. 化工学报, 2016, 67: 248-257.

[315] Scovazzo P. Determination of the upper limits, benchmarks, and critical properties for gas separations using stabilized room temperature ionic liquid membranes (SILMs) for the purpose of guiding future research. Journal of Membrane Science, 2009, 343: 199-211.

[316] Dai Z D, Noble R D, Gin D L, et al. Combination of ionic liquids with membrane technology: a new approach for CO_2 separation. Journal of Membrane Science, 2016, 497: 1-20.

[317] Sun Y, Bi H, Dou H, et al. A novel copper(i)-based supported ionic liquid membrane with high permeability for ethylene/ethane separation. Industrial and Engineering Chemistry Research, 2017, 56: 741-749.

[318] Scovazzo P, Kieft J, Finan D A, et al. Gas separations using non-hexafluorophosphate [PF_6]$^-$ anion supported ionic liquid membranes. Journal of Membrane Science, 2004, 238: 57-63.

[319] Scovazzo P, Havard D, McShea M, et al. Long-term, continuous mixed-gas dry fed CO_2/CH_4 and CO_2/N_2 separation performance and selectivities for room temperature ionic liquid membranes. Journal of Membrane Science, 2009, 327: 41-48.

[320] Zhang X P, Zhang X C, Dong H F, et al. Carbon capture with ionic liquids: overview and progress. Energy & Environmental Science, 2012, 5: 6668-6681.

[321] Jindaratsamee P, Shimoyama Y, Morizaki H, et al. Effects of temperature and anion species on CO_2 permeability and CO_2/N_2 separation coefficient through ionic liquid membranes. Journal of Chemical Thermodynamics, 2011, 43: 311-314.

[322] Santos E, Albo J, Irabien A. Acetate based supported ionic liquid membranes (SILMs) for CO_2 separation: influence of the temperature. Journal of Membrane Science, 2014, 452: 277-283.

[323] Bara J E, Gabriel C J, Carlisle T K, et al. Gas separations in fluoroalkyl-functionalized room-temperature ionic liquids using supported liquid membranes. Chemical Engineering Journal, 2009, 147: 43-50.

[324] Mahurin S M, Lee J S, Baker G A, et al. Performance of nitrile-containing anions in task-specific ionic liquids for improved CO_2/N_2 separation. Journal of Membrane Science, 2010, 353: 177-183.

[325] Park Y S, Kang S W. Role of ionic liquids in enhancing the performance of the polymer/$AgCF_3SO_3$/$Al(NO_3)_3$ complex for separation of propylene/propane mixture. Chemical Engineering Journal, 2016, 306: 973-977.

[326] He W, Zhang F, Wang Z, et al. Facilitated separation of CO_2 by liquid membranes and composite membranes with task-specific ionic liquids. Industrial & Engineering Chemistry Research, 2016, 55: 12616-12631.

[327] Kasahara S, Kamio E, Ishigami T, et al. Amino acid ionic liquid-based facilitated transport membranes for CO_2 separation. Chemical Communications, 2012, 48: 6903-6905.

[328] Zhao W, He G H, Zhang L L, et al. Effect of water in ionic liquid on the separation performance of supported ionic liquid membrane for CO_2/N_2. Journal of Membrane Science, 2010, 350: 279-285.

[329] Tang J B, Sun W L, Tang H D, et al. Enhanced CO_2 absorption of poly(ionic liquid)s. Macromolecules, 2005, 38: 2037-2039.

[330] Tang J B, Tang H D, Sun W L, et al. Poly(ionic liquid)s: a new material with enhanced and fast CO_2 absorption. Chemical Communication, 2005, (26): 3325-3327.

[331] Bara J E, Lessmann S, Gabriel C J, et al. Synthesis and performance of polymerizable room-temperature ionic liquids as gas separation membranes. Industrial & Engineering Chemistry Research, 2007, 46: 5397-5404.

[332] Bara J E, Hatakeyama E S, Gabriel C J, et al. Synthesis and light gas separations in cross-linked gemini room temperature ionic liquid polymer membranes. Journal of Membrane Science, 2008, 316: 186-191.

[333] Nguyen P T, Wiesenauer E F, Gin D L, et al. Effect of composition and nanostructure on CO_2/N_2 transport properties of supported alkyl-imidazolium block copolymer membranes. Journal of Membrane Science, 2013, 430: 312-320.

[334] Li P, Zhao Q C, Anderson J L, et al. Synthesis of copolyimides based on room temperature ionic liquid diamines. Journal of Polymer Science Part A: Polymer Chemistry, 2010, 48: 4036-4046.

[335] Li P, Coleman M R. Synthesis of room temperature ionic liquids based random copolyimides for gas separation applications. European Polymer Journal, 2013, 49: 482-491.

[336] Chi W S, Hong S U, Jung B, et al. Synthesis, structure and gas permeation of polymerized ionic liquid graft copolymer membranes. Journal of Membrane Science, 2013, 443: 54-61.

[337] Bara J E, Noble R D, Gin D L. Effect of "free" cation substituent on gas separation performance of polymer-room-temperature ionic liquid composite membranes. Industrial & Engineering Chemistry Research, 2009, 48: 4607-4610.

[338] Bara J E, Gin D L, Noble R D. Effect of anion on gas separation performance of polymer-room-temperature ionic liquid composite membranes. Industrial & Engineering Chemistry Research, 2008, 47: 9919-9924.

[339] Bara J E, Hatakeyama E S, Gin D L, et al. Improving CO_2 permeability in polymerized room-temperature ionic liquid gas separation membranes through the formation of a solid composite with a room-temperature ionic liquid. Polymers for Advanced Technologies, 2008, 19: 1415-1420.

[340] Chen H Z, Li P, Chung T S. PVDF/ionic liquid polymer blends with superior separation performance for removing CO_2 from hydrogen and flue gas. International Journal of Hydrogen Energy, 2012, 37: 11796-11804.

[341] Wijayasekara D B, Cowan M G, Lewis J T, et al. Elastic free-standing RTIL composite membranes for CO_2/N_2 separation based on sphere-forming triblock/diblock copolymer blends. Journal of Membrane Science, 2016, 511: 170-179.

[342] Deng J, Bai L, Zeng S J, et al. Ether-functionalized ionic liquid based composite membranes for carbon dioxide separation. RSC Advances, 2016, 6: 45184-45192.

[343] Jansen J C, Friess K, Clarizia G, et al. High ionic liquid content polymeric gel membranes: preparation and performance. Macromolecules, 2011, 44: 39-45.

[344] Kanehashi S, Kishida M, Kidesaki T, et al. CO_2 separation properties of a glassy aromatic polyimide composite membranes containing high-content 1-butyl-3-methylimidazolium bis(trifluoromethylsulfonyl)imide ionic liquid. Journal of Membrane Science, 2013, 430: 211-222.

[345] Lam B, Wei M, Zhu L X, et al. Cellulose triacetate doped with ionic liquids for membrane gas separation. Polymer, 2016, 89: 1-11.

[346] Qiu Y T, Ren J Z, Zhao D, et al. Poly(amide-6-b-ethylene oxide)/[bmim][Tf$_2$N] blend membranes for carbon dioxide separation. Journal of Energy Chemistry, 2016, 25: 122-130.

[347] Hu L Q, Cheng J, Li Y N, et al. Composites of ionic liquid and amine-modified SAPO 34 improve CO_2 separation of CO_2-selective polymer membranes. Applied Surface Science, 2017, 410: 249-258.

[348] Li M D, Zhang X P, Zeng S J, et al. Pebax-based composite membranes with high gas transport properties enhanced by ionic liquids for CO_2 separation. RSC Advances, 2017, 7: 6422-6431.

[349] Hao L, Li P, Yang T X, et al. Room temperature ionic liquid/ZIF-8 mixed-matrix membranes for natural gas sweetening and post-combustion CO_2 capture. Journal of Membrane Science, 2013, 436: 221-231.

[350] Ma J, Ying Y P, Guo X Y, et al. Fabrication of mixed-matrix membrane containing metal organic framework composite with task specific ionic liquid for efficient CO_2 separation. Journal of Materials Chemistry A, 2016, 4: 7281-7288.

[351] Ling R J, Ge L, Diao H, et al. Ionic liquids as the MOFs/polymer interfacial binder for efficient membrane separation. ACS Applied Materials & Interfaces, 2016, 8: 32041-32049.

[352] Wang H, Gurau G, Rogers R D. Ionic liquid processing of Cellulose. Chemical Society Reviews, 2012, 41: 1519-1537.

[353] Pinkert A, Marsh K N, Pang S S, et al. Ionic liquids and their interaction with cellulose. Chemical Reviews, 2009, 109: 6712-6728.

[354] Bartlett D H, Azam F. Chitin, cholera, and competence. Science, 2005, 310: 1775-1777.

[355] 陈莹, 王宇新. 角蛋白及其提取. 材料导报, 2002, 16: 65-67.

[356] 贾如琰, 何玉凤, 王荣民, 等. 角蛋白的分子构成, 提取及应用. 化学通报, 2008, 4: 265-271.

[357] Tsioptsias C, Stefopoulos A, Kokkinomalis I, et al. Development of micro-and nano-porous composite materials by processing cellulose with ionic liquids and supercritical CO_2. Green Chemistry, 2008, 10: 965-971.

[358] Edgar K J, Buchanan C M, Debenham J S, et al. Advances in cellulose ester performance and application. Progress in Polymer Science, 2001, 26: 1605-1688.

[359] Swatloski R P, Spear S K, Holbrey J D, et al. Dissolution of cellose with ionic liquids. Journal of the American Chemical Society, 2002, 124: 4974-4975.

[360] Updegraff D M. Semimicro determination of cellulose in biological materials. Anal Biochem, 1969, 32: 420-424.

[361] Fink H P, Weigel P, Purz H J, et al. Structure formation of regenerated cellulose materials from NMMO-solutions. Progress in Polymer Science, 2001, 26: 1473-1524.

[362] Fischer S, Voigt W, Fischer K. The behaviour of cellulose in hydrated melts of the composition $LiX \cdot nH_2O$ ($X = I^-$, NO_3^-, CH_3COO^-, ClO_4^-). Cellulose, 1999, 6: 213-219.

[363] Fischer S, Leipner H, Thmmler K, et al. Inorganic molten salts as solvents for cellulose. Cellulose, 2003, 10: 227-236.

[364] Heinze T, Liebert T. Unconventional methods in cellulose functionalization. Progress in Polymer Science, 2001, 26: 1689-1762.

[365] Xu A R, Wang J J, Wang H Y. Effects of anionic structure and lithium salts addition on the dissolution of cellulose in 1-butyl-3-methylimidazolium-based ionic liquid solvent systems. Green Chemistry, 2010, 12: 268-275.

[366] Brandt A, Grsvik J, Hallett J P, et al. Deconstruction of lignocellulosic biomass with ionic liquids. Green Chemistry, 2013, 15: 550-583.

[367] Zhao H, Baker G A, Song Z Y, et al. Designing enzyme-compatible ionic liquids that can dissolve carbohydrates. Green Chemistry, 2008, 10: 696-705.

[368] Erdmenger T, Haensch C, Hoogenboom R, et al. Homogeneous tritylation of cellulose in 1-butyl-3-methylimidazolium chloride. Macromolecular Bioscience, 2007, 7: 440-445.

[369] Zavrel M, Bross D, Funke M, et al. High-throughput screening for ionic liquids dissolving(ligno-)cellulose. Bioresource Technology, 2009, 100: 2580-2587.

[370] Feng L, Chen Z L. Research progress on dissolution and functional modification of cellulose in ionic liquids. Journal of Molecular Liquids, 2008, 142: 1-5.

[371] Klemm D, Heublein B, Fink H P, et al. Cellulose: fascinating biopolymer and sustainable raw material. Angewandte Chemie-International Edition, 2005, 44: 3358-3393.

[372] Li Y, Liu X M, Zhang S J, et al. Dissolving process of a cellulose bunch in ionic liquids: a molecular dynamics study. Physical Chemistry Chemical Physics, 2015, 17: 17894-17905.

[373] Xu J L, Yao X Q, Xin J Y, et al. An effective two-step ionic liquids method for cornstalk pretreatment. Journal of Chemical Technology and Biotechnology, 2015, 90: 2057-2065.

[374] Zhao Y L, Liu X M, Wang J J, et al. Effects of cationic structure on cellulose dissolution in ionic liquids: a molecular dynamics study. ChemPhysChem, 2012, 13: 3126-3133.

[375] Jiang G S, Yuan Y, Wang B C, et al. Analysis of regenerated cellulose fibers with ionic liquids as a solvent as spinning speed is increased. Cellulose, 2012, 19: 1075-1083.

[376] Hauru L K, Hummel M, Michud A, et al. Dry jet-wet spinning of strong cellulose filaments from ionic liquid solution. Cellulose, 2014, 21: 4471-4481.

[377] Xia X L, Yao Y B, Zhu X J, et al. Simulation on contraction flow of concentrated cellulose/1-butyl-3-methylimidazolium chloride solution through spinneret orifice. Materials Research Innovations, 2014, 18: S2-874-S2-878.

[378] 郑双双. 离子液体溶解羊毛角蛋白构效关系研究. 北京: 中国科学院大学, 2016.

[379] Zheng S S, Nie Y, Zhang S J, et al. Highly efficient dissolution of wool keratin by dimethylphosphate ionic liquids. ACS Sustainable Chemistry & Engineering, 2015, 3: 2925-2932.

[380] Xie H, Li S, Zhang S. Ionic liquids as novel solvents for the dissolution and blending of wool fibers. Green Chemistry, 2005, 7: 606-608.

[381] Idris A, Vijayaraghavan R, Rana U A, et al. Dissolution of feather keratin in ionic liquids. Green Chemistry, 2013, 15: 525-534.

[382] Idris A, Vijayaraghavan R, Rana U A, et al. Dissolution and regeneration of wool keratin in ionic liquids. Green Chemistry, 2014, 16: 2857-2864.

[383] Idris A, Vijayaraghavan R, Patti A, et al. Distillable protic ionic liquids for keratin dissolution and recovery. ACS Sustainable Chemistry & Engineering, 2014, 2: 1888-1894.

[384] Wang Y X, Cao X J. Extracting keratin from chicken feathers by using a hydrophobic ionic liquid. Process Biochemistry, 2012, 47: 896-899.

[385] Liu X, Nie Yi, Meng X, et al. DBN-based ionic liquids with high capability for the dissolution of wool keratin. RSC Advances, 2017, 7: 1981-1988.

[386] Zhang Z, Zhang X, Nie Y, et al. Effects of water content on the dissolution behavior of wool keratin using 1-ethyl-3-methylimidazolium dimethylphosphate. Science China Chemistry, 2017, 60: 934-941.

[387] Li R, Wang D. Preparation of regenerated wool keratin films from wool keratin-ionic liquid solutions. Journal of Applied Polymer Science, 2013, 127: 2648-2653.

[388] Hameed N, Guo Q. Blend films of natural wool and cellulose prepared from an ionic liquid. Cellulose, 2010, 17: 803-813.

[389] 张锁江, 刘艳荣, 聂毅. 离子液体溶解天然高分子材料及绿色纺丝技术研究综述. 轻工学报, 2016, 31: 1-14.

[390] Xie H B, Zhang S B, Li S H. Chitin and chitosan dissolved in ionic liquids as reversible sorbents of CO_2. Green Chemistry, 2006, 8: 630-633.

[391] Mantz R A, Fox D M, Green J M, et al. Dissolution of biopolymers using ionic liquids. Zeitschrift für Naturforschung A, 2007, 62: 275-280.

[392] Wu Y S, Sasaki T, Irie S, et al. A novel biomass-ionic liquid platform for the utilization of native chitin. Polymer, 2008, 49: 2321-2327.

[393] Yamazaki S, Takegawa A, Kaneko Y, et al. An acidic cellulose-chitin hybrid gel as novel electrolyte for an electric double layer capacitor. Electrochemistry Communications, 2009, 11: 68-70.

[394] Prasad K, Murakami M A, Kaneko Y, et al. Weak gel of chitin with ionic liquid, 1-allyl-3-methylimidazolium bromide. International Journal of Biological Macromolecules, 2009, 45: 221-225.

[395] Wang W T, Zhu J, Wang X L, et al. Dissolution behavior of chitin in ionic liquids. Journal of Macromolecular Science Part B-Physics, 2010, 49: 528-541.

[396] 段先泉, 徐纪刚, 何北海, 等. 壳聚糖在 1-乙基-3-甲基咪唑醋酸盐离子液体中的溶解与再生. 化工新型材料, 2011, 39: 56-63.

[397] 朱庆松, 韩小进, 程春祖, 等. 壳聚糖在 4 种咪唑型离子液体中溶解性的研究. 高分子学报, 2011: 1173-1179.

[398] Chen Q T, Xu A R, Li Z Y, et al. Influence of anionic structure on the dissolution of chitosan in 1-butyl-3-methylimidazolium-based ionic liquids. Green Chemistry, 2011, 13: 3446-3452.

[399] Xiao W J, Chen Q, Wu Y, et al. Dissolution and blending of chitosan using 1, 3-dimethylimidazolium chloride and 1-H-3-methylimidazolium chloride binary ionic liquid solvent. Carbohydrate Polymers, 2011, 83: 233-238.

[400] 梁升, 纪欢欢, 李露, 等. 氨基酸离子液体对壳聚糖溶解性能的影响. 高分子材料科学与工程, 2010, 26: 70-72.

[401] Li L, Yuan B, Liu S W, et al. Clean preparation process of chitosan oligomers in Gly series ionic liquids homogeneous system. Journal of Polymers and the Environment, 2012, 20: 388-394.

[402] Qin Y, Lu X M, Sun N, et al. Dissolution or extraction of crustacean shells using ionic liquids to obtain high molecular weight purified chitin and direct production of chitin films and fibers. Green Chemistry, 2010, 12: 968-971.

[403] Wang X L, Nie Y, Zhang X P, et al. Recovery of ionic liquids from dilute aqueous solutions by electrodialysis. Desalination, 2012, 285: 205-212.

[404] Bai L, Wang X, Nie Y, et al. Study on the recovery of ionic liquids from dilute effluent by electrodialysis method and the fouling of cation-exchange membrane. Science China Chemistry, 2013, 56: 1811-1816.

[405] 孙瑶, 徐民, 李克让, 等. 甲壳素和壳聚糖在离子液体中的溶解及改性. 化学进展, 2013, 25: 832-837.

[406] Li L, Yuan B, Liu S W, et al. Preparation of high strength chitosan fibers by using ionic liquid as spinning solution. Journal of Materials Chemistry, 2012, 22: 8585-8593.

[407] Ma B M, Zhang M, He C J, et al. New binary ionic liquid system for the preparation of chitosan/cellulose composite fibers. Carbohydrate Polymers, 2012, 88: 347-351.

[408] 霍闪, 邓小川, 卿彬菊, 等. 超重力技术应用进展. 无机盐工业, 2015, 47: 5-9.

[409] 郭浩, 牛杰. 超重力技术的研究及应用. 化工装备技术, 2016, 37: 61-64.

[410] 王明涌, 王志, 郭占成. 超重力技术: 电化学工业新契机. 工程研究-跨学科视野中的工程, 2015, 7: 289-297.

[411] 唐广涛. 超重力环境下 AlCl₃-BMIC 离子液体电解铝的研究. 北京: 北京化工大学, 2010.

[412] 狄超群. 超重力环境下 AlCl₃-Et₃NHCl 离子液体电解铝的研究. 北京: 北京化工大学, 2011.

[413] 郭占成, 卢维昌, 巩英鹏. 超重力水溶液金属镍电沉积及极化反应研究. 中国科学 (E 辑: 技术科学), 2007, 37: 360-369.

[414] 王明涌, 王志, 刘婷, 等. 超重力场电沉积镍箔及其机械性能. 过程工程学报, 2009, 9: 568-573.

[415] Du J, Shao G, Qin X, et al. High specific surface area MnO$_2$ electrodeposited under supergravity field for supercapacitors and its electrochemical properties. Materials Letters，2012，84：13-15.

[416] Chen Z H，Wang L X，Ma Z P, et al. Ni-reduced graphene oxide composite cathodes with new hierarchical morphologies for electrocatalytic hydrogen generation in alkaline media. RSC Advances，2017，7：704-711.

[417] 方晨. 组合式转子超重力旋转床传质特性及脱硫应用研究. 北京：北京化工大学，2016.

[418] 宋卫. 超重力磷酸钠法烟气脱硫技术研究. 太原：中北大学，2015.

[419] 陈建峰，邹海魁，初广文，等. 超重力技术及其工业化应用. 硫磷设计与粉体工程，2012，1：6-10.

[420] 张应虎，舒仕涛. 超重力吸收技术在200kt/a硫酸装置尾气脱硫中的应用. 硫酸工业，2015，6：31-32.

[421] 梁作中，王伟，韩翔龙，等. 铁基脱硫剂超重力法脱除硫化氢. 化工进展，2015，34：2065-2069.

[422] 刘继勇，李芳芹，张晓峰. 超重力技术及其在 CO_2 捕集中的应用. 能源与节能，2013，10：78-80.

[423] 李幸辉. 超重力技术用于脱除变换气中二氧化碳的实验研究. 北京：北京化工大学，2008.

[424] 易飞. 超重力技术脱除二氧化碳的实验和模拟研究. 北京：北京化工大学，2008.

[425] 马丽，柳迎红. 海上油气田 CO_2 分离技术研究. 硅谷，2014，（12）：40-41.

[426] 初广文，邹海魁，陈建峰. 一种超重力旋转床装置及在二氧化碳捕集纯化工艺的应用：CN101549274. 2011.

[427] 孟晓丽. 超重力法硝酸磷肥尾气除氨脱湿的基础研究. 太原：中北大学，2008.

[428] 孙宝昌. 超重力环境下水耦合吸收 NH_3 和 CO_2 的研究. 北京：北京化工大学，2009.

[429] 孙宝昌. 旋转填充床中耦合吸收 CO_2 和 NH_3 的研究. 北京：北京化工大学，2012.

[430] 赵祥迪，孙万付，徐银谋，等. 超重力技术在危化品气体处理中的应用. 安全、健康和环境，2016，16：1-4.

[431] 刘有智，李鹏，李裕，等. 超重力法处理高浓度氮氧化物废气中试研究. 化工进展，2007，26：1058-1061.

[432] 李鹏. 超重力法治理高浓度氮氧化物的研究. 太原：中北大学，2007.

[433] 张亮亮. 超重力旋转填充床强化湿法脱碳和脱硝过程研究. 北京：北京化工大学，2012.

[434] 高文雷. 旋转填充床中湿法氧化脱硝的研究. 北京：北京化工大学，2013.

[435] 高文雷，曾泽泉，陈建锋，等. 旋转填充床中湿法脱硝的研究. 高校化学工程学报，2014，28：1160-1165.

[436] 谷丽芬，李常青，韦清华，等. 超重力技术处理恶臭气体的实验研究. 石化技术与应用，2017，35：156-159.

[437] 王伟，朱宝璋，冯志豪. 超重力技术在油气回收中的应用. 化工进展，2011，30：517-520.

[438] 张自督. 超重力吸收法治理甲苯废气基础研究. 太原：中北大学，2014.

[439] 陈阳，隋志军. 超重力精馏技术. 化工中间体，2013，（4）：24-27.

[440] 王新成. 基于 Aspen Plus 的超重力精馏过程模拟与优化. 太原：中北大学，2014.

[441] 史琴，张鹏远，初广文，等. 超重力催化反应精馏技术合成乙酸正丁酯的研究. 北京化工大学学报（自然科学版），2011，38：5-9.

[442] 宋子彬，栗秀萍，刘有智，等. 超重力精馏回收果胶沉淀溶剂的应用. 化工进展，2015，34：1165-1170.

[443] 王金金，袁晨. 超重力技术处理挥发性有机化合物的研究进展. 当代化工，2014，43：2094-2096.

[444] 王广全，徐之超，俞云良，等. 超重力精馏技术及其产业化应用. 现代化工，2010，30：55-57.

[445] 王慧丽，雷宇，陈潇君，等. 京津冀燃煤工业和生活锅炉的技术分布与大气污染物排放特征. 环境科学研究，2015，28：1510-1517.

[446] 刘睿劼，张智慧. 中国工业粉尘排放影响因素分解研究. 环境科学与技术，2012，35：244-248.

[447] 祁才克，宁艳英. 超重力技术在矿业除尘处理中应用浅谈. 化工管理，2014：39-40.

[448] 王探，祁贵生，刘有智，等. 超重力湿法脱除气体中低浓度粉尘. 过程工程学报，2017，17：92-96.

[449] 付加. 超重力湿法除尘技术研究. 太原：中北大学，2015.

第 4 章
绿色过程系统集成

4.1 绿色度评价与分析

4.1.1 引言

过程工业是指通过物理、化学变化进行的生产过程,涉及电力、医药、石化、冶金等众多领域。过程工业尤其是化学工业在给人们带来巨大便利的同时,也造成了不容忽视的环境问题,其生产加工过程中产生的废弃物如粉尘、泡沫、废水、废渣及有毒气体等会导致空气污染、水质及土壤恶化,其产品的包装和使用后产生的废弃物(泡沫、固渣等),若不处理也会形成新的污染源。此外,生产过程中对煤炭过高的依赖性及过低的能量利用效率加速了煤炭资源的枯竭,据统计,2009 年过程工业标准煤消耗量高达 153810.7 万 t,占全社会耗煤总量的一半,废水和废气排放量占全行业总排放量的 60%左右[1]。近年来,资源与环境的可持续发展引起人们的重视,其取代了以牺牲环境为代价获取经济效益的传统模式,推行清洁生产已经势在必行。清洁生产是一种从源头削减污染、提高资源利用率的预防性的环境管理策略,新型绿色过程工业应变被动治理污染为主动预防污染,提高产品附加值,实现社会、经济与环境的协调发展。

Sharratt 等[2]曾论述了过程工业与环境的相互协调关系,过程工业使用自然资源生产产品以满足人类需求,这一过程不可避免地造成了资源消耗和废弃物排放等环境问题。排放物对环境的影响主要与物质的浓度、分散性及持续性有关,污染物的空间分布和间歇性排放操作也会对环境产生不同程度的影响。以上这些因素的随机性、量化排放物作用范围和效果的不确定性使得测量污染物对环境的影响非常困难。

过程工业的绿色模拟是建立过程工业可持续发展的基础,过程模拟有助于在节约时间和经济成本的前提下快速挖掘影响生态环境的关键因素。对于一般化工过程,过程的高原子经济性并不代表该过程是更为绿色的,过程溶剂、介质的加入,能量消耗,必要的反应、分离工艺等都不可避免地会产生化学物质的泄漏、废弃物的排放等环境影响的不友好行为。如何建立科学的、能反映多种环境影响、定量计算各环境影响且被国内外公认和采用的综合评价方法,一直是本领域的研究热点[3]。尽管环境影响评估方法的研究和报道层出不穷,但这些方法要么过于简单而不能体现出一个化工过程整体的环境影响,要么针对特殊体系或过程,不具有普适性,还有一些评估方法太过复杂,使得化学工程师不能很好地将其应用到实际生产过程中。针对工艺过程中存在的物质、生产过程及系统对环境产生的影响,绿色度方法可以很好地对影响进行定量计算评价。根据典型化工过程的特点,综合考虑了指数法和热力学分析方法的优点,建立了评价过程中物质和能量对环境的影响计算模型。绿色度计算模型可以结合严格的流程模拟技术,系统考虑实际化工过程中多个流股、多个单元组成的复杂流程结构和操作条件,实现对化工过程中物质、流股、单元及过程等的绿色度的定量计算,为后续工艺过程的开发、优化提供理论指导。

4.1.2 绿色度的范畴与概念

绿色度包括物质和能量的绿色度。物质的绿色度是对物质在工艺生产过程中发生的物理化学变化对环境所造成的危害或影响程度的度量,在进行定量计算时需综合考虑工艺生产过程所需的原料、参与工艺过程的辅助介质、所获产品、废弃物等的环境影响指数。能量的绿色度是指获得工艺过程所需能量的产能单元在产能过程中产生的废弃物及过程能量的排放对环境所造成的影响,可采用热力学分析定量化表达能量对环境的影响[4]。基于以上分析,通过公式化和双目标法实现物质和能量绿色度的统一,将经济效益和绿色度作为目标函数,形成绿色化工设计的多目标优化模型,实现化工过程物质流、能量流及环境流的量化表达,从而得到基于绿色度的化工过程优化设计的理论和方法[5]。

绿色度评价方法考虑了温室效应(global warming potential,GWP)、臭氧层消耗(ozone layer depletion potential,ODP)、光化学烟雾(photochemical ozone creation potential,POCP)、酸雨(acidification potential,AP)、富营养化(eutrophication potential,EP)、水体生态毒性(ecotoxicity potential to water,EPW)、空气生态毒性(ecotoxicity potential to air,EPA)、水体人类致癌毒性(human carcinogenic toxicity potential to water,HCPW)和水体人类非致癌毒性(human noncarcinogenic toxicity potential to water,HNCPW)九种环境类别对环境产生的影响[6-8]。生命周期法能很好地评估产物或整个周期的环境影响,因此,将生命周期法应用到绿色度中,可以为污染预防和环境清洁过程设计提供重要的参考依据。

4.1.3 绿色度评价体系解析

绿色度评价方法可具体分为三类:纯物质的绿色度、混合物的绿色度及化工过程的绿色度,下面将对这三种绿色度分别予以讨论。

4.1.3.1 物质的绿色度

(1) 纯物质的绿色度

在化工生产过程中,反应物、溶剂、催化剂等的物理化学性质是非常重要的,但这些物质在利用过程中不可避免地带来了不同程度的环境问题和生态问题。因此,了解一种物质的环境性质和潜在的环境危害是非常重要的。为此定义了绿色度的概念,将其用于定量评价物质的绿色化程度。针对纯物质的绿色度,利用该物质不同的环境影响因子,提出其计算公式为[8]

$$GD_i^{su} = -\sum_{j}^{9}(100\alpha_{i,j}\varphi_{i,j}^{N})$$

$$\varphi_{i,j}^{N} = \frac{\varphi_{i,j}}{\varphi_j^{max}} \quad \varphi_j^{max} = \max(\varphi_{i,j}) \quad (4.1)$$

$$\sum_{j=1}^{9}\alpha_{i,j} = 1$$

$$i = 1, 2, 3, \cdots ; \quad j = 1, 2, 3, \cdots, 9$$

式中,GD_i^{su} 为物质 i 的绿色度,gd/kg;$\varphi_{i,j}^{N}$ 为相对影响;$\varphi_{i,j}$ 为物质 i 的第 j 类影响;φ_j^{max} 为数据库中 j 类影响的最大值;$\alpha_{i,j}$ 为权重系数。

表 4.1 列出了九种环境影响潜值的最大值;$a_{i,j}$ 是物质 i 在 j 类环境影响潜值中的权重系数。根据式 (4.1),绿色度范围通常是 –100~0,其中 –100 表示物质有最差的环境影响,0 表示物质不会对环境造成影响,如氧气和水等。因为环境影响潜值的最大值单位一般是 kg,为了简化评估过程,这里定义绿色度的单位为每千克物质的绿色度(gd/kg 物质)。

表 4.1 环境影响潜值的最大值[7, 8]

影响类 j	φ_j^{max}	单位	参考物质	CAS 号	数据源
温室效应	22200	kg CO$_2$/kg 物质	六氟化硫	2551-62-4	IPCC
臭氧层消耗	8.6	kg CFC-11/kg 物质	1,2-二溴四氟乙烷	124-73-2	WMO
光化学烟雾	1.381	kg C$_2$H$_4$/kg 物质	1, 3, 5-三甲苯	108-67-8	IMPACT 2002 + V2.01
酸雨	1.88	kg SO$_2$-equiv/kg 物质	硫化氢	7783-06-4	EDIP
富营养化作用	3.06	kg PO$_4$-equiv/kg 物质	磷	7723-14-0	IMPACT 2002 + V2.01
水体生态毒性	233309.4	2, 4-DB equiv/kg 物质	氯氰菊酯	52315-07-8	TRACI 2.0 方法
空气生态毒性	96014.1	2, 4-D equiv/kg 物质	三丁基氧化锡	56-35-9	TRACI 2.0 方法

续表

影响类 j	$\varphi_j^{\max}$	单位	参考物质	CAS 号	数据源
水体人类致癌毒性	276989.96	kg C₂H₃Cl equiv/kg 物质	苯乙酰胆固醇氮芥	3546-10-9	IMPACT 2002 + V2.01
水体人类非致癌毒性	317650	kg C₂H₃Cl equiv/kg 物质	多氯联苯, PCB-1254	11097-69-1	IMPACT 2002 + V2.01

权重系数是计算绿色度及衡量某一类环境影响所占比例大小的重要参数，确定该权重值的方法有多种，以下罗列了常用的 4 种权重值确定方法：①专家法（panel method）：通过该领域的权威专家的集体智慧来全面综合地考虑所需解决的问题，从而判断出所需解决问题的影响程度；②层次分析法（analytic hierarchy process，AHP）：选择所需考虑的影响，通过将其进行两两相互比较，依据因素之间的相对危害程度对其进行赋值，从而构造出因素影响的判断矩阵并对其进行求解，进而得到因素之间的权重系数；③等价值法（monetisation method）：主要将各类环境影响通过一定的折算因子转化为费用成本，从而将环境影响定量化比较；④目标值法（distance-to-target）：为工艺过程中考虑的环境影响指定一个参考的基准量，将当前的环境影响值与这一基准量进行对比，以此得到所考虑的环境影响的影响程度，从而确定出其权值[9, 10]。上述这些方法虽然常用，但不免存在一些局限性，其中专家和层次分析法在计算过程中存在较大的主观性，等价值法对所考虑的环境影响的成本估算困难，目标值法则存在不同环境影响之间不一定存在可比性的问题[9]。综合考量上述权重系数计算方法，本章节将使用层次分析法来实现对环境影响的权重系数的计算，计算过程的思路如图 4.1 所示。

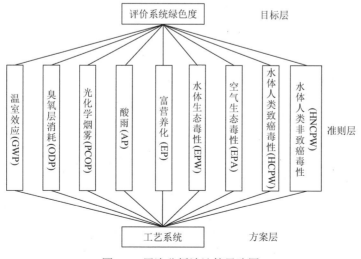

图 4.1 层次分析法计算思路图

该计算思路的目标层是绿色度指标,以九种环境影响:GWP、ODP、PCOP、AP、EP、EPW、EPA、HCPW、HNCPW 为计算的准则层,以利用方式作为方案层,通过建立层次分析法判断矩阵来确定权重系数。

(2)混合物的绿色度

纯物质的绿色度的计算方法由式(4.1)给出,但在一般的化工生产过程中,绝大多数生产单元的物系都是混合物体系,借鉴化工混合物性质的加和法,采用式(4.2)计算混合物的绿色度,即

$$\mathrm{GD}^{\mathrm{mix}} = \sum_{k=1}^{m} \mathrm{GD}_k^{\mathrm{su}} x_k \quad k=1,2,3,\cdots,m \tag{4.2}$$

式中,$\mathrm{GD}^{\mathrm{mix}}$ 为 m 种物质混合后的绿色度,gd/kg 混合物;$\mathrm{GD}_k^{\mathrm{su}}$ 为物质 k 的绿色度;x_k 为物质 k 在混合物系中的质量分数。

类似地,化工过程中流股的绿色度可用式(4.3)计算:

$$\mathrm{GD}^{\mathrm{S}} = F \times \sum_{k=1}^{m} \mathrm{GD}_k^{\mathrm{su}} x_k \quad k=1,2,3,\cdots,m \tag{4.3}$$

式中,GD^{S} 为工艺过程中流股的绿色度,gd/h;F 为工艺流股的质量流量,kg/h。

4.1.3.2 绿色度中污染物的环境影响估算

对单一类别的研究并不能很好地体现过程对环境影响的程度,为了使评价体系更具准确性和全局性,绿色度方法综合考虑了多种类别的环境影响,同时也可以根据实际情况选择不同的影响因素。此处对常用的 9 种环境影响类别进行简要的介绍[6, 11]。

(1)温室效应

温室效应是指由于地表向外释放的热辐射被大气吸收,从而产生的温度升高的现象。不同气体温室效应潜值可根据 GWP 方法求得,GWP 表示单位质量气体的温室效应与单位质量二氧化碳的温室效应之间的比值。表 4.2[12]列举了 IPCC 第五次评估中几种常见温室气体的 GWP 值。

表 4.2 几种常见温室气体的 GWP 值[12]

化合物	分子式	GWP 值(时间尺度:100 年)
二氧化碳	CO_2	1
甲烷	CH_4	28
一氧化二氮	N_2O	265

(2) 臭氧层消耗

一些活泼性原子如氯原子在与臭氧接触时会发生臭氧消除反应，使得臭氧浓度降低甚至产生臭氧空洞，臭氧层被破坏后吸收紫外线的能力减弱，大量的紫外线辐射到地面会对人及整个生态系统产生危害。臭氧层消耗潜值（ODP）是用来表示卤代烃类化合物对臭氧层消耗程度的一项重要指标，其中三氯甲烷（R11）的 ODP 值被定义为 1。2011 年，世界气象组织（WMO）列出了一些卤代烃化合物的 ODP 值（表 4.3）[13]。

表 4.3 一些卤代烃化合物的 ODP 值[13]

化合物	分子式	寿命/年	ODP 值
CFC-11	CCl_3F	45	1
CFC-12	CCl_2F_2	100	0.82
CFC-113	$C_2Cl_3F_3$	85	0.85
CFC-114	$C_2Cl_2F_4$	190	0.58
CFC-115	C_2ClF_5	1020	0.5
Halon 1211	CF_2ClBr	16	7.9
Halon 1301	CF_3Br	65	15.9
Halon 2402	$C_2F_4Br_2$	20	13.0
CFC-13	CF_3Cl	640	1
四氯甲烷	CCl_4	26	0.82
一溴甲烷	CH_3Br	0.8	0.66

(3) 光化学烟雾

光化学烟雾是指排放到空气中的碳氢、氮氧等污染物在光照条件下形成的有毒蓝色烟雾。光化学烟雾对人的眼睛有刺激性作用，对动植物也有一定程度的危害。光氧化潜值（SFP）可用式（4.4）表示[6]：

$$SFP_x = \frac{物质 x 的光氧化能力}{乙烯的光氧化能力} = \frac{MIR_x}{MIR_{乙烯}} \quad (4.4)$$

式中，MIR 为在日光环境中，大气体系中存在的有机物 x 与 NO_x 发生反应的能力强弱，一般用反应等级表示。

(4) 酸雨

酸雨是指 pH 小于 5.6 的雨雪等形式的降水，其形成原因是人类向大气中排放了过多的酸性物质，酸雨会造成鱼虾死亡、土壤酸化，甚至威胁人类健康。对于酸雨潜值（AP）的估算通常以 SO_2 与水发生溶解之后所产生的 H^+ 作为标准。评价物质 x 的酸雨潜值的计算公式为[6,14]

$$\mathrm{AP_x} = \frac{\alpha}{2} \times \frac{M_{w,\,SO_2}}{M_{w,\,x}} \tag{4.5}$$

式中，α 为单位摩尔 x 分解产生的 H^+ 数量；M_w 为分子量。表 4.4 给出了一些化合物的酸雨潜值[6]。

表 4.4 一些化合物的酸雨潜值[6]

化合物	分子量	AP/(kg SO$_2$/kg)
SO_2	64.06	1
SO_3	80.06	0.8
NO_2	46.01	0.7
NO	30.01	1.07
HCl	36.46	0.88
H_2SO_4	98.07	0.65
HNO_3	63.01	0.51
H_3PO_4	98.00	0.98
HF	20.01	1.6
NH_3	17.03	1.88

（5）人体摄入毒性潜值

人体摄入毒性潜值（HTPI）可通过人体摄入毒性物质的半致死剂量（LD_{50}）来表示。由于人类的毒性数据不全面，且实验数据受个体差异的影响较小，通常采用鼠类的口服半致死剂量来代替人类的口服半致死剂量。LD_{50} 越大，毒性越小，因此 HTPI 采用 LD_{50} 的倒数形式来表示[15]：

$$\mathrm{HTPI} = \frac{1}{LD_{50}} \tag{4.6}$$

（6）人体暴露毒性潜值

人体暴露毒性潜值（HTPE）是评价某一化合物以暴露接触的途径，对人体产生毒性影响的潜值，可采用车间空气化合物的容许浓度数据，即阈限值（TLV）表示，在该浓度下，表皮长期暴露或呼吸会导致人体的慢性中毒，其表示公式为[15]

$$\mathrm{HTPE} = \frac{1}{TLV} \tag{4.7}$$

（7）水生态毒性潜值

水生态毒性潜值（ATP）是衡量某一特征化合物在水中溶解之后对水生生物产生的影响，可利用水生生物的半致死浓度（LC_{50}）的倒数作为化合物对水体影响的指标。其中 LC_{50} 是指能引起 50% 实验生物死亡的浓度。对于化学物质 x，其 ATP 的计算公式为[15]

$$\text{ATP}_x = \frac{1}{(\text{LC}_{50})_x} \tag{4.8}$$

(8) 陆生态毒性潜值

化合物对陆地环境的影响程度可以用陆生态毒性潜值（TTP）来表示。由于鼠类在陆地上的分布具有普遍性，化合物 x 的陆生态毒性潜值可用鼠类的口服半致死剂量 LD_{50} 的倒数表示[15]：

$$\text{TTP}_x = \frac{1}{(\text{LD}_{50})_x} \tag{4.9}$$

(9) 水体富营养化

水体富营养化主要是由大量的氮、磷等元素排入水体后引起水生浮游植物大量繁殖的现象。在适宜的温度、pH、光照条件下，浮游植物进行光合作用，合成本身的原生质，该过程的生化反应式为[15]

$$106CO_2 + 16NO_3^- + HPO_4^{2-} + 122H_2O + 18H^+ + 能量 + 微量元素$$
$$\longrightarrow C_{106}H_{263}O_{110}N_{16}P(藻类原生质) + 138O_2$$

化合物的水体富营养化潜值通常以 PO_4^{3-} 为基准，从上面的生化反应式可以看出，在浮游植物每生成 1 单量的藻类原生质的过程中，将会同时生成 138 单量的 O_2，因此生成 1 单量的 O_2 所具有的富营养化能力是 0.022。有机物的富营养化潜值可以用理论需氧量（ThOD）表示，对于化学物质 x，其富营养化潜值可以表示为

$$\text{EP}_x = 0.022 \times \text{ThOD}_x \tag{4.10}$$

对于含有氮、磷的无机物富营养化潜值，可利用浮游植物产生的藻类原生质中氮、磷的摩尔比值来计算。以一般含氮无机物 NH_3 为例，其富营养化潜值为

$$\text{EP}_x = n_{\text{num, N}} \times \frac{M_{w,\,PO_4^{3-}}}{16 M_{w,\,x}} \tag{4.11}$$

与含氮无机物相似，对于一般的含磷无机物，其富营养化潜值计算如下：

$$\text{EP}_x = n_{\text{num, P}} \times \frac{M_{w,\,PO_4^{3-}}}{16 M_{w,\,x}} \tag{4.12}$$

式中，$n_{\text{num, N}}$ 和 $n_{\text{num, P}}$ 分别为物质含氮、磷的原子数，x 为要估算富营养化潜值的物质。

4.1.3.3 能量绿色度

如果使用的是可持续清洁能源，如太阳能、地热能等，则能量的绿色度（GD^e）为零；而对于传统的化工能源，如煤、石油等，能量绿色度的计算多采用间接计算方法，即将所产的能量折算成产生所需能量过程中废物的排放量，再根据折算的废物排放量计算对应的能量绿色度[10]。常用的不同能源资源的能量绿色度如表 4.5 所示。

表 4.5　不同燃料的发电厂的废弃物排放及绿色度[10]

燃料类型	废弃物排放/(kg/Mkcal)			GD^e/(gd/Mkcal 能量)
	SO$_2$	NO$_x$	CO$_2$	
煤	7.913	4.578	1232.9	−380.4
天然气	0.00378	2.017	612.87	−163.11
石油	6.135	1.758	972.3	−290.39
绿色度/(gd/kg 排放物)	−6.296	−4.834	−0.2502	

同时，碳排放成为衡量一个过程是否绿色的重要指标。在化工生产过程中，碳排放主要是在燃料燃烧提供能量的过程中产生的，因此，对所需能量与对应的碳排放量的计算是评估能量环境影响的重点。碳排放量的大小不仅与燃烧过程相关，还与所需的燃料种类密切相关。综合考虑这两个因素，可以由式（4.13）给出过程的碳排放量[14, 16]：

$$E = \frac{\text{ED} \cdot \text{EF}}{\text{FV} \cdot \text{BE}} \tag{4.13}$$

式中，E 为碳排放量；ED 为化工生产过程需要的总能量；EF 为燃料的碳排放因子；FV 为燃料燃烧所产生的热值；BE 为设备效率（一般为 70%～90%）。表 4.6 和表 4.7 分别列举了一些常见燃料的热值和碳排放因子。

表 4.6　常见固体、液体、气体燃料的热值[16]

燃料类型	热值/(kW·h/t)	燃料类型	热值/(kW·h/m^3)
煤	7417	天然气	10.72
焦炭	8445	焦炉煤气	5
原油	12682	高炉煤气	0.83
石油	12751		
乙烷	14071		
液化石油气	13721		
柴油	12668		

表 4.7　几种常见燃料的碳排放因子[17]

燃料类型	碳排放因子	
	kg C/kW·h	kg CO$_2$/kW·h
天然气	0.0518	0.19
煤	0.0817	0.30
焦炭	0.101	0.37
柴油	0.068	0.25

续表

燃料类型	碳排放因子	
	kg C/kW·h	kg CO$_2$/kW·h
重油	0.0709	0.26
汽油	0.0655	0.24
液化石油气	0.0573	0.21
乙烷	0.0545	0.20

4.1.3.4 化工过程的绿色度

一个复杂的化工过程一般由多个不同类型的生产单元组成，如间歇/连续反应器、精馏塔、吸收塔、解吸塔、吸附床，以及流体输送泵、压缩机等各类动力设备等。一般单元操作过程中，参与物质在发生物理化学反应时，同时会伴随着原料、产品、副产品及三废等的输入、输出和单元能量的变化，从而直接影响工艺过程的环境友好性[7]。因此，在对一个化工过程的环境影响进行评价时，需要确定单元过程中影响环境的关键因素，在此基础上提出相应对策，进而提升或改进单元操作效能。

图 4.2 表示一个包括产能系统的化工生产总系统，在稳定操作过程中化工单元的物质和能量的输入、输出关系。单元操作包括原材料的物理和化学转化，以及提供给化工过程所需的能量。考虑到边界，单元的绿色度 ΔGD^u 表示操作单元由于物质、能量消耗对环境的潜在影响[8]，其计算公式为

$$\Delta GD^u = \sum_{k_3} GD_{k_3}^{s,proc} + \sum_{k_4} GD_{k_4}^{s,emis} + \sum_{k_5} GD_{k_5}^{e,out} - \sum_{k_1} GD_{k_1}^{s,in} - \sum_{k_2} GD_{k_2}^{e,in} \quad (4.14)$$

式中，$GD_{k_1}^{s,in}$，$GD_{k_2}^{e,in}$ 分别为系统外输入过程单元中的物质和能量的绿色度；k_1 为系统外输入的物质流，如原材料、溶剂、催化剂；k_2 为能量来源，如天然气、煤、石油；$GD_{k_3}^{s,proc}$ 为输出的物质的绿色度；$GD_{k_4}^{s,emis}$ 为从操作单元直接排放到系统环境中物质流股所具有的绿色度；$GD_{k_5}^{e,out}$ 为系统过程中向系统外的环境所输出的能量的绿色度。$\Delta GD^u > 0$ 表示对环境友好，其计算的数值越大表示该生产过程的绿色化程度越高，对环境越有利；$\Delta GD^u < 0$ 表示该过程会对环境造成污染，例如，燃煤过程会提供能量，但同时产生的废气排放到空气中导致空气污染；$\Delta GD^u = 0$ 表示该过程对环境没有影响[7]。$GD_{k_5}^{e,out}$ 的绿色度等同于产生能量的过程中排放的废弃物的绿色度，k_5 是产能系统释放的流股，如 CO_2、SO_x 和 NO_x。$GD_{k_5}^{e,out}$ 可以通过式（4.3）求得。基于式（4.1）、式（4.2）、式（4.3）、式（4.13）、式（4.14）

和表 4.5,并结合过程模拟技术,纯物质、混合物、流股、操作单元、化工过程及产能系统的绿色度都可以进行定量评估。

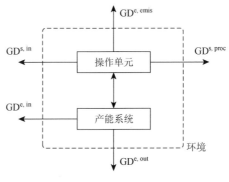

图 4.2 化工过程的绿色度[8]

4.1.4 几种典型的绿色度评价案例分析

绿色度方法可以定量评估和分析一个化工过程的环境影响,具体的定义和计算方法已经在 4.1.3 节详细介绍。绿色度方法综合考虑了九种环境影响(也可根据实际情况选择环境影响的类型和数量),因此其对于化工过程环境影响的评估具有重要的参考价值。下面将通过具体案例来说明绿色度在溶剂筛选、化工过程的路线选择及环境影响评估中的重要应用。

4.1.4.1 溶剂筛选

在化学工业中,溶剂被广泛应用到催化反应、萃取分离、吸收、解吸及结晶等各种过程中,使用合适的溶剂可以增加反应转化率和选择性,提高产物纯度和产率,降低能量消耗。然而,大多数溶剂具有挥发性,对环境及人类健康造成一定的影响,使得其在工业上的应用受到很大限制,为了定量地获得不同溶剂对环境的综合影响,根据式(4.1),计算了一些常用溶剂的绿色度,如表 4.8 所示。

表 4.8 溶剂 i 的不同环境影响类 j 的环境影响潜值 $\varphi_{i,j}$ 及其绿色度 GD_i^{su} [8]

i	j									GD_i^{su}
	GWP	ODP	POCP	AP	EP	EPW	EPA	HCPW	HNCPW	
丙烷	—	—	0.176	—	—	—	—	—	—	−1.4163
丁烷	—	—	0.352	—	—	—	—	—	—	−2.8321
戊烷	—	—	0.395	—	—	—	—	—	—	−3.1781
己烷	—	—	0.482	—	—	0.8004	1.30×10^{-6}	0	1.006×10^{-3}	−3.9198

续表

i	GWP	ODP	POCP	AP	EP	EPW	EPA	HCPW	HNCPW	GD_i^{su}
环己烷	—	—	0.290	—	—	—	—	—	—	−2.3332
辛烷	—	—	0.453	—	—	—	—	—	—	−3.6447
苯	—	—	0.218	—	—	1.6290	6.34×10⁻³	0.1181	1.3567	−7.3156
甲苯	—	—	0.637	—	—	1.6269	2.50×10⁻³	—	—	−5.4919
邻二甲苯	—	—	1.053	—	—	5.7620	1.76×10⁻³	—	—	−8.9502
间二甲苯	—	—	1.108	—	—	7.6760	9.99×10⁻⁴	—	—	−9.3958
一氯甲烷	16	0.02	0.005	—	—	0.4085	0.00500	—	—	−0.6721
二氯甲烷	10	—	0.068	—	—	0.4394	0.01386	0.1999	0.2612	−3.0986
氯仿	30	—	—	—	—	1.8123	0.03980	1.4754	0.1500	−12.6690
四氯化碳	1800	1.20	—	—	—	2.8750	0.01780	24.6941	7.7878	−32.8800
甲醇	—	—	0.140	—	—	0.0106	0.01920	—	0.000823	−3.3517
苯酚	—	—	—	—	—	0.3529	0.05439	—	0.000768	−6.3137
丙酮	—	—	0.094	—	—	0.0096	0.01320	—	0.006538	−2.3072
2-丁酮	—	—	0.037	—	—	0.0183	0.00957	—	0.000377	−1.4098

从表 4.8 中的数据可以看出，四氯化碳的绿色度最低，这是因为四氯化碳的 GWP、ODP、HCPW 和 HNCPW 值在所选溶剂中是最高的，因此在过程设计中应该关注这一问题。碳氢化合物类的溶剂具有相对较高的绿色度，随着碳原子个数的增加，碳氢化合物绿色度降低。这些分析结果为溶剂的筛选提供了重要的指导。

4.1.4.2 化工过程的路线选择

对于一般化工过程，可能存在多条合适的生产工艺路线，如何在众多工艺路线中选出最佳的、最环保的工艺路线是比较困难的。结合绿色度方法，通过计算不同生产工艺路径下的单元/过程的绿色度，就可以优选出工艺过程最绿色的生产路径。本节选用了甲基丙烯酸甲酯的生产过程和生物沼气的提纯路线作为案例，阐述了绿色度方法在化工过程的路线选择中的作用，以更好地诠释绿色度方法。

（1）甲基丙烯酸甲酯生产路线的选择

对于甲基丙烯酸甲酯的生产过程，根据不同的原料和技术，工业上至少有 6 条路线可以用来生产甲基丙烯酸甲酯[8,14]：①叔丁醇（TBA）；②异丁烯（i-C_4）；③丙烯（C_3）；④乙烯/丙酸甲酯（C_2/MP）；⑤乙烯/丙醛（C_2/PA）；⑥丙酮合氰化氢（ACH）。

基于原料、溶剂等的使用量，计算了每条路线纯物质及总的绿色度，结果如表4.9所示[8]。

表4.9 生产甲基丙烯酸甲酯的6条路线的绿色度[6, 8, 18, 19]

路线	物质	使用量/kg	绿色度/(gd/kg)	绿色度/gd	总的绿色度/gd
TBA	异丁烯醛	41	0	0	-9.2997×10^3
	甲基丙烯酸	35	−0.219	−7.665	
	甲醇	2024	−3.352	-6.784×10^3	
	甲基丙烯酸甲酯	6309	−0.271	-1.710×10^3	
	氧	7	0	0	
	叔丁醇	4673	−0.171	−799.083	
	水	10	0	0	
i-C$_4$	异丁烯	3540	−1.009	-3.572×10^3	-1.2075×10^4
	异丁烯醛	37	0	0	
	甲基丙烯酸	27	−0.219	−5.913	
	甲醇	2025	−3.352	-6.788×10^3	
	甲基丙烯酸甲酯	6305	−0.271	-1.709×10^3	
	氧	25	0	0	
	水	19	0	0	
C$_3$	一氧化碳	5.6	−0.436	−2.442	-4.3125×10^4
	氟化氢	9	−0.946	−8.514	
	异丁酸	52	−0.213	−11.076	
	甲基丙烯酸	29	−0.219	−6.351	
	甲醇	2022	−3.352	-6.778×10^3	
	甲基丙烯酸甲酯	6309	−0.217	-1.369×10^3	
	氧	4.3	0	0	
	丙烯	5394	−6.479	-3.495×10^4	
	水	3	0	0	
C$_2$/MP	一氧化碳	5.9	−0.4363	−2.574	-1.8083×10^4
	乙烯	1774	−1.609	-2.854×10^3	
	甲醇	4034	−3.352	-1.352×10^4	
	甲基丙烯酸甲酯	6300	−0.271	-1.707×10^3	
	水	1.7	0	0	

续表

路线	物质	使用量/kg	绿色度/(gd/kg)	绿色度/gd	总的绿色度/gd
C₂/PA	一氧化碳	5.8	−0.436	−2.529	−3.3454×10⁴
	乙烯	1774	−1.609	−2.854×10³	
	甲醛	1890	−11.704	−2.212×10⁴	
	氢	127	0	0	
	异丁烯醛	46	0	0	
	甲基丙烯酸	19	−0.219	−4.161	
	甲醇	2016	−3.352	−6.758×10³	
	甲基丙烯酸甲酯	6323	−0.271	−1.714×10³	
	氧	5.7	0	0	
	丙醛	1.1	−1.284	−1.412	
	水	9.6	0	0	
ACH	丙酮	3657	−2.307	−8.437×10³	−3.5594×10⁴
	丙酮合氰化氢	33	0	0	
	氨	1075	−10.799	−1.161×10⁴	
	硫酸氢铵	5.4	0	0	
	二氧化碳	5.5	−0.250	−1.375	
	氰化氢	2.3	−16.04	−36.892	
	甲基丙烯酰胺	0.66	0	0	
	甲烷	1215	−5.765	−7.004×10³	
	甲醇	2014	−3.352	−6.751×10³	
	甲基丙烯酸甲酯	6328	−0.271	−1.715×10³	
	氮	3.5	0	0	
	氧	23	0	0	
	二氧化硫	42	−0.591	−24.822	
	硫酸	9.4	−0.384	−3.610	
	三氧化硫	22.4	−0.473	−10.595	
	水	22	0	0	

如表4.9所示，剧毒的氰化氢具有最低的绿色度，而较高的POCP、AP、EPW值导致甲醛也具有较低的绿色度。6条路线的绿色度大小关系：TBA>i-C₄>

$C_2/MP > C_2/PA > ACH > C_3$。TBA 与 i-C_4 的技术相似,但是原料不同,这两种都可以认为是较为绿色的生产路线。与 C_2/MP 相比,C_2/PA 的绿色度较低,这是由于 C_2/PA 路线中用到了绿色度低的甲醛。C_3 路线具有最低的绿色度,这是因为该路线中使用了大量的丙烯。

(2) 生物沼气提纯过程路线选择

针对生物沼气脱碳提质的工艺技术主要有吸附剂吸附、溶剂吸收分离、气体膜分离及冷冻分离法等[20]。固体吸附有变压吸附、变温吸附等,液体吸收有加压水洗(PWS)、胺吸收(MAS)、离子液体(ILs)吸收等[21]。本节主要介绍 3 种吸收纯化工艺:PWS、MAS、ILs 吸收工艺。系统过程的绿色度值的变化即为该过程的绿色度变化,是综合了物质绿色度和能量绿色度变化的结果。将 3 种生物气脱碳提质工艺以"黑箱"模型来表述,只考虑系统绿色度的变化,不考虑具体的工艺过程,如图 4.3 所示[21]。

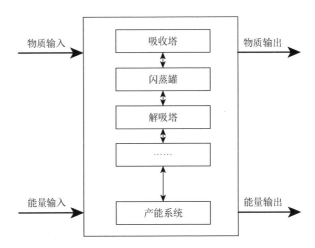

图 4.3 生物沼气提纯系统绿色度的变化

由于离子液体的蒸气压可忽略不计,难挥发,具有良好的热力学稳定性,假设离子液体吸收过程中溶剂的损失量为 0,产品、副产品都被捕集,故离子液体吸收过程是零排放。又因为生物沼气来源于生物质厌氧发酵,而生物质是可再生能源,故生物沼气的绿色度可假设为 0。水的绿色度也为 0。其他物质的绿色度如表 4.10 所示[21]。

表 4.10 3 种工艺中物质的绿色度

物质/能量	CH_4	CO_2	H_2O	MEA
单元绿色度/(gd/kg)	−5.765	−0.25	0	−0.5

应用式(4.1),根据 3 种工艺过程的结算结果(表 4.11 和表 4.12),分别计算 3 种工艺的绿色度,如图 4.4 所示。可以看出,ILs 工艺的绿色度是最高的,其次是 MAS 和 PWS,说明 ILs 工艺是最环境友好的。一方面,因为副产品中 CO_2 的纯度大于 90%,所以所有气体都被捕集,没有废气排放到空气中。另一方面,ILs 工艺的能耗低,且溶剂损失量可忽略不计。这些因素促成 ILs 工艺的绿色度最高。MAS 工艺与 ILs 一样,所有的气体被捕集,但因为能耗较高,所以 MAS 工艺的绿色度较 ILs 工艺低。能耗高意味着要消耗更多的化石能源,能量生成系统将排放出更多的 CO_2、NO_x、SO_x 等,给环境造成更大的影响,所以改进工艺、降低能耗是减小 MAS 环境影响的有效途径。对于 PWS 工艺,因为从生物沼气中脱除的 CO_2 直接排放到空气中,而 CO_2 是主要的温室气体,所以 PWS 工艺的绿色度最低。更换溶剂的解吸方式,捕获其中的 CO_2 可以增大工艺的绿色度,但会造成成本的升高[21, 23]。

表 4.11 3 种工艺过程的能耗[21, 22]

工艺	PWS	MAS	ILs
能耗/kW	62.77	127.78	62.42

表 4.12 3 种工艺的模拟结果汇总[9, 21, 22, 23]

项目	单位	PWS	ILs	MAS
CH_4 纯度	—	0.98	0.98	0.98
CH_4 回收率	—	0.987	0.953	0.999
CO_2 纯度	—	—	0.932	0.968
CO_2 捕集率	—	—	0.971	0.970
循环液量	t/h	92.5	72	10.4
单位 CH_4 能耗	kW/Nm³ CH_4	0.212	0.218	0.426

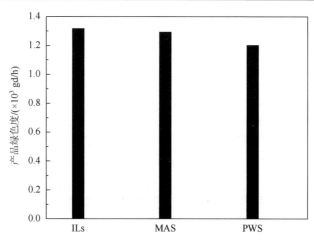

图 4.4 3 种工艺的绿色度比较[21]

从以上分析可以看出，绿色度可以为不同化工生产过程提供可行的环境影响评估方法，对不同路线或工艺的选择提供了重要的参考依据[24]。

4.1.4.3 化工过程的绿色度评估

在一个化工过程中，一定量的物质流和能量流所对应的绿色度可以认为是这些物质和能量完全释放到环境中对环境造成的影响，也就是其具有最差的环境影响程度。成熟的过程模拟技术与绿色度方法相结合，可以为一个操作单元或过程提供有价值的信息。下面以 $i\text{-}C_4$ 路线合成 MMA 和生物沼气利用过程的绿色度评估为例，说明如何使用绿色度方法来分析和评估一个单元或过程的环境影响。

（1）$i\text{-}C_4$ 路线合成 MMA 过程评估

图 4.5 是 $i\text{-}C_4$ 路线合成 MMA 的工艺流程图[25]，为了对其进行绿色度评估，整个过程被分为不同部分进行计算分析和讨论。

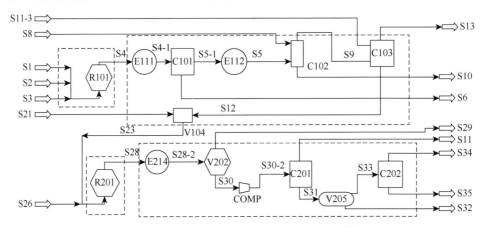

图 4.5　$i\text{-}C_4$ 路线合成 MMA 的工艺流程图[8]

R101. IB 氧化反应器；C101. 骤冷塔；C102. 脱水塔；C103. MAL 吸收塔；R201. MAL 酯化反应器；C201. 甲醇柱；C202. MMA 干燥柱

整个过程发生两步放热反应，第一步是异丁烯（IB）与空气发生氧化反应生成异丁烯醛（MAL）；第二步是 MAL 与空气、甲醇混合后生成 MMA，反应后对混合物进行萃取和蒸馏操作，得到高纯度的 MMA 产品。主要的反应过程如下：

$$(H_3C)_2C{=\!\!=\!\!}CH_2 + O_2 \xrightarrow[3.5\text{kg/cm}^2,\ 350℃]{\text{催化剂}} \begin{array}{c} H_2C\ \ \ \ CH_3 \\ \diagdown\!\!\diagup \\ C \\ | \\ CHO \end{array} + H_2O$$

$$\begin{array}{c} H_2C\ \ \ \ CH_3 \\ \diagdown\!\!\diagup \\ C \\ | \\ CHO \end{array} + \tfrac{1}{2}O_2 + CH_3OH \xrightarrow[3.9\text{kg/cm}^2,\ 80℃]{\text{催化剂}} \begin{array}{c} H_2C\ \ \ \ CH_3 \\ \diagdown\!\!\diagup \\ C \\ | \\ COOCH_3 \end{array} + H_2O$$

在进行绿色度分析时，将整个过程分为四个部分：①IB 的氧化反应，包括单元 R101；②MAL 的分离，包括单元 E111、E112、C101、C102、C103 和 V104；③生成 MMA 的反应，包括单元 R201；④MMA 的分离和纯化，包括单元 E214、C201、C202、V202 和 V205。不同部分的物流的输入、输出及绿色度详见表 4.13～表 4.16。根据式（4.14）可以求出不同部分的绿色度（图 4.6）。

表 4.13 MMA 生产过程第一部分的输入、输出流和绿色度[8]

指标	输入			输出
	S1	S2	S3	S4
温度/K	623.15	623.15	623.15	623.15
流率/(kg/h)	10610	5978	76878	93466.0
GD/(gd/h)	−10898.0	0	−1670.8	−2619.0
O_2/wt%	0	0	0.14	0.043
H_2O/wt%	0	1.000	0.012	0.115
MAL/wt%	0	0	—	0.122
CH_4O/wt%	0	0	0.003	0.002
IB/wt%	1.000	0	0.002	0.003
MAA/wt%	0	0	0	0.004
C_4H_{10}/wt%	0	0	0.001	0.002
N_2/wt%	0	0	0.822	0.676
CO/wt%	0	0	0.009	0.014
CO_2/wt%	0	0	0.011	0.018

注：MAA 代表甲基丙烯酸；C_4H_{10} 代表丁烯；CH_4O 代表甲醇，下表同

表 4.14 MMA 生产过程第二部分的输入、输出流和绿色度[8]

指标	输入				输出			
	S4	S11-3	S8	S21	S6	S10	S13	S23
温度/K	623.15	293.15	318.15	333.15	373.15	327.11	300.28	313.46
流率/(kg/h)	93466.0	50762.0	5745.6	7389.0	8129.9	4035.2	82554.5	63642.9
GD/(gd/h)	−2619.0	−141439	−18409	−23273	−87.8	−110.0	−35482.7	−150059.2
O_2/wt%	0.0428	0	0	0	0	0.0001	0.0483	0
H_2O/wt%	0.1148	0.0254	0.0291	0.0184	0.9275	0.6089	0.0011	0.0356
MAL/wt%	0.1225	0.0390	0.0062	0.0362	0.0211	0.3804	0.0045	0.1860
CH_4O/wt%	0.0024	0.8221	0.9552	0.9392	0.0028	0.0037	0.1202	0.7090
IB/wt%	0.0029	0	0	0	0	0.0008	0.0030	0.0003
MMA/wt%	0	0.1135	0.0096	0.0061	0	0	0.0198	0.0675
MAA/wt%	0.0042	0	0	0	0.0480	0	0	0
C_4H_{10}/wt%	0.0022	0	0	0	0.0005	0.0006	0.0023	0.0002

续表

指标	输入				输出			
	S4	S11-3	S8	S21	S6	S10	S13	S23
N_2/wt%	0.6761	0	0	0	0	0.0013	0.7646	0.0010
CO/wt%	0.0138	0	0	0	0	0	0.0156	0
CO_2/wt%	0.0183	0	0	0	0	0.0003	0.0205	0.0004

表 4.15 MMA 生产过程第三部分的输入、输出流和绿色度[8]

指标	输入		输出
	S23	S26	S28
温度/K	313.46	353.15	353.15
流率/(kg/h)	62642.9	14052.3	76696.2
GD/(gd/h)	−150059.2	0.0	−141009.9
O_2/wt%	0	0.2180	0.0026
H_2O/wt%	0.0356	0.0188	0.0343
MAL/wt%	0.1860	0	0.0258
CH_4O/wt%	0.7090	0	0.5265
IB/wt%	0.0003	0	0.0002
MMA/wt%	0.0675	0	0.2663
C_4H_{10}/wt%	0.0002	0	0.0002
N_2/wt%	0.0010	0.7633	0.1407
CO_2/wt%	0.0004	0	0.0034

表 4.16 MMA 生产过程第四部分的输入、输出流和绿色度[8]

指标	输入	输出				
	S28	S11	S29	S32	S34	S35
温度/K	353.15	293.15	318.15	380.37	345.92	420.78
流率/(kg/h)	76695.2	43680.9	12199.4	3956.9	2800.0	14057.9
GD/(gd/h)	−141009.9	−130350.4	−2824.5	−2226.8	−1803.1	−3805.0
O_2/wt%	0.0026	0	0.0162	0	0	0
H_2O/wt%	0.0343	0	0.0043	0.5864	0.0921	0
MAL/wt%	0.0258	0	0.0049	0.2421	0.3273	0.0030
CH_4O/wt%	0.5265	0.8807	0.0662	0.1676	0.1579	0
IB/wt%	0.0002	0	0.0014	0	0	0
MMA/wt%	0.2663	0.1192	0	0.0038	0.4227	0.9970
C_4H_{10}/wt%	0.0002	0	0.001	0	0	0

续表

指标	输入	输出				
	S28	S11	S29	S32	S34	S35
N_2/wt%	0.1407	0	0.8843	0	0	0
CO/wt%	0	0	0.0001	0	0	0
CO_2/wt%	0.0034	0	0.0216	0	0	0

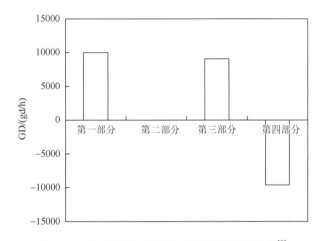

图 4.6 $i\text{-}C_4$ 路线合成 MMA 不同部分的绿色度[8]

由图 4.6 可以看出不同部分绿色度的大小关系：第一部分＞第三部分＞第二部分＞第四部分。在第一部分反应结束后，低绿色度的异丁烯和甲醇转化生成了 MAL，使得绿色度增加。对于第三部分，输入物流中含有大量低绿色度的甲醇，甲醇与 MAL 及氧气发生反应生成 MMA，使得输出流中甲醇的含量降低，绿色度增加。在第四部分，分离 MMA、副产物及原材料时需要消耗能量，产能系统在获得能量的过程中同时排放污染物导致绿色度有较大幅度的降低。根据上述分析，可以发现一个化工过程中影响绿色化程度的瓶颈，从而有针对性地提出解决的策略和方案。

（2）生物沼气利用过程评估[9]

生物质通过厌氧发酵方式生产沼气是生物质高效资源化利用的重要手段之一。由于该利用方式具有经济和环境的双重效益，已成为可再生能源领域的研究热点。生物沼气的不同利用方式会影响过程利用的绿色度，从而影响生物沼气的推广应用。

下面针对三种不同沼气利用方式（提纯制备生物甲烷、热电联产、固体燃料电池)构成的生物沼气生产及利用系统进行绿色度分析,为决策者筛选符合目标的沼气利用路线提供量化的判据。图 4.7 为系统绿色度计算的概念图。

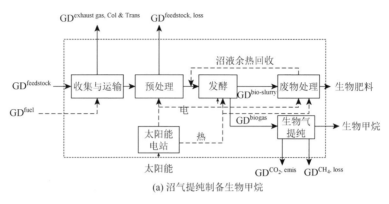

(a) 沼气提纯制备生物甲烷

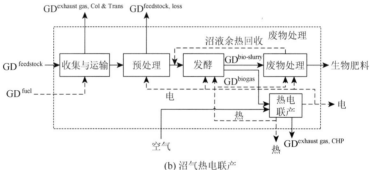

(b) 沼气热电联产

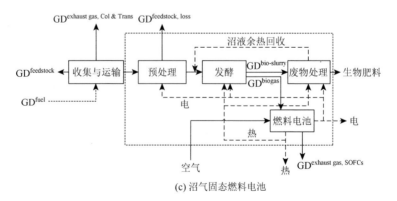

(c) 沼气固态燃料电池

图 4.7　三种沼气利用方式系统绿色度计算概念设计图

从图 4.7 可以看出,系统绿色度的计算考虑了系统内所有的输入、输出物流及能流。在计算生物沼气提纯制备生物甲烷的系统绿色度时[图 4.7(a)],考虑了提纯过程生物甲烷损失的绿色度 $GD^{CH_4,loss}$,对一个中型规模的沼气提纯工艺,生物甲烷的损失占初始甲烷含量的 1.4wt%[26]。

对于生物沼气热电联产利用方式 [图 4.7（b）]，系统产生的废气的绿色度为 $GD^{exhaust\ gas,\ CHP}$，在计算时空气过量，因此假定原料沼气在透平内完全燃烧。生物沼气固体燃料电池系统绿色度如图 4.7（c）所示，其产生的废气的绿色度为 $GD^{exhaust\ gas,\ SOFCs}$，计算过程假定其为 0，这是由于沼气燃烧后产生的 CO_2 及其他酸性气体被固定在碱液中，而产生的 K_2CO_3 固体的绿色度为 0。同时，对系统输出的最终产品如生物甲烷、电能、热能及生物肥料等，由于为绿色的产品，故假定绿色度为 0。能量流股的绿色度的计算可以通过与能量等值的煤的绿色度替代[27]。

计算得到系统每个单元的绿色度的变化量分布，三种不同沼气利用方式下系统的绿色度变化量的分布如图 4.8 所示。

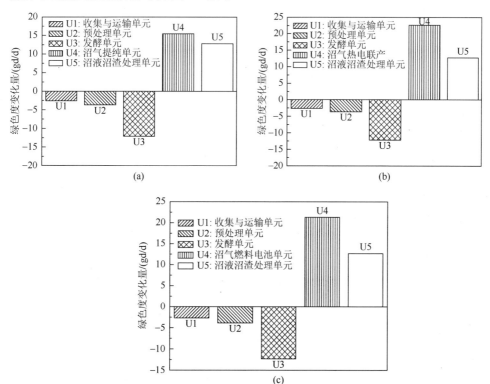

图 4.8 不同沼气利用方式系统的绿色度变化量分布[9]

可以看出，生物质的收集与运输（-2.65gd/d）、预处理（-3.76gd/d）及发酵（-12.2gd/d）单元的绿色度变化量为负值，即上述三个单元过程是环境不友好的过程。上述单元过程绿色度的变化量由物流的绿色度及能量的绿色度两部分贡献。对于沼气利用单元，采用沼气提纯（15.3gd/d）、沼气热电联产（22.5gd/d）及沼气固体燃料电池（21.3gd/d）技术单元过程的绿色度变化量均为正值，为环境友好的过程，这是由于将环境影响较大的粗沼气（-27.8gd/d）转化成了生物甲烷、电及热等产品（0gd/d）。对于发酵单元的绿色度变化量为负值，说明该单元环境不友好，这是由于虽然将发酵原料（-47.6gd/d）转化为沼气（-27.8gd/d）和生物肥料（-13.5gd/d），但过程能耗绿色度的贡献使得物流及能量绿色度协同作用下单元过程的绿色度变化量成为负值。通过各系统单元绿色度数据可以计算得到各系统绿色度，如表4.17所示。

表 4.17 三种工艺中物质的绿色度[9, 21]

生物沼气利用系统	沼气提纯	沼气热电联产	沼气固体燃料电池
GD/(gd/kg)	9.29	21.03	21.77

结果表明，对于系统绿色度的变化量，为沼气固体燃料电池＞沼气热电联产＞沼气提纯。这说明沼气作为燃料进行固体燃料电池利用对环境的影响最小，而沼气提纯制备生物甲烷系统对环境的影响最大。这是由于提纯过程需要系统外部能源进行能量供给，同时，提纯过程 CH_4 的损失造成的环境影响也高于 CO_2，其 GWP 影响为 CO_2 的 23 倍。而对于沼气热电联产和沼气固体燃料电池利用方式，由于系统所需的能量由燃烧自身的沼气供给，因此系统绿色度的变化量高于沼气提纯方式，即环境更友好。

根据上述两个案例的分析，可以发现一个化工过程中影响绿色化程度的瓶颈，从而有针对性地提出解决瓶颈的策略和方案，使化工过程生产更加绿色。

4.2 绿色化工过程的能质效率

能源问题目前受到全球的关注，根据2015年的能源消耗速度，石油、煤、天然气储量分别可满足50.7年、52.8年、114年的全球需要[28]。目前最有效的解决方式是寻找可再生的代替能源，以及通过节能减排来提高能源的使用效率。

根据热力学第一定律，能量的数量不会减少，但其做功能力却有所不同，而且能源在被利用后，能量的品位有所降低。这一点符合热力学第二定律，即能源所提供的能量不可能全部转化为功，其转化量的多少又与所处状态有关。有效能则被用来描述这种理想转化的效率量，在此指导下，化工生产中的节能并非节约一切能量，更重要的是要节约这种有效能。

4.2.1 有效能的概念

4.2.1.1 有效能的提出与物理意义

早在 1932 年，美国科学家 Keenan 就提出了能量的可用性，1956 年 Rant 正式提出了有效能的概念，英文也常用 exergy、available energy、utilizable energy 等来表示，在中文中也被称为可用能。有效能是指理论上可以转化为任何其他能量形式的能量，是一定形式的能量或一定状态的物质从一个状态，通过可逆变化达到完全的环境平衡，在过程中可以最大限度转化为有用功的能量，通常用 E_x 或 B 表达，单位为 J。反之，不能转化为有用功的能量称为无效能或"烌"（A_n 或 D）。因此，总能量是有效能与无效能的总和，符合热力学第一定律，公式为

$$E = E_x + A_n \tag{4.15}$$

有效能表征了能量在量和质上的统一，是能量做功能力的度量，可以用来评价不同形式的能量。当环境状态一定时，有效能只取决于能量储存的初始状态，可以视为状态参数。在可逆过程中，有效能是恒定不变的；而不可逆过程是一个有效能逐渐减小，无效能逐渐增大的过程。在实际生产中，有效能总是在减小，能量的品位总是在降低，而总能量是不变的。

根据能量与其拥有的有效能的大小关系，可以把能量分为高质能、低质能和僵态能。其中，高质能在理论上可以认为能够完全转换为功，它的量与质是统一的，即高质能与有效能是相等的。通常，机械能、电能、核能等可以作为高质能考虑。而低质能符合热力学第二定律，其能量无法完全转化为功，量与质不能全部统一，质的高低决定了能够转化为功的能量多少，总能量大于有效能，其典型例子是热能。僵态能则是做功能力为零的能量，如大气、大地、天然水等环境介质具有的热力学能。尽管僵态能蕴含能量巨大，但有效能的大小是零。当然，如果能够改变体系（环境）的热力学状态，这些僵态能也是可以加以利用的，如海洋温差发电系统，即利用海水的浅层与深层的温差及其温、冷不同热源，经过热交换器及涡轮机来发电。

4.2.1.2 有效能的数学表达与模型[29, 30]

有效能的概念被进一步推广，以能量的存在形式为基准，可以分为动力学烌、位能烌、物理烌、化学烌、核能烌等。针对没有磁、电、表面张力等的过程，烌函数完整的热力学表达如式（4.16）所示：

$$B = c^2/2 + gX + B_{ph} + B_{ch} + B_{nu} \tag{4.16}$$

式中，$c^2/2$ 为动力学烌；c 为流速；gX 为位能烌；X 为高度；B_{ph} 为物理烌；B_{ch} 为化学烌；B_{nu} 为核能烌。

具体对于一个单元过程的流股，如果仅考虑物理烌 B_{ph} 和化学烌 B_{ch}，则可表达为式（4.17），由此可以看出烌函数本身已经具备了能量特征（焓、熵等）和物

质特征（化学组成、浓度等），证明㶲可以统一表达能量和物质的效率，即

$$B = B_{ph} + B_{ch} \tag{4.17}$$

物理㶲：物理㶲是物系由于 T、p 与环境（T_0、p_0）不同而具有的有效能，是体系焓和熵的函数。根据定义，其表达式与理想功有极大的关联性。对于稳流体系，物理㶲计算的基本公式是

$$B_{ph} = -W_{id} = (H - H_0) - T(S - S_0) \tag{4.18}$$

式中，下标 0 为物系基态。可以发现，对于稳流体系，理想功和有效能具有极强的相似性。它们均从热力学第一和第二定律推出，能代表能量品质的高低。然而，理想功是针对过程而言，只与始末状态有关，结果可正可负，而其终态不受限制，可以选择任意状态。有效能则总是正值，其大小与基准态有关，是一个状态量，其终态只能是基准态。理想功可视为终态与始态有效能的变化值。

（1）热量有效能

热量有效能 B_Q 用来描述热源的做功能力，是由于温度不同而拥有的有效能，一般按照 Carnot 循环所转化的最大功来计算。对于恒温热源，其热量有效能为

$$B_Q = Q\left(1 - \frac{T_0}{T}\right) \tag{4.19}$$

式中，Q 为热量；T 为热源温度；T_0 为环境温度。热量有效能可用 H、S 值表示。对于仅有显热变化的情况，温度由 T 变到 T_0，热量有效能为

$$B_Q = (H - H_0) - T_0(S - S_0) = \int_{T_0}^{T}\left(1 - \frac{T_0}{T}\right)C_p dT \tag{4.20}$$

用平均热容 $\bar{C}_p$ 来表示则是

$$B_Q = \bar{C}_p[(T - T_0) - T_0 \ln(T/T_0)] \tag{4.21}$$

对于变温热源，其热量有效能为

$$B_Q = Q\left(1 - \frac{T_0}{T_m}\right) \tag{4.22}$$

式中，T_m 为热源温度 T_1 到 T_2 的热力学平均温度，计算公式为

$$T_m = \frac{T_2 - T_1}{\ln(T_2/T_1)} \tag{4.23}$$

其热量有效能的变化量为

$$\Delta B_Q = B_{Q2} - B_{Q1} = \int_{T_1}^{T_2}\left(1 - \frac{T_0}{T}\right)C_p dT \tag{4.24}$$

$$\Delta B_Q = \bar{C}_p[(T_2 - T_1) - T_0 \ln(T_2/T_1)] \tag{4.25}$$

以上公式适用于任何与环境有热交换的体系。热量有效能的大小不仅与热量的多少有关，还与热源的温度有关。热能即使未对外做功，只要温度降低，有效

能就会降低。热量有效能仅表示热源的做功能力,与其是否真正做功无关。

(2) 压力有效能

压力有效能 B_p 描述的是压力差带来的有效能。由物理㶲的基础公式及焓变、熵变的计算式,可以推出压力有效能的基础表达式:

$$\Delta H = \int_{p_0}^{p} \left[V - T \left(\frac{\partial V}{\partial T} \right)_p \right] dp \tag{4.26}$$

$$\Delta S = -\int_{p_0}^{p} \left(\frac{\partial V}{\partial T} \right)_p dp \tag{4.27}$$

$$B_p = \int_{p_0}^{p} \left[V - (T - T_0) \left(\frac{\partial V}{\partial T} \right)_p \right] dp \tag{4.28}$$

对于理想气体,该式可简化为

$$B_p = nRT_0 \ln \frac{p}{p_0} \tag{4.29}$$

式中,p 为研究状态下体系的压力;p_0 为环境状态下的压力,若是环境中的组分 i,则为环境状态下组分 i 的分压力。例如,氧气在环境中则为 $p_0 y_{O_2}$。

(3) 稳流物系物理㶲

计算温度有效能和压力有效能,就能得到稳流物系的物理㶲。根据上述公式,1mol 理想气体的物理㶲为

$$B_{\text{ph}} = \int_{T_0}^{T} \left(1 - \frac{T_0}{T}\right) C_p^{\text{id}} dT + RT_0 \ln \frac{p}{p_0} \tag{4.30}$$

式中,前一项为温度有效能;后一项为压力有效能。若理想气体的等压热容 C_p^{id} 可以视作常数,则

$$B_{\text{ph}} = C_p^{\text{id}} [(T - T_0) - T_0 \ln(T/T_0)] dT + RT_0 \ln \frac{p}{p_0} \tag{4.31}$$

在实际中,若无法查得热容 C_p,也可由焓图查得 H 和 H_0 的数据,用公式近似计算:

$$H - H_0 = C_p (T - T_0) \tag{4.32}$$

代入得

$$B_{\text{ph}} = (H - H_0) \left[1 - \frac{T_0}{(T - T_0)} \ln(T/T_0) \right] + RT_0 \ln \frac{p}{p_0} \tag{4.33}$$

对于真实气体,其焓变、熵变可通过计算剩余焓、剩余熵求得(图4.9)。

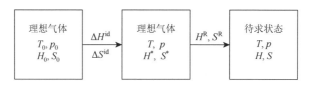

图 4.9 真实气体计算示意图

则真实气体相对于基态的焓变与熵变为

$$H - H_0 = \Delta H^{id} + H^R \tag{4.34}$$

$$S - S_0 = \Delta S^{id} + S^R \tag{4.35}$$

真实气体的摩尔物理㶲为

$$B_{ph} = \int_{T_0}^{T} \left(1 - \frac{T_0}{T}\right) C_p^{id} dT + RT_0 \ln \frac{p}{p_0} + H^R - T_0 S^R \tag{4.36}$$

式中，剩余焓、剩余熵可用 RK 方程，也可用普遍化方法计算，用 RK 方程表示则为

$$H^R = pV - RT - \frac{1.5a}{bT^{0.5}} \ln\left(1 + \frac{b}{V}\right) \tag{4.37}$$

$$S^R = R\ln\left[\frac{p(V-b)}{RT}\right] - \frac{0.5a}{bT^{1.5}} \ln\left(1 + \frac{b}{V}\right) \tag{4.38}$$

式中，a 和 b 分别为 RK 方程中的常数，分别表示分子间引力修正系数和体积修正系数。

对于气体混合物，可求各个组分的有效能，并求其总和。理想气体混合物的物理㶲为

$$B_{ph} = \sum_i y_i \left[\int_{T_0}^{T} \left(1 - \frac{T_0}{T}\right) C_p^{id} dT + RT_0 \ln \frac{p}{p_0}\right] \tag{4.39}$$

真实气体混合物的物理㶲为

$$B_{ph} = \sum_i y_i \left[\int_{T_0}^{T} \left(1 - \frac{T_0}{T}\right) C_p^{id} dT + RT_0 \ln \frac{p}{p_0}\right] + H_m^R - T_0 S_m^R \tag{4.40}$$

对于液体或固体，其基本表达式为

$$B_{ph} = \int_{T_0}^{T} \left(1 - \frac{T_0}{T}\right) C_p dT - v_m(p - p_0) \tag{4.41}$$

式中，v_m 为 T_0 温度下的摩尔体积。在压力不太高时，压力对其熵和焓的影响可以忽略不计，则其对应的表达式为

$$B_{ph} = B_Q = \int_{T_0}^{T} \left(1 - \frac{T_0}{T}\right) C_p dT \tag{4.42}$$

热容 C_p 基本不变时，则有

$$B_{ph} = \bar{C}_p[(T - T_0) - T_0 \ln(T/T_0)] \tag{4.43}$$

(4) 化学有效能

化学有效能是物系在环境（T_0、p_0）下由于组成、浓度不同而具有的有效能，是体系组成、浓度或活度的函数。在达到平衡的过程中，体系可能发生物理扩散或化学反应，通过环境中基准物的浓度和热力学状态，即可计算物质的化学有效能。表 4.18 和表 4.19 列出了我国国标规定的基准态大气组成及一些元素指定的环境状态。

表 4.18 基准态大气组成

元素	N_2	O_2	Ar	CO_2	Ne	He	H_2O
摩尔组成	0.7557	0.2034	0.0091	0.0003	1.8×10^{-5}	5.24×10^{-6}	0.0316

表 4.19 化学有效能元素基准环境状态[31]（$T_0 = 298.15\text{K}$、$p_0 = 0.101\text{MPa}$）

元素	环境状态		元素	环境状态	
	基准物	浓度		基准物	浓度
Al	$Al_2O_3 \cdot H_2O$	纯固体	H	H_2O	纯液体
Ar	空气	$y_{Ar} = 0.01$	N	空气	$y_{N_2} = 0.78$
C	CO_2	纯气体	Na	NaCl 水溶液	$m = 1\text{mol/kg}$
Ca	$CaCO_3$	纯固体	O	空气	$y_{O_2} = 0.21$
Cl	$CaCl_2$ 水溶液	$m = 1\text{mol/kg}$	P	$Ca(PO_4)_2$	纯固体
Fe	Fe_2O_3	纯固体	S	$CaSO_4 \cdot 2H_2O$	纯固体

(5) 化学有效能的计算

对于纯基准物，其化学有效能是该物质等温可逆扩散至环境浓度所做的功。就环境中的组分 i 而言，其有效能 $B_{\text{ch},i}$ 为

$$B_{\text{ch},i} = RT_0 \ln \frac{p_0}{p_{0,i}} \tag{4.44}$$

式中，T_0、p_0 分别为环境的温度、压力；$p_{0,i}$ 为环境中 i 组分的分压。对于非基准物，必须先经化学反应转化成基准物质，并使该物质的状态与环境状态相同。在标准条件下，该系统化学反应前后的有效能改变量等于该反应的标准生成自由能，则此时的化学有效能为

$$B_{\text{ch},i} = \Delta G_{\text{f}}^{\ominus} + \sum v_{ij} B_j \tag{4.45}$$

式中，$\Delta G_{\text{f}}^{\ominus}$ 为反应的标准生成自由能；v_{ij} 为生成组分 i 的基准物 j 在反应中的化学反应计量数；B_j 为基准物 j 的标准化学有效能。针对气体混合物与理想液体混

合物，化学有效能的计算应按照式（4.60）进行：

$$B_{\text{ch}} = \sum_i x_i [B_i + RT_0 \ln(x_i)] \tag{4.46}$$

式中，x_i 为组分 i 的摩尔分数；B_i 为组分 i 的标准化学有效能。对于真实液体混合物，可用活度系数来修正该公式，即

$$B_{\text{ch}} = \sum_i x_i [B_i + RT_0 \ln(\gamma_i x_i)] \tag{4.47}$$

式中，γ_i 为组分 i 的活度系数。

燃料的化学有效能可以用其净热值（NCV）进行估算，其表现形式为

$$B_{\text{ch}} = \phi \cdot \text{NCV} \tag{4.48}$$

式中，ϕ 为与燃料原子组成有关的参数，其大小一般为 1.04~1.08。

4.2.2 有效能的损失及其利用效率

在现实生活中，一切过程都是不可逆的，每一项不可逆条件都不可避免地导致有效能的损失。有效能损失值表示过程的不可逆程度，可反馈过程中能量转换与利用的完善程度，即可通过尽量将有效能损失减少到最低限度，降低其不可逆性，以达到节能的目的。

4.2.2.1 有效能损失的计算

针对一个单元或过程，考虑总的输入和输出的平衡可以用图 4.10 表示，由于不可逆的特征，该单元或过程的㶲损失以 B_{losses} 来表示。

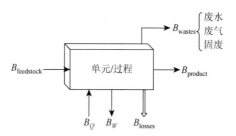

图 4.10 单元过程平衡示意图

依据㶲平衡原理，损失 B_{losses} 可采用式（4.49）进行计算：

$$B_{\text{losses}} = \sum_{\text{in}} B_i^{\text{st}} - \sum_{\text{out}} B_j^{\text{st}} - B_Q + B_W \tag{4.49}$$

式中，B_W、B_Q 分别为外体系和单元（过程）之间交换的功、热的㶲值；$\sum_{\text{in}} B_i^{\text{st}}$ 为进料流股的总有效能；$\sum_{\text{out}} B_j^{\text{st}}$ 为出料流股的总有效能。由于熵可以用来衡量系统

的无效能，故熵变与有效能损失有关联，可通过过程熵变来计算有效能损失。对于节流过程，高压气体通过管道绝热膨胀，是一个等焓过程，有效能损失极大，是一种高度不可逆过程。在此过程中，有效能变化与过程的有效能损失大小相等，则

$$B_{\text{losses}} = -\Delta B = T_0 \Delta S - \Delta H = T_0 \Delta S \tag{4.50}$$

对于稳流过程，其有效能损失是有效能改变量与有用功的差值。由此可知，稳流体系的有用功可由热力学第一定律导出，忽略动能、势能，则此时的有效能损失为

$$W = Q - \Delta H \tag{4.51}$$

$$B_{\text{losses}} = -\Delta B - W = T_0 \Delta S - Q \tag{4.52}$$

式中，Q 为系统与环境交换的热量，可用环境熵变来表示：

$$\Delta S_{\text{sur}} = -\frac{Q}{T_0} \tag{4.53}$$

简化可得

$$B_{\text{losses}} = -\Delta B = T_0 \Delta S - \Delta H = T_0 \Delta S_t \tag{4.54}$$

式中，ΔS_t 为环境和系统的总熵变。

（1）流体输送过程

对于流体输送过程，根据热力学定律，其过程可用式（4.55）描述：

$$dH = TdS + Vdp \tag{4.55}$$

在一般管道输送过程中，体系与环境间没有热与功的交换，其焓值变化为零，可得

$$dH = \delta Q - \delta W_T = 0 \tag{4.56}$$

$$dS = -\frac{V}{T} dp \tag{4.57}$$

$$dB_{\text{losses}} = -T_0 \frac{V}{T} dp \tag{4.58}$$

稳流系统的有效能损失是由阻力造成的，其大小与压降有关，可通过选取合适的压降作为过程的推动力来减少损失。

（2）传热过程

当两个不同温度的物体接触时，热量会发生传递，则伴随着有效能的损失。设定高温物体温度为 T_1，低温物体温度为 T_2，则它们的有效能改变量分别为

$$B_{Q,1} = Q\left(1 - \frac{T_0}{T_1}\right) \tag{4.59}$$

$$B_{Q,2} = Q\left(1 - \frac{T_0}{T_2}\right) \tag{4.60}$$

式中，Q 为过程中传递的热量；$B_{Q,1}$、$B_{Q,2}$ 分别为高温物体释放的热量的有效能和低温物体吸收的热量的有效能。则该过程的有效能损失为

$$B_{\text{losses}} = B_{Q,1} - B_{Q,2} = QT_0 \left(\frac{T_1 - T_2}{T_1 T_2} \right) \quad (4.61)$$

由此可见，在传热过程中，温差大则有效能损失大。实际生产中应在工艺条件下选取尽量小的传热温差，以达到节能的目的。

（3）传质过程

当两相化学位不同时，化学位推动力的存在则会发生传质现象，物质总是从化学位高的相向化学位低的相传递，而过程中的不可逆熵增则随组分在各项中活度之差的增加而增加，即

$$dB_{\text{losses}} = -T_0 \sum_{i=1}^{n} \left(\frac{\mu_i^\alpha - \mu_i^\beta}{T} \right) dn_i \quad (4.62)$$

$$\mu_i = \mu_i^0(T,P) + RT \ln a_i \quad (4.63)$$

式中，n_i 为除组分 i 外其他组分分子数；μ_i 为组分 i 的化学位；α, β 分别为 α 相和 β 相；a_i 为组分 i 的活度。

（4）化学反应过程

根据化学反应的熵变，可计算其有效能损失如下：

$$dB_{\text{losses}} = -T_0 \sum_i \frac{\mu_i}{T} v_i d\lambda \quad (4.64)$$

式中，v_i 为物质 i 的反应计量数；$\sum_i \frac{\mu_i}{T} v_i$ 为化学反应的推动力，又称化学亲和力；λ 为反应进度。对比上述过程，发现有效能的损失随过程推动力的增大而增大。这里仍需强调，根据能量守恒原理，能量是不可能消失的，而有效能是可以完全消失的，表示做功能力达到最大了。

4.2.2.2 有效能利用效率计算

一般热效率考察的是能量的利用率，是过程中利用的能量与投入或消耗的总能量之比。但该计算只考虑能量的数量大小，未考虑能量的质量问题，把低位能与高位能一视同仁，无法真正体现能量的效率，无法全面评估能量的利用情况，更不适于描述热功同时输出的复杂系统。

例如，在现在的化工生产中，对余热再利用的要求越来越高，多要求采用热集成等方法实现能源投入的最小化，此时就不能单用普通的热效率来评价工艺过程，而是采用有效能利用效率进行计算。在有效能利用效率的计算中，分子分母

采用各物流的有效能，真正地用一个合适统一的量度来衡量高位能和低位能，各能量的有效能是等价等质量的。根据定义，可以得出

$$\eta_B = \frac{\sum B_{\text{out}}}{\sum B_{\text{in}}} = 1 - \frac{\sum B_{\text{losses}}}{\sum B_{\text{in}}} \tag{4.65}$$

式中，η_B 为过程的有效能利用效率；$\sum B_{\text{out}}$ 为离开系统的各流股的有效能之和，包括物质流股和能量流股；$\sum B_{\text{in}}$ 为投入的流股的总有效能；$\sum B_{\text{losses}}$ 为系统的有效能损失。

当过程完全不可逆时，$\eta_B = 0$；当过程完全可逆时，则 $\eta_B = 1$，有效能损失为 0；通常，$0 < \eta_B < 1$，其偏离 1 的程度反映了有效能损失的多少，η_B 越大，反应越接近可逆，能量利用率越高。有效能利用效率是工艺过程热力学分析的一个重要参数，它能够较为准确地描述过程的能量利用效率及过程的可逆性。目前，有效能利用效率已被大量用于化工等实际过程的评估。

4.2.3 基于有效能分析的能质效率评价方法

为了更完整全面地评价过程的能量效率，可以采用热力学第一和第二定律相结合的方法，既考虑热效率反应的过程能量的改变，又考虑有效能效率代表的能量质的因素，由此可以采用有效能进行分析，并将有效率能利用效率定义为能质效率。当前，采用基于有效能分析的方法对资源转化的效率及环境影响评价和分析已成为研究热点，并试图通过这一效率来获得减少损失的方法，完善生产过程。进行能质效率分析通常分为四步：①根据需要确定研究物系；②确定流入流出系统的流股（包括物流及能流）的工艺状况，并查询或计算相关热力学函数；③计算各流股的有效能；④计算系统的有效能损失、热效率及能质效率。

有效能分析法既可以对整个流程进行一个总的评估，也可以以单个单元为研究对象，还可以对特定的能量系统进行计算，分析各部分的利用效率，找出薄弱环节，分清改进的难易程度，提供可行的过程优化方向。其改进形式包括调整生产操作、改进工艺或设备等，可结合经济评估，为生产做出指导。目前有效能分析的主要特征及发展趋势如下。

1）从传统的以评价能量体系为主扩展到评价物质体系，对物质体系的有效能进行了详细的计算，如 CO_2 减排的天然气热电联产系统的有效能分析，采用基于有效能的指数方法准确地表达资源转化效率。

2）有效能分析的研究范围和边界不断扩大，研究对象趋向于多层次化，从一个单元（如锅炉、透平等）或一个工业过程（如合成氨工艺）向与该单元和过程相关的产品及生态工业系统拓展，使得研究体系的边界从单元或过程层次过渡到包括资源（如化石或可再生资源）的转化、产品使用及回收处理的生态

层次。但现有的研究基本都停留在一个层次上,涵盖多个层次和跨层次的研究还较欠缺。

3)研究方法不断改进。产品处理和产品循环的有效能损失,生态积累有效能消耗等开始被包含于其中。并与生命周期评价(LCA)相结合,使有效能分析扩展到了大系统或生态系统,可以得到严格意义下的物质和能量流股,并避免对数据强烈的依赖。

4)研究从评价趋向优化。建立有效能损失最小化模型,可用于体系和过程的优化,从而获得体系或过程有效能损失最小的单元结构和操作参数。目前针对全生命周期、多层次结构系统的有效能损失最小化的优化还需要深入的探索和研究。

5)有效能分析法的适用范围不断扩大。有效能分析方法逐渐从宏观层次向工业过程层次过渡,以单元为研究对象,采用有效能分析方法对其分析。同时,有效能分析可用的数据库包含的物质愈发齐全,数据精准度也被不断检验。

4.2.4 几种典型的有效能分析应用案例

4.2.4.1 生物质蒸气气化生产二甲醚工艺[32]

生物质的蒸气气化过程是在大气压及 880℃条件下进行的,并选取白云石或橄榄石催化,蒸气与生物质投入质量之比为 0.6,得到的气体产物包括 H_2、H_2O、CO、CO_2、CH_4,并辅以一个水煤气转换反应来调控 H_2/CO 的值。

$$C_\alpha H_\beta O_\gamma N_\delta S_\varepsilon + \left(\alpha + \frac{\beta}{4} + \delta + \varepsilon - \frac{\gamma}{2}\right)O_2 \longrightarrow \alpha CO_2 + \frac{\beta}{2}H_2O + \delta NO_2 + \varepsilon SO_2$$

$$CO + H_2O \longrightarrow CO_2 + H_2$$

根据文献及实验可以确定生物质中各元素的含量,并估算得到其热力学参数。在此例中,二甲醚的合成大致分为两步,第一步是 CO 与 H_2 生成甲醇,第二步是甲醇间的成醚反应。

$$CO + 2H_2 \longrightarrow CH_3OH$$

$$2CH_3OH \longrightarrow CH_3OCH_3(DME) + H_2O$$

第一步甲醇的合成反应,采用合成气,在 220~260℃、20~40bar 条件下,以铜基催化剂如 $CuO/ZnO/Al_2O_3$ 催化,在填充床反应器中进行。在此过程中,未反应的合成气循环利用。此步反应可用 SRK 方程进行描述。第二步二甲醚的合成,采用 γ-Al_2O_3 为催化剂,反应条件维持在 10~20bar,300℃左右。单次转换使用 SRK 方程模拟计算,单次转化率为 70%~85%,甲醇循环后转化率约为 95%。对于甲醇的循环用 UNIQUAC-RK 方程模拟。整个工艺流程,包括热集成部分,如

图 4.11 所示。部分生物质用作燃烧的燃料，生成能量的热量由反应及生成的合成气与废气提供。

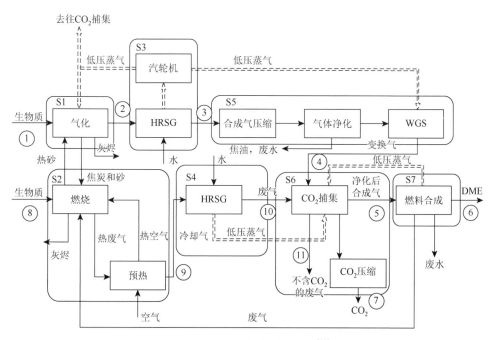

图 4.11 二甲醚生产工艺流程[32]

S1. 气化过程；S2. 燃烧及空气预热；S3. 合成气的热回收；S4. 燃烧废气的热回收；S5. 气体压缩及水煤气转换；S6. 二氧化碳捕集与压缩；S7. DME 合成；HRSG 代表余热回收；WGS 代表水煤气转换反应

对于各个流股有效能的计算遵循之前章节所言，得到流股信息如表 4.20 所示，并针对整个过程进行了能质效率分析，结果见表 4.21，得到过程热效率与有效能利用效率分别为 51.3%和 47.9%。

表 4.20 二甲醚生产流股信息表[32]

参数	流股										
	1	2	3	4	5	6	7	8	9	10	11
温度/℃	25	880	150	93	60	25	80	25	354	120	60
压力/bar	1.32	1.32	1.32	10	10	20	200	1.82	1.82	1.82	20
质量流率/(kg/h)	1	1.57	1.57	1.39	0.791	0.525	1.467	0.4	6.46	6.46	0.028
CH_4/wt%	—	0.0181	0.0181	—	—	—	—	—	—	—	—
H_2/wt%	—	0.0665	0.0665	0.0809	0.1426	—	—	—	—	—	0.5563
O_2/wt%	—	—	—	—	—	—	—	—	0.091	0.091	—
H_2O/wt%	—	0.1415	0.1415	—	—	0.0039	0.0020	—	0.062	0.062	—

续表

参数	流股										
	1	2	3	4	5	6	7	8	9	10	11
C/wt%	—	0	0	—	—	—	—	—	—	—	—
CO/wt%	—	0.5038	0.5038	0.4841	0.8536	—	—	—	—	—	—
CO_2/wt%	—	0.2682	0.2682	0.4328	—	—	0.9960	—	0.134	0.134	—
N_2/wt%	—	0.0019	0.0019	0.0022	0.0038	—	0.0020	—	0.713	0.713	0.1024
甲醇/wt%	—	—	—	—	—	0.0036	—	—	—	—	0.3412
二甲醚/wt%	—	—	—	—	—	0.9925	—	—	—	—	0
能量/(MJ/h)	20.37	27.88	24.84	22.53	22.9	16.56	0.184	8.15	4.56	2.89	2.43
有效能/(MJ/h)	21.39	23.32	21.79	20.58	20.33	16.16	1.029	8.56	1.92	1.24	2.09

表 4.21 二甲醚生产过程能质效率分析[32]

参数	质量流率/(kg/h)	能量/(MJ/h)	有效能/(MJ/h)
进料流股			
生物质	1.4	28.52	29.95
空气	6.0		
蒸气	0.68		
能量		3.77	3.77
出料流股			
二甲醚	0.525	16.56	1.467
CO_2 产物	1.467	0.184	1.029
CO_2 废气	5.59		
废水	0.458		
设施			
能量/(MJ/h)	3.77		

根据图 4.12，对各操作单元进行具体分析。各模块下部的数据 I 代表了该部分的有效能损失。经对比发现，相对于其他步骤，S1、S2 的有效能损失较大，是潜在的可优化部分。在 S1 中约 28.6%的生物质燃烧用于提供该步骤需要的能量。虽然有效能损失较大，但 S1 的有效能利用效率高达 89.8%，其损失是反应的固有需要，难以提高。S2 的有效能利用效率仅有 58.2%，可通过优化反应条件，提高有效能利用效率。S3、S4 部分的损失是由指定温度下热量传递带来的，其损耗较小，难以提高。S5 的有效能损失是由压缩机的冷却、未传递给环境的热量及反应带来的固有损耗造成的。对于 S6，有效能损耗适中，除二氧化碳压缩过程损耗外，还有用于胺液再生的低压蒸气的消耗。在 S7 DME 合成中，反应热被用于生成低

压蒸气，其有效能损失来源于反应固有消耗及废水排放带走的能量，无法避免，不是优化的重点。综合来看，可通过优化生物质气化温度、燃烧温度及蒸气与生物质质量比等来提高该工艺各个步骤的有效能利用效率。

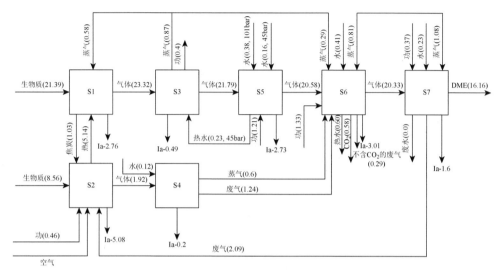

图 4.12　二甲醚生产有效能流股图[32]

S1. 气化过程；S2. 燃烧及空气预热；S3. 合成气的热回收；S4. 燃烧废气的热回收；
S5. 气体压缩及水煤气转换；S6. 二氧化碳捕集与压缩；S7. DME 合成

4.2.4.2　基于气体分离膜碳捕集过程的能质效率分析[33]

有效能分析法被用于评估利用气体分离膜捕集燃烧废气中所含二氧化碳的可行性。目前这种方法的难点在于提高膜性能，废气中二氧化碳浓度低，为达到膜的使用要求，需降温加压，能量消耗大，故能量分析是膜分离的重要评估标准。在此案例中所用某燃煤电厂烟气的参数如表 4.22 所示。

表 4.22　某燃煤电厂烟气参数表[34]

参数	数值	单位
流量	781.8	kg/s
温度	50	℃
压力	1.016	bar
O_2	3.65	vol%wet
CO_2	13.73	vol%wet
SO_2	85	mg/Nm^3
NO_x	120	mg/Nm^3
H_2O	9.73	vol%wet

参数	数值	单位
Ar	0.005	vol%wet
N_2	72.86	vol%wet
颗粒	8	mg/Nm^3

注：单位中 wet 代表湿烟气。

在研究过程中采用二级膜分离技术，如图 4.13 所示，采取的反应条件：CO_2 渗透速率为 $6Nm^3/(m^2 \cdot bar \cdot h)$，$CO_2/N_2$ 选择性为 70，CO_2 分离率为 90%，分离出 CO_2 的纯度为 95%，二级分离操作压力约为 2.5bar，渗透侧压力为 0.2bar。

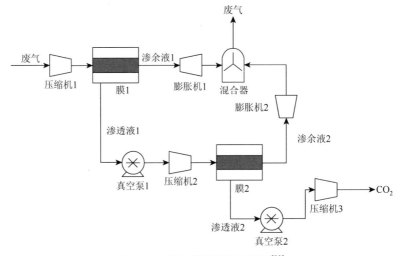

图 4.13 膜分离碳捕集示意图[33]

对此过程进行有效能分析，示意图见图 4.14，既要考虑过程的输入原料、输出产物，也要考虑废料及环境变化。

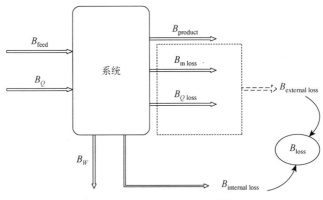

图 4.14 有效能平衡图[33]

过程对应的有效能损失可由如下平衡计算：

$$\sum B_{\text{internal loss}} = (\sum B_{\text{feed}} - \sum B_{\text{product}} + \sum B_Q - \sum B_W) - (\sum B_{\text{m loss}} + \sum B_{Q\text{ loss}})$$
(4.66)

式中，总有效能损失 B_{loss} 由内部损耗、外部损耗两部分构成；外部损耗 $B_{\text{external loss}}$ 由不再利用的废弃流股组成，包括气、液、固态的废物料及能量流股，如废气或冷凝水中所含能量；内部损耗 $B_{\text{internal loss}}$ 指由摩擦、热传递和一些自发过程如化学反应及混合带来的不可避免的有效能损失；B_{feed}、B_{product} 为原料及产物的有效能；B_Q、B_W 分别为热及功的有效能；$B_{\text{m loss}}$ 为物料流股带来的有效能损失；$B_{Q\text{ loss}}$ 为废弃能流有效能损失。该膜法碳捕集装置的能量流动示意图如图 4.15 所示。

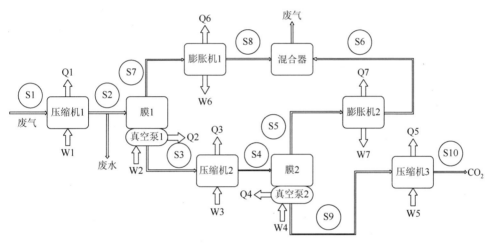

图 4.15 能量流动示意图[33]

对各流股及单元进行分析，得到表 4.23~表 4.26 中的结果。

表 4.23 碳捕集的流股分析[33]

序号	流量/(kg/s)	压力/bar	温度/℃	有效能/MW
S1	748.88	1.02	25	56.24
S2	737.77	3.82	25	135.20
S3	199.03	0.2	25	39.78
S4	199.03	2.5	25	71.44
S5	49.53	2.5	25	5.62
S6	49.53	1.02	25	1.10
S7	538.74	3.82	25	71.16
S8	538.74	1.02	25	9.15
S9	149.50	0.2	25	50.73
S10	149.50	110	25	98.66

表 4.24　碳捕集的能量消耗[33]

序号	有效能/MW
W1	112.06
W2	52.50
W3	45.43
W4	28.95
W5	69.70
W6	−45.10
W7	−2.43
净能量消耗	261.10

表 4.25　碳捕集的热量分析[33]

序号	流量/(kg/s)	有效能/MW
Q1	134.59	24.15
Q2	52.89	10.34
Q3	45.74	8.13
Q4	29.26	4.77
Q5	87.88	15.13
Q6	30.55	6.41
Q7	3.92	0.22
总有效能		69.15

表 4.26　碳捕集的有效能损失[33]

序号	有效能/MW
膜 1 + 真空泵 1	76.75
膜 2 + 真空泵 2	44.04
压缩机 1	33.10
压缩机 2	13.76
压缩机 3	21.78
膨胀机 1	16.91
膨胀机 2	2.09
总有效能损失	208.43

对于气体分离膜碳固定来说，能量消耗是一个关键问题。由表 4.26 可以看出，多数能量被消耗在废气压缩机上以推动气体透过膜。发现第二次膜分离所需能量仅是第一次的 60%，可见适当提高第一次过程渗透侧压力，减小第二次的进料压力是

减少能耗的好方法。多级分离也是一种解决方案，但应考虑设备费用等问题。

图4.16展示了各操作单元有效能损失及能质效率的对比。结合表4.19，发现尽管气体压缩步骤能量消耗及有效能损失占比颇大，但其能质效率较高。膜分离部分能耗大、损失多、效率低，说明了优化膜分离步骤的重要性。就整个工序而言，当同时考虑内部及外部有效能损失时，其能质效率仅为53%；当仅考虑不可避免的内部损耗时，能质效率升高至80%。故循环再利用过程放出的热是提高该工艺能质效率的有效办法，如用其他高温气体对物料进行预热。

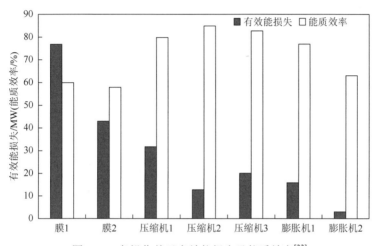

图4.16　各操作单元有效能损失及能质效率[33]

4.3 原子经济性及过程的物质效率

4.3.1 化学反应的原子经济性

有机合成在现代社会中具有十分重要的地位，人工合成的有机化学品、医药、食品添加剂等产品极大地丰富和提高了现代人类的生活质量。然而与此同时，在生产活动中产生的工业"三废"和生活污染物也急剧增加，大大影响了人们的生活和健康。因此发展环境友好的有机合成方法是新时代的新挑战和新趋势，成为近年来有机合成领域的热点。

在此背景下，美国Stanford大学的Trost教授在1991年提出了化学反应的"原子经济性"（atom economy）概念[35]。与得到高摩尔产率为目标的传统化学不同，在原子经济性的概念下，化学研究中所关注的合成效率包括选择性和原子经济性两个方面，即希望将原料中的原子尽可能多地转化到产物中，同时最大限度地减少副产物的排放。理想的原子经济性反应是指原料分子中的原子得到100%利用而转变为目标产物，没有任何副产物产生，达到零排放。原子经济性可以用原子利用率来衡量。原子利用率（atom efficiency，AE）等于目标产物的分子量与反应物总的原子量的百分比：

$$原子利用率（\%）=\frac{目标产物的分子量}{反应物总的原子量}\times 100 \quad (4.67)$$

该定义表示了原材料转化为目标产物的百分比。例如，在环氧乙烷的制备中，采用氯乙醇工艺，其原料除了生成目标产物环氧乙烷外还产生了 $CaCl_2$ 和 H_2O 副产物，该合成路线的原子利用率只有 25.4%[式（4.68）]；而采用直接氧化法时，原料分子中的原子全部进入目标产物中，原子利用率达到 100%[式（4.69）]，即

$$CH_2=CH_2 + Cl_2 + Ca(OH)_2 \longrightarrow \underset{\triangle}{O} + CaCl_2 + H_2O \quad (4.68)$$

$$CH_2=CH_2 + 1/2\ O_2 \longrightarrow \underset{\triangle}{O} \quad (4.69)$$

对于原子利用率，只能基于主反应方程式进行计算，计算过程不考虑反应的真实收率，而是假设未反应的原料被完全回收并重复利用了，计算的结果只是一个理想值。因此，计算一个反应过程的原子利用率应遵循下面三个假设[36]：①反应收率达到了 100%；②使用的原料的量符合化学计量比；③只考虑化学反应方程式中出现的物质。

化学合成中，原子利用率越高，其原子经济性越高，副产物或废物的排放量就越低。而化工生产中常用的反应收率（yield，Y），则定义为目标产物的实际质量与理论生成量的百分比：

$$收率（\%）=\frac{目标产物的实际质量}{目标产物的理论生成量}\times 100 \quad (4.70)$$

通过对比可以看出，原子经济性与产率或收率是两个不同的概念，前者是从原料分子中原子被利用的水平来看化学反应，后者则从传统宏观量上来看化学反应。收率忽略了目标产物以外的其他产物的生产和再利用，进而导致出现一个合成路线的产率为 100%，但却生成了比所需产物更多的副产物或废弃物的情况。如果 1mol 原料生产了 1mol 产品，则该合成方法的产率为 100%，似乎是一个完美的合成方法。但该合成过程却可能产生 1mol 或更多的废物，从而造成生产成本的提高和严重的环境污染问题。因此，仅用产率并不能合理地评价一个合成过程的效率与效益。只有同时使用产率和原子经济性两个概念，作为评估一个化学工艺过程的标准，才能实现更"绿色化"、更有效的化学合成反应。

4.3.2 基于原子经济性的化学反应设计

4.3.2.1 加成反应

加成反应指两个或多个分子化合成为一个分子的反应。加成反应形式丰富，

在有机合成中应用广泛。同时由于这类反应几乎没有副产物，所以原子经济性很高，其通式为

$$A + B \longrightarrow C$$

（1）加氢反应

大多数碳碳双键，都可以被定量或近似定量地催化氢化[37]。几乎所有已知的烯烃在 0～275℃ 温度范围内都可以被加氢还原。使用的催化剂分为两类：非均相催化剂，如 Raney 镍、钯炭[38]、镍硼化合物[39]、金属铂及其氧化物，铑、钌和锌的氧化物[11]等；均相催化剂，如三(三苯基膦)氯化铑[RhCl(Ph$_3$P)$_3$][40]、氯代氢三(三苯基膦)钌(Ⅱ)[(Ph$_3$P)$_3$RuClH][41]、五氰基钴(Ⅱ)[Co(CN)$_5^{3-}$][42]等。由于氢全部加成到不饱和碳上，没有其他副产物产生，因此这类反应［式（4.71）］往往具有很高的原子经济性。

$$\diagup\!\!\!\!C\!\!=\!\!C\diagdown + H_2 \xrightarrow{\text{催化剂}} -\overset{H}{\underset{|}{C}}-\overset{H}{\underset{|}{C}}- \quad (4.71)$$

（2）氢甲酰化反应

在催化剂存在下，烯烃能与 CO 和 H$_2$ 发生氢甲酰化反应（又称为羰基合成反应）得到醛[43]，即

$$\diagup\!\!\!\!C\!\!=\!\!C\diagdown + H_2 + CO \xrightarrow[\text{催化剂}]{\text{加压}} H-\overset{|}{\underset{|}{C}}-\overset{|}{\underset{|}{C}}-CHO \quad (4.72)$$

该反应最常用的催化剂是羰基钴和铑的络合物，其他的一些过渡金属也可以用于催化该反应[44]。钴的催化剂活性低于铑，其他金属催化剂的活性更低。烯烃的氢甲酰化反应活性顺序是：直链端烯＞支链非端烯＞支链烯烃。以端烯为例，醛基既可以连接在一级碳原子上也可以连接在二级碳原子上，可以根据不同的目的，选择不同的催化剂来选择性地将醛基加在一级或者二级碳原子上[45]。例如，选择合适的配体，用铑催化剂催化对硝基苯乙烯的氢甲酰化反应可以得到 100% 的支链醛产物[45,46]。使用铑催化剂时，共轭二烯通过这个反应可以得到双醛基化合物[47]，但是如果使用钴催化剂，那么得到的将是饱和的单醛基产物，这是烯烃中的另外一个双键被还原的缘故。1,4-二烯和 1,5-二烯通过这个反应能得到相应的环酮。乙烯的氢甲酰化反应制备丙醛，可以用来合成甲基丙烯酸甲酯，以替代剧毒高污染的丙酮氰醇法，既提高了反应的原子经济性又减轻了对环境的污染，符合绿色化学的发展方向。

（3）Michael 加成反应

在碱存在条件下，含有吸电子基团的化合物可以加成到 C＝C—Z 类型的烯烃上（其中 Z＝CHO、COR、COOR、CONH$_2$、CN、NO$_2$、SOR 等基团），这就是 Michael 反应。例如，在过渡金属催化下腈和 α、β-不饱和醛可以发生 Michael

加成反应，腈中的氮和金属配位引发反应。α-氰基丙酸乙酯和丙烯醛的 Michael 加成反应可得光学活性物质［式（4.73）］[48]。

$$OHC-CH=CH_2 + NC-CH(CH_3)-CO_2C_2H_5 \xrightarrow[\text{苯}]{\substack{RhH(CO)(PPh_3)_3 \\ (S,S)-(R,R)\text{-TRAP}}} OHC-CH_2CH_2-C^*(CH_3)(CN)-CO_2C_2H_5 \quad (4.73)$$

（4）烯炔烃加成

这类反应包括烯烃-烯烃的加成、烯烃-炔烃的加成和炔烃-炔烃的加成等。在酸催化下烯烃可能发生二聚，生成含双键的二聚体，如式（4.74）所示。

$$\text{(二甲基戊二烯)} \xrightarrow{H^+} \text{(三甲基环己烯)} \quad (4.74)$$

此外，烯烃-烯烃的加成反应也可以在催化剂，如 Ni 络合物和烷基铝化合物[49]、Rh 催化剂[50]和过渡金属催化剂[51]等催化下进行。例如，烯烃与共轭烯烃的 1,4-加成生成非共轭二烯烃的反应［式（4.75）］就是在过渡金属催化剂的催化下进行的[52]。

$$CH_2=CH_2 + CH_2=CH-CH=CH_2 \xrightarrow{RhCl_3} CH_2=CH-CH_2-CH=CH-CH_3 \quad (4.75)$$

炔烃和炔烃也能发生加成反应，例如，两分子的乙炔在氯化亚铜和氯化铵的催化下加成生成乙烯基乙炔，其是一种重要的烯炔烃化合物，可用于制备氯丁橡胶的单体 2-氯-1,3-丁二烯［式（4.76）］。

$$CH\equiv CH + CH\equiv CH \xrightarrow[\text{NH}_4\text{Cl}]{\text{CuCl}} CH_2=CH-C\equiv CH \quad (4.76)$$

（5）环加成反应

环加成反应具有高的原子经济性、立体定向性，并且反应往往一步即可完成，因此是最具有效率的一类化学反应[53]。乙炔在 Ni 催化剂［氰化镍或其他 Ni(Ⅱ)、Ni(0)化合物］作用下可生成环状化合物如苯［式（4.77）］，不过同时也生成了环四辛烯，所以该反应的原子经济性也并不理想，只能通过选择合适的催化剂使其中某种产物的选择性提高，以提高原子经济性。

$$CH\equiv CH \xrightarrow{Ni(CN)_2} \text{(苯)} + \text{(环辛四烯)} \quad (4.77)$$

近年来随着"绿色化学"概念的深入人心及全球气候变暖问题的日益加重，二氧化碳的捕集及利用在工业和学术上备受关注。而二氧化碳与环氧化合物环加成反应合成五元环状碳酸酯 [式（4.78）] 因具有100%原子经济性的特点，被认为是最有前景的利用二氧化碳的方法之一[54]。

$$R-\text{环氧化物} + CO_2 \xrightarrow{\text{催化剂}} \text{环状碳酸酯} \quad (4.78)$$

目前报道的用于合成环状碳酸酯的催化剂可分为均相和多相催化剂。其中均相催化剂主要包括碱金属盐[55]、有机碱[56]、过渡金属配合物[57,58]、离子液体[59-61]等；非均相催化剂有金属氧化物[62]、固载化有机碱[63]、负载型离子液体催化剂[64]等。多相催化剂具有优异的分离效果，而均相催化剂则具有更好的反应活性，并且具有选择性高和反应条件温和等优点。

4.3.2.2 重排反应

化学键的断裂和形成都发生在同一分子中的反应称为重排反应。在反应过程中改变组成分子的原子配置方式，最后形成组成相同结构不同的新分子，其反应通式为 A ⟶ B。重排反应在有机化学中是一类很重要的反应，该类反应具有理想的原子经济性，在染料和药物合成中应用广泛。

（1）Beckmann 重排

肟与 PCl_5 或其他试剂发生反应，都可以重排生成酰胺，这个反应称为 Beckmann 重排反应。其他试剂包括：浓硫酸、甲酸、液态二氧化硫、氯化亚砜、超临界水和离子液体等。例如，重要的有机化工原料己内酰胺就是通过环己酮肟经 Beckmann 重排后得到的[65]：

$$\text{环己酮肟} \longrightarrow \text{己内酰胺} \quad (4.79)$$

对乙酰氨基酚（APAP）是制备解热镇痛药的主要原料，我国生产 APAP 主要采用对硝基氯苯水解，再经 Fe 还原、酰化而得：

$$\text{对硝基氯苯} \longrightarrow \text{对硝基苯酚} \xrightarrow{Fe, H^+} \text{对氨基苯酚} \xrightarrow{\text{乙酸酐}} \text{对乙酰氨基酚} \quad (4.80)$$

该工艺路线长，成本高，并且存在铁泥和酸的污染问题。而从对羟基苯乙酮出发，先经肟化，再通过 Beckmann 重排合成 APAP [式（4.81）][66]，路线短，成本低，并且不产生其他污染物，原子经济性高，符合绿色化学的发展趋势。

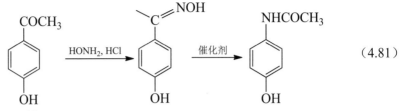
(4.81)

（2）Cope 重排

1,5-二烯在加热条件下会发生 σ 键迁移重排，该重排反应称为 Cope 重排[67]。

(4.82)

式中，Z 为 Ph、RCO 等。Cope 重排反应往往是可逆的，得到的产物是两种 1,5-二烯的平衡混合物，但是该反应对 3-羟基-1,5-二烯来说，因为产物会互变异构为酮或醛，因此反应是不可逆的，这个反应被称为氧-Cope 重排（oxy-Cope rearrangement）[式（4.83）][67]。

(4.83)

氧-Cope 重排在有机合成中是一个十分有用的反应，如用来合成麝香酮，一种来自麝香的高级香料[68]，反应包括重排反应和加氢反应，两步反应中的原料原子全部进入产物中，是原子经济性的 [式（4.84）]。

(4.84)

4.3.2.3 异构化反应

异构化反应是指改变有机物的结构而不改变其组成和分子量的过程。具体反应实例如下。

炔烃能被过渡金属催化异构化为双烯 [式（4.85）]，双烯是一种重要的有机中间体，可以合成杀虫剂 N-异丁基多烯酰胺，杀菌剂和具有抗癌性的大环或多环化合物及昆虫激素、白三烯及其衍生物等。

(4.85)

另外一种原子经济性非常好的反应是环异构化,即通过 H 的转移将一个 α-不饱和转化为环不饱和,这类反应又称为烯反应(alderene reaction)。例如,在钯催化剂催化下将炔底物环化制备木防己苦毒素 [式(4.86)],在合适的条件下转化率能达到 100%,并且反应物的所有原子进入产物中,原子利用率也达到 100%[69]。

$$(4.86)$$

顺反异构体的异构化是另一类重要的转化。光化学反应能使顺式和反式化合物有效地发生异构反应[70]。例如,基于噻吨基团的烯烃衍生物,在不同波长(365nm 和 435nm)的光照射下产生较高立体选择性的光学固定相,从而实现手性光学开关的目的 [式(4.87)][71]。这类反应在信息储存领域具有重要的应用价值[72]。

$$(4.87)$$

异构化反应中原料分子中的原子全部进入产物分子中,显然这类反应也是原子经济性较高的有机反应。

上面讨论的几类反应都具有很高的原子经济性,但是也有一些常见的有机反应如取代反应(反应物分子中的原子或基团被其他原子或基团所取代的反应称为取代反应,其反应通式为:A—B+C—D⟶A—C+B—D,包括烷基化反应、酰化反应和磺化反应)、消除反应、降解反应等,原料中的原子未能全部进入产物分子中,部分原子进入副产物中,导致原子利用率低,这类原子经济性不理想的反应在有机合成中应尽量避免。

原子经济性的反应有两个显著的优点:一是能够最大限度地利用反应原料;二是能够大大降低副反应发生,减少反应废弃物,降低对环境的污染。因此探索具有选择性和原子经济性的反应成了当今有机合成领域的研究热点。

4.3.3 基于原子经济性的物质流优化

原子经济性是从原子水平上来衡量一个化学反应的效率,要求尽量多的反应原子进入产物中,达到尽可能地节约不可再生资源,又最大限度地减少废弃物排放的要求。同样,这一标准也能扩展到整个化学工艺中对物质流效率进行考察。理想的原子经济反应是原料分子中的原子全部转变成产物,不产生副产物,实现"零排放"。因此用原子经济性的原理指导化工工艺中物质流的优化,以高效地利用原材料并降低污染物的排放是绿色化工发展的一个重要方向。

以煤化工为例,目前我国国内很多煤化工及石油化工走的仍是单一原料为主的化工路线[73]。按照原子经济性的基本分析,这种单一原料路线的原子利用率不高,造成原料的极大浪费。例如,煤的氢/碳比为1左右,石油、天然气的氢/碳比为2~3,而化工基础原材料的三烯三苯氢/碳比为1~2。基于原子经济性的分析,煤化工的生产过程是富碳缺氢,而石油化工的生产是缺碳富氢。但实际情况下炼油厂并没有出现氢富余的情况,这并不是原子经济性的分析出现了偏差,主要是因为原油炼制过程中产生的富氢(催化干气和重整氢气)被当作燃料低值化利用了,富余的氢并没有进入下游产品中[74]。针对我国贫油富煤的能源结构,氢是能源化工中的稀缺资源。如果炼油化工中的热量设计为主要由煤炭燃烧提供,催化干气和重整氢气则主要用来制备氢气,将炼油化工富余下来的廉价氢能源用于支持煤化工中的碳利用,使得煤化工和石油化工互补长短,实现物质(碳和氢)的高效利用必将产生巨大的经济效益和环保效益。

在天然气化工利用方面,目前工业上主要采用间接法进行:即首先通过高温重整反应将甲烷、氧气、二氧化碳或水转化为合成气;然后,采用费托合成将合成气转化为高碳的烃类分子;或者由合成气制备得到甲醇,再脱水生产烯烃和其他化学品。间接法反应路线较长、能耗高,并且碳的原子利用率低,原子经济性差。采用甲烷直接转化技术路线短、能效高、过程低碳,是未来的发展方向。例如,以单中心低价铁原子为反应活性中心,氧化硅或碳化硅为载体的催化剂,在高温下甲烷分子经自由基偶联反应直接生成乙烯和其他高碳芳烃分子(如苯和萘等),产物的碳原子利用效率接近100%[74],为甲烷高效直接转化利用提供了方向。

4.4 全生命周期评价分析

4.4.1 全生命周期分析的概念

随着社会的发展,实际的生产规模不断扩大,生产单元间的联系、耦合程度也越来越高,着眼于单一(部分)生产过程单元往往无法识别生产过程的关键单元操作或者条件。生命周期评价(LCA)从系统的层面考虑实际的生产过程,可以很好地洞悉过程的关键单元和因素。目前,不同的组织机构站在自己的立场对生命周期评价的定义描述略有差异,其中国际标准化组织(ISO)的定义为:生命周期评价研究从原材料采购到生产、使用和处置的整个产品生命周期（即从摇篮到坟墓）的环境因素和潜在影响[6]。尽管对生命周期评价的定义描述各不相同，但都共同指向相同的本质，可以概括为：生命周期评价是运用系统的观念，根据确定的目标（如环境、能量、经济等），对产品的整个生产过程（即从最初的原料采掘到产品的生产、使用及后处理的整个过程）目标指标进行定量的追踪和分析，从而获得产品整个生命周期的相关信息，为解决技术壁垒、工艺优化、政策制定提供参考依据[6]。

生命周期评价的起源可以追溯到 20 世纪 60 年代，其最初的研究对象多为包装品和废弃物，而且主要集中于研究产品对资源消耗方面的影响。例如，1969 年由美国中西部研究所的 Arsen Darnay 领导的研究组对可口可乐公司的不同饮料容器的资源消耗和环境释放做了特征性的分析。针对塑料瓶和玻璃瓶两种容器，从它们最初的原材料采集（摇篮）到最终产品的废弃处理（坟墓）过程，进行了全面的能源分析，最后肯定了塑料瓶的优势[75]。到了 20 世纪 80 年代末 90 年代初，石油短缺造成的能源危机引起国家、企业和个人广泛关注，与此同时，随着经济的高速发展，区域和全球性环境问题越来越突出，人们逐渐意识到环境保护的重要性，可持续发展意识的确立及可持续行动计划的兴起，使生命周期评价获得了前所未有的发展机遇[75]。"生命周期评价"的概念在 1990 年环境毒害和化学协会（SETAC）举办的首届有关生命周期评价的国际研讨会上被首次提出。随后，该组织于 1993 年提出了生命周期评价的研究大纲，使其有了一个较为统一的技术框架[76]。1997~2000 年，ISO 颁布 ISO14040~14043 一系列标准，对生命周期评价的框架、方法进行规范化，使不同地区产品的生命周期评价的结果具有可比性[77]。

目前生命周期评价已经日趋成熟，结合环境影响、能量、经济等指标，已经广泛用于新产品的开发设计、废弃物的管理、环境政策的制定、生态工业的设计等领域。图 4.17 是 ISO 提出的生命周期评价技术框架，也是当前广泛被采用的技

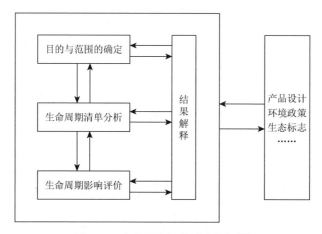

图 4.17 生命周期评价技术框架[76]

术框架，总共包括四个阶段[76]：①目的与范围的确定；②生命周期清单分析；③生命周期影响评价；④结果解释。其中目的与范围的确定这一阶段非常重要，它直接影响到整个评价的程序和最终结论。

4.4.2　全生命周期分析的目的和范围

确定研究目的与界定研究范围是生命周期评价的第一步也是关键的一步。明确的目的指定了进行某项生命周期评价意义，甚至列出了所要包括的信息条目，最后想要获得怎样的结论。研究范围定义所研究的产品系统、边界、数据要求、假设及限制条件等，需要考虑地理（如国家、城市还是局部区域）和时间（如产品寿命、工艺时间界限）两个维度。研究目的与范围的确定，最后将影响研究的方向和深度。生命周期分析研究是一个反复的过程，随着数据和信息的收集，可能需要对研究范围的各个方面加以修改，以满足原定的研究目的。

在确定研究范围时需要考虑系统边界、功能单位、数据质量等因素[75]，并且，根据研究的深入进行，研究的范围会做适时的调整，从而满足所设定的研究目的。

4.4.2.1　系统边界

系统边界就是对应该包含在产品系统中的过程的界定。图4.18是一个产品系统的示例，产品系统内部由各单元过程及联系各单元的中间产品流组成。对产品系统的表述应该包含各单元过程、通过系统边界的基本流（输入和输出）和产品流及系统内部的中间产品流。

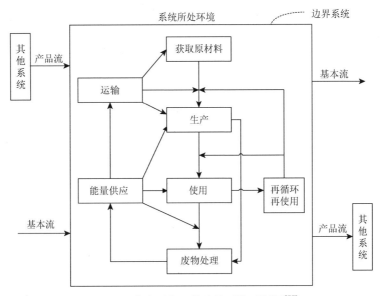

图4.18　生命周期评价产品系统示例图[77]

产品系统可进一步划分为一系列的单元过程,而在实际的生命周期评价中为了简化问题也往往这样做。单元过程边界需要结合研究目的并针对该单元所建立的模型的详略程度来确定。图 4.19 是产品系统内一组单元过程的示例。对于单元过程,资源和能源的输入是其基本流输入,向外部环境的排放属于其基本流输出,基本材料、装配组件等属于中间产品流。

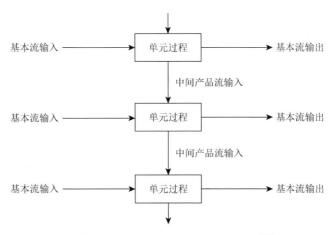

图 4.19　产品系统内一组单元过程示例[77]

在理想的情况下,建立产品系统的模型时应使其边界上的输入和输出均为基本流。在许多情况下,往往因为数据或资源的缺乏而无法对整个生命周期进行全面的研究,因此,在实际的操作中需要根据确定的目的来决定对哪些单元过程建立模型,并做适当的简化。例如,为了研究生物甲烷系统较优的生物质原料配比及操作温度,可以确定如图 4.20 所示的系统边界(图中虚线),并且考虑到厌氧发酵细菌的活性,对厌氧发酵单元过程只设定中温(约 35℃)和高温(约 55℃)两个操作条件[78]。此外,在很多情况下,系统边界会随着研究的进展而做适当的调整。

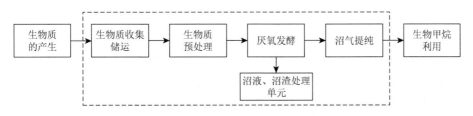

图 4.20　生物甲烷生命周期系统边界图

4.4.2.2　功能单位

功能单位定义了确切的研究内容,是对产品系统功能的度量。产品功能单位是对产品系统的产品流和基本流等进行量化计算的基准,因此需要明确的规定并且是可以测量的。例如,对洗衣机进行生命周期评价时,"满负荷进行 1000 次洗涤循环"代表用于分析的合适的功能单位,又如对于生物质燃烧发电厂,可以将电厂向电网输送 1kW·h 的电作为用于分析的功能单位。此外,基于同样的功能单位,只有以不同系统(技术方案)对产品流和基本流进行量化,才能进行合理的比较。在定义功能单位时需要考虑三方面的因素[75]:①产品的效率;②产品的使用周期;③产品的质量标准。

4.4.2.3　数据质量

数据质量决定了最终的生命周期评价研究结果的质量。数据质量可能受到缺乏数据、错误和模糊数据、不准确的测量和模型假设的影响。随着时间的推移,人们的消费习惯、产业活动、市场需求等都会发生变化,同时,有些数据有一定的时效性,因此需要合理地界定时间边界。此外,不能忽略空间范围(不同城市、地区或国家)对数据质量的影响,如有的地方降雨量大,有的地方特别干燥,这些差异对生命周期评价结果都有显著的影响。在一定情况下,使用其他地方获得的参数来估算本地的参数是可行的,但在极端条件下可能会导致评价结果失效甚至得出错误的评价结论。有时为了更好地模拟实际物质流,有必要将几个地方的工艺数据进行汇总。在生命周期评价中,需要切合研究的目的和范围,从下面几个方面来考虑收集数据的质量[75]:①准确性:每种数据类型数值的变异度(如方差);②覆盖率:对于每个过程单元,所获得数据占所有潜在数据的比值;③代表性:所得数据是否代表真实系统的特征;④相容性:在定性评价中所采用的分析评价手段是否一致;⑤可重复性:在相同的数据基础上,其他生命周期评价人员得到的研究结论是否一致。

4.4.3　全生命周期分析的方法解析

4.4.3.1　清单分析

清单分析是对所研究产品、工艺过程等活动在其生命周期内所使用的资源、能源消耗和向环境排放的数据进行汇编和量化的阶段[79]。简单来说就是根据物质和能量守恒来确定产品系统的输入和输出,并将其归类整理。根据确定目的和范围的不同,清单分析可以细化到具体的过程单元。

清单分析的过程包括数据收集准备、数据收集、计算和分配 4 个步骤。清单分析是一个反复的过程,其简略的程序见图 4.21。表 4.27 给出了电冰箱全生命周期清单分析结果的示例,其详细的各单元过程清单分析结果可参见专著的相关章节[80]。

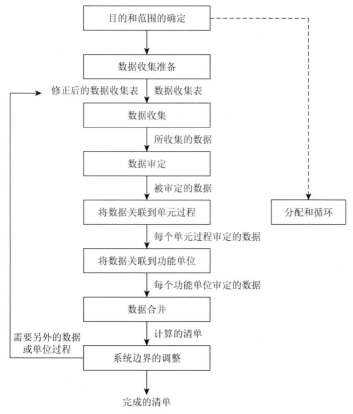

图 4.21 清单分析程序简略图[75]

表 4.27 电冰箱全生命周期清单分析结果[80]

类型	名称	数量	类型	名称	数量
能源消耗/MJ	煤	28998.12	空气排放/kg	CO_2	2534.509
	天然气	731.4157		CO	888.7693
	石油	463.969		CH_4	11.52636
	其他	2006.778		NO_x	6.409216
原材料消耗/kg	空气	3.32912		微粒	10.226
	Cu	0.38048		SO_x	16.4455
	铁矿石	43.51156	水体排放/kg	氯化物	249.5495
	石灰岩	4.40085		COD	215.3777
	氮	0.99825		金属离子	510.1515
	氧	1.9838		Na^+	6373.124
	再循环玻璃	4.7314		SS	327.8246
	碎屑	0.6172		废液	80.702

续表

类型	名称	数量	类型	名称	数量
原材料消耗/kg	NaCl	4.652	土壤排放/kg	矿渣	12.59387
	水	80.70269		工业废弃物	29.80758
	木材	21.12103		固体废弃物	51.4117

4.4.3.2 生命周期影响评价

生命周期影响评价是根据清单分析所提供的能源、物质消耗数据及各种排放数据，评估产品、工艺生产过程等对环境的潜在影响的过程。ISO、SETAC 和美国环境保护署都倾向于把影响评价作为一个"三步走"的模型，即分类、特征化和量化[81]。

分类是结合自然科学知识对清单条目排列并归类到与之相关的环境损害种类中的过程。一般在生命周期评价中将环境损害分为 3 类：资源消耗、人体健康和生态环境影响，而从中又可以细分为多种具体的环境损害类型，如全球变暖、富营养化、酸化效应、臭氧层消耗等。如果清单条目与一种环境影响类型相关时，则直接将其归类到特定的环境影响类型。但当清单条目与多种环境影响类型相关时，就需要考虑不同的分配方式[77]。

1）并联机制情况下的分配：例如，SO_2 既可能造成酸化，也可能对人体健康造成危害。但 1mol SO_2 在造成酸化的过程中会被氧化而发生化学性质的变化，不会继续对人体健康造成影响，那么则需要将 SO_2 分配给人体健康和酸化两种影响类型。

2）串联机制情况下的分配：例如，NO_x 可以同时对地面臭氧合成和酸化两种影响类型产生影响。在充分的条件下，NO_x 可引起地面臭氧形成，从而造成光化学烟雾，其后还可以继续产生酸化效应。因此，在分配时可以认为全部的 NO_x 先参与光化学烟雾形成，并且全部的 NO_x 又产生酸化效应，即只需将 NO_x 分别划分为这两种类型而不需要进行分配。

特征化就是将每一种影响类型中的不同物质转化和汇总成为统一的度量单元。特征化的主要意义就是选择一种衡量影响的方式，将不同的负荷或排放因子在各形态环境问题中的潜在影响加以分析，并量化成相同的形态或同单位大小。例如，可以将各种酸性气体的效应量全部转化成以 SO_2 的当量来表示。特征化的方法仅可以应用在单一的影响类型之内，无法用在不同的影响类型之间。目前有多种的特征化模型可以参考，主要包括：负荷模型、当量模型、固有的化学特性模型、总体暴露-效应模型，点源暴露-效应模型等[77]。

量化是确定不同环境影响类型的相对贡献大小或权重,以期得到总的环境影响水平的过程[82]。经过特征化的处理之后,得到的是单项环境问题类型的影响加和值,量化则是将这些不同的环境影响类型赋予相对的权重,以得到整合性的影响指标,使决策者在决策的过程中能够完整地捕捉及衡量所有方面的影响。

在 GB/T 24044—2008 标准中,生命周期评价中的生命周期解释阶段由以下三个要素组成[79]:①以生命周期清单分析和生命周期影响评价阶段的结果为基础对重大问题的识别;②评估,包括完整性、敏感性和一致性检查;③结论、局限和建议。

在清单分析中可以获得产品系统的各个单元过程的详细清单分析数据,结合环境影响评价的数据,可以很方便地识别出产品系统的薄弱环节,发现重大问题,有目的、有重点地进行改进创新。

生命周期解释的评估是确定生命周期的可信度,同时也是对重大问题识别的增强。完整性检查主要是为了确保解释中的信息和数据是可以利用的。敏感性检查是为了考察最终的结果是否受到数据、分配方法或类型参数的计算等的不确定性的影响,以评价其可靠性[79]。一致性检查的目的是确认假定、方法和数据是否与目的和范围的要求相一致[79]。

生命周期解释是一个系统的过程,与前面的三个阶段均有交互作用。生命周期解释的目的是根据各个阶段的研究或清单分析的发现,以透明的方式来分析结果、解释局限性、提出建议,最终形成结论并生成报告。

4.4.4　几种典型化工产品的全生命周期评价案例

4.4.4.1　保温材料全生命周期评价[83]

(1) 研究目标

通过调查分析保温材料的生产工艺,并以此为路径,计算保温材料从原料采集制备到制作成保温产品过程中各阶段所消耗的能源和资源,揭示该过程对环境影响的主要阶段,为工艺的改进提供依据。

(2) 研究范围

保温材料种类较多,此处以聚苯制品为例,聚苯制品的生产过程较为简单,即将有关组分加入反应釜中,提供热量、水,待其反应充分之后加热成型。聚苯材料的原材料组分为苯乙烯单体、悬浮剂、发泡剂、稳定剂等。由于相关添加剂占组分的含量很小,故而不计算相关添加剂的环境影响。考虑到挤塑聚苯乙烯泡沫板的主要原料为苯乙烯颗粒,且作为一种成熟的工业加工制品,其在生产过程中已造成了环境影响,应被纳入评价范围内。这里将挤塑聚苯乙烯泡沫板物化阶段的环境影响的研究范围分为:保温材料原料生产、运输阶段产生的环境影响和保温材料制作过程产生的环境影响。

(3) 清单分析

苯乙烯经过原油提炼而来,在经过原油开采、运输、分馏、裂解、烷基化、脱氢等过程后得到苯乙烯单体。而苯乙烯单体只是石油分解的若干副产品之一,表4.28得到的是石油分解过程中整体的环境影响。

表4.28 生产1t聚苯乙烯颗粒的投入产出表[83]

名称	能耗/MJ	CO_2/kg	SO_2/kg	NO_x/kg	CO/kg	HCl/kg	COD/kg	废渣/kg	粉尘/kg
原油开采	6.93×10^1	7.42×10^1	4.93×10^{-1}	2.34×10^{-1}	1.11×10^{-3}	1.56×10^{-3}	2.41×10^{-1}	4.25×10^0	1.35×10^{-3}
原油运输	2.07×10^1	5.40×10^1	2.34×10^{-2}	2.43×10^{-2}	1.19×10^{-2}	0	0	1.23×10^{-3}	3.78×10^{-4}
原油分馏	1.32×10^2	1.48×10^1	8.11×10^{-2}	4.47×10^{-1}	3.13×10^{-3}	3.45×10^{-3}	7.51×10^{-3}	3.56×10^{-3}	2.98×10^{-4}
裂解	2.58×10^3	2.90×10^2	1.63×10^0	7.71×10^{-1}	5.53×10^{-3}	5.01×10^{-3}	2.11×10^{-2}	5.53×10^{-3}	4.21×10^{-2}
裂解气分离	1.34×10^3	1.51×10^2	8.51×10^{-1}	4.03×10^{-1}	3.31×10^{-2}	2.23×10^{-2}	0	3.31×10^{-2}	2.23×10^{-2}
芳香烃提取	6.08×10^2	6.84×10^1	3.83×10^{-1}	1.83×10^{-1}	1.36×10^{-2}	1.15×10^{-2}	2.45×10^{-2}	1.35×10^{-2}	1.23×10^{-2}
乙烯和苯烷基化	1.64×10^3	1.84×10^2	1.03×10^0	4.92×10^{-1}	3.43×10^{-2}	3.34×10^{-2}	0	2.34×10^{-2}	3.13×10^{-2}
乙苯脱氢	5.14×10^3	5.79×10^2	3.25×10^0	1.53×10^0	1.05×10^{-1}	1.01×10^{-1}	1.22×10^{-2}	2.70×10^{-1}	9.13×10^{-2}
聚苯乙烯颗粒	5.54×10^2	6.31×10^2	3.51×10^{-1}	1.61×10^0	1.13×10^{-1}	1.13×10^{-1}	1.28×10^{-1}	2.89×10^0	9.01×10^{-2}
运输	3.65×10^1	9.46×10^{-1}	3.56×10^{-2}	4.47×10^{-2}	2.33×10^{-2}	0	0	3.31×10^{-2}	6.13×10^{-4}
合计	1.21×10^4	1.48×10^3	8.13×10^0	3.89×10^0	2.92×10^{-1}	2.35×10^{-1}	4.34×10^{-1}	1.00×10^1	2.11×10^0

聚苯乙烯泡沫板的生产过程具体为预发泡和模压发泡两步,该过程的投入为聚苯乙烯颗粒,聚苯乙烯颗粒生产过程中经历了多种化工工序,消耗能源种类不一且文献中又没有详尽说明,因此假定消耗能源类型皆为化石能源,经计算获得1t聚苯乙烯颗粒物化阶段的环境影响价值为:2.76×10^2元,各类型环境影响价值如表4.29所示。依据工厂实地调查获得制作$1m^3$挤塑聚苯乙烯泡沫板的耗电量和电力可计算得出挤塑聚苯乙烯泡沫板制作过程的环境排放清单,如表4.30所示。挤塑聚苯乙烯泡沫板的环境影响比例如表4.31所示。

表 4.29　1t 聚苯乙烯颗粒物化阶段环境影响价值[83]　　　　（单位：元）

环境影响因子	价值	环境影响因子	价值
气候变暖	2.52×10^2	化石能源消耗	4.24×10^0
臭氧损耗	3.7×10^0	固体废物污染	9.97×10^{-1}
酸化效应	6.82×10^0	水体富营养化	2.66×10^0
粉尘污染	4.80×10^{-2}	光化学污染	5.77×10^0

表 4.30　$1m^3$ 挤塑聚苯乙烯泡沫板制作过程的环境排放[83]

名称	流向	单位	流量
SO_2	空气输出	kg	3.96×10^{-3}
NO_x	空气输出	kg	3.46×10^{-2}
CO_2	空气输出	kg	7.73×10^0
CO	空气输出	kg	1.13×10^{-3}
TSP	空气输出	kg	1.73×10^{-3}
粉煤灰	固体输出	kg	4.75×10^{-1}
炉渣	固体输出	kg	1.29×10^{-1}

表 4.31　挤塑聚苯乙烯泡沫板的环境影响比例[83]

影响因子	气候变暖	臭氧损耗	酸化效应	粉尘污染	光化学污染
所占比例/%	91.2	1.35	2.46	0.0280	2.11
影响因子	化石能源消耗	固体废物污染	水体富营养化		
所占比例/%	1.52	0.357	0.975		

气候变暖为挤塑聚苯乙烯泡沫板物化阶段的主要环境影响，占该阶段总环境影响的 91.2%，其次是酸化效应和光化学污染，其原因是：①石油的分馏、裂解等过程本身就是高耗能的过程，并可发现在苯乙烯生产过程中消耗了大量能源并产生了大量的二氧化碳；②生产 $1m^3$ 聚苯乙烯泡沫板需要耗电 $12kW\cdot h$，该耗电在换算为二氧化硫、二氧化碳、氮氧化物等气体的过程中会增加气候变暖、酸化效应和光化学污染等环境影响。

4.4.4.2　褐煤发电厂二氧化碳捕集和存储全生命周期评价[84]

（1）研究目标

利用全生命周期评价对褐煤发电厂的不同 CO_2 捕集和存储（CCS）技术的环境足迹进行分析比较，以揭示哪种技术更适合 CCS，并预期会产生哪些积极和不利的环境影响。

（2）系统边界

整个生命周期评价中，对于发电厂、褐煤开采、采矿基础设施、电厂基础设施和拆除都包括在分析中。对于 CO_2 的捕集,需要将捕集单元与溶剂再生单元包含进来。对于存储环节,考虑从发电厂到储存场地的 CO_2 运输的基础设施和能源需求。

(3) 评价分析

在该生命周期评价中,系统以发电厂产生 1kW·h 电能作为功能单位。对系统的影响评价分类指标见表 4.32。5 个发电厂对不同影响类别的结果见图 4.22。

表 4.32 全生命周期评价影响类别汇总[84]

影响类别	相关参数	特征因子
累计能量需求(CED)	能量资源消耗量	CED(化石与核能)
全球变暖	CO_2、CH_4、N_2O、卤代烃	GWP100、CO_2 当量
夏季烟雾	NO_x、非甲烷总烃(NMHC)、CH_4	乙烯当量
富营养化	NO_x、NH_3	PO_4^{3-} 当量
酸化	SO_2、NO_x、NH_3、HCl、HF、H_2S	SO_2 当量
人体健康影响	PM_{10}、$PM_{2.5}$、煤灰、SO_2、NO_x、CH_4、甲醛、苯、苯并(a)芘[B(a)P]、多环芳烃(PAH)、砷、镉、二噁英、呋喃	寿命缩短年数(YOLL)

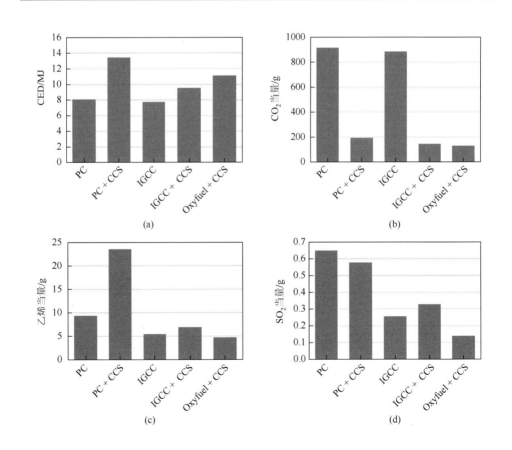

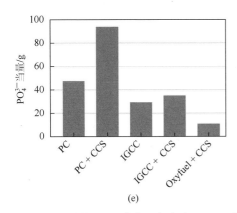
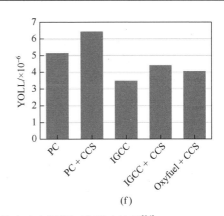

(e)   (f)

图 4.22　发电厂每产生 1kW·h 电能的全生命周期评价影响结果[84]

(a) CED；(b) 全球变暖；(c) 夏季烟雾；(d) 酸化；(e) 富营养化；(f) 人体健康影响；PC：传统褐煤发电厂，无 CO_2 的捕集和存储；PC + CCS：PC 基础上燃烧后捕集 CO_2，吸收剂为胺；IGCC：整合气化联合循环发电厂；IGCC + CCS：IGCC 基础上结合 Selexol 燃烧前 CO_2 捕集技术；Oxyfuel + CCS：PC 基础上结合富氧燃烧技术捕集 CO_2

　　进行生命周期评估是为了研究使用不同 CCS 技术对环境的影响。结果表明，在所有情况下，褐煤发电厂的 CCS 导致额外的燃料输入，因为 CO_2 分离是耗能的。而 CCS 的引入大幅度降低了温室气体的排放，传统和 IGCC 发电厂的温室气体排放分别减少了 80% 和 84%，Oxyfuel 的 CO_2 分离导致温室气体排放量相对 PC 减少了 86%。通过分析生命周期中不同阶段的环境影响贡献结果（表 4.33），可以看出，在没有 CO_2 捕集的发电厂，超过 97% 的温室气体排放是由发电厂运行的直接 CO_2 排放造成的。但是，对于有 CO_2 捕集的发电厂，发电厂运行的直接 CO_2 排放仍然是全球变暖影响类型的约 80%。因此，进一步减少温室气体排放的努力应着眼于提高发电厂的 CO_2 分离率。

表 4.33　发电厂生命周期各阶段对各环境影响指标的贡献[84]

发电厂	影响类型	燃料供应/%	发电厂基础设施/%	发电厂操作/%	MEA 再生/%	CO_2 运输与存储/%
PC	CED	99.8	0.2	0	—	—
	全球变暖	1.7	0.2	98.1	—	—
	夏季烟雾	28.0	2.3	69.7	—	—
	富营养化	6.8	1.4	91.8	—	—
	酸化	4.3	3.0	92.7	—	—
	人体健康影响	50.6	2.1	47.3	—	—
PC + CCS	CED	99.5	0.4	0	0	0.1
	全球变暖	13.7	2.6	79.4	3.5	0.8

续表

发电厂	影响类型	燃料供应/%	发电厂基础设施/%	发电厂操作/%	MEA 再生/%	CO_2 运输与存储/%
PC + CCS	夏季烟雾	18.6	2.3	69.7	9.0	0.4
	富营养化	5.6	1.8	73.2	19.0	0.4
	酸化	8.0	7.5	64.0	19.7	0.8
	人体健康影响	66.9	4.0	25.3	3.2	0.6
IGCC	CED	99.8	0.2	0	—	—
	全球变暖	1.7	0.2	98.1	—	—
	夏季烟雾	46.8	4.5	48.7	—	—
	富营养化	11.0	2.3	86.7	—	—
	酸化	10.3	12.9	76.8	—	—
	人体健康影响	71.2	4.4	24.4	—	—
IGCC + CCS	CED	99.5	0.3	0	—	0.2
	全球变暖	13.4	2.3	83.5	—	0.8
	夏季烟雾	45.7	5.7	47.6	—	1.0
	富营养化	10.9	3.1	85.3	—	0.7
	酸化	10.0	14.3	74.7	—	1.0
	人体健康影响	70.2	5.2	24.0	—	0.6
Oxyfuel + CCS	CED	99.6	0.3	0	—	0.1
	全球变暖	17.4	2.4	79.2	—	1.0
	夏季烟雾	76.4	7.1	14.9	—	1.6
	富营养化	42.2	9.5	45.5	—	2.8
	酸化	27.8	21.1	48.3	—	2.8
	人体健康影响	88.6	4.0	6.6	—	0.8

在其他环境影响类型中，CCS 实施的效果在很大程度上取决于所选择的技术。与传统发电厂相结合的燃烧后 CO_2 捕集导致几乎所有类型的影响都显著增加，研究发现这是由能量损失、CO_2 捕集过程和溶剂再生产生的排放造成的。此外，由于溶剂降解和再生，可能存在 NH_3 排放。

与传统发电厂相比，燃烧前 CO_2 捕集实现了所有环境影响类型的减少。然而，燃烧前 CO_2 捕集需要 IGCC 发电厂过程，该过程技术上相对复杂。在此过程中集成 CO_2 捕集将导致更复杂的发电厂过程。同时，值得注意的是，富氧燃烧技术几乎在各项环境指标上具有较低的影响值、较高的应用潜能。

4.4.4.3 生物甲烷系统全生命周期评价[9]

（1）研究目标

通过考虑整个生物甲烷系统（包括生物质的收集储运、预处理、厌氧发酵、沼气利用、沼液沼渣处理），比较分析三种沼气利用方式的整个系统能耗、环境影响及经济效益，为生物沼气的应用推广提供参考数据，为决策者提供量化的决策依据。

（2）研究范围

该研究系统如图4.23所示，包括生物质的收集储运单元、预处理单元、厌氧发酵单元、沼液沼渣处理单元及最后所产沼气的利用阶段。生物沼气的利用考虑三种方式：①将粗沼气提纯压缩用于车用燃料；②用于热电联产；③用于燃料电池。

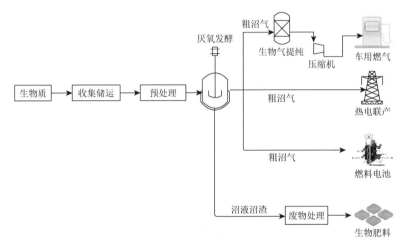

图4.23 生物沼气利用生命周期系统[9]

（3）评价分析

该生命周期评价的功能单位为粗沼气的产气率为 $636Nm^3/$天，对能耗、环境影响及经济效益分别采用能量效率、绿色度及净现值三个指标。三种不同的生物沼气利用方式的评价指标计算结果见表4.34～表4.36，其对应的详细计算方法可参考文献[9, 85]。

表4.34 三种生物沼气利用方式的系统能效[9]

利用方式	净电力输出/(MJ$_e$/天)	净热回收/(MJ$_{th}$/天)	系统能量效率/%	净电效率/%	净热效率/%	工厂效率/%
沼气提纯	—	—	46.5	—	—	—
沼气热电联产	4139.8	5202.5	—	13.8	16.6	30.4
沼气燃料电池	5286.5	3530.6	—	20.4	12.5	32.9

注：MJ$_e$中e代表电力，MJ$_{th}$中th代表热。

表 4.35 系统各操作单元的绿色度[9]

操作单元	绿色度/(gd/d)
收集储运单元	−2.65
预处理单元	−3.76
厌氧发酵单元	−12.2
沼气提纯单元	15.3
沼气热电联产单元	22.5
沼气燃料电池单元	21.3

表 4.36 三种沼气利用方式系统的经济评价计算结果[9]

指标	沼气提纯	沼气热电联产	沼气燃料电池	单位
净现值（NPV）	117996	26439	88579	$
财务内部收益率（IRR）	15.1	8.9	10.2	%
投资回收期（PB）	8.9	17.2	14.5	年

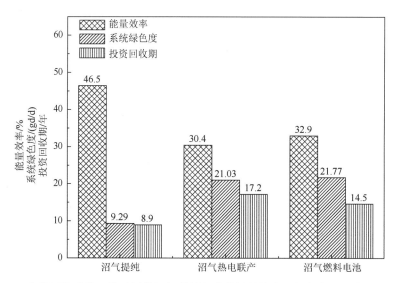

图 4.24 生物甲烷系统三种不同的沼气利用方式的能量效率、绿色度和经济综合比较[9]

从图 4.24 可以看出，三种沼气利用方式中，沼气提纯方式的能量效率最高（46.5%），而沼气热电联产方式系统的能量效率最低（30.4%）。然而，在提纯过程中需要外部提供能量，并且提纯过程损失的 CH_4 对环境的影响要大于 CO_2 对环境的影响，使得沼气提纯利用方式的整个系统的绿色度变化最低（9.29gd/d），也就是说其对环境的影响相对于另外两种方式（沼气热电联产和沼气燃料电池）是不友好的，因为另外两种方式的系统供热由燃烧系统自身的沼气来供给。在系统的经济性方面，沼气提纯方式系统的回收期（8.94 年）比另外两种利用方式的投资回收期都有缩短，具有最好的经济性，这取决于输出产品的销售价格和设备的投资成本两方面因素。

从图 4.24 可以直观地看出，对于每种评价指标，三种沼气利用方式下的系统指标值遵循不同的大小顺序，三种指标之间存在着一种权衡关系，如果希望某指标最优，那么就得牺牲另外的一个或两个指标。因此，这就取决于决策者更关心哪个指标。当然也可以引入多目标优化，将每种指标赋予不同的权重综合为单一指标，从而实现从多方面的综合考虑。

参 考 文 献

[1] 齐涛. 清洁生产与过程工业绿色化. 高科技与产业化，2011，7：30-31.
[2] Sharratt P. Environmental criteria in design. Computers Chemical Engineering Science，1999，23：1469-1475.
[3] 纪红兵，余远斌. 绿色化学化工基本问题的发展与研究. 化工进展. 2007，26：605-614.
[4] 张香平，张锁江，李春山，等. 过程工业绿色度理论及应用. 全国化学工程与生物化工年会，2004.
[5] Gunasekera M Y，Edwards，D W. Assessing the inherent atmospheric environmental friendliness of chemical process routes：an unsteady state distribution approach for a catastrophic release. Computers & Chemical Engineering，2006，30：744-757.
[6] 张锁江，张香平. 绿色过程系统集成. 北京：中国石化出版社，2006.
[7] 闫娜娜. 生物甲烷网络系统的多目标优化. 郑州：郑州大学，2016.
[8] Zhang X P，Li C S，Fu C，et al. Environmental impact assessment of chemical process using the green degree method. Industrial Engineering Chemistry Research，2008，47：1085-1094.
[9] 武斌. 生物沼气生产利用系统建模分析及可持续性评价. 北京：中国科学院过程工程研究所，2016.
[10] 付超. 润滑油脱酸工艺过程的模拟研究及绿色度分析. 北京：中国科学院过程工程研究所，2008.
[11] 王勇，项曙光，韩方煜. 化合物的环境影响评价. 计算机与应用化学，2005，22：711-713.
[12] Global Warming Potential Values. Greenhouse Gas Protocol，2016.
[13] WMO. Scientific assessment of ozone depletion：2010. Global Ozone Research and Monitoring Project，2011.
[14] 李春山. 绿色过程合成与设计的基础研究. 北京：中国科学院过程工程研究所，2006.
[15] Team LCA. Framework for Responsible Environmental，Decision-Making（FRED）：using life cycle assessment to evaluate preferability of products. U.S. Environmental Protection Agency，Washington，DC，EPA/600/R-00/095，2000.
[16] Duprey R L. Compilation of air pollutant emission factors. US Department of Health，Education，and Welfare，Public Health Service，Bureau of Disease Prevention and Environmental Control，National Center for Air Pollution Control，1968.
[17] Ahmed S A，Chatterjee A，Maity B，et al. Osmotic properties of binary mixtures of 1-butyl-1-methylpyrrolidinium iodide and water. Journal of Molecular Liquids，2014，200：349-353.
[18] Gunasekera M Y，Edwards D W. Estimating the environmental impact of catastrophic chemical releases to the atmosphere：an index method for ranking alternative chemical process routes. Process Safety and Environmental Protection，2003，81：463-474.
[19] Cave S R，Edwards D W. Chemical process route selection based on assessment of inherent environmental hazard. Computers Chemical Engineering Science，1997，21：383-390.

[20] Aparicio S, Atilhan M. Computational study of hexamethylguanidinium lactate ionic liquid: a candidate for natural gas sweetening. Energy & Fuels, 2015, 24: 4989-5001.

[21] 许亚晶. 生物气脱碳提质技术的能耗分析及环境评价. 北京: 中国科学院过程工程研究所, 2014.

[22] Xu Y J, Huang Y, Wu B, et al. Biogas upgrading technologies: energetic analysis and environmental impact assessment. Chinese Journal of Chemical Engineering, 2015, 23: 247-254.

[23] 李维俊. 生物甲烷系统的全流程模拟与多目标优化. 北京: 中国科学院过程工程研究所, 2018.

[24] Burgess A, Brennan D. Application of life cycle assessment to chemical processes. Chemical Engineering Science, 2001, 56: 2589-2604.

[25] Naqvi S. Asahi methacrolein oxidative-esterification technology. Pep review, 95-1-9. Process Economics Program: SRI Consulting: Menlo Park, CA, 1998.

[26] Ravina M, Genon G. Global and local emissions of a biogas plant considering the production of biomethane as an alternative end-use solution. Journal of Cleaner Production, 2015, 102: 115-126.

[27] Tian X, Zhang X P, Zeng S J, et al. Process analysis and multi-objective optimization of ionic liquid-containing acetonitrile process to produce 1, 3-butadiene. Chemical Engineering & Technology, 2011, 34: 927-936.

[28] Wang K, Zhang Y J, Gong S J, et al. Dynamics of a thin liquid film under shearing force and thermal influences. Experimental Thermal and Fluid Science, 2017, 85: 279-286.

[29] 郑晓军, 刘人滔, 朱家骅, 等. 竖直管外气液逆流环状降膜速度与温度分布. 化工学报, 2013, 64: 3903-3909.

[30] Zhou D W, Gambaryan-Roisman T, Stephan P. Measurement of water falling film thickness to flat plate using confocal chromatic sensoring technique. Experimental Thermal and Fluid Science, 2009, 33: 273-283.

[31] 马沛生. 化工热力学: 通用型. 北京: 化学工业出版社, 2005.

[32] Liu Y P, Aziz M, Fushimi C, et al. Exergy analysis of biomass drying based on self-heat recuperation technology and its application to industry: a simulation and experimental study. Industrial and Engineering Chemistry Research, 2012, 51: 9997-10007.

[33] Zhang X P, He X Z, Gundersen T. Post-combustion carbon capture with a gas separation membrane: parametric study, capture cost, and exergy analysis. Energy & Fuels, 2013, 27: 4137-4149.

[34] Anantharaman R, Bolland O, Booth N, et al. European best practice guidelines for assessment of CO_2 capture technologies. CAESAR Project, FP7-ENERGY, 2007, 1.

[35] Trost B M. The atom economy—a search for synthetic efficiency. Science, 1991, 254: 1471-1477.

[36] Wang W H, Lü J, Zhang L, et al. Real atom economy and its application for evaluation the green degree of a process. Frontiers of Chemical Science Engineering. 2011, 5: 349-354.

[37] Rylander P N. Catalytic hydrogenation in organic syntheses: paul rylander. Academic Press, 1979.

[38] Chandrasekhar S, Narsihmulu C, Chandrashekar G, et al. Pd/$CaCO_3$ in liquid poly ethylene glycol (PEG): an easy and efficient recycle system for partial reduction of alkynes to cis-olefins under a hydrogen atmosphere. Tetrahedron Letters, 2004, 45: 2421-2423.

[39] Ganem B, Osby J O. Synthetically useful reactions with metal boride and aluminide catalysts. Chemical Reviews, 1986, 86: 763-780.

[40] Burgess K, Donk W A V, Westcott S A, et al. Reactions of catecholborane with Wilkinson's catalyst: implications for transition metal-catalyzed hydroborations of alkenes. Journal of the American Chemical Society, 1992, 114: 9350-9359.

[41] Jardine I, McQuillin F. Effect of structure on rate of reaction in heterogenecus and homogenous hydrogenation of olefins. Tetrahedron Letters, 1968, 9: 5189-5190.

[42] Jackman L M, Hamilton J A, Lawlor J M. Reactions of hydridopentacyanocobaltate with the anions of α, β-unsaturated acids. Journal of the American Chemical Society, 1968, 90: 1914-1916.

[43] Kalck P, Peres Y, Jenck J. Hydroformylation catalyzed by ruthenium complexes. Advances in Organometallic Chemistry, 1991, 32: 121-146.

[44] Amer I, Alper H. Zwitterionic rhodium complexes as catalysts for the hydroformylation of olefins. Journal of the American Chemical Society, 1990, 112: 3674-3676.

[45] Chan S C, Pai C C, Yang T K, et al. Homogeneous catalytic hydroformylation of vinylarenes: a selective rhodium diphosphine catalyst system for higher branched/linear product ratios. Journal of the Chemical Society-Chemical Communications, 1995, 19: 2031-2032.

[46] Breit B, Seiche W. Hydrogen bonding as a construction element for bidentate donor ligands in homogeneous catalysis: regioselective hydroformylation of terminal alkenes. Journal of the American Chemical Society, 2003, 125: 6608-6609.

[47] Fell B, Rupilius W. Dialdehydes by hydroformylation of conjugated dienes. Tetrahedron Letters, 1969, 10: 2721-2723.

[48] Sawamura M, Hamashima H, Ito Y. Catalytic asymmetric synthesis with trans-chelating chiral diphosphine ligand TRAP: rhodium-catalyzed asymmetric michael addition of α-cyano carboxylates. Journal of the American Chemical Society, 1992, 114: 8295-8296.

[49] Fischer K, Jonas K, Misbach P, et al. The "nickel effect". Angewandte Chemie-International Edition, 1973, 12: 943-953.

[50] Takahashi N, Okura I, Keii T. Heterogenized rhodium chloride catalyst for ethylene dimerization. Journal of the American Chemical Society, 1975, 97: 7489-7490.

[51] Takacs J M, Myoung Y C. Catalytic iron-mediated ene carbocyclizations of trienes: enantioselective syntheses of the iridoid monoterpenes(−)-mitsugashiwalactone and(+)-isoiridomyrmecin. Tetrahedron Letters, 1992, 33: 317-320.

[52] Alderson T, Jenner E L, Lindsey R V. Olefin-to-olefin addition reactions. Journal of the American Chemical Society, 1965, 87: 5638-5645.

[53] Remy R, Bochet C G. Arene-alkene cycloaddition. Chemical Reviews, 2016, 116: 9816-9849.

[54] 罗荣昌, 周贤太, 杨智, 等. 均相体系中酸碱协同催化二氧化碳与环氧化物的环加成反应. 化工学报, 2016, 67: 258-276.

[55] Comerford J W, Ingram I D, North M, et al. Sustainable metal-based catalysts for the synthesis of cyclic carbonates containing five-membered rings. Green Chemistry, 2015, 17: 1966-1987.

[56] Shiels R A, Jones C W. Homogeneous and heterogeneous 4-(N, N-dialkylamino) pyridines as effective single component catalysts in the synthesis of propylene carbonate. Journal of Molecular Catalysis A: Chemical, 2007, 261: 160-166.

[57] Yin X, Moss J R. Recent developments in the activation of carbon dioxide by metal complexes. Coordination Chemistry Reviews, 1999, 181: 27-59.

[58] Decortes A, Castilla A M, Kleij A W. Salen-complex-mediated formation of cyclic carbonates by cycloaddition of CO_2 to epoxides. Angewandte Chemie-International Edition, 2010, 49: 9822-9837.

[59] He Q, O'Brien J W, Kitselman K A, et al. Synthesis of cyclic carbonates from CO_2 and epoxides using ionic liquids and related catalysts including choline chloride-metal halide mixtures. Catalysis Science & Technology, 2014, 4: 1513-1528.

[60] Zhang J, Sun J, Zhang X C, et al. The recent development of CO_2 fixation and conversion by ionic liquid. Greenhouse Gases: Science and Technology, 2011, 1: 142-159.

[61] Sun J, Zhang S, Cheng W, et al. Hydroxyl-functionalized ionic liquid: a novel efficient catalyst for chemical fixation of CO₂ to cyclic carbonate. Tetrahedron Letters, 2008, 49: 3588-3591.

[62] North M, Pasquale R, Young C. Synthesis of cyclic carbonates from epoxides and CO₂. Green Chemistry, 2010, 12: 1514-1539.

[63] Dai W L, Luo S L, Yin S F, et al. The direct transformation of carbon dioxide to organic carbonates over heterogeneous catalysts. Applied Catalysis A: General, 2009, 366: 2-12.

[64] Sun J, Cheng W, Fan W, et al. Reusable and efficient polymer-supported task-specific ionic liquid catalyst for cycloaddition of epoxide with CO₂. Catalysis Today, 2009, 148: 361-367.

[65] Mao D, Chen Q, Lu G. Vapor-phase beckmann rearrangement of cyclohexanone oxime over B_2O_3/TiO_2-ZrO_2. Applied Catalysis A: General, 2003, 244: 273-282.

[66] Davenport K G, Hilton C B. Process for producing N-acyl-hydroxy aromatic amines: US 4524217. 1985-6-18.

[67] Paquette L A. Stereocontrolled construction of complex cyclic ketones via oxy-cope rearrangement. Angewandte Chemie-International Edition, 1990, 29: 609-626.

[68] Nowicki J. Claisen, cope and related rearrangements in the synthesis of flavour and fragrance compounds. Molecules, 2000, 5: 1033-1050.

[69] Trost B M, Jebaratnam D J. Syntheses of the picrotoxane skeleton via the palladium (Ⅱ)-catalyzed carbacyclization reaction. Tetrahedron Letters, 1987, 28: 1611-1613.

[70] Dugave C, Demange L. Cis-trans isomerization of organic molecules and biomolecules: implications and applications. Chemical Reviews, 2003, 103: 2475-2532.

[71] Feringa B L. In control of motion: from molecular switches to molecular motors. Accounts of Chemical Research, 2001, 34: 504-513.

[72] 郭培志, 刘鸣华, 赵修松. 手性光学开关研究. 化学进展, 2008, 20: 644-649.

[73] 谭斌. 基于原子经济性的煤化工低碳发展建议. 煤炭加工与综合利用, 2014, 12: 1-5.

[74] Guo X, Fang G, Li G, et al. Direct, nonoxidative conversion of methane to ethylene, aromatics and hydrogen. Science, 2014, 344: 616-619.

[75] 杨建新. 产品生命周期评价方法及应用. 北京: 气象出版社, 2002.

[76] Klöpffer W. Background and Future Prospects in Life Cycle Assessment. Berlin: Springer Science & Business Media, 2014.

[77] 陈莎. 生命周期评价与Ⅲ型环境标志认证. 北京: 中国质检出版社, 2014.

[78] Wu B, Zhang X P, Bao D, et al. Biomethane production system: energetic analysis of various scenarios. Bioresource Technology, 2016, 206: 155-163.

[79] 环境管理 生命周期评价 要求与指南. 北京: 中国标准出版社, 2008.

[80] 于随然, 陶璟. 产品全生命周期设计与评价. 北京: 科学出版社, 2012.

[81] 夏训峰, 张军, 席北斗. 基于生命周期的燃料乙醇评价及政策研究. 北京: 中国环境科学出版社, 2012.

[82] 杨鸣. 机电产品模块化生命周期评价方法研究及其软件开发. 上海: 上海交通大学, 2011.

[83] 肖君. 基于全生命周期原理的建筑保温材料环境影响研究. 西安: 西安建筑科技大学, 2013.

[84] Pehnt M, Henkel J. Life cycle assessment of carbon dioxide capture and storage from lignite power plants. International Journal of Greenhouse Gas Control, 2009, 3: 49-66.

[85] Wu B, Zhang X P, Shang D W, et al. Energetic-environmental-economic assessment of the biogas system with three utilization pathways: combined heat and power, biomethane and fuel cell. Bioresource Technology, 2016, 214: 722-728.

第 5 章
绿色化工过程

5.1 替代氢氰酸合成甲基丙烯酸甲酯

5.1.1 甲基丙烯酸甲酯简介

甲基丙烯酸甲酯（MMA）是一种重要的单体，广泛用于聚合物工业，既可自聚，形成聚甲基丙烯酸甲酯（PMMA），即有机玻璃；也可与其他物质共聚，如用来制造丙烯酸酯类（ACR）树脂，甲基丙烯酸甲酯、丁二烯及苯乙烯的三元共聚物（MBS）树脂，腈纶，医药材料等。PMMA 透光性优良，并具有优异的耐候性、良好的耐化学腐蚀性、可完全降解等性能，可应用于指示牌、路标、建筑材料、汽车尾灯和光学材料等方面[1]。MMA 的化学结构式如图 5.1 所示，其物化性质见表 5.1。

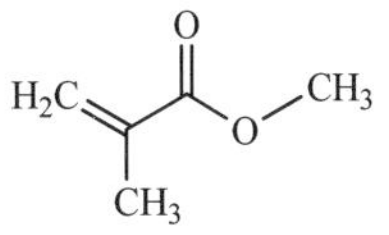

图 5.1 MMA 的化学结构式

表 5.1 常压下 MMA 的物化性质[2]

摩尔质量 /(g/mol)	密度 /(g/cm³, 293.15K)	折射率 (n_D^{25})	沸点/ (K, 101.3kPa)	熔点/ (K, 101.3kPa)	闪点/K	水中溶解度 /(g/cm³, 298.15K)
100.12	0.9433	1.4140	373.15～374.15	225.15	283.15	1.6

工业化生产 MMA 的工艺最早是由英国 ICI 公司通过改良 Rohm & Haas 公司的甲基丙烯酸乙酯工艺得到的，ICI 公司于 1937 年将该工艺实现工业化。到目前为止，该工艺仍是世界上 MMA 生产的主要方法。2012 年，世界 MMA 产能为 401.8 万 t/a，其中约 63%的产能由丙酮氰醇（ACH）工艺提供[3]。该工艺包括三步反应，第一步通过氰化反应合成 ACH 中间体，第二步通过 ACH 的酰胺化反应得到甲基丙烯酸酰胺硫酸盐中间体，第三步通过酯化反应得到 MMA。该工艺被称为 ACH 工艺，具体反应过程如下。

（1）氰化反应

以丙酮和氢氰酸（多为丙烯腈生产中的副产物）为原料，以强碱为催化剂，在较低温度下反应，生成丙酮氰醇：

$$CH_3COCH_3 + HCN \longrightarrow (CH_3)_2C(OH)CN \qquad (5.1)$$

该反应是一个可逆反应,在20～25℃下反应的平衡常数为28L/mol,因此较容易生成丙酮氰醇。反应在液相中进行,常用的催化剂有氢氧化钠、氢氧化钾、碳酸钾和阴离子交换树脂等。反应流程为:丙酮和氢氰酸连续加入低温反应器中,在碱催化剂的作用下反应;反应后,向反应物料中加入硫酸中和强碱性的催化剂,并过滤除去中和反应得到的盐;粗产品通过两个精馏塔进行精制。在第一个精馏塔中,塔顶得到的丙酮和氢氰酸的混合物循环回反应器继续反应。第二个精馏塔主要除去物料中的水分,在塔底得到纯度在98%以上的丙酮氰醇。因为在丙酮氰醇生成过程中没有副反应发生,所以得到的产品纯度较高。但是在中和碱性催化剂的过程中会产生一定量的硫酸盐固体废弃物。

(2) 酰胺化反应

氰化反应中得到的丙酮氰醇与过量的浓硫酸(1.4～1.8,摩尔比)反应得到甲基丙烯酸酰胺硫酸盐:

$$(CH_3)_2C(OH)CN + H_2SO_4 \longrightarrow CH_2=C(CH_3)CONH_2 \cdot H_2SO_4 \qquad (5.2)$$

硫酸在反应中既作反应物也作溶剂,因此硫酸必须过量,以避免反应釜中物料固化而不利于反应热的移去及物料的输送。反应在连续串联搅拌釜中进行,反应温度为80～110℃。反应完成后,反应混合物进入一个热裂解装置,在125～160℃下热解生成甲基丙烯酸酰胺硫酸盐。

(3) 酯化反应

甲基丙烯酸酰胺硫酸盐水解后,与甲醇酯化反应得到MMA:

$$CH_2=C(CH_3)CONH_2 \cdot H_2SO_4 + CH_3OH \longrightarrow CH_2=C(CH_3)COOCH_3 + NH_4HSO_4 \qquad (5.3)$$

反应物料在80～110℃下,在连续反应器中保持停留时间2～4h后进入气提塔。MMA、水及过量的甲醇从塔顶分离出来,塔底得到硫酸氢铵废弃物。分离出来的粗MMA在一个萃取塔中用水回收甲醇,并循环回前面的酯化反应器中。水洗过的MMA通过精馏进一步精制得到纯的MMA。最终,MMA的收率为80%～90%。

ACH工艺是最早实现工业化的MMA生产工艺,直到1982年仍是全球唯一工业化的MMA生产工艺,该工艺虽然能得到较高的MMA收率,但是也存在很多缺点:①合成原料中含有剧毒的氢氰酸,工艺存在潜在的安全危害;②大量使用硫酸,腐蚀设备,危险性大,并且产生大量废酸,后处理难(表5.2);③工艺得到大量的硫酸盐固体废弃物,废弃物的处理是个难题,目前常用的处理方法主要有两个:一个是通氨气将硫酸氢铵转化为硫酸铵作为肥料使用;另一个是将通氨气得到的硫酸铵燃烧分解,得到二氧化硫和氮气,二氧化硫进一步氧化制成硫酸循环使用,但是这增加了工艺的投资成本和运行成本;④反应最后生成硫酸氢铵副产物,整个反应的原子经济性差。

表 5.2　ACH 工艺中酸的消耗量和废酸生成量[4]

指标	数据
MMA 产量/(t/a)	50000
硫酸消耗量(100%硫酸计)/(t/t MMA)	1.8
废酸*生成量/(t/t MMA)	2.7

*废酸组成:硫酸约 20%,硫酸氢铵约 44%,水约 29%,有机物约 5%,固含物约 2%。

为了克服传统 ACH 工艺中使用硫酸并排放硫酸氢铵的问题,日本三菱瓦斯化学株式会社(以下简称三菱瓦斯)和赢创工业集团分别对原有 ACH 路线进行了改进研发。三菱瓦斯使用其所研发的改进 ACH 工艺在 1997 年建成了 5 万 t 产能的工业化装置。改进 ACH 工艺的第一步仍然是丙酮和氢氰酸合成 ACH,第二步则用水取代了硫酸,ACH 水合生成 α-羟基异丁酰胺,进一步与甲酸甲酯或甲醇在相应催化剂作用下进行酯交换得到 α-羟基异丁酸甲酯,脱水后即得到 MMA。在酯交换过程中得到的甲酰胺或氨气可以再制备氢氰酸,实现循环使用。该工艺克服了传统 ACH 工艺中使用硫酸的问题,并减少了氢氰酸用量,但仍然要处理氢氰酸,且存在总收率偏低的问题。

由于 ACH 工艺存在上述问题,人们对替代 ACH 工艺生产 MMA 做了很多研究,新型的生产工艺有 C_2、C_3、C_4 等路线。目前已经工业化的路线有:①催化氧化异丁烯或者叔丁醇得到甲基丙烯醛,再氧化醛得到甲基丙烯酸,再酯化酸得到 MMA;②催化氧化异丁烯或者叔丁醇得到甲基丙烯醛,甲基丙烯醛氧化酯化制 MMA;③乙烯和合成气为原料的丙醛路线;④乙烯为原料的丙酸甲酯路线;⑤丙炔羰基化工艺;⑥叔丁醇氨氧化经甲基丙烯腈制 MMA。

5.1.2　以异丁烯为原料的 MMA 清洁工艺

由上述 ACH 工艺路线描述可知,该工艺涉及的原料、催化剂等具有强毒性或腐蚀性,生成的固体副产物难处理,原料用于生成 MMA 的原子利用率为 47%,这不符合绿色化工的发展趋势[1]。目前,以异丁烯为原料的 C_4 工艺为工业上替代 ACH 工艺生产 MMA 的主要工艺之一。和 ACH 工艺相比,C_4 工艺无论是在反应原料、催化剂,还是生产过程等方面,都是一条工业前景良好的清洁工艺技术路线,该工艺的原子利用率可达到 74%[5, 6]。以异丁烯为原料的 C_4 路线主要包括异丁烯氧化三步法和异丁烯氧化两步法两条路线。

5.1.2.1 异丁烯氧化三步法制 MMA

异丁烯氧化三步法为异丁烯或叔丁醇在 Mo-Bi 基催化剂的作用下先经分子氧气相氧化生成甲基丙烯醛（MAL），然后 MAL 在杂多酸酸式盐催化剂作用下经分子氧气相氧化生成甲基丙烯酸（MAA），最后 MAA 经酸催化剂催化酯化生成 MMA（图 5.2）。1982 年，株式会社日本触媒将该工艺实现工业化，投产装置产能规模为 1.5 万 t/a。

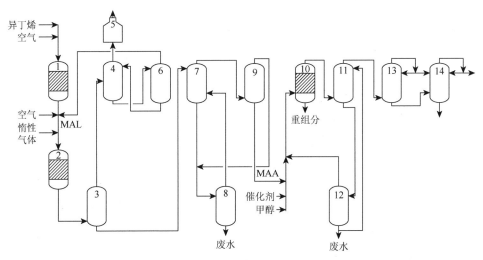

图 5.2　异丁烯氧化三步法制 MMA 工艺流程示意图[7]

1. 异丁烯氧化反应器；2. MAL 氧化反应器；3. 急冷塔；4、6. MAL 吸收塔；5. 燃烧装置；7、8. 溶剂萃取塔；9. 溶剂回收塔；10. 酯化反应器；11. 水萃取塔；12. 甲醇回收塔；13. 脱轻塔；14. MMA 精制塔

（1）异丁烯氧化制甲基丙烯醛

异丁烯在 Mo-Bi 基催化剂作用下与空气发生气相氧化反应生成 MAL，反应为强放热反应，使用列管固定床反应器，管内装填催化剂，管外用撤热介质移热。异丁烯氧化反应的热点温度可以达到接近 400℃，异丁烯转化率一般大于 95%，除了 MAL 也会生成 MAA，两者的收率可达到 80% 以上[8-15]。

$$CH_2=C(CH_3)CH_3 + O_2 \longrightarrow CH_2=C(CH_3)CHO + H_2O \quad (5.4)$$

异丁烯氧化催化剂目前主要采用的是复合氧化物催化剂，其基本组成是 Mo-Bi-Fe-Co-A-O（A 代表一个碱金属或者一个碱土金属和铊），在此基础上还可以加入更多的助剂元素，以调节催化剂的活性和稳定性。异丁烯氧化产生的副产物主要有 CO、CO_2、丙酮、乙醛、乙酸等，同时也有少量的 MAA 生成。

（2）甲基丙烯醛氧化制甲基丙烯酸

MAL 在磷钼钒酸酸式盐催化剂作用下与空气发生气相氧化反应生成 MAA，

反应为放热反应,使用列管固定床反应器。MAL 氧化反应的热点温度不超过 350℃,未反应的 MAL 通过循环利用,获得高的转化利用率,MAA 选择性高于 82%[16-21]。

$$CH_2=C(CH_3)CHO + \frac{1}{2}O_2 \longrightarrow CH_2=C(CH_3)COOH \quad (5.5)$$

MAL 氧化制备 MAA 的催化剂与丙烯醛氧化制备丙烯酸的催化剂相比,性能仍然偏低。丙烯醛氧化制备丙烯酸采用 Mo-V 基氧化物催化剂,收率能达到 95%以上,而同样的催化剂用于 MAL 氧化,MAA 的收率却很低。针对 Mo-V 基氧化物催化剂的改进收效甚微,SOHIO 在 1957 年发现 Mo-P 杂多酸催化剂对 MAL 的氧化具有较好效果。该杂多酸催化剂的阴离子是具有 Keggin 结构的 $[PMo_{12}O_{40}]^{3-}$,同时以 H^+ 作为阳离子,因此具有强的 Brønsted 酸性。阴离子中金属 Mo 的存在使其具有中等强度的氧化能力。MAL 氧化至 MAA 属于表面催化过程[22],但是直接用磷钼酸($H_3PMo_{12}O_{40} \cdot nH_2O$)催化氧化 MAL 的反应,收率仍不够高,并且在反应温度下催化剂寿命很低。经后续研究发现,将催化剂中的部分钼原子替换成钒原子[23],并用金属等阳离子取代部分氢质子,可同时提高催化剂活性和寿命[24-26],例如,铯离子可以增大比表面积并调节酸性;过渡金属离子通过自身的氧化还原性影响分子氧的活化及活性氧的迁移;铵离子在分解过程中影响催化剂的还原度和酸性[27]等。因此,在工业应用催化剂中往往会加入多种元素,协同促进催化剂性能。

(3) MAA 酯化制 MMA

MAA 与甲醇经酯化反应得到 MMA,采用酸性催化剂,如液体催化剂硫酸、固体催化剂强酸性离子交换树脂等。该反应温度一般低于 100℃,催化效率高[28]。

$$CH_2=C(CH_3)COOH + CH_3OH \longrightarrow CH_2=C(CH_3)COOCH_3 + H_2O \quad (5.6)$$

异丁烯氧化三步法的成套工艺,由异丁烯到 MAA 的工艺过程,有两种工艺,一种是将第一步氧化反应得到的 MAL 分离出来,然后 MAL 再与空气等混合进入下一步反应(三菱丽阳株式会社);另一种是第一步氧化后的产物不分离直接进入下一步反应(株式会社日本触媒)。二反出来的物料经过急冷吸收,未反应的 MAL 吸收分离后送入二反反应器中继续反应,MAA 水溶液通过溶剂萃取将 MAA 富集到有机相中,然后通过精馏或结晶法等进一步分离纯化 MAA,纯化后的 MAA 和甲醇通过酯化反应器进行酯化反应,未反应的 MAA 和甲醇分离回用,MMA 进行分离纯化,得到最终的 MMA 产品。

对生产工艺来说,除了高效催化剂和反应工艺的开发之外,反应物和产物分离纯化也占有很重要的位置[29-33]。近年来,在绿色化工思想指导下,分离过程新技术研发也逐渐引入一些绿色新型溶剂[34],例如,研究表明,离子液体$[C_4MIM][BF_4]$

和[C$_4$MIM][PF$_6$]对于 MAL 具有较好的吸收能力,并且吸收后容易分离,易于再生并可循环使用[35, 36];对于水溶液中 MAA 的萃取分离,一些离子液体可以获得比常规有机溶剂更好的萃取效果[37]。

5.1.2.2　异丁烯氧化两步法制 MMA

该工艺的第一步与三步法相同,即异丁烯氧化生成 MAL,随后 MAL 经过一步催化氧化酯化反应生成 MMA,见图 5.3。由图 5.3 可知,第一步反应制得的 MAL 与甲醇、空气混合后进入反应器,经 Pd 基催化剂催化 MAL 发生氧化酯化反应,MAL 转化率可达到 84%以上,MMA 选择性可达到 88%以上[3]。

$$CH_2=C(CH_3)CHO+CH_3OH+\frac{1}{2}O_2 \longrightarrow CH_2=C(CH_3)COOCH_3+H_2O \tag{5.7}$$

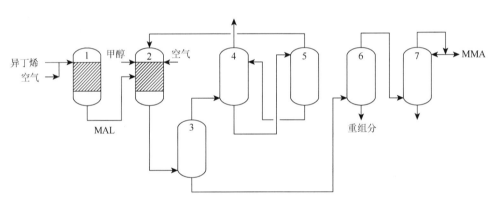

图 5.3　异丁烯氧化两步法制 MMA 工艺流程示意图[1]
1. 异丁烯氧化反应器;2. MAL 氧化酯化反应器;3. 脱轻塔;4、5. MAL 吸收塔;6. 脱重塔;7. MMA 精制塔

MAL 一步氧化酯化早期采用 Pd 基催化剂,收率一直不高。旭化成株式会社开发出了一种含 Pd-Pb 的固体催化剂解决了这个问题,他们的研究表明,催化剂中 Pd-Pb 金属化合物是催化剂的活性位,MMA 收率达到 93%,使工业化成为可能。1998 年,旭化成株式会社使用该工艺的工业化装置开车成功。

MAL 氧化酯化的催化剂是该工艺的技术核心,提高选择性,优化稳定性,对工艺的技术经济性具有举足轻重的作用,其研发受到普遍关注[38-40]。近年的研究显示 Au 基催化剂与 Pd 基催化剂相比,可以具有更优的反应性能[41-44]。

MAL 的氧化酯化反应是一个三相反应,即空气或氧气通入具有过量甲醇的液相中,在固相催化剂的催化作用下,MAL 一步氧化酯化得到 MMA。就工艺而言,气-固-液三相反应器是重点[45]。过量的甲醇和未反应的 MAL 需要回收并循环利用。反应过程中的副产物主要为少量的丙烯、甲酸甲酯、MAA、异丁酸甲酯等。

异丁烯氧化两步法制 MMA 工艺，省去了 MAA 的生成步骤，降低了设备投资，缩短了反应流程。

5.1.3 以乙烯为原料的 MMA 清洁工艺

以乙烯为原料合成 MMA 共有 3 条路线，具体如下。

5.1.3.1 丙醛路线

丙醛路线以乙烯和合成气为起始原料，所以又称为合成气路线，反应过程为：乙烯和合成气（CO 和 H_2）通过氢甲酰化反应合成丙醛，丙醛和甲醛通过羟醛缩合反应生成 MAL，MAL 选择性氧化得到 MAA，MAA 和甲醇酯化反应得到目标产物 MMA。该路线由 BASF 公司最早开发并在路德维希港于 1988 年建成一套生产装置，产能为 3.6 万 t/a[46]。

（1）乙烯氢甲酰化

乙烯氢甲酰化合成丙醛：在合成反应器中通过液相羰基化合成，反应原料为适当比例的乙烯、一氧化碳和氢气，目前主要采用铑基配合物均相催化剂，使用甲苯或丙醛二聚体等为溶剂，反应温度一般不高于 110℃，反应压力在 2MPa 左右，丙醛选择性在 99% 以上。

$$CH_2=CH_2 + CO + H_2 \longrightarrow CH_3CH_2CHO \qquad (5.8)$$

（2）丙醛羟醛缩合

丙醛和甲醛在缩合反应器中，在酸如盐酸、乙酸等存在的条件下，与仲胺如二甲胺、二乙胺等发生反应，生成曼尼希碱中间体，该中间体继而分解生成 MAL 和仲胺。MAL 作为产物进入下一步反应，仲胺循环回缩合反应器，继续参与反应。该反应中丙醛转化率大于 99%，MAL 选择性可以达到 90% 以上。

$$CH_3CH_2CHO + HCHO \longrightarrow CH_2=C(CH_3)CHO + H_2O \qquad (5.9)$$

（3）MAL 氧化反应

MAL 选择性氧化生成 MAA，该步骤与异丁烯氧化三步法中第二步氧化反应相同，但是由于 MAL 来源的反应不同，进入反应器的杂质不同，催化反应性能略有区别。

$$CH_2=C(CH_3)CHO + \frac{1}{2}O_2 \longrightarrow CH_2=C(CH_3)COOH \qquad (5.10)$$

（4）MAA 酯化反应

该步骤与异丁烯氧化三步法中第三步酯化反应相同。

$$CH_2=C(CH_3)COOH + CH_3OH \longrightarrow CH_2=C(CH_3)COOCH_3 + H_2O \tag{5.11}$$

目前，该路线的开发者 BASF 公司，因在生产过程中遇到的催化剂寿命及生产条件稳定性等问题，并没有进行推广。

5.1.3.2 丙酸甲酯路线

丙酸甲酯路线中乙烯首先和 CO、甲醇反应转化为丙酸甲酯，然后丙酸甲酯再与甲醛进行羟醛缩合一步生成 MMA，只包括两步反应，工艺过程相对简化。Shell 公司提出和先期研发了该工艺路线，后 Shell 公司将该工艺的研发成果通过 ICI 公司转移给璐彩特国际公司（2009 年被三菱丽阳株式会社收购）。璐彩特国际公司最终促成了该工艺的工业化，继 2006 年工业化后，进行了产业化推广，在新加坡建设了一套产能 12 万 t/a 的装置，在沙特建设了产能 25 万 t/a 的装置。其他公司如 BASF、SD、Monsanto 及 Rohm&Haas（现为 Dow 全资子公司）也在该工艺出现前期进行了相关研究，但没有形成工业规模。

（1）羰基化和酯化

乙烯和 CO、甲醇在钯基催化剂作用下发生均相羰基化酯化反应生成丙酸甲酯，反应活性高，选择性可以达到 99.9%。该步反应的反应条件温和，对装置要求不苛刻，设备投资成本较低。

$$CH_2=CH_2 + CO + CH_3OH \longrightarrow CH_3CH_2COOCH_3 \tag{5.12}$$

（2）羟醛缩合

丙酸甲酯与甲醛通过固体酸/碱催化剂发生羟醛缩合反应生成 MMA，MMA 选择性大于 90%，但丙酸甲酯的单程转化率偏低，需要未反应原料的分离回用，同时反应过程易于积炭，需要设置催化剂再生工艺。

$$CH_3CH_2COOCH_3 + HCHO \longrightarrow CH_2=C(CH_3)COOCH_3 + H_2O \tag{5.13}$$

该路线与前面所述路线相比，反应过程中不使用且不产生酸，生成的中间产物仅有丙酸甲酯，反应路线短，反应条件温和，投资建设成本低，反应设备易于维护，核心是催化剂性能的优化。

5.1.3.3 丙酸路线

丙酸路线包括三步反应，首先乙烯和 CO、H_2O 通过羰基合成反应生成丙酸，丙酸再与甲醛发生醛酸缩合反应得到 MAA，最后 MAA 和甲醇酯化生成 MMA。

(1) 羰基合成

在卤素含量稳定的 $Mo(CO)_6$ 催化作用下,乙烯、CO 和 H_2O 于低温低压反应,一步生成丙酸。

$$CH_2 = CH_2 + CO + H_2O \longrightarrow CH_3CH_2COOH \tag{5.14}$$

(2) 醛酸缩合

在固定床反应器中,特定比例的丙酸和甲醛在固体催化剂作用下发生醛酸缩合,反应产物为 MAA 和水。

$$CH_3CH_2COOH + HCHO \longrightarrow CH_2 = C(CH_3)COOH + H_2O \tag{5.15}$$

反应为气固相反应,使用固体酸或固体碱催化剂,反应温度一般为 673~773K。Amoco 采用 Cs/SiO_2-SnO_2 固体碱催化剂,最好结果为:当丙酸的转化率为 39%时,MAA 选择性可达 91%[47, 48]。三菱人造纤维公司对催化剂进行改进,采用 Si-Cs-W-Ag-O 催化剂,最好结果为:当丙酸转化率为 40.5%时,MAA 选择性可达 98.8%。Toagosei 公司采用 V-P-O/Zr-Al-O 固体酸催化剂,最好结果为:当甲醛转化率为 68%时,MAA 选择性可达 66%。Daicel 公司采用 Lewis 酸催化剂,使该过程在液相中进行。进料比为:丙酸酐:丙酸铝:甲醛 = 1:1:5(摩尔比),453K 反应 1h 时 MAA 收率达 23.5%。Triangle 研究所、Eastman 化学公司和 Bechtel 合作,以碘改性的羰基钼为催化剂,在比常规催化剂更低温度和压力下实现了乙烯的加氢甲酰化,缩合反应则以 Nb/SiO_2 或 Ta/SiO_2 为催化剂,在气相下进行。

(3) 酯化反应

MAA 和甲醇酯化反应得到 MMA,与前面所述的酯化反应类似。

$$CH_2 = C(CH_3)COOH + CH_3OH \longrightarrow CH_2 = C(CH_3)COOCH_3 + H_2O \tag{5.16}$$

丙酸路线的研究还很不充分,虽然目的产物选择性很高,但过程的单程转化率很低,而且催化剂寿命也不够长,需要进一步提高催化剂性能。

5.1.4 其他工艺

5.1.4.1 丙烯路线

以丙烯为原料经异丁酸生成 MAA,然后 MAA 与甲醇发生酯化反应生成 MMA,包括异丁酸生成、异丁酸脱氢和酯化三个反应过程,Atochem 和 Rohm 公司开发并推进至中试规模。其工艺流程图见图 5.4。

(1) 异丁酸合成

丙烯与 CO、水经 HF 催化发生 Gattermann-Koch 反应,通过气液分离器将产物混合物进行分离,气相物料中,一部分循环回反应器,另一部分通过冷凝将未

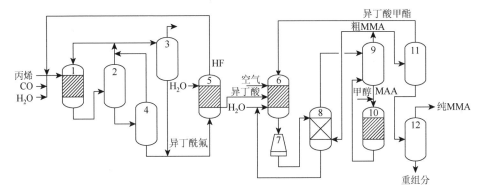

图 5.4 丙烯制 MMA 工艺流程示意图[49, 50]

1. 丙烯羰基化反应器；2. 气液分离器；3. 冷却塔；4. 脱气塔；5. 水解反应器；6. 异丁酸氧化脱氢反应器；
7. 冷凝器；8. 萃取塔；9、11、12. 精馏塔；10. MAA 酯化反应器

分离下来的产物异丁酰氟进一步冷凝回收，这部分异丁酰氟与通过脱气塔脱气后的液相异丁酰氟物料混合（异丁酰氟总收率可以达到 96.5%）后进入水解反应器发生水解反应，水解反应生成的 HF 循环回丙烯羰基化反应器中，生成的异丁酸则作为下一步氧化脱氢制 MAA 的原料。

$$CH_2=CHCH_3 + CO + H_2O \longrightarrow CH_3CH(CH_3)COOH \quad (5.17)$$

（2）MAA 合成及分离

使用空气为氧化剂，Mo-P-V 或 Fe-P 混合氧化物为催化剂，通过气固相催化反应，异丁酸可以发生氧化脱氢生成 MAA，异丁酸转化率可以达到 99.8%，但 MAA 选择性偏低，为 74%。反应生成的物料进入冷凝器，MAA 和水在冷凝器中冷凝下来形成 MAA 水溶液。MAA 水溶液经过萃取塔后将 MAA 从水相中萃取分离出来，然后经过精馏等对 MAA 进行分离纯化。

$$CH_3CH(CH_3)COOH + \frac{1}{2}O_2 \longrightarrow CH_2=C(CH_3)COOH + H_2O \quad (5.18)$$

（3）MMA 合成及分离

MAA 和甲醇通过酯化反应得到 MMA，该反应和前述反应相同。

$$CH_2=C(CH_3)COOH + CH_3OH \longrightarrow CH_2=C(CH_3)COOCH_3 + H_2O$$

$$(5.19)$$

由于使用 HF 会带来系列的设备成本、安全防护和操作问题，到目前为止，该路线还没有实现工业化。另外，异丁酸与其氧化脱氢产物 MAA 的沸点很接近，给后续 MAA 的分离纯化带来了很大的难度，而所使用的 Mo-P-V 或 Fe-P 混合氧

化物催化剂稳定性均不理想等也是该工艺的难点之一。以上问题使得该工艺的研发前景并不理想。

5.1.4.2 丙炔路线

荷兰 Shell 公司成功开发的丙炔路线是极为高效的一条路线,即丙炔在催化剂的作用下,与 CO、甲醇以均相羰基甲氧基化反应的方式,经过一步反应生成 MMA,理论上,该反应的原子利用率为 100%[式（5.20）]。该路线的技术核心是其独特的催化剂体系,该催化剂体系中含有二价 Pd、有机膦、强酸和叔胺[51-54],丙炔转化率可达 99%,MMA 选择性超过 99.8%。

$$HC\equiv CCH_3 + CO + CH_3OH \longrightarrow CH_2=C(CH_3)COOCH_3 \quad (5.20)$$

丙炔路线制 MMA 的原料可来自乙烯裂解副产的 C_3 烷烃混合物[55],含 29.6% 的丙炔,其他为丙二烯、丙烷、丙烯及少量的 $C_4\sim C_5$ 烃,从该混合气体中分离得到丙炔后进入羰基化反应器,与 CO、甲醇在催化剂作用下生成 MMA。

该路线仅有一步反应,原子利用率高,选择合适的催化剂体系,可以达到高的转化率和选择性,分离简化,MMA 纯度易于保证;设备方面也由于工艺简单而很大程度上降低了投资成本。该路线的主原料是丙炔（丙炔单耗 0.4t/t MMA）,而丙炔的来源是该工艺获得产业化推广的重要决定因素。目前丙炔主要可以来自裂解乙烯工艺的副产 C_3 馏分,但丙炔含量很低,如裂解原料为石脑油,裂解产物中丙炔的含量约只有乙烯的 3%。

5.1.4.3 甲基丙烯腈路线

甲基丙烯腈（MAN）路线以叔丁醇、氨、氧为原料,先后通过氨氧化反应（Mo-Bi-Fe 基催化剂）、水合反应（硫酸催化剂）及水解-酯化反应制取 MMA。反应方程式如下:

$$(CH_3)_3COH + NH_3 + \frac{3}{2}O_2 \longrightarrow CH_2=C(CH_3)CN + 4H_2O \quad (5.21)$$

$$CH_2=C(CH_3)CN + H_2SO_4 + H_2O \longrightarrow CH_2=C(CH_3)CONH_2\cdot H_2SO_4 \quad (5.22)$$

$$CH_2=C(CH_3)CONH_2\cdot H_2SO_4 + CH_3OH \longrightarrow CH_2=C(CH_3)COOCH_3 + NH_4HSO_4 \quad (5.23)$$

该工艺由日本旭化成株式会社[51]于 1985 年建立了 5 万 t/a 的生产装置,现在生产能力扩至 9 万 t/a。该法与 ACH 法相比,仅是第一步的原料没有使用 HCN,但后续 MAN 在酸催化剂下的水合及与甲醇水溶液的水解-酯化反应又回到 ACH

法路线上,因而与 ACH 法具备相同的缺点。到目前为止,只有该公司使用此工艺。为了避免因使用硫酸造成后期的固液废弃物处理问题,通过引进甲酸甲酯的办法对上述工艺进行改进[56],类似改进 ACH 工艺。

$$CH_2=C(CH_3)CN + H_2O \longrightarrow CH_2=C(CH_3)CONH_2 \quad (5.24)$$

$$CH_2=C(CH_3)CONH_2 + HCOOCH_3 \longrightarrow CH_2=C(CH_3)COOCH_3 + HCONH_2 \quad (5.25)$$

$$HCONH_2 \longrightarrow NH_3 + CO \quad (5.26)$$

反应中生成的甲酰胺在高温下分解为氨和 CO,氨可以循环利用[57, 58]。

5.1.5 总结与展望

世界 MMA 产能主要集中在美国、西欧和亚洲,2016 年世界总产能已增至约 470 万 t。全球范围内,ACH 法依然是 MMA 的主要生产方法,对总产能的贡献约为 70%;其余产能采用的工艺路线主要是异丁烯法及少量的乙烯羰基化法,呈逐年增长态势。近年来,亚洲逐步成为世界 MMA 产能快速增长的地区。国内 MMA 需求热度居高不下,消费量不断攀升,经计算,2010~2016 年,MMA 表观消费量的年平均复合增长率达到 6.0%,2016 年表观消费量约为 85 万 t/a[59],可以预期,MMA 消费量将随着国民经济的继续增长而持续增加。

在工艺选择上,与原料来源、技术成熟度、经济性和环保性、安全性密切相关。综上所述,异丁烯工艺和乙烯工艺在环境友好性和成熟度上具有较大优势,具有广阔的发展前景。同时,涉及的催化剂性能和具体工艺优化改进仍有较大的发展空间。

我国早期引进的 MMA 生产工艺为 ACH 工艺,经过自主研发,已具有 ACH 工艺的自主产权技术。随着绿色化工的发展需要和 MMA 需求量的增长,国内一些学校、科研院所和企业近年也展开了新型清洁工艺的自主研发,目前已打破国外技术垄断,形成了自主技术,取得了显著成果。

中国科学院过程工程研究所从 2001 年开始 MMA 清洁工艺的关键技术研究开发,并与山东易达利化工有限公司合作完成了"以异丁烯/叔丁醇为原料的甲基丙烯醛、酯和醇系列产品清洁生产新工艺"的万吨级工业示范,2014 年通过了中国石油和化学工业联合会组织的科技成果鉴定,2018 年企业成功实施了异丁烯氧化三步法的工业化;与河南煤业化工集团有限责任公司(现为河南能源化工集团有限公司）合作[41]，2018 年完成了乙烯-合成气法制 MMA 成套工艺的千吨级工业性试验，2019 年通过了中国石油和化学工业联合会组织的科技成果鉴定。

上海华谊（集团）公司在原有丙烯氧化制备丙烯酸及酯的工业技术基础上，开展了异丁烯氧化三步法制备 MMA 的技术研究开发，与山东玉皇化工（集团）有限公司合作，于 2018 年实施了该工艺的工业化。

伴随着国内研发能力的快速发展和相关产业化的积累，可以预期国内的 MMA 生产技术将逐步走向成熟和多元化，自主绿色清洁技术将逐步成为国内 MMA 生产的主流技术。

5.2 非光气法生产聚碳酸酯

5.2.1 聚碳酸酯简介

聚碳酸酯（PC）是分子链中含有碳酸酯基的一类高分子聚合物的总称，最早由俄国著名化学家布特列洛夫在 19 世纪中期第一次合成获得[60]。聚碳酸酯根据其酯基结构的不同，可分为脂肪族聚碳酸酯、脂环族聚碳酸酯和芳香族聚碳酸酯等多种类型。工业上最具有实用价值的是双酚 A（BPA）型芳香族聚碳酸酯，也就是人们常说的聚碳酸酯，它是一种综合性能优良的热塑性工程塑料[61,62]，具有优良的物理机械性能，如突出的抗冲击能力、拉伸强度、弯曲强度、压缩强度高、耐蠕变、尺寸稳定性好、耐热耐寒，在较宽的温度范围内具有稳定的力学性能，吸水率低等[63-68]。双酚 A 型芳香族聚碳酸酯的结构式及基本性能分别见图 5.5 和表 5.3。

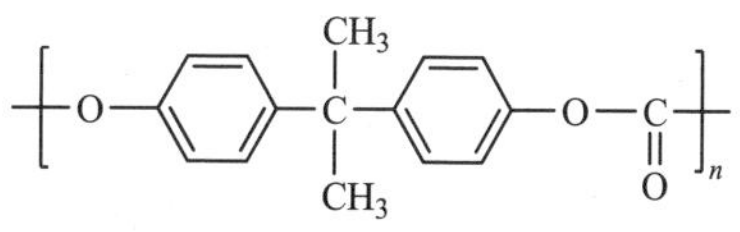

图 5.5 双酚 A 型芳香族聚碳酸酯的结构式

表 5.3 双酚 A 型芳香族聚碳酸酯的基本性能

名称	性能	名称	性能
外观	无色、微黄色透明	结晶性	较困难
密度	1.2g/cm^3	低温催化温度	$-130 \sim -100$℃
熔点	220~230℃	平均分子量	10000~40000
熔融温度	215~220℃	黏均分子量	15000~30000
热变形温度	134℃	收缩率	0.6%~0.7%
热分解温度	340℃	伸长率	80%~100%
玻璃化转变温度	145~150℃	拉伸强度	66~72MPa

续表

名称	性能	名称	性能
马丁温度	120℃	压缩强度	43～88MPa
熔融指数	3～12g/10min	弯曲强度	95～113MPa
吸水性	0.13%	缺口冲击强度	65～80MPa

自聚碳酸酯被布特列洛夫首次发现的将近 100 年后，德国拜耳公司（Bayer A. G）和美国 GE 公司（General Electric Company）几乎同时开发出了双酚 A 型聚碳酸酯生产工艺[69-71]。1953 年德国拜耳公司[72]首先取得聚碳酸酯试制成功，申请了世界上第一项聚碳酸酯专利，并于 1958 年成功实现了聚碳酸酯的工业化生产，商品名为 Makrolon。经历了 20 世纪 60 年代的起步阶段和 80 年代的快速发展阶段，目前聚碳酸酯行业已逐步转向功能材料，其性能通过结构改性或与其他树脂共混得到了完善，目前已能够满足多种应用领域对成本和性能的要求，被广泛应用于电子电气、建材、医疗器械、轨道交通、航空航天等领域，成为近年来增长速度最快的通用工程塑料。

5.2.2 聚碳酸酯生产技术现状

聚碳酸酯生产技术发展至今已报道出了很多种合成方法，如高/低温溶液缩聚法、吡啶法和部分吡啶法等，这些方法因技术不成熟或者成本较高等因素而制约了其工业化应用。目前已工业化且适用于大规模生产的合成方法主要有光气法和非光气法，前者包括溶液光气法、界面缩聚法、传统熔融酯交换缩聚法，后者主要为非光气熔融酯交换缩聚法。

5.2.2.1 溶液光气法

溶液光气法是将光气引入含双酚 A 和酸接收剂的二氯甲烷（或二氯乙烷）溶剂中进行界面缩聚反应，将得到的聚碳酸酯胶液经洗涤、沉淀、干燥、挤出造粒等工序得到聚碳酸酯产品[73]，反应方程式如图 5.6 所示。

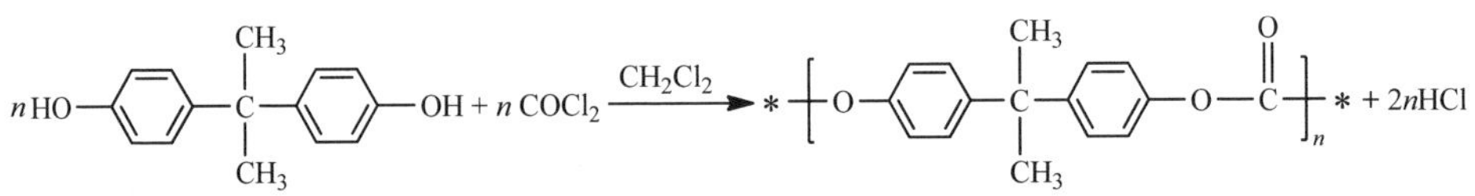

$$n\,HO-\!\!\left\langle\!\!\bigcirc\!\!\right\rangle\!\!-\!\!\underset{\underset{CH_3}{|}}{\overset{\overset{CH_3}{|}}{C}}\!\!-\!\!\left\langle\!\!\bigcirc\!\!\right\rangle\!\!-OH + n\,COCl_2 \xrightarrow{CH_2Cl_2} *\!\!-\!\!\left[O-\!\!\left\langle\!\!\bigcirc\!\!\right\rangle\!\!-\!\!\underset{\underset{CH_3}{|}}{\overset{\overset{CH_3}{|}}{C}}\!\!-\!\!\left\langle\!\!\bigcirc\!\!\right\rangle\!\!-O-\!\!\overset{\overset{O}{\|}}{C}\right]_n\!\!* + 2n\,HCl$$

图 5.6 溶液光气法合成聚碳酸酯

此工艺形成的聚合物分子量大，但缺点是光气原料剧毒，环境污染严重且生产过程产生大量的废水和二氯甲烷，已经完全被淘汰。

5.2.2.2 界面缩聚法

界面缩聚法是在室温和不互溶的两相界面上进行的，反应过程不可逆、不平衡，可以生产出高分子量的聚碳酸酯产品，是目前光气法的代表路线。从图 5.7 可以看出，首先双酚 A 与氢氧化钠溶液反应生成双酚 A 钠盐，并进入光气反应釜中与惰性有机溶剂（一般为二氯甲烷，也可以选用其他氯代烷烃、芳香烃）混合后，在催化剂的作用下与光气于常压、温度 25～42℃下快速发生两相界面反应，生成低分子量聚碳酸酯，然后经缩聚分离后处理得到高分子量聚碳酸酯。

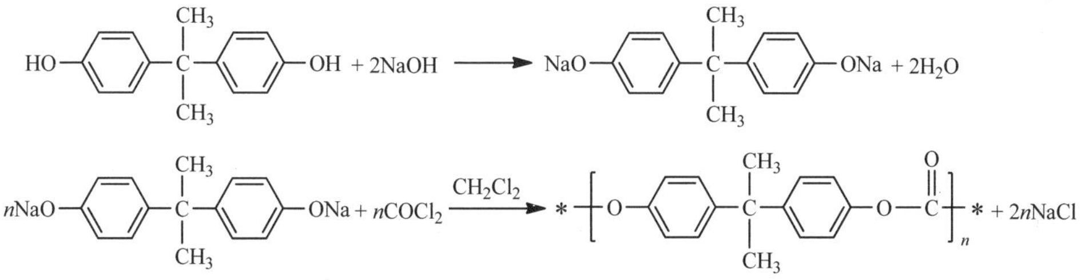

图 5.7 界面缩聚法合成聚碳酸酯

该工艺路线具有工艺成熟、反应条件温和、适合大规模连续生产、产品质量好等优点，长期以来在聚碳酸酯生产中一直占据主导地位（约占世界聚碳酸酯产能的 80%）。但该工艺也存在着一些问题，包括：大量剧毒光气和有毒挥发性有机溶剂二氯甲烷的使用；后处理产生大量废水造成环境污染严重；氯化钠溶液腐蚀设备严重，缩短设备使用寿命；卤素等杂质会影响产品的性能等，因此也亟待开发新型绿色高效的聚碳酸酯生产技术。

5.2.2.3 传统熔融酯交换缩聚法

20 世纪 60 年代，GE 公司[74]开发了以双酚 A 和碳酸二苯酯（DPC）为原料，通过酯交换合成聚碳酸酯的间接光气法工艺。该工艺以苯酚为原料，经光气法反应生成碳酸二苯酯，然后在微量卤化锂或氢氧化锂等催化剂和添加剂存在下，碳酸二苯酯与双酚 A 在高温、高真空下进行酯交换反应，因为反应过程为可逆平衡反应，在反应过程中不断除去小分子苯酚可以促进酯交换反应正向进行，得到低聚物后再减压缩聚制得聚碳酸酯产品[75, 76]。光气与苯酚的化学反应方程式见图 5.8。

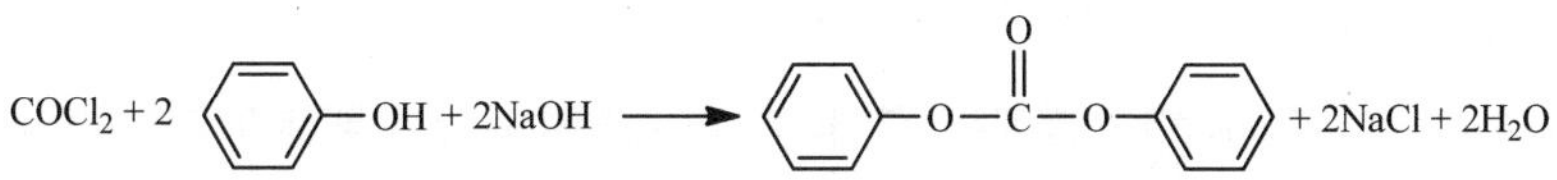

图 5.8 光气法合成碳酸二苯酯

该工艺的优势在于不使用二氯甲烷且生产成本略低于光气法，但碳酸二苯酯合成仍然需要大量使用光气，且熔融缩聚反应后期物料黏度不断增加，传热传质效率降低，产品质量如分子量和色泽都明显低于界面光气法，所以在应用推广过程中一直受到界面缩聚法的压制，但该工艺的开发也为后续非光气熔融酯交换缩聚工艺（图 5.9）做了铺垫。

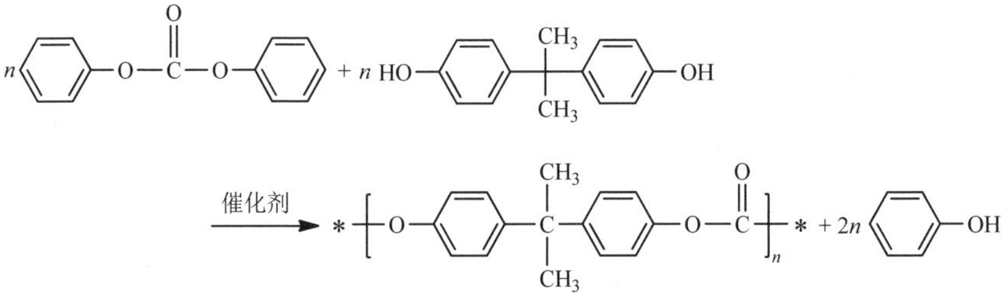

图 5.9　熔融酯交换反应

5.2.2.4　非光气熔融酯交换缩聚法

近年来，随着各国环保部门对光气使用的限制和人们环保意识的提高，世界上采用光气界面缩聚技术的主要聚碳酸酯厂商相继开发环境友好的聚碳酸酯清洁生产技术——非光气熔融酯交换缩聚法。

2002 年 6 月，第一套以二氧化碳-甲醇为原料生产聚碳酸酯的非光气熔融酯交换缩聚装置在日本旭化成株式会社和台湾奇美实业股份有限公司的合资企业旭美化成股份有限公司实现商业化运营，产能为 50kt/a。传统熔融酯交换缩聚与非光气熔融酯交换缩聚的最大区别在于原料碳酸二苯酯的生产方法不同，前者是用苯酚与光气合成的，后者是由碳酸二甲酯代替光气和苯酚经酯交换制备得到[77, 78]。该工艺从根本上摆脱了有毒原料光气，环境友好；苯酚在碳酸二苯酯生产过程中可循环利用，降低了生产成本，经济性好；产品可直接成型而不需要干燥和洗涤，产品性能好（包括纯度、光学性能、透明度）。该工艺将在未来聚碳酸酯生产中逐渐占主导地位。本章也将针对该工艺的研发进展进行详细介绍。

5.2.3　非光气熔融缩聚制备聚碳酸酯工艺

5.2.3.1　碳酸二苯酯为原料的聚碳酸酯工艺

目前，以碳酸二苯酯为原料通过非光气熔融缩聚合成聚碳酸酯的工艺主要有两种：一种是以碳酸二苯酯和双酚 A 为原料来合成双酚 A 型聚碳酸酯，此工艺目前已实现大规模工业化生产；另一种是以碳酸二苯酯和异山梨醇为原料合成生物基聚碳酸酯，此工艺目前还在研究阶段。上述工艺中碳酸二苯酯的合成方法主要有：由苯酚与碳酸二甲酯或者草酸二甲酯合成碳酸二苯酯、由碳酸二甲酯与乙酸苯酯合成碳酸二苯酯、苯酚的氧化羰基化法合成碳酸二苯酯和草酸酯脱羰法合成碳酸二苯酯等[79-82]。

(1) 双酚 A 型聚碳酸酯合成工艺研究

20 世纪 60 年代，GE 公司开发了双酚 A 型聚碳酸酯的非光气熔融缩聚工艺。该工艺是以碳酸二苯酯和双酚 A 为原料，以微量的氢氧化物、碳酸化合物、碱金属氧化物等为催化剂，在高温、高真空下最终合成聚碳酸酯。此工艺分为两个阶段：酯交换阶段和缩聚阶段。首先，反应装置用氮气置换几次，将碳酸二苯酯与双酚 A 以一定比例投料，加热至熔融状态，在碱性催化剂存在下，调节温度和真空度，酯交换合成预聚体；然后再调节温度和真空度，使得到的预聚体进行缩聚，得到高分子量的聚碳酸酯产品，工业上可以直接挤出成型。反应过程见图 5.10 和图 5.11。

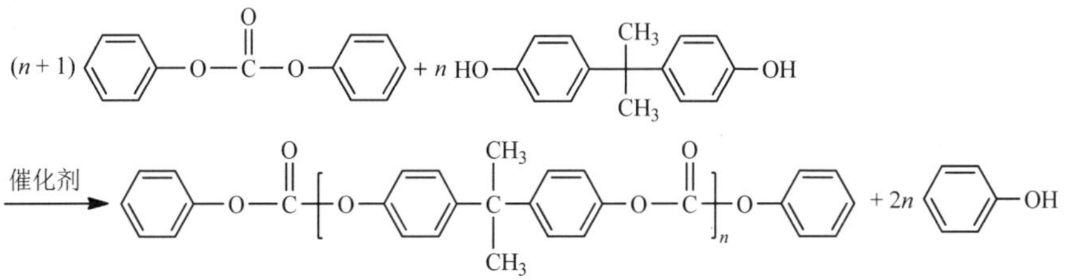

图 5.10　酯交换反应

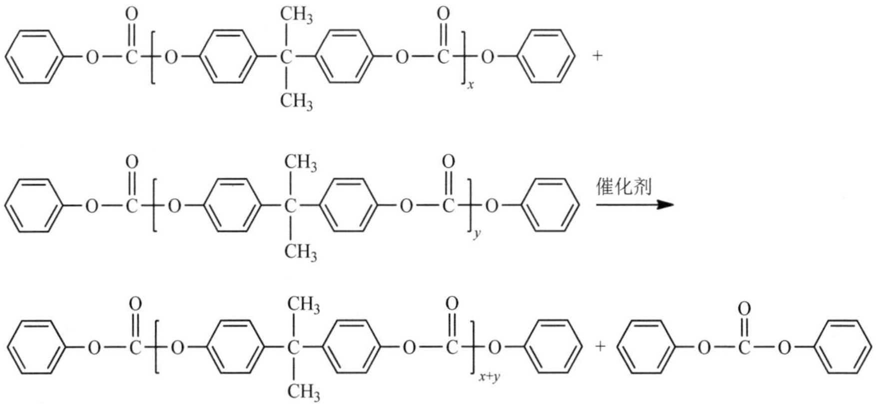

图 5.11　缩聚反应

整个过程中不使用光气，也不使用溶剂，小分子产物苯酚可以收集、回收，降低了原料成本，几乎实现了"零排放"，完全符合清洁生产的概念。此方法的缩聚步骤是聚碳酸酯合成过程中的关键步骤,此阶段熔体黏性高,而此反应为可逆反应,需要不断移除反应生成的副产物苯酚,因此后期体系的真空度很高。同时为了能有效地分离副产物苯酚,后期反应温度需要升高到 250~300℃。整个聚合过程反应温度较高,应避免双酚 A 分解而影响聚碳酸酯产品颜色及碱催化剂引发的 Kolbe-Schmitt 重排反应[83-85]。提高聚碳酸酯产品质量,减少副产物、副反应的关键是催化剂的研发,目前报道的该工艺催化剂主要如下。

20 世纪 90 年代之前,催化剂主要是碱金属和碱土金属,其中最有代表性的就是氢氧化钠,该类催化剂廉价、活性高、简单易得,在生产和研究中被广泛应用。Turska 等[86]研究了碱金属的氢氧化物和碳酸盐作为催化剂的活性,发现在 160℃下反应 1h 后,苯酚收率可达 60%以上,但产品选择性低、催化剂易残留,容易引发支化、交联、生色等副反应,导致产品质量下降和加工困难的问题。

20 世纪 90 年代之后,聚碳酸酯的性能在催化剂的更新换代下得到了很大的提高,具有代表性的催化剂有四苯基鏻苯酚盐、四甲基氢氧化铵、四苯基鏻四苯基硼酸盐、双酚 A 二钠盐、1,3,4,6,7,8-六氢-2H-嘧啶并[1,2-a]嘧啶、二甲基吡啶、四丁基乙酸鏻等。通用电气公司[87]采用嘧啶类含氮杂环催化剂及其同系物制备出的产品黏均分子量超过 4 万、苯酚收率在 96%以上,聚碳酸酯色差低,并且无催化剂残留。拜耳公司[88,89]也报道了相似类型的催化剂如苯并咪唑、哌啶和吗啉,得到的聚碳酸酯的黄色较浅。另外,通用电气公司[90]通过采用六乙基胍的双酚 A 盐作为催化剂,制备得到了具有良好热稳定性及色泽的聚碳酸酯。这些催化剂具有较高的反应速率,且反应初期不会分解,反应后期会慢慢分解并从反应体系中除去,不影响聚合物产品质量。

非光气熔融缩聚工艺的控制条件如下:反应温度要高于物料熔点,物料熔融状态有利于苯酚逸出;由于双酚 A 易在 180℃以上分解,所以初期温度需控制在 180℃以下;高真空条件下可以使产生的苯酚逸出,有利于反应的正向进行;由于碳酸二苯酯的沸点较低,其用量应稍微过量,防止汽化逸出而破坏原料反应物的摩尔比,一般碳酸二苯酯与双酚 A 的摩尔比为 1.05~1.1:1;催化剂可为乙酰丙酮锂、碳酸铯、氢氧化四丁基铵、乙酸铬或氢氧化锂等。

各大公司在优化工艺的同时也注重工艺创新,拜耳公司[91]通过替代双酚 A 采用双酚 A 和苯酚的混合物进行聚合反应,使得原料的熔点降低,进而提高了产品的质量。专利 CN1500107A[92]中还提出在酯交换反应阶段中采用闪蒸的方式将副产物苯酚一次性抽出,这样可以把主产物以外的其他杂质脱除。韩国 LG 化学公司也开发了新的非光气法工艺,采用新型催化剂,使原料双酚 A 和碳酸二苯酯在单一反应器中熔融缩聚并结晶,且已在 2kg/h 微型装置中进行了验证,生产出了透明度为 98%的无色聚碳酸酯。

（2）生物基聚碳酸酯合成工艺研究

双酚 A 型聚碳酸酯是五大工程塑料之一，被广泛用于交通运输、机械、电子、日用电器及能源等领域。但是，其生产原料之一的双酚 A 由于具有雌激素效应和慢性毒效应，对人类特别是新生儿及环境有害。这极大地限制了双酚 A 型聚碳酸酯在食品包装材料、医疗器械及生物高分子材料方面的应用，亟待寻找新的刚性无毒单体以取代双酚 A。异山梨醇具有刚性结构且无毒，无疑是非常合适的候选者。以异山梨醇和碳酸二苯酯为原料，通过非光气熔融缩聚法来合成生物基聚碳酸酯，与上面所述的双酚 A 型聚碳酸酯的合成工艺类似，也是报道较多的制备生物基聚碳酸酯的方法，目前该工艺尚处于研究阶段，未实现大规模生产。其反应过程如图 5.12 所示。

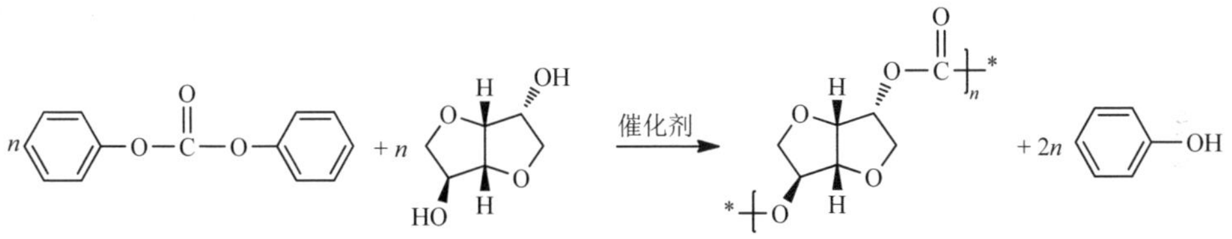

图 5.12　异山梨醇型聚碳酸酯合成方法

Betiku 等[93]以异山梨醇和碳酸二苯酯为原料，以甲醇钠、Lewis 酸 2-己酸乙酯化锡或钛酸四丁酯为催化剂，通过熔融缩聚法制备了生物基聚碳酸酯，反应温度为 200℃。所得生物基聚碳酸酯的玻璃化转变温度范围为 106～158℃，数均分子量范围为 3700～14300（聚苯乙烯标准）。Yokogi 等[94]报道了缩聚温度对聚合物的形态、色泽等有很大的影响，磷酸锡、三氟化锑、三氧化锑、一氧化铅等催化剂可以降低酯交换反应的温度。Eo 等[95]以异山梨醇和碳酸二苯酯为原料，以碳酸铯为催化剂，通过熔融缩聚工艺制备出数均分子量为 26700、多分散系数为 1.48、玻璃化转变温度为 164℃的生物基聚碳酸酯产品，并指出异山梨醇和碳酸二苯酯的纯度对合成的聚碳酸酯的色差影响大。通过在聚合进行前对原料异山梨醇和碳酸二苯酯都进行提纯处理，以除去里面含有的杂质或对合成生物基聚碳酸酯进行后处理，除去聚碳酸酯合成过程中产生的一些衍生物，可以改善生物基聚碳酸酯的色泽及性能。Wang 等[96]研究了固体碱催化剂催化碳酸二苯酯和脂肪族二醇熔融缩聚合成高分子量的脂肪族聚碳酸酯，通过不同技术了解了催化剂结构与催化性能的关系，发现通过简单沉淀法制备的氧化镁的催化活性最高。以氧化镁为催化剂，熔融缩聚催化异山梨醇和碳酸二苯酯合成得到重均分子量为 32500、多分散系数为 1.78 的生物基聚碳酸酯。

非光气熔融缩聚制备生物基聚碳酸酯工艺的重要控制条件包括：需要较高的反应温度以脱除高沸点副产物苯酚；随着生物基聚碳酸酯分子量的增大，聚合物中环状结构的存在使生物基聚碳酸酯熔体强度增加，搅拌困难；而对于反应原料异山梨醇，它的仲碳羟基活性低，分子链的增长需要很长的反应时间，但是随着反应时间延长，支链化和交联等副反应也会增加，会产生一定程度的凝胶化现象，使所得聚合物色泽较差。

2015年，日本三菱化学公司对外宣布研制出了一种生物基聚碳酸酯，并将其命名为"DURABIO"，该聚碳酸酯树脂即选用异山梨醇作为共聚单体。报道称DURABIO与传统的聚碳酸酯树脂相比，具有高透明性、优异的光学性能及高耐磨性等优点，适用于一系列工程应用，相信未来生物基聚碳酸酯有望取代传统聚碳酸酯，在工程塑料领域占据重要地位。

5.2.3.2 碳酸二甲酯为原料的聚碳酸酯工艺

DMC是一种环保性能优异、用途广泛并且价格低廉、具有发展前景的"绿色"化工原料，欧洲在1992年把它列为无毒化学品。在碳酸衍生物合成过程中，DMC可作为羰基化试剂以代替传统剧毒光气。并且DMC是合成DPC的绿色有机化工原料，因此与使用DPC相比，DMC制备聚碳酸酯工艺避免了生成中间产物DPC，缩短了反应过程，且此工艺的副产物是甲醇，它的沸点远低于苯酚的沸点，更易被脱除，因此减少了能耗及反应成本。另外，国内DMC产量较高，价格较DPC有优势。因此，将DMC作为反应原料替代DPC合成聚碳酸酯的低能耗、低成本绿色合成新工艺成为近期国内外合成聚碳酸酯研究的热点[97,98]。

目前，以DMC为原料，通过非光气熔融缩聚合成聚碳酸酯的工艺主要也包括以下两种：一种是以DMC和双酚A为原料来合成双酚A型聚碳酸酯；另一种是以DMC和异山梨醇为原料合成生物基聚碳酸酯。目前这两种工艺还都处于研究阶段，但基于其在经济性和环境等方面的优势，未来有望形成新一代聚碳酸酯绿色合成技术。

（1）双酚A型聚碳酸酯合成工艺研究

以DMC为原料酯交换制备聚碳酸酯的方法在文献中有所报道，但是双酚A和DMC的缩聚反应会受到平衡常数的限制，高分子量聚碳酸酯的合成也因此受到影响。要得到较高分子量的聚碳酸酯就要提高反应温度并及时地将反应中产生的副产物甲醇除去，但是甲醇和DMC的沸点比较接近，因此在脱除甲醇的同时容易将反应物DMC一并蒸馏出[99]。此外Kim等[100]研究发现BPA与DMC在酯交换过程中会同时发生酯交换反应和烷基化反应，因此会产生大量的烷基化副产物。Shaikh等[101]研究发现，聚碳酸酯中间体二甲氧基碳酸双酚A二酯[DmC(1)]的收率越高对于合成聚碳酸酯高聚物越有利，但通常情况下其选择性和收率较低。其中，MmC(1)为DmC(1)的中间体——甲氧基碳酸双酚A酯，MmC(1)缩聚过程中产生大量的醇，反应后期这些醇的存在也是导致聚合物分子量降低和分布指数变宽的主要原因（图 5.13）。因此，由 DMC 合成性能优良的聚碳酸酯亟待解决的一个重要问题，即如何抑制烷基化反应以提高 DmC(1)的收率和选择性，催化剂创新是解决这一问题的关键。近年来科学研究者致力于研究不同类型的催化剂，主要包括以下两种：均相催化剂和非均相催化剂。

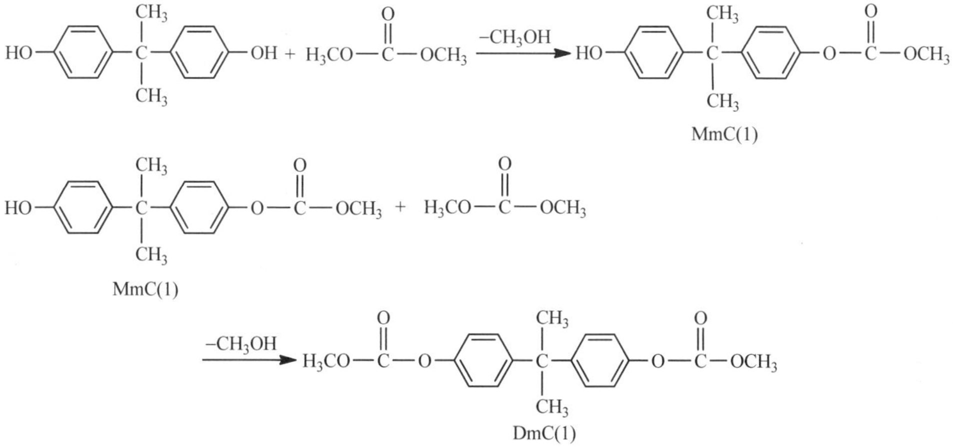

图 5.13 DMC 和 BPA 酯交换过程

均相催化剂在反应过程中与反应底物处于同一相态中，使得其与反应底物进行充分接触，有利于提高反应物和催化剂的反应速率。Haba 等[102]以 N,N-二甲基-4-氨基-吡啶(DMAP)/(BuSnCl)$_2$O 为 DmC(1)选择性合成的催化剂，并且使用 4A 分子筛（其质量为 BPA 质量的 3.5 倍）来脱除反应中产生的副产物 CH_3OH，从而使酯交换反应向有利于 DmC(1)生成的方向进行。当反应原料 DMC 与 BPA 的摩尔比为 68 时，DmC(1)的收率可提高到 22%（48h 后）。大量 4A 分子筛的存在虽然有利于副产物的脱除，提高了反应正向进行的程度，但也使搅拌变得困难。李振环等[103]合成了一系列有机锡类催化剂，如 Ph_2SnO、$(C_4H_9)_2SnO$、$(PhCH_3)_2SnO$、$[PhC(CH_3)]_2SnO$ 及 $(C_6H_{11})_2SnO$ 等，并研究了 DMC 与苯基氧化锡之间不同的相互作用模式，以及不同模式对甲基化和甲酯化产物选择性的影响规律。然而均相催化剂虽然在催化过程中表现出了很高的催化活性，但是它存在与产物分离难的问题。

为了使催化剂更好地从 DmC(1)产品中分离出来，降低后期 PC 缩聚单元物料的处理难度，人们开始更加关注非均相催化剂。对于非均相催化剂的载体来说，它的发展历程为从微孔到介孔最后到多级孔复合材料。Su 等[104]在 160℃下以高比表面积的非均相催化剂 TiO_2/SBA-15 作为催化剂，反应 10h，合成得到收率分别为 25.3%和 3.6%的 MmC(1)和 DmC(1)，且催化剂与中间体通过抽滤即可实现分离。但是催化剂 TiO_2/SBA-15 的表面为中性，且含有 Si—OH，该结构是亲水性的，所以导致有更多的双酚 A 烷基化副产物生成。刘秀培等[105]合成了 MFI 分子筛，其比表面积更高，然后将这种催化剂转化成 H-MFI 分子筛，并将不同含量的 SiO_2 负载在该分子筛上，分别将 H-MFI 分子筛和 H-MFI-SiO_2 分子筛这两种催化剂用于催化合成聚碳酸酯，结果发现以 H-MFI 分子筛作催化剂时，产物均为 BPA 烷基化产物，当 SiO_2 负载量为 10%时，烷基化产物最少，这表明适量的 SiO_2 能在一定程度上抑制烷基化副反应的发生。

（2）生物基聚碳酸酯合成工艺研究

DMC 与异山梨醇为原料，通过酯交换和缩聚两步法制备异山梨醇型聚碳酸酯，该方法避免了以往制备方法使用有毒试剂、反应步骤复杂或者反应温度过高等缺点，具有绿色、节能高效的特点，有望为生物基（共）聚碳酸酯在食品包装材料、医疗器械或生物高分子材料的应用起到重要推动作用。反应方程式见图 5.14。

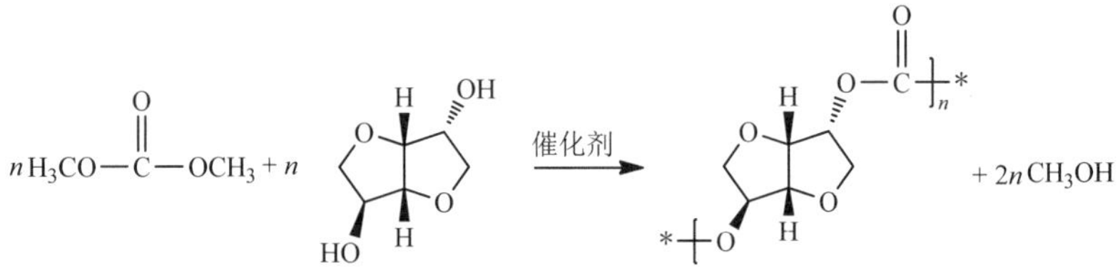

图 5.14 DMC 和异山梨醇合成聚碳酸酯

但是由于 DMC 的两可亲电性能，异山梨醇与 DMC 的反应沿 $B_{AL}2$ 机理生成的甲氧基基团在缩聚过程中不参与反应，阻碍分子链增长，所以降低甲基化产物是提高异山梨醇转化率和制备高分子量聚碳酸酯的关键。研制高效、高选择性的催化剂促使异山梨醇与 DMC 的反应沿 $B_{AC}2$ 机理生成甲酯化产物方向进行也成为研究的重点。

筛选一种高选择性、高活性的催化剂成为该绿色方法制备生物基聚碳酸酯的关键。Li 等[106]以 DMC 和异山梨醇为原料，以乙酰丙酮锂作为催化剂，通过熔融缩聚工艺制备出数均分子量为 28800、玻璃化转变温度为 167℃的生物基聚碳酸酯，异山梨醇转化率为 95.2%。还通过 DMC 与异山梨醇和等摩尔量的脂肪族二醇在乙酰丙酮锂和 TSP-44 催化剂存在情况下，熔融缩聚合成了一系列共聚碳酸酯。合成的共聚碳酸酯的数均分子量范围为 18700~34400，多分散系数为 1.64~1.69，玻璃化转变温度为 46~88℃，证明了在均聚分子链中引入柔性基团可以改变分子链的刚性。Feng 等[107]通过两步熔融缩聚，将 1,4-丁二醇和对苯二甲酸二甲酯酯交换后的产物加入 DMC 和异山梨醇酯交换的产物中，调节两种产物的比例，合成了一系列共聚碳酸酯。1,4-丁二醇和对苯二甲酸二甲酯的加入，弥补了异山梨醇反应活性低的缺点，提高了合成的聚碳酸酯的分子量和加工性，同时保持了生物基聚碳酸酯的刚性和高的玻璃化转变温度。所得共聚物的数均分子量为

30600~52300,玻璃化转变温度为 69~146℃。同年 Feng 等[108]又开发了旨在克服异山梨醇和对苯二甲酸的低反应活性的合成策略,用于制备工程缩聚物,该方法是先分别通过 DMC 和 1,2-链烷二醇或者 1,3-链烷二醇反应代替异山梨醇和对苯二甲酸的非反应性端基,然后再进行酯交换、碳酸亚烷基酯单元的环化、缩聚,最终得到共聚碳酸酯。异山梨醇和对苯二甲酸是由不稳定的碳酸亚烃单元暂时连接的,在高温下消除五元或者六元环状碳酸酯进行环化,最终得到具有高的玻璃化转变温度(169~193℃)和高数均分子量(22700~28500)的共聚碳酸酯。常用的酯交换催化剂 $Ti(OBu)_4$ 和 $Zn(Ac)_2$ 对该酯交换反应无催化活性。Chatti 等[109]研究了制备生物基异山梨醇的三种不同的合成方法,其中以异山梨醇、碳酸二甲酯或碳酸二乙酯为原料,以 KO_tBu、$Sn(Oct)_2$ 和 $Ti(OBu)_4$ 为催化剂的熔融缩聚反应,均有未反应的异山梨醇被分离出来,且没有得到生物基异山梨醇。同时弱碱 Li_2CO_3 也无法催化酯交换反应。乙酰丙酮类化合物(LiAcac、NaAcac、KAcac)表现出较好的酯交换催化活性,并合成了数均分子量高于 9800 的生物基聚碳酸酯。

5.2.4 总结与展望

近几年来,随着国内聚碳酸酯的消费量迅速增长,国内聚碳酸酯产量供不应求,主要还是依赖于进口,所以大力发展国内聚碳酸酯工业已到了刻不容缓的地步。非光气生产聚碳酸酯工艺是一种环境友好型的绿色工艺,也是今后生产聚碳酸酯工艺的主要发展方向。由于目前国内技术水平与国外相比仍有较大差距,且行业发展面临高端产品差异化的趋势,国内企业应与国内研究机构携手积极开展聚碳酸酯新技术的研发,并针对性地发展中高端聚碳酸酯产品生产技术,推动我国聚碳酸酯产业的快速及可持续发展。

5.3 碳四烷基化清洁工艺

5.3.1 碳四烷基化工艺简介

有机化学中引入烷基基团的化学反应,都可以称为烷基化反应[110]。碳四烷基化作为一个典型的烷基化反应,是指异丁烷和 C_3~C_5 的烯烃(使用最多的是丁烯)在超强酸催化剂作用下,烷烃分子中活泼氢原子被烯烃所取代而发生的化学加成反应。碳四烷基化反应合成辛烷值高、抗爆性好、蒸气压低、无硫、无芳香烃和烯烃的工业异辛烷,作为一种最为理想的清洁汽油组分,是降低机动车尾气排放、解决环境污染的主要手段,是国家资源环境/绿色制造的重大战略需求,面临着前所未有的发展机遇和空间[111]。

目前硫酸和氢氟酸两种催化剂在异辛烷工业化生产中居主导地位,国内以硫酸法为主[112, 113]。虽然硫酸法和氢氟酸法异辛烷技术比较成熟，但两种工艺存在环境危害大、能耗高等问题。烷基化工业迫切需要一种"友好"的酸性催化剂，以在解决清洁汽油的消费需求的同时满足环境保护的严格要求。为此，国内外研究者一直致力于研究开发新一代绿色环保、低腐蚀性、环境友好的烷基化工艺。近几十年来，固体酸、离子液体、三氟甲磺酸、杂多酸-乙酸体系及其他液体超强酸，都曾作为烷基化催化剂进行了研究，并且固体酸和离子液体也建立了工业示范装置。但是新催化剂都存在一些问题而在工业应用中进展缓慢，对其研究成果进行归纳和总结可为新型烷基化催化剂的开发和烷基化反应工艺优化提供理论指导。

5.3.2 碳四烷基化技术现状及发展趋势

5.3.2.1 碳四烷基化技术现状

碳四烷基化反应通常使用硫酸、氢氟酸、磷酸、硅酸铝、氟化硼、无水氧化铝及分子筛等强酸作催化剂。采用硫酸和氢氟酸催化异丁烷和丁烯的烷基化合成烷基化油，已经有七十多年的研究与应用历史，所得产品辛烷值高，饱和蒸气压低，烯烃和芳香烃含量极少，同时对于原料的适应性很好，在异辛烷工业化生产中得到广泛应用。传统的氢氟酸和硫酸催化异丁烷与不同丁烯烷基化反应物的典型分布见表5.4和表5.5[110]。截止到2016年，已报道国内建有烷基化装置约有70套，产能达到1500万t，国内以硫酸法为主[113]。经过几十年的发展，硫酸、氢氟酸为催化剂的工艺优化和新型反应器及装备也不断完善，Stratco、Lummus、UOP和Philips等公司分别拥有硫酸、氢氟酸工艺及反应器的多项专利技术，国内的中石油天然气集团公司和中国石油化工集团公司也纷纷开发了自有知识产权的技术。

表5.4 氢氟酸催化不同丁烯合成烷基化油的典型分布

指标	丁烯原料				
	1-丁烯	反-2-丁烯	顺-2-丁烯	异丁烯	混合丁烯[a]
C_5/wt%	3.32	1.91	1.79	5.49	5.11
C_6/wt%	1.65	1.49	1.52	3.11	3.69
C_7/wt%	2.38	2.27	2.08	3.7	3.8
三甲基戊烷（TMP）/wt%	65.83	84.15	83.85	71.32	57.14
二甲基己烷（DMH）/wt%	18.78	7.25	7.18	8.81	13.25
$n(TMP)/n(DMH)$/wt%	3.51	11.61	11.68	8.09	4.31
C_8/wt%	84.97	91.4	91.81	80.13	70.67
C_9+/wt%	7.68	2.93	2.8	7.57	3.2
RON	94.4	97.8	97.6	95.6	94.5

a 混合丁烯各组分的体积分数：1-丁烯为6.5%，2-丁烯为63.0%，异丁烯为30.5%。

表 5.5 硫酸催化不同丁烯合成烷基化油的典型分布

指标	丁烯原料			
	异丁烯	1-丁烯	2-丁烯	混合丁烯[a]
C_5/wt%	—	—	—	8.0
C_6/wt%	8.2	7.0	6.5	7.3
C_7/wt%	6.7	5.7	5.7	6.4
$n(TMP)/n(DMH)$/wt%	5.6	5.6	7.7	4.4
C_8/wt%	49.8	68.5	72.1	62.2
C_9+/wt%	35.3	18.8	15.7	16.1
RON	94.7	95.6	96.6	94.1

a 混合丁烯各组分的体积分数：1-丁烯为 6.5%，2-丁烯为 63.0%，异丁烯为 30.5%。

异丁烷和烯烃的烷基化反应过程机理非常复杂，Whitmore 等[114]提出了分子间重排的正碳离子机理，Schmerling 等[115]据此提出液体酸碳四烷基化反应机理。Kramer[116]、Sprow[117]、Albright 等[118]对机理进行了不同形式的描述，但对于硫酸、氢氟酸、离子液体等液体酸，目前被人们普遍接受的为正碳离子—链式反应机理，反应中同时发生异构化、聚合、歧化、断裂及自烷基化等副反应，并产生大量辛烷值较低的副产物。烷基化反应过程中烯烃生成碳正离子是烷基化反应较快速进行的根本原因，氢转移是烷基化反应中的速率控制步骤。催化剂的性质与烷基化工艺装置的选择及产品油的质量密切相关，催化剂的酸强度和异丁烷在催化剂中的溶解度对烷基化反应有最重要的影响。催化剂的酸强度决定烷基化原料中烯烃分子的质子化，而形成正碳离子的浓度与异丁烷在酸中的溶解度成正比。表 5.6 列出了硫酸和氢氟酸的部分物化性质[119]。

表 5.6 工业烷基化催化剂的基本性质

性质	氢氟酸	硫酸
分子量	20.01	98.09
沸点/℃	19.4	290
凝点/℃（100%）	−82.8	10
凝点/℃（98%）	—	3
相对密度	0.99	1.84
黏度/(mPa·s)	0.256（0℃）	33（15℃）
表面张力/($\times 10^{-5}$N/cm)	8.1（27℃）	55（20℃）
比热容/[kJ/(kg·K)]	3.48（−1℃）	1.38（20℃）
Hammett 酸强度（H_0, 25℃, 100%）	−10	−11.1
Hammett 酸强度（H_0, 25℃, 98%）	−8.9	−9.4
介电常数	84（0℃）	114（20℃）

性质	氢氟酸	硫酸
27℃异丁烷在 100%酸中的溶解度/wt%	2.7	—
13℃异丁烷在 100%酸中的溶解度/wt%	—	0.1
27℃氢氟酸在异丁烷中的溶解度/wt%	0.44	—

不同的催化剂性质决定了反应工艺条件和控制参数的优化,对于提高烷基化油辛烷值和收率、降低操作费用具有非常重要的影响。烷基化反应的主要影响因素有:反应器形式、酸浓度、反应温度、烷烯比(异丁烷与烯烃的物质的量比)、原料中的杂质[120]。新型催化剂及其工艺要从实验室走向工业应用,需要与现有的氢氟酸、硫酸烷基化工艺进行深入的研究和对比,在催化剂的安全性与环境影响、催化剂对原料的适应性、烷基化油的质量和收率、装置与操作的简洁性、催化剂的再生与消耗等多方面体现出一定优势[121, 122]。这给新型烷基化催化剂和工艺的工业应用设置了很高的技术门槛,也是数十年来不断出现的烷基化新催化剂和新工艺工业应用缓慢的主要原因。

5.3.2.2 传统催化剂的进展

硫酸法和氢氟酸法烷基化工艺技术从进入工业应用以来,许多研究人员对其技术进行了持续优化、完善[123]。对于氢氟酸催化剂,Phillips 公司与 Mobil 公司合作通过加入抑制蒸气压添加剂,开发了 ReVAP^{TM} 工艺,UOP 和 Texaco 合作开发了 Alkad^{TM} 工艺,所用助剂可与催化剂络合形成蒸气压较低的液态聚氢氟酸络合物,使氢氟酸催化剂具有不挥发、无臭、低毒等优点。根据泄漏情况及所用助剂浓度,可减少 60%～90%泄漏至空气中的氢氟酸浓度,提高氢氟酸法烷基化工艺的安全性[124-125]。

相比其他技术,硫酸法烷基化工艺由于技术成熟度高,且硫酸催化剂成本低、操作简单等特点,成为国内企业的首选工艺。如何降低废酸生成量成为国内工业异辛烷生产技术升级的现实选择,目前硫酸法异辛烷生产技术研究的重点主要集中在催化剂和反应器的优化[122]。对于硫酸催化剂,助剂可以增加硫酸与液化烃的接触面,使反应器内催化剂与反应物处于良好的乳化状态,从而提高反应效率,提高产品的辛烷值、降低催化剂消耗。这些助剂主要是一些表面活性剂类物质,如环丁砜与有机季铵盐组成的添加剂、2-萘磺酸添加剂、ALKAT-XL 和 ALKAT-AR 两种添加剂,其中 ALKAT-XL 是一种以烃类为基础的独特的助催化剂,可使硫酸法烷基化的产率提高 2vol%～5vol%,产品的 90%点温度降低 8.3～17.6℃,辛烷值提高 0.2～0.5 单位,硫酸消耗量降低 10%～30%[126-128]。

2009 年，美国学者 Subramaniam[129]率先报道了用离子液体调控液体酸进行异丁烷/丁烯的烷基化反应，其展现出了较好的烷基化催化活性，是离子液体调节碳四烷基化反应的研究热点。中国科学院过程工程研究所基于氢键促进反应和界面调控原理，设计合成了具有促进氢转移和稳定酸强度的多功能新型离子液体，开发了质子酸类离子液体作为助剂的离子液体/超强酸耦合催化剂进行异丁烷的烷基化反应[130-132]。研究表明，助剂的加入可以明显地提高离子液体/超强酸耦合催化剂的循环使用寿命，并在 20 万 t 硫酸法工业烷基化生产装置上进行了应用[133]。但是离子液体目前价格较高，制约了新工艺的推广。还有研究者利用有机酸、硝酸、酰胺类、石墨烯等碳基材料等作为助剂加入硫酸中，取得了较好的效果，但是没有应用的报道[134-137]。

5.3.2.3 硫酸法烷基化反应器的发展

碳四烷基化反应是催化剂与物料液液混合过程和反应过程相互作用、相互联系的多尺度过程。液体酸烷基化反应过程的核心是液液两相的高效混合，使酸、烃两相在相界面上充分接触，高效传质，同时在产物的分离和反应热的转移方面改进和优化。烷基化反应为放热反应，降低温度有利于提高三甲基戊烷的收率[120]，提高辛烷值。然而低温下液体酸的黏度增大，且密度差大、溶解度低的复杂多相体系流体特性，使反应器中的相际传递对于反应过程的影响成为一个突出问题，导致副反应增多，辛烷值降低。对于不同催化剂的碳四烷基化反应，反应器操作条件显著不同，可见反应器的结构和操作参数对于反应过程的影响很大，离子液体催化的烷烃/烯烃反应动力学速率明显比硫酸的高很多。为提高烷基化反应效率，降低催化剂消耗，烷基化技术研发者围绕反应器内的传质强化问题[138, 139]、产物的分离、反应热的转移等方面进行改进和优化。

目前工业应用的硫酸法烷基化工艺，根据反应器类型的不同主要分为 Stratco 公司的流出物制冷式烷基化工艺和 Kellogg 公司、ExxonMobil 公司的反应物自冷烷基化工艺[140-142]。杜邦公司 Stratco 反应器是应用广泛的硫酸法碳四烷基化的搅拌混合反应器，Stratco 流出物制冷式烷基化技术的核心部分采用了特有的卧式偏心搅拌反应器（图 5.15）。初期的反应器搅拌器位于头部的中心，现改进为偏心的，消灭了死区，使混合更加均匀。反应器内部有一个套筒、U 型管束及搅拌叶轮。催化剂和原料进入反应器后经叶轮混合为乳化液沿套筒和壳体的环隙流动，在管束端折流后沿管束重新流向搅拌叶轮，烃在酸中分布均匀，温度梯度小，可抑制副反应发生。该反应器采用流出物制冷方式，反应流出物由酸沉降器流出后，经减压调节阀后造成低温、低压冷流体进入反应器管束，以除去烷基化反应热。相比于闭路冷剂循环或自冷式工艺，流出物制冷可使反应器内保持较高的异丁烷浓度，同时脱异丁烷塔中循环异丁烷量最低。另外通过优化换热管径增大反应器内管束换热面积,提高管束的传热系数;在反应器内管束中安装组件,使流出物在管束内两相分布更加均匀。

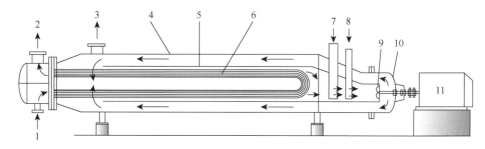

图 5.15 Stratco 反应器结构图

1. 冷剂进口;2. 冷剂出口;3. 混合物至酸沉降槽;4. 反应器壳体;5. 套筒;6. U 型管束;7. 酸进料口;8. 烃进料口;9. 叶轮;10. 水压头;11. 电机

梯式自冷烷基化工艺是靠反应物异丁烷自蒸发制冷的多级反应器(图 5.16),烯烃分别进入每级反应器使每个反应段中烷烯比高,动力消耗小,不需要其他制冷剂。这种结构虽然克服了返混较大的问题,但结构过于复杂,各个反应段之间相互影响,操作复杂[141, 142]。另外,这两种结构的反应器很容易因搅拌轴密封不严而发生泄漏。反应物自冷式硫酸烷基化装置已有 60 多年的使用历史,尽管期间 Exxon、Amoco 公司分别开发了不同版本的反应器,但该反应器在最近 40 年未建设新的装置,如今这几种反应器生产的烷基化油的产量仍然占有美国烷基化油总量的 8%左右[143]。

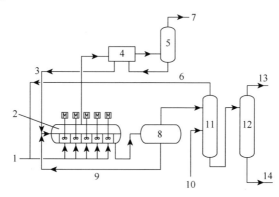

图 5.16 梯式自冷烷基化工艺流程示意图

1. 烯烃;2. 反应器;3. 制冷剂;4. 压缩机;5. 脱丙烷塔;6. 异丁烷循环;7. 丙烷;8. 沉降分离器;9. 酸循环;10. 补充异丁烷;11. 脱异丁烷塔;12. 脱丁烷塔;13. 丁烷;14. 烷基化合物

CDTech 公司[144]提出的 CDAlky 工艺的核心是一台大型立式下行泡点反应器(图 5.17)。反应器不使用常规搅拌,硫酸和原料从反应器顶部的分布器进入,经专业填料段充分混合反应。控制压力使丁烷在反应器的下部发生汽化，带走反应产生的热量，从而实现反应器的直接冷却。这些汽化的气体经压缩、分离后，一部分循环回反应器顶部，实现反应器温度的控制；另一部分进一步分离为正构烷烃和异构烷烃。该反应温度能够保持在-3℃，提高了烷基化的选择性和辛烷值。此外，该工艺采用的两级聚结分离器进行流出物脱酸具有较高的分离效率，可使烃类产物中酸含量保持较低水平，取消了酸洗、碱洗和水洗，可使酸耗降低50%[145]。据报道，CDAlky 工艺已经应用于山

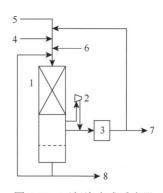

图 5.17 下行泡点式反应器

1. 反应器；2. 压缩机；3. 分离器；4. 烯烃；5. 原料；6. 硫酸；7. 烃组分；8. 废酸

东神驰化工集团有限公司（20 万 t/a）、宁波海越新材料有限公司（60 万 t/a）、广西钦州天恒石化有限公司（20 万 t/a）、云南云天化石化有限公司（24 万 t/a）[146]。

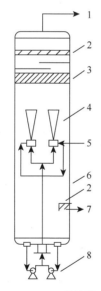

图 5.18 RHT 喷射反应器

1. 去 C_4 吸附循环；2. 除沫器；3. 填料；4. 喷射器；5. 烃进料；6. 反应器壳体；7. 反应流出物去聚结分离；8. 酸循环

RHT 公司 Bakshi[147]设计的喷射反应器是一个立式容器（图 5.18），该反应器使用喷射装置替代了机械搅拌混合装置。硫酸从轴向进入喷嘴，混合烯烃、循环异丁烷、冷剂（异丁烷）沿径向进入喷嘴，原料和酸催化剂经喷射混合后进入反应器内，酸烃初步分离，底部硫酸经过酸循环泵继续进入喷嘴，实现酸循环。该反应器内温度控制在-3℃，顶部 C_4 气体经过吸收/解吸自冷式再生。反应器内设置有除沫器，反应产物经除沫器进入聚结分离器，实现烃相中微量酸催化剂的分离。但是该反应器的喷嘴结构复杂，很难实现酸和烃均匀喷射混合；相比 Stratco 工艺和 CDAlky 工艺，该工艺能耗较高，反应接触时间短，反应不易控制。

还有研究者提出其他强化湍流的反应器，如采用静态混合器、环流反应器、填料塔式烷基化反应器、喷射混合器、剪切混合器、微反应器、超重力反应器等

多种强化混合和反应的反应器[147-157]，但是它们都没有工业应用示范。今后，应进一步加强对硫酸烷基化反应本征动力学的研究，强化异丁烷与硫酸的混合过程的效率，同时在产物的分离和反应热的转移方面改进和优化，开发新的烷基化反应器。

5.3.3 离子液体烷基化清洁工艺

离子液体是一类完全由阴阳离子组成的环境友好的液体材料，由于其独特的物理化学性质，如极低的蒸气压、宽泛的液态温度范围、良好的溶解能力、特定功能的可设计性等，在催化方面引起了国内外诸多学者的广泛关注。离子液体通过阴阳离子的设计可调节其对于烷基化反应原料及产物的溶解性及自身的酸性，其酸度可调整至超强酸，起到溶剂和催化剂的双重作用，并且具有反应快、选择性好、易分离的特点，成为新一代烷基化催化剂的首选。

尽管对于离子液体烷基化催化剂的研究比较深入，并涌现出许多催化活性高、挥发性低、酸性可调、产物易分离、循环利用性高的酸性离子液体，但是现有碳四烷基化工业技术门槛很高，因此具有工业应用实际意义和价值的离子液体烷基化催化剂还很少，大部分处于探索阶段。

5.3.3.1 氯铝酸离子液体在烷基化反应中的应用

研究发现无水 $AlCl_3$ 或将 $AlCl_3$ 溶于二烷基醚可以催化碳四烷基化反应[158, 159]，并且催化活性很高，但是选择性很差。Roebuck 和 Evering[160]通过各种醚类的化合物与 $AlCl_3$ 配合，同时添加一系列芳香烃化合物与金属氯化物达到抑制副反应的目的，制成了满足烷基化低温反应要求的催化剂，使用 2-丁烯为原料时催化剂的活性相当稳定，TMP 的含量可保持在 95%，但实验中需要持续提供 HCl 以使催化剂保持活性。

1994 年，Chauvin 等[161]将氯铝酸类离子液体$[C_4MIM][Cl]$-$AlCl_3$运用于异丁烷的碳四烷基化反应中，当使用 2-丁烯为原料时，产品烷基化油的组成如表 5.7 所示。由表 5.7 可见，产品中的 TMP 种类和分布与硫酸法烷基化油基本类似，但是 TMP 的总量较少，所以$[C_4MIM][Cl]$-$AlCl_3$的烷基化反应效果稍差于硫酸。这可能是由于离子液体与硫酸的物性不同，导致小试反应时反应器内传质不理想。同时研究还发现，$[C_4MIM][Cl]$-$AlCl_3$离子液体为催化剂时，异丁烷和 1-丁烯反应主要生成 DMH，所以 1-丁烯不适合作为烷基化反应的原料。Yoo 等[162]考察了 $AlCl_3$ 添加 1-甲基-3-烷基咪唑卤化物组成的离子液体$[C_nMIM][X]$/$AlCl_3$（$n = 4$、6、8，X = Cl、Br、I）催化碳四烷基化反应。结果表明，在离子液体阴离子相同的情况下，阳离子烷基链越长，催化活性越好，1-甲基-3-辛烷基咪唑溴与 $AlCl_3$ 合成的离子液体[C_8MIM][Br]-$AlCl_3$表现出了最好的反应活性。刘鹰等[163]研究了价格较低的三乙胺盐酸盐和$AlCl_3$形成的氯铝酸类离子液体[Et_3NH][Cl]-$AlCl_3$，并将其应用于异丁烷和丁烯的烷基化反应中，结果得到了C_8的选择性为79%，TMP/DMH为11的烷基化油。

表5.7 [C_4MIM][Cl]-$AlCl_3$烷基化油的组成分布

指标	数据		
$AlCl_3$在离子液体中的摩尔分数	0.55	0.6	0.65
异丁烷转化率/%	3	9	8
异戊烷	4.6	1.9	13.1
2,3-二甲基丁烷	6.4	4.2	4.1
C_6~C_7其他组分	4.3	3.1	8.5
轻组分（C_5~C_7）	15.3	9.2	25.7
2,2,4-三甲基戊烷	11.2	45.1	29.9
2,2,3-三甲基戊烷	1.2	1.5	9.4
2,3,4-三甲基戊烷	11.6	18.0	3.9
2,3,3-三甲基戊烷	5.0	12.2	7.7
总TMP	29.0	76.8	50.9
2,5-二甲基己烷	1.0	0.7	4.8
2,4-二甲基己烷	1.0	0.4	5.8
2,3-二甲基己烷	2.1	0.9	1.5
总DMH	4.1	2.0	12.1
重组分（C_9+）	51.8	11.2	11.3
RON	87.5	97.3	91.2
MON	85.7	94.7	89.1

注：MON代表马达法辛烷值。

与硫酸、氢氟酸烷基化反应类似，离子液体酸强度是碳四烷基化反应的关键影响因素：氢转移生成TMP的反应随着酸强度的增加而增加；较低的酸强度促进质子转移，易使烯烃聚合反应生成重组分；酸性太强，加剧裂解反应，增加了烷基化油中的轻组分；提高反应温度会降低产品的TMP含量。同时Smith等[176]研究发现在氯铝酸类离子液体中加入HCl可以极大地增强离子液体酸性；而在氯铝酸类离子液体中谨慎地加入少量水，也能达到这一效果，不同之处在于离子液体中配合物比溶解HCl时多。深入研究发现，烷基化油的质量既受到离子液体酸强度的影响，又和反应时的操作条件密切相关。

5.3.3.2 对氯铝酸类离子液体的改进

Huang 等[164]采用 CuCl、NiCl$_2$、ZnCl$_2$ 和 SnCl$_4$ 等金属卤化物对氯铝酸类离子液体[Et$_3$NH][Cl]-AlCl$_3$ 进行了改性，并将其用于催化碳四烷基化反应。研究结果证明，氯铝酸类离子液体经过改性可以有效地提高烷基化油中的 C$_8$ 选择性，尤以 CuCl 为改性剂催化活性最好，C$_8$ 组分的选择性提高到了 74.8%。Bui 等[165]研究了 Brønsted 酸（HCl 或水）、酸性类离子交换树脂等对氯铝酸类离子液体[C$_8$MIM][Br]-AlCl$_3$ 催化异丁烷-丁烯的烷基化反应性能的影响。实验结果表明，以少量水为助剂时，所得烷基化产物中 TMP 的选择性达到 64%，烷基化油的 RON 达到 96，催化剂可以在循环使用 11 次后仍保持活性不变。刘鹰等[166]发现[Et$_3$NH][Cl]-1.8AlCl$_3$ 离子液体中添加 KCl、CaCl$_2$ 和 BaCl$_2$ 等碱金属或碱土金属氯化物，对烷基化反应过程中的副反应具有一定的抑制作用，AgCl 和 CuCl 对烷基化反应具有较为显著的促进作用，可以明显地提高烷基化产物中 C$_8$ 的选择性，而 FeCl$_3$、CuCl$_2$ 和 ZnCl$_2$ 助剂则无明显的作用。刘植昌等[167]通过 SIMS 谱图技术进一步研究了 CuCl 作为改性剂改性氯铝酸类离子液体催化烷基化反应时的作用机理，发现离子液体中除了具有 AlCl$_4^-$、Al$_2$Cl$_7^-$、Al$_2$OCl$_5^-$ 和 Al$_2$Cl$_6$OH$^-$ 阴离子组分外，还含有多种由 Al 和 Cu 构成的双配位中心的复合阴离子，这对提高烷基化反应中高辛烷值组分选择性具有重要作用。氯铝酸类等离子液体体系催化碳四烷基化的性能见表 5.8。

表 5.8 氯铝酸类等离子液体体系催化碳四烷基化的性能

离子液体	助剂	反应时间/min	TMP 选择性/%	n(TMP)/n(DMH)	RON	参考文献
[Et$_3$NH][Cl]-2AlCl$_3$	CuCl	600	64.5	6.4	—	[164]
[Et$_3$NH][Cl]-2AlCl$_3$	金属助剂	30	90.0	13.3	95.0	[168]
[Et$_3$NH][Cl]-0.63AlCl$_3$	CuCl	—	92.0	17.4	99.5	[169]
[Et$_3$NH][Cl]-0.63AlCl$_3$	—		33.3	2.2	88.1	[169]
[Et$_3$NH][Cl]-1.85GaCl$_3$	CuCl	15	70.1	3.5	91.3	[170]
[Et$_3$NH][Cl]-1.85GaCl$_3$	—	15	41.2	—	89.4	[170]
[C$_8$MIM][Br]-1.5AlCl$_3$	CuCl	60	32.1	13.4	92.6	[171]
[C$_8$MIM][Br]-1.5AlCl$_3$	—	60	21.3	10.6	90.5	[171]
[Et$_3$NH][Cl]-1.5AlCl$_3$	—	60	42.1	9.2	94.5	[171]
[Et$_3$NH][Cl]-1.5AlCl$_3$	CuCl	15	72.3	13.6	98	[171]

氯铝酸类离子液体是在碳四烷基化反应中应用最早的离子液体，Chevron 公司和中国石油大学对此技术进行了较为系统的研究。中国石油大学在新型离子液体催化异构烷烃烷基化方向上提出复合离子液体催化剂，采用无水三氯化铝和盐

酸三乙胺合成基础离子液体，加入一定量的金属氯化物助剂，合成了具有双金属配位阴离子的复合离子液体，表5.9列出了复合离子液体对不同的丁烯为原料进行烷基化反应的产品分布[176, 177]。由表5.9可见，异丁烷与1-丁烯、2-丁烯或异丁烯进行烷基化反应时，产品分布都有共同的特点：C_8组分是烷基化油的主要组成；产物中正构烷烃含量很低，烯烃在烷基化产物中也较少；复合离子液体催化剂对于C_8的选择性均大于95%；1-丁烯的烷基化产物以二甲基己烷为主，2-丁烯和异丁烯的烷基化产物以三甲基戊烷为主。由烷基化产物的分布可知，不同催化剂的烷基化反应历程有很大的相似程度，大部分遵循正碳离子反应机理。

表5.9 复合离子液体催化异丁烷与不同丁烯反应产物组成

指标	丁烯原料		
	1-丁烯	异丁烯	2-丁烯
异戊烷/wt%	1.1	3.5	0.5
2,3-二甲基丁烷/wt%	0.6	—	0.4
$C_6 \sim C_7$(其他)/wt%	0.7	0.3	0.6
轻组分/wt%	2.4	3.8	1.4
2,2,4-三甲基戊烷/wt%	1.5	60.3	55.2
2,2,3-三甲基戊烷/wt%	0.2	0.5	0.3
2,3,4-三甲基戊烷/wt%	2.1	11	15.5
2,3,3-三甲基戊烷/wt%	—	15.5	18.7
总TMP/wt%	3.8	87.3	89.8
2,5-二甲基己烷/wt%	7.9	2.2	1.6
2,4-二甲基己烷/wt%	6.9	2.8	4.9
2,3-二甲基己烷/wt%	75.5	2.6	1.1
总DMH/wt%	90.3	7.6	7.6
重组分/wt%	3.5	1.3	1.2
RON	71.6	98.9	99.5
MON	74.6	95.4	95.4

中国石油大学复合离子液体烷基化工艺先后完成了基础理论、小试及中试放大研究，2005年在中国石油天然气集团有限公司的组织下，该工艺在兰州石化公司的年产6.5万t装置上进行了工业示范，随后不断地对其完善改进。离子液体烷基化工艺装置采用了立式反应器串联形式，在离子液体和烷基化产物的分离过程中改用了悬分分离器进行分离。在此基础上，中国石油大学和山东德阳化工有限

公司合作建成了世界首套 10 万 t/a 复合离子液体碳四烷基化的工业化生产装置,并于 2013 年 8 月 6 日顺利开车成功。1 年多的工业运行结果表明,其烯烃转化率 100%,烷基化油辛烷值高达 97 以上,吨烷基化油的催化剂当量消耗 5kg,吨烷基化油能耗 157kg 标油/t 烷油[172]。雪佛龙股份有限公司开发的离子液体烷基化技术 ISOALKY[173],在 100℃条件下将来自催化裂化装置的典型原料转化为高辛烷值的烷基化油,离子液体催化剂可现场再生,而且不会出现催化剂挥发现象,大幅降低了烷基化过程对环境的污染。该技术与已经工业化应用的液体酸烷基化技术相比,在达到同样烷基化油液收率及辛烷值的情况下,催化剂用量也较少。该技术已在雪佛龙股份有限公司美国盐湖城炼厂的小型示范装置运行了 5 年,可以替代目前广泛应用的硫酸或氢氟酸烷基化技术,可用于新建炼厂或对现有液体酸烷基化装置改造。据报道,霍尼韦尔 UOP 公司最近获得了由雪佛龙股份有限公司开发的离子液体烷基化技术 ISOALKY 的许可权[174]。

5.3.3.3 其他离子液体在烷基化反应中的应用现状

氯铝酸类离子液体对水和空气比较敏感,容易吸水而失活,因此,对水和空气稳定的非氯铝酸类离子液体引起了科研工作者的关注。1996 年,Olah 等[175]考察了超强酸三氟甲磺酸(TFSA)中加入三氟乙酸(TFA)和水等耦合剂后作为异丁烷和异丁烯烷基化反应的催化剂的性能。他们发现 TFA 和 H_2O 能有效地调节 TFSA 的酸强度,在酸强度 $H_0 = -10.7$ 时,TFSA/TFA 和 TFSA/H_2O 催化体系得到的烷基化油中的 C_8 选择性都达到了最佳,烷基化油的研究法辛烷值分别为 89.1 和 91.3。这开启了离子液体调控液体酸催化异丁烷烷基化的研究热潮。

黄英蕾等[178]研究了[C_4MIM][HSO_4]、[C_6MIM][HSO_4]和[C_8MIM][HSO_4]硫酸氢盐类离子液体催化异丁烷与丁烯烷基化反应时的催化性能。实验结果表明,酸性离子液体[C_6MIM][HSO_4]的催化活性最好,丁烯的转化率高达 92%,烷基化油的收率达到 89%且 C_8 选择性最高。刘鹰等[179]考察了磺酸化 Brønsted 酸离子液体催化异丁烷与丁烯烷基化反应时的催化性能,发现[MBSIM][OTf]类离子液体合成的烷基化油中三甲基戊烷含量最高可达 69.8%。王鹏等[180]通过阴离子为 BF_4^- 或 $CF_3SO_3^-$ 的咪唑类、吡啶类的功能化离子液体与三氟甲磺酸合成复合离子液体催化 1-丁烯/异丁烷的烷基化反应得到良好的效果,烷基化油的 C_8 选择性高达 81.1%,TMP/DMH = 8.36 且 RON 达到 95.3,复合离子液体循环使用 6 次不降低催化活性。Tang 等[129]考察了液体酸(硫酸或三氟甲磺酸)和一系列功能化的酸性离子液体[C_6MIM][NTf_2]、[SO_3H-BMIM][OTf]、[C_4MIM][HSO_4]、[SO_3H-BMIM][HSO_4]和[C_8MIM][HSO_4]耦合形成的复合超强酸催化异丁烷烷基化反应,发现三氟甲磺酸和含有—SO_3H 基的[SO_3H-BMIM][HSO_4]和[SO_3H-BMIM][OTf]离子液体耦合时催化活性较差，而和非—SO_3H 基离子液体[C_8MIM][HSO_4]耦合催化活性较好，[C_8MIM][HSO_4]的质量分数为 23.7%时烷基化油中的 C_8 选择性达到 75.8%，TMP/DMH 的比值达到 6.8。Xing 等[170]考察了以三氟甲磺酸耦合吡啶（或咪唑阳离子）和 SbF_6^- 阴离子的酸性离子液体为催化剂催化碳四烷基化反应时的催化性能，发现以[C_6MIM][SbF_6]和三氟甲磺酸为耦合催化剂时所得烷基化油的收率和辛烷值最高。Cui 等[131]考察了含有不同—OH 数目的醇胺类酸性离子液体耦合三氟甲磺酸后催化异丁烷烷基化反应时的催化性能，实验结果表明该类离子液体都具有较好的催化活性，其中以[TEA][HSO_4]离子液体耦合三氟甲磺酸催化烷基化反应时，烷基化油的 C_8 选择性为 91.5%，辛烷值高达 98.0。

陈传刚等[181]设计合成了浓硫酸耦合 Brønsted-Lewis 双酸型离子液体[SO_3H-$(CH_2)_3$-NEt_3][Cl]-$ZnCl_2$ 的催化剂，并将其应用于异丁烷和异丁烯烷基化反应，发现少量浓硫酸对离子液体催化烷基化反应具有良好的催化性能，异丁烯转化率达到 99.6%，烷基化油中三甲基戊烷选择性达到 84.8%。于凤丽等[182]提出一种聚醚型 Brønsted 酸离子液体耦合三氟甲磺酸作为催化剂应用于异丁烷和异丁烯反应制备烷基化油，产品中三甲基戊烷选择性为 80.01%。

Brønsted 酸离子液体的水稳定性好，但酸强度较低，目前的研究主要是提高离子液体的酸强度并将其与强酸耦合提高催化性能。同时 Brønsted 酸离子液体的黏度较大，给反应过程的传质造成了困难，需要开发与之特性匹配的反应器才能体现出离子液体的优势。Lewis 酸离子液体由于合适的酸性和经济性而发展迅速，金属卤代物作为促进剂与 Lewis 酸离子液体共同作用时表现出最好的催化性能，但也存在对水敏感、遇水发生不可逆水解的问题而使离子液体催化剂再生成本高。通过对两种酸强度进行调和得到的 Brønsted-Lewis 双酸型离子液体体系的催化性能优于金属卤代物-Lewis 酸离子液体体系，且反应过程中无固体形成，是性能更好的烷基化催化剂，但是催化剂循环使用寿命较低，还需要进一步深入研究。

5.3.4 固体酸烷基化清洁工艺

传统液体酸烷基化生产工艺的腐蚀性、毒性及工艺过程的废酸排放，极大地制约了其发展和进一步推广应用。固体酸催化剂具有对设备无腐蚀、无酸溶油、消耗能源少及对原料的适应性较强等特点，成为研究烷基化催化剂的另一主要方向[183,184]，开发绿色的固体酸催化剂取代液体酸烷基化工艺成为炼油领域的一大热点和难点。

碳四烷基化反应的固体酸催化剂主要有分子筛型、杂多酸催化剂、固体超强酸及金属卤化物等。研究较多的分子筛型催化剂有 X 型、Y 型、丝光沸石、ZSM-5

等及以这些分子筛为基体的负载型催化剂[185, 186]。Okuhara 等[187]发现杂多酸为催化剂催化烷基化反应时也得到了高选择性的烷基化产品。金属卤化物（如 $AlCl_3$、BF_3、SbF_5 等）多以负载形式合成固体酸催化剂应用于碳四烷基化反应。Olah 等[188]合成了含 N 的固体鎓聚氢氟酸催化剂用于催化异丁烷、异丁烯或 2-丁烯的烷基化反应，该"绿色"类催化剂在保持氢氟酸活性的同时，可大大降低催化剂对环境和健康的危害，烷基化油产品的辛烷值达 94。丹麦的 Haldor Topsoe[189]公司研发 SiO_2 固载 TfOH 的催化剂进行烷基化反应，并进行了 0.15 桶/天的中试实验，相关报道显示该催化剂的催化性能达到了液体超强酸催化剂。目前报道较为成熟的固体酸烷基化工艺主要有 Lummus 公司的 AlkyClean 工艺技术、KBR 工艺技术、UOP 的 Alkylene 工艺技术、Topsoe 公司的 FBA 工艺技术等[190]，但目前只有山东汇丰石化集团有限公司建成了全球首套工业规模 10 万 t/a 的固体酸烷基化装置，并于 2015 年投产[191]。装置采用世界先进的美国 Lummus 公司 Alkyclean 固体酸催化剂烷基化工艺技术，不以硫酸为催化剂，而采用雅宝公司的分子筛上负载铂金作为活性中心的固体酸催化剂来完成碳四烷基化反应，催化剂失活后实现在线再生[192]。2016 年 3 月，KBR 公司宣布与东营市海科瑞林化工有限公司签署了关于 K-SAAT 固体酸烷基化技术的转让协议[193]，这是该公司 K-SAAT 固体酸烷基化技术首获国内肯定。

因为固体酸表面酸中心的性质和空间位阻效应，当以固体酸为催化剂用于碳四烷基化反应时，使形成正碳离子所需的温度高于液体酸催化剂。由于烯烃在固体酸表面的吸附比异构烷烃容易得多，在较高温度时，正碳离子很容易与烯烃本身发生聚合，生成长链烯烃，从而造成 C_8 烷基化产物的选择性变差，产品的辛烷值下降，同时烷基化反应中聚合反应加快了大分子聚合物生成，造成固体酸催化剂因为表面积炭而失去活性[194]。所以固体酸烷基化需要频繁再生催化剂以保持较高的催化活性，这对于催化剂的性能和原料纯度提出了很高的要求，也造成了生产成本的提高，制约了其发展。对于固体酸催化烷基化反应，通过调整固体酸催化剂的酸性位点量和酸强度从而降低反应温度，以及通过优化催化剂结构特性来降低表面积炭可能是固体酸烷基化未来发展的方向。

5.3.5 总结与展望

碳四烷基化清洁过程的发展，从降低氢氟酸的挥发性、减少硫酸的消耗等传统催化剂的优化，转变为新型离子液体和固体酸的烷基化新技术的开发。就目前的研究进展看，氯铝酸类离子液体催化碳四烷基化发展最为成熟，并取得很大的进展。虽然相比目前工业应用的硫酸和氢氟酸，复合氯铝酸类离子液体更安全、环保，但是氯铝酸类离子液体在使用和再生过程中依然需要使用盐酸等腐蚀性介质，存在或多或少的腐蚀等不利因素，并不是完全绿色的催化剂。因此，如何在深入研究现有离子液体烷基化作用机理的基础上，指导并开发完全绿色的酸性离子液体催化剂面临着很大的挑战。新型碳四烷基化催化剂从工艺技术开发到工业应用，必须要开发与催化剂性能匹配的工艺与工程适应性技术，才能充分发挥离子液体的优势，最终实现新型烷基化催化剂的工业应用。

5.4 丁烷选择氧化制顺酐

5.4.1 顺酐简介

顺丁烯二酸酐（$C_4H_2O_3$，简称顺酐）又称马来酸酐、失水苹果酸，为白色片状结晶（图5.19），有强烈的刺激性气味。顺酐是一种重要的有机化工原料和精细化工产品，是目前世界上仅次于苯酐和乙酐的第三大酸酐[195]，通常顺酐主要作为原料用于生产不饱和聚酯树脂、醇酸树脂、四氢呋喃、γ-丁内酯及马来酸等精细化工产品，进而广泛应用于农药、医药、涂料、食品添加剂、造纸化学品等重要领域（图 5.20），并且其应用范围仍在不断拓展。因此，发展顺酐的生产技术，对化工及材料行业意义重大[196, 197]。

图 5.19　顺酐

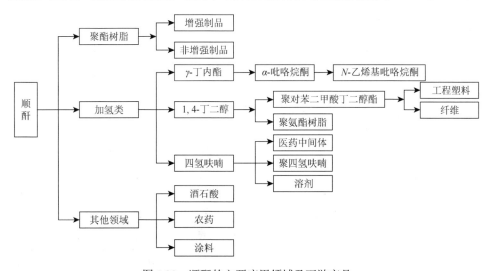

图 5.20　顺酐的主要应用领域及下游产品

5.4.2 顺酐生产技术

顺酐生产技术按原料路线可分为苯酐副产法、碳四馏分氧化法、苯氧化法和正丁烷氧化法四种。

5.4.2.1 苯酐副产法

邻二甲苯制取苯酐时，除生成主产物苯酐外，还会副产顺酐、苯甲酸、甲基苯甲酸等，反应尾气经洗涤后，洗涤液中含有少量的顺酐，通过将洗涤液浓缩、加热脱水等，可将顺酐提取精制得到产品。苯酐副产法产生的顺酐量较少，约为苯酐产量的 5%，并不作为工业生产顺酐的主要方法。

5.4.2.2 碳四馏分氧化法

碳四馏分主要来源于油田气、炼厂气和裂解联产。碳四馏分氧化法制顺酐是以其中的正丁烯、丁二烯为有效原料，在钒磷氧（VPO）系催化剂上发生气相氧化反应过程而生成目标产物顺酐。

主反应：

$$\left.\begin{array}{l} CH_2=CH-CH=CH_2 \\ CH_2=CH-CH_2-CH_3 \end{array}\right\} + \left.\begin{array}{l} 2.5O_2 \\ 3O_2 \end{array}\right\} \longrightarrow C_4H_2O_3 + \left.\begin{array}{l} 2H_2O \\ 3H_2O \end{array}\right\}$$

主要副反应：

$$C_4H_8 + 5O_2 \longrightarrow 2CO_2 + 2CO + 4H_2O$$

$$C_4H_6 + 4.5O_2 \longrightarrow 2CO_2 + 2CO + 3H_2O$$

碳四馏分氧化法制顺酐除生成主产物顺酐外，还有副产物 CO_x、水以及少量的乙酸、乙醛和丙烯醛等生成[198]。通常引入 Cr、Fe、Cu、Bi 等助催化剂来提高催化剂性能[199, 200]。成熟的碳四馏分生产顺酐的工艺路线有巴斯夫工艺、拜耳固定床工艺和日本三菱化学流化床工艺。碳四馏分氧化法制顺酐具有诸多优点，如原料价廉易得、催化剂寿命长，但是其反应产物成分较复杂，副产物多，目标产物顺酐的选择性和收率均比较低，所以也不作为生产顺酐的主要方法[201, 202]。

5.4.2.3 苯氧化法

苯氧化法制顺酐是苯蒸气和空气（或氧气）在催化剂存在下经气相催化氧化生成顺酐。苯氧化法制顺酐始于 1928 年，具有悠久的生产历史，是世界上应用最早的工业制备顺酐的生产技术，反应器及催化剂技术均比较成熟，产物收率高。其主要的反应式如下：

主反应：

$$C_6H_6 + 4.5O_2 \longrightarrow C_4H_2O_3 + 2H_2O + 2CO_2$$

主要副反应：

$$C_6H_6 + 7.5O_2 \longrightarrow 6CO_2 + 3H_2O$$

$$C_4H_2O_3 + 2O_2 \longrightarrow 2CO_2 + 2CO + H_2O$$

$$C_6H_6 + 1.5O_2 \longrightarrow C_6H_4O_2 + H_2O$$

苯氧化法制顺酐使用钒钼氧化物作为催化剂，一般包含氧化钒、氧化钼和氧化铝，即以 $\alpha\text{-}Al_2O_3$ 等为载体的 $V_2O_5\text{-}MoO_3$ 复合体系催化剂[203-205]。顺酐工业生产初期以苯氧化法为主，经过长期的发展，技术已相对成熟。苯氧化法的主要不足：苯环上的 6 个碳原子只有 4 个转化为顺酐，其余 2 个碳原子被消耗成 CO_x，碳原子利用率低；苯的毒性较高，对环境有较大危害性。

苯氧化法制顺酐发展最成熟的工艺是以美国科学设计公司（SD）为代表的固定床水吸收生产工艺[206]。工艺流程（图 5.21）主要为：苯蒸气和空气按苯的气相体积浓度 1.0%～1.4%充分混合均匀，然后混合气通过钒钼氧化物系（VMoO）催化剂进行选择性氧化反应生成顺酐。通常反应温度保持在 350～400℃，反应压力为 0.1～0.2MPa，空速控制在 2000～4000h^{-1}。该反应的主、副反应均为强放热反应，若温度控制过高，将会发生更严重的深度氧化反应，产生大量的 CO_x。采用列管式固定床反应器时，反应热利用熔盐外循环移出，通过废热锅炉进行余热回收并副产蒸汽。反应产物经冷却后冷凝得到部分顺酐，气相中未冷凝的顺酐通过水吸收回收，水吸收后形成的酸水溶液通过共沸蒸馏使酸水重新脱水生成酸酐，粗顺酐则主要经减压精馏分离得到顺酐产品[207]。

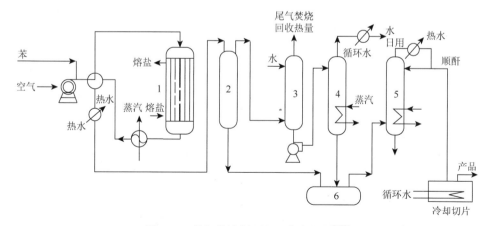

图 5.21　苯氧化法制顺酐工艺流程图[207]

1. 列管式反应器；2. 分离塔；3. 吸收塔；4. 脱水塔；5. 精制塔；6. 粗顺酐储罐

苯氧化法由于苯原料利用率低，环境污染大[208]，且苯原料价格不断上涨等因素，呈现明显劣势，随着正丁烷氧化法的逐渐开发和成熟，国际上采用苯氧化法生产顺酐的公司正在逐渐减少。

5.4.2.4 正丁烷氧化法

正丁烷氧化法由于原料成本低、原子利用率高、生产工艺的污染小，正逐渐成为主流生产顺酐的方法。

正丁烷氧化法是正丁烷和空气中的氧气通过气相催化氧化反应生成顺酐。催化剂为 VPO、钒钼氧、钼磷氧等体系[209]。目前工业催化剂主要采用 VPO 催化剂，并通过添加 Fe、Zn、Sb、Co、Ni、Mo、Bi、Cd、Cu 和稀土氧化物等助剂来提高催化剂的活性和选择性[210-213]。

主反应：

$$C_4H_{10} + 3.5O_2 \longrightarrow C_4H_2O_3 + 4H_2O$$

主要副反应：

$$2C_4H_{10} + 5O_2 \longrightarrow 4CH_3COOH + 2H_2O$$

$$3C_4H_{10} + 7.5O_2 \longrightarrow 4C_3H_4O_2 + 7H_2O$$

$$C_4H_{10} + 4.5O_2 \longrightarrow 4CO + 5H_2O$$

$$C_4H_{10} + 6.5O_2 \longrightarrow 4CO_2 + 5H_2O$$

正丁烷选择性氧化生成顺酐的反应过程，大部分研究者认为，首先是正丁烷通过烯丙基过渡态转变为丁二烯，然后氧化环化脱氢生成呋喃，最后转变为顺酐[214-217]。梁日忠等[218-220]对正丁烷选择性氧化过程进行了研究，证明反应过程中确实存在呋喃，并且推断生成中间产物呋喃是生成顺酐前可能经历的中间过程，即呋喃通过开环形成含羰基的非环状不饱和物种，从而认为正丁烷选择性氧化的反应路径如图 5.22 所示。

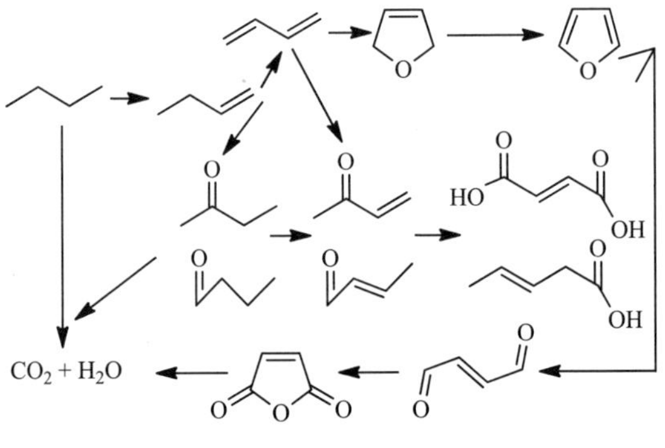

图 5.22 正丁烷选择性氧化反应路径[221]

VPO 复合氧化物由于具有较强的异构化和脱氢性能，是正丁烷选择性氧化制顺酐最有效的催化剂，催化过程的具体机理在目前尚没有明确的定论，还有待进一步研究证实。Guliants 等[222]提出的反应机理如图 5.23 所示。

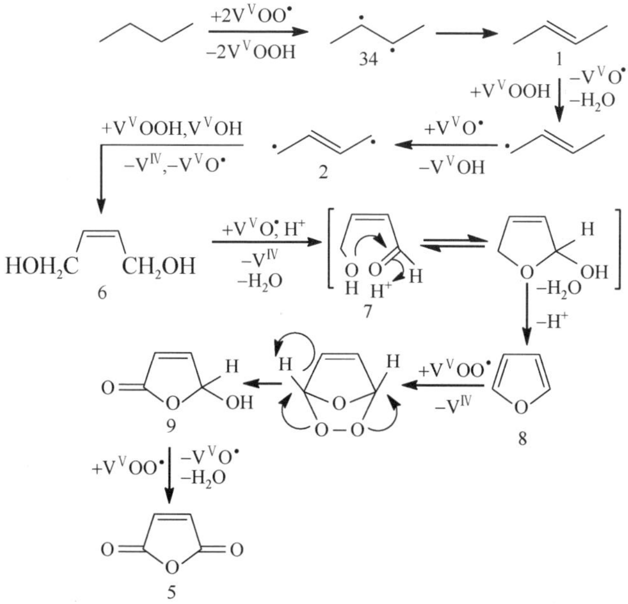

图 5.23　正丁烷选择性催化氧化制顺酐反应机理[222]

VPO 催化正丁烷氧化过程涉及 C—H 键的活化及脱氢、氧原子插入、电子转移等多个反应步骤，其中正丁烷分子脱氢是决速反应步骤。VPO 属于结构敏感型的一类复杂催化体系，主要呈片状结构，钒元素价态复杂，催化剂晶相类型繁多（如 α-$VOPO_4$、β-$VOPO_4$、γ-$VOPO_4$、δ-$VOPO_4$、ε-$VOPO_4$、ω-$VOPO_4$），普遍认为 V^{4+} 的焦磷酸氧钒（VO）$_2P_2O_7$ 是发生正丁烷选择性氧化的主要活性相[223-229]。此外，研究表明 VPO 催化正丁烷氧化过程遵循 V^{4+}/V^{5+} 间的 Redox 循环，本质属于晶格氧的氧化过程。即：VPO 中的晶格氧与正丁烷发生主反应，VPO 自身被还原，随后被还原的 VPO 被气相中的氧分子进一步氧化获得再生，整个过程不断循环，从而实现正丁烷的持续选择性氧化。反应过程中，也会形成一些非选择性活性氧物种与正丁烷及催化剂表面生成的顺酐发生副反应，生成 CO_x 等，导致产品选择性的降低。

20 世纪 70 年代初，孟山都（Monsanto）公司首次利用正丁烷氧化法生产顺酐，并取得了成功，随后世界各国不断进行技术研究开发和改进，生产水平不断提高。正丁烷氧化法具有更低的原料成本这一优势愈加明显，尤其在天然气和油田伴生气资源十分丰富的国家，因其原料优势而呈现出了迅猛发展的趋势。1989

年，美国顺酐工业生产就全部转变为以正丁烷为原料，21 世纪初，欧洲大多数生产商也相继完成了改造。目前，国际上苯氧化法顺酐装置产量仅占 15%以下（主要分布在我国和日本等亚洲地区），正丁烷氧化法顺酐装置的产量已达到 85%以上，成为顺酐的主要生产方法。

5.4.3 正丁烷氧化法制顺酐主要工艺技术

正丁烷氧化法制顺酐的工艺技术按其反应工艺主要分为固定床工艺、流化床工艺、循环流化床工艺和膜反应器工艺四类[230]，每种工艺均有其优势和不足，目前工业应用最为成熟的是固定床工艺。

5.4.3.1 固定床工艺

正丁烷氧化法的固定床工艺与苯氧化法类似，反应气流在反应器中呈活塞流型，催化剂成型简单、装置操作稳定、投资成本低，所以工艺技术发展比较成熟，国内正丁烷氧化法顺酐生产装置几乎全部采用固定床工艺。国际上正丁烷氧化法固定床工艺技术主要由 Huntsman 公司（1993 年 Monsonto 公司将顺酐业务转让给 Huntsman 公司）、Denka 化学公司、美国 SD 公司、意大利 SISAS 公司等拥有。国内中国石化仪征化纤股份有限责任公司建成引进 Huntsman 公司技术的单套生产能力 4 万 t/a 的固定床生产装置，为我国最大单套生产能力的顺酐生产装置[231]。

由于正丁烷氧化属于强放热反应，故须对反应体系进行有效移热，以免造成催化剂失活和反应器损坏。固定床反应器选择高长径比的多管反应器[232-233]，反应管内径约 21mm，高度多为 3～9m，反应管数量达到几万根。反应器移热介质选用熔盐，通过壳程熔盐的循环流动路径设计及反应器外的多级冷却水换热达到优化的传热效率，抑制反应热点，并副产蒸汽。为避免原料气处在爆炸极限，压缩空气和正丁烷各自通过管路经静态混合器混合后从反应器底部或顶端进入。其反应工艺流程如图 5.24 所示。按照一定的比例充分混合的正丁烷与空气的混合气通入装有一定质量催化剂的固定床反应器内发生催化氧化反应生成顺酐等。反应条件一般控制为：正丁烷进料浓度 1.0%～2.5%，空速 1500～2000h^{-1}，反应温度 400～500℃，热点温度通常在 440～479℃，压力 0.125～0.130MPa。分离回收从反应器出来的反应产物，尾气进入焚烧处理系统。

固定床正丁烷制顺酐装置的运行时间较长，应用最为广泛，且技术成熟。但是固定床工艺也具有一定的缺点，如催化剂装卸不便，受固定床传热能力限制，热点温度不易控制，很容易产生飞温现象，甚至烧坏反应器。同时，受正丁烷爆炸极限浓度的限制，进料浓度较低（＜2.5mol%），导致生产能力受到一定制约[234]。

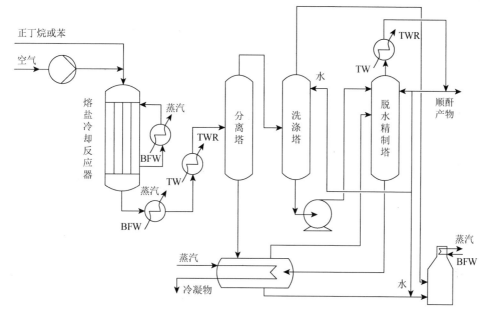

图 5.24 SD 固定床正丁烷氧化制顺酐工艺流程[234]

BFW 代表锅炉给水；TW 代表循环冷水；TWR 代表循环热水

5.4.3.2 流化床工艺

流化床工艺相对固定床工艺，进料浓度可以相对提高，同时流化床反应器传热效果好，温度分布均匀，能耗低于固定床工艺，易于操作，能量利用合理，投资较少[235,236]。世界第一套流化床正丁烷氧化制顺酐的工业生产装置是美国 BP 公司在 1988 年建成，并采用 UCB 公司研发的脱水薄膜蒸发器浓缩回收顺酐[237]。目前国外流化床工艺发展比较先进的有 ALMA 工艺[238]和 BP 工艺。

流化床工艺中，空气和正丁烷可不经过预先混合，将空气通过空气分布器输送到流化床反应器底部，与通过蒸发器蒸发后的正丁烷在催化剂床层内反应，使正丁烷发生氧化，这有效避免了空气和正丁烷器外混合发生爆炸的风险，从而将原料混合气中正丁烷浓度提高到 3%～4%，大大提高了顺酐的生产能力。流化床反应器上部设有催化剂分离装置，外部装有催化剂过滤装置，操作温度为 400～430℃。同时反应器内设有盘管可有效带走反应热，并副产高压蒸汽。反应后的气体尾气通过旋风分离器去除固体催化剂后，被输送进入吸收塔，随后采用逆向流动的有机溶剂将气相中的顺酐吸收，并经过脱溶剂塔分离得到粗顺酐，之后再经脱除轻、重馏分后可获得高纯顺酐。正丁烷选择性氧化制顺酐的 ALMA 流化床工艺流程如图 5.25 所示。

尽管有较多优点，但流化床工艺目前也有明显的不足，过程中存在严重的返混现象，催化剂磨损较大[239]，易失活，从而影响催化剂的稳定性，成为限制该技术工业应用的主要瓶颈，导致其未获得大规模的工业推广应用。

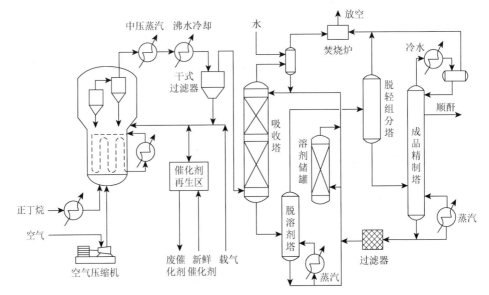

图 5.25　ALMA 流化床正丁烷氧化制顺酐工艺流程[239]

5.4.3.3　循环流化床工艺

循环流化床工艺是利用晶格氧氧化正丁烷生成顺酐的工艺。

循环流化床反应器包括反应器（提升管）、分离器和再生器三部分。在反应器中，正丁烷通过惰性气体传输到催化剂上，消耗催化剂的晶格氧发生氧化反应生成顺酐。消耗了晶格氧的催化剂进入再生器，与空气中的氧分子发生反应使晶格氧获得再生，再生后的催化剂重新进入反应器与正丁烷反应，通过反应-再生循环实现连续生产。循环流化床工艺的显著特点是提高了反应气体的表观线速，从而使催化剂穿过反应器的通量很大，可最大限度地减小反应器的管径、缩小建设规模、提高生产效率[240]。同时，由于氧化反应过程没有气相氧的参与，提高了装置操作安全性。

20 世纪 80 年代初，美国 DuPont 公司开发了采用晶格氧氧化的循环流化床工艺（图 5.26），使用抗磨硅胶壳层 VPO 催化剂，但至今还处于工业实验阶段[241]。DuPont 循环流化床工艺的反应器温度一般介于 360~420℃，提升管顶端压力通常大于 0.2MPa，气体在提升管内停留时间约 10s，再生器内催化剂停留时间在 5min 以内[242]。

循环流化床工艺存在诸多优点，如顺酐选择性好、产品收率高、丁烷进料浓度不受限制。其主要缺点是催化剂易损坏、损耗大、周期寿命短，目前并没有成熟的工业化装置。有许多学者在进行相关研究[243]。

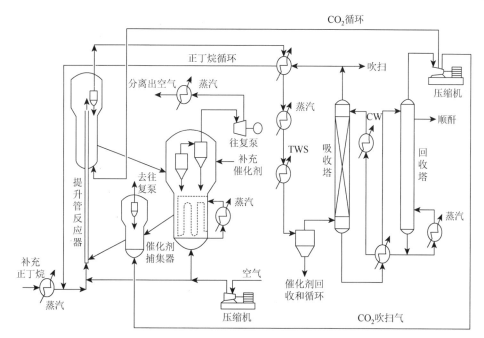

图 5.26　DuPont 循环流化床正丁烷氧化工艺流程[243]

5.4.3.4　膜反应器工艺

研究人员尝试用膜反应器将烃分子和氧源完全分开进料，即正丁烷和氧气从膜的两侧分别进料，正丁烷分子与催化膜一侧的晶格氧反应，氧分子在催化膜另一侧吸附、解离，获得电子后转化为氧离子，催化膜作为氧离子/电子导体实现氧离子传输用于补足正丁烷氧化消耗的晶格氧。

采用膜反应器可提高原料投料浓度，但是受氧离子传输速率的限制，能够工业使用的膜反应器还存在很多难以解决的问题，技术尚处于实验室研究阶段。其中 SD 公司开发的双反应器串联工艺技术有望实现工业化。该工艺采用串联反应器和连续回收技术相结合，将最初参与反应的气相氧返回反应器再次参与反应，这不仅降低了空气消耗量，而且将剩余的正丁烷进行二次反应，两次正丁烷氧化后均可得到顺酐，该技术顺酐的回收率可达 99%，并可有效降低尾气对环境的污染[244]。

顺酐的分离回收主要有水吸收和有机溶剂吸收两种工艺。

顺酐易溶于水生成顺丁烯二酸（马来酸），水吸收工艺即是将气相中未冷凝下来的顺酐用水吸收转化为顺丁烯二酸，然后进行脱水精馏，使用二甲苯作为共沸脱水剂在减压条件下精馏脱水得到顺酐产品[245]。水吸收工艺具有流程短、投资省等优点。但是装置为间歇操作，要定期停工清理，且二甲苯脱水消耗的能量较大，副产物多，装置操作烦琐。水吸收工艺流程如图 5.27 所示。

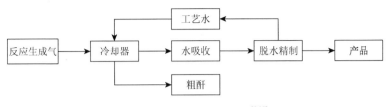

图 5.27 水吸收工艺流程[245]

水吸收工艺是化学过程，而有机溶剂吸收工艺是物理过程。有机溶剂吸收工艺通常采用邻苯二甲酸二丁酯（DBP）或邻苯二甲酸二异丁酯（DIBE）作为吸收溶剂。反应产物进入吸收塔，经有机溶剂吸收后形成的吸收液在负压下回收溶剂，进而精馏出顺酐产品。整个工艺有连续和间歇两种形式，所使用的吸收溶剂在高温下为液体，黏度低、蒸气压低、沸点高，并可回收循环使用[246]。有机溶剂吸收工艺流程如图 5.28 所示。

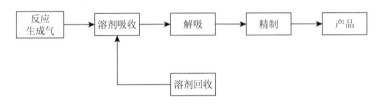

图 5.28 有机溶剂吸收法工艺流程[246]

有机溶剂法比水法吸收顺酐的收率高 5%，还具有蒸汽输出平稳连续、能耗低、经济效益好等优点，目前国内正丁烷氧化法生产顺酐产物回收约 2/3 采用有机溶剂吸收工艺[247, 248]。

多种技术的持续研究开发，极大地丰富了正丁烷氧化制顺酐工艺，推进了工业化应用进程，也给工业装置的改进提供了新的方向。

5.4.4 总结与展望

顺酐作为一种重要的精细化工产品和有机化工原料，具有广阔的应用领域和强烈的市场需求。目前，正丁烷氧化法由于具有原子利用率高、环境污染小、生产成本低等优点，已逐渐替代传统的苯氧化工艺，成为顺酐生产的主要技术路线。

随着我国石油、煤炭及页岩气等资源利用的不断增加，丰富的 C_4 烷烃资源将使正丁烷氧化法的应用前景更加凸显。目前国内正丁烷氧化制顺酐技术，如催化剂技术、核心反应器技术等与国外仍有较大距离，严重制约了我国顺酐产业的发展，因此，迫切需要开发具有自主知识产权的高效正丁烷氧化制顺酐生产技术，打破国际垄断，推动传统顺酐生产过程的绿色升级，大力提升我国顺酐产业技术水平和国际竞争力。

5.5 CO_2光电催化过程

5.5.1 CO_2光电催化过程简介

随着人类生活水平的提高，化石能源的消耗越来越大，造成温室气体及其他污染物的大量排放，引起地球变暖，加剧环境污染，给自然界带来极大的破坏，制约社会的可持续发展，同时引起能源短缺等问题。如何有效减少 CO_2 的排放、资源化利用 CO_2，建设环境友好、节约能源的低碳经济已受到国内外科学家的广泛关注。利用太阳能将 CO_2 转化并加以利用是最理想的途径[249]，它不仅可以缓解温室效应，还可以提供碳氢燃料，实现碳资源的循环利用，节约能源，成为各国研究的热点。

CO_2 是碳的最高阶氧化产物，呈直线形分子结构。由于 C＝O 键结合十分牢固，CO_2 分子的还原需要较大的活化能[250,251]。因此 CO_2 还原成为一项具有挑战性的科学前沿工作[252]。光电催化还原 CO_2 是指在光和外电场的协同作用下对 CO_2 进行催化还原，将其转化成 CO、CH_4 等燃料或其他化合物的反应[253]。一方面，有效利用太阳能激发的光生电子还原 CO_2，减少外部能量投入；另一方面，利用外加电场，使光生电子产生定向移动，抑制光生载流子的复合率，有效提高 CO_2 的催化还原效率。光电协同催化还原反应过程条件温和，将太阳光作为直接能源，能够实现真正的人工"光合作用"，为 CO_2 高效利用提供了重要的途径。

5.5.2 光电催化还原 CO_2 反应的研究现状

Halmaim 等于 1978 年首次采用 p 型半导体 GaP 作为光阴极，在水溶液中将 CO_2 还原为甲酸、甲醛及甲醇[254]，后来的研究者多采用 p 型半导体（p-Si、p-GaP、p-GaAs、p-InP、p-Cu_2O、p-CuInS$_2$）为光电极，进行光电催化还原 CO_2 的研究[255-262]。近年来，科研工作者已研制出多种新型光电催化电极体系用于提高光电催化还原 CO_2 反应的性能，一些综述性论文报道了近几年光电催化还原 CO_2 的研究进展[263-267]。图 5.29 显示了常见半导体的能带位置、CO_2 还原反应热力学电势、CO_2 电催化反应电势[263]。

光电还原 CO_2 过程如图 5.30 所示[268]，光照射在半导体电极上激发产生光生电子和空穴，光生电子在较低电势下与催化剂 Cat 发生还原反应生成 Cat$^-$，Cat$^-$与 CO_2 发生还原反应，CO_2 被还原为 CO、HCOOH、CH_4、CH_3OH 等，而 Cat$^-$又被氧化成 Cat。

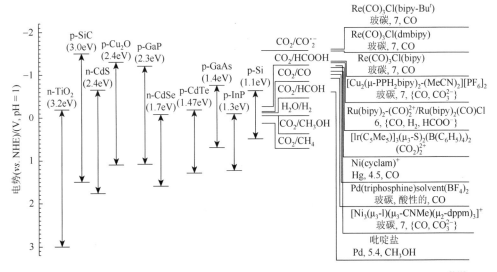

图 5.29 常见半导体的能带位置、CO_2 还原反应热力学电势、CO_2 电催化反应电势[263]

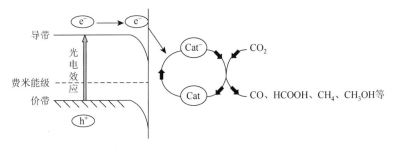

图 5.30 CO_2 光电催化反应过程示意图[268]

现有光电催化还原 CO_2 一般在三电极装置中进行，根据体系中半导体感光电极的不同，一般将光电催化还原 CO_2 分为三类，图 5.31 显示了相应光电催化还原装置的示意图[267, 269]：①光电阴极为 p 型半导体电极，Pt、C 等惰性电极作为阳极；②阴极为暗光 CO_2 还原催化剂电极，光电阳极为 n 型半导体电极；③光电阴极为 p 型半导体电极，光电阳极为 n 型半导体电极。

5.5.3 CO_2 光电催化反应体系

5.5.3.1 p 型半导体作为光电阴极

p 型半导体导带位置通常较负，有着较小的禁带宽度，光照能产生较大光生电流，最易操作控制，因此由 p 型半导体单独作为光电阴极的体系研究最广泛，主要是 p 型Ⅲ-Ⅴ和Ⅱ-Ⅵ半导体光电阴极（如 InP、GaAs、GaP 等）[256-258]。p 型半导体中的电子是少数载流子，经光照产生光生电子和空穴，但是还原电势较高，

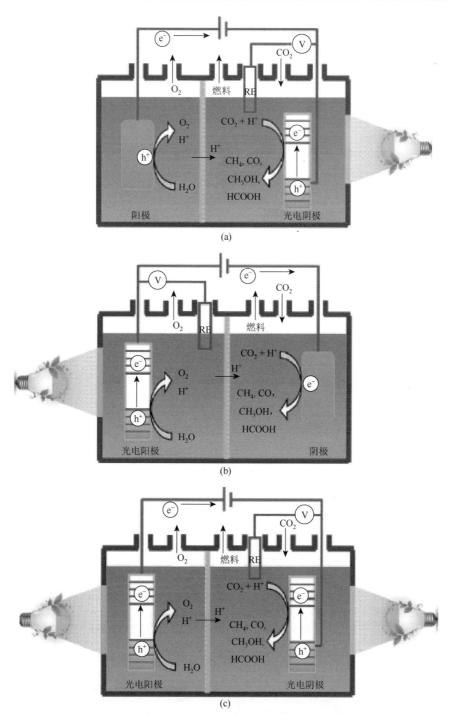

图 5.31 三种两隔室的光电化学反应池的示意图[267]

(a) p 型半导体为光电阴极；(b) n 型半导体为光电阳极；(c) p 型半导体为光电阴极和 n 型半导体为光电阳极

并不真正作为催化剂直接活化 CO_2 分子[267]。为了降低 CO_2 还原过电势,提高 CO_2 还原产物的选择性,研究者在 p 型半导体上引入了金属颗粒和金属配合物等组分作为 CO_2 还原的助催化剂[255, 259, 262]。其中一些大分子助催化剂在反应体系中主要有两种存在形式:①溶解或悬浮于电解液中,该形式优点在于选择性较好,单位时间转化率较高,应用较多;②负载于阴极半导体表面,该形式有利于增强催化剂的稳定性及反应产物与催化剂的分离回收,应用较少[265]。近年来,一些 p 型金属氧化物、氮氧化物、硫化物等半导体材料作为光电阴极也广泛用于光电催化还原 CO_2 体系中。例如,Bocarsly 等[270]通过直接固态方法制备了 p-Mg-doped $CuFe_2O_4$ 光电极,该电极在可见光照射下,不需要助催化剂即可在水溶液中光电还原 CO_2,还原产物主要为甲酸。Zanoni 等[271]制备了 p-Cu/CuO 薄膜电极,在 125W 高压汞灯下光电还原 CO_2,还原产物通过自由基形成,主要为甲醇、乙醇、甲醛、乙醛、丙酮。甲醇在反应较短时间内形成(<30min),乙醛和丙酮是反应进行一定时间后的主要产物(>120min)。反应过程中溶液的 pH 对还原产物的选择性起关键作用。图 5.32 给出了反应路径的示意图。

反应1-生成CHOOH:

反应2-生成CH_2O:

反应3-生成CH_3OH:

反应4-生成C_2H_5OH:

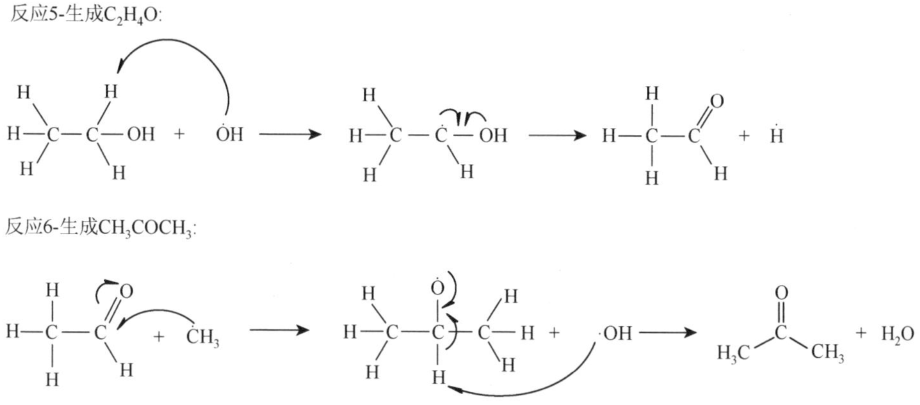

反应5-生成C_2H_4O:

反应6-生成CH_3COCH_3:

图 5.32 光电还原 CO_2 的形成机理的示意图[271]

Ohno 等[272]报道了一种新的 p 型半导体 $Cu_3Nb_2O_8$，其带隙为 2.5eV。该电极在模拟太阳光（AM 1.5G）照射下展示了强的阴极光电流，在水溶液中光电还原 CO_2 的唯一产物为 CO。Mott-Schottky 分析、UV-vis 和光电波谱显示 p-$Cu_3Nb_2O_8$ 的导带为-1.2V(vs. NHE，pH=7)，导带边比 CO_2 到 CO 的还原电势更负（图 5.33）。XPS 分析表明 p-$Cu_3Nb_2O_8$ 光电阴极自身的光电还原是通过 Cu(Ⅱ)与 Cu(0)、Cu(Ⅰ)的价态转化得到的。

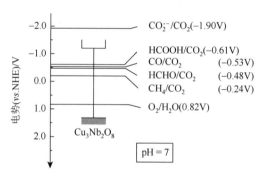

图 5.33 p 型 $Cu_3Nb_2O_8$ 光电极的价带和导带位置及各种还原产物/CO_2 的氧化还原电势[272]

光电还原 CO_2 在 p 型 $CuInS_2$ 半导体薄膜电极体系中将 CO_2 还原为乙醇。还原过程采用脉冲电势方法，得到乙醇的产率是采用恒电势方法的 3 倍[273]。金属（Ag、Au、Cd、Cu、Pb、Sn）修饰的层状 CuO/Cu_2O 薄膜电极不仅可提高光电还原 CO_2 的光电转换效率，而且在可见光下可有效产生光生电子-空穴对[274]。其中 Pb/CuO/Cu_2O 展示了优异的还原 CO_2 能力，法拉第效率达 40.45%[-0.16V(vs. SHE)]。图 5.34 给出了反应过程的能带图，光生电子从 Cu_2O 和 CuO 的导带转移到金属，用于还原 CO_2，同时光生空穴沿着价带到达阳极。此电极的设计期望在光照下有效地分离光生电子和空穴，有利于电子转移到活化位用于 CO_2 还原。

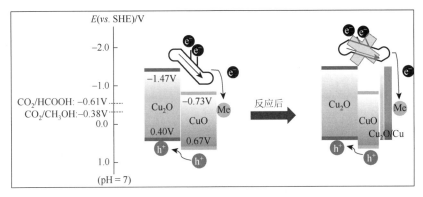

图 5.34 CuO/Cu$_2$O 能带结构的变化[274]

CuFeO$_2$ 和 CuO 混合氧化物作为 p 型半导体光电极在可见光下光电还原 CO$_2$ 生成乙酸,光电转换效率可达 80%[275]。通过调节 Fe：Cu 原子比例从 1.3 到 1.0,CO$_2$ 主要还原产物由乙酸变为甲酸。SnO$_2$/Fe$_2$O$_3$ 纳米粒子组成的复合半导体的带隙为 2.57eV,作为光电阴极在可见光下协同催化还原 CO$_2$ 为甲醇,最大的法拉第电流效率为 87.04%[276]。图 5.35 为推测的光电催化机理:光电还原 CO$_2$ 为甲醇是六电子反应。首先催化剂从基态(R)激发到单重态(R*),CO$_2$ 由电子还原为自由基 CO$_2^-$,R*结合 CO$_2^-$ 接受 1 个质子形成[R····O=C—OH]。接着[R····O=C—OH]结合 3 个氢质子和电极表面的 3 个电子得到[R····O=CH$_2$]。但是[R····O—CH$_2$]不稳定,易受氢质子和电子攻击,进一步形成[R····O—CH$_3$],受电子进攻[R—O]键断裂,结合氢质子形成 CH$_3$OH。催化剂恢复到基态(R)参与下一轮反应。

Zhao 等[277]制备了由薄的花瓣与一维菱形纳米棒相连的单晶微米级花状 Co$_3$O$_4$,此多级结构的半导体(HA-Co$_3$O$_4$)作为光电阴极在可见光下将 CO$_2$ 还原为单一产物甲酸,反应 8h 的产量为(384.8±7.4)μmol。研究结果显示光催化活性

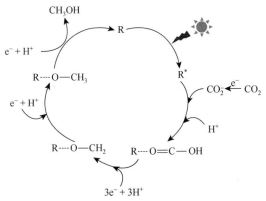

图 5.35 SnO$_2$/Fe$_2$O$_3$ 催化剂上 CO$_2$ 催化还原机理(R 代表催化剂)[276]

与 Co_3O_4 的微观结构有关，$\{12\bar{1}\}$ 晶面允许 Co^{3+} 暴露在 Co_3O_4 表面，这一现象增强了 CO_2 和 HCO_3^- 的光电响应瞬态和稳态。另外，光、电协同增强了 CO_2 和 HCO_3^- 的表面还原活性位的应用（图 5.36）。

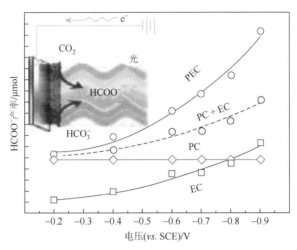

图 5.36　不同电压下甲酸的产率[277]

PC 代表光催化；EC 代表电催化；PEC 代表光电催化

单独的硼掺杂的金刚石（BDD_L）半导体不能稳定 CO_2 还原中间体，得不到还原产物，而 Ag 纳米粒子具有选择性电催化还原 CO_2 的能力，因此将其沉积在 BDD_L 上，得到 Ag 纳米粒子修饰的硼掺杂的金刚石（$Ag-BDD_L$）半导体电极，其具有优异的光电催化还原 CO_2 性能，高的选择性（还原产物 CO：H_2 的质量比为 318：1）和再循环使用能力[278]。其中 BDD_L 的高能导带和 Ag 粒子高的还原选择性协同作用，将 CO_2 通过 CO_2^- 还原为 CO。图 5.37 显示光照 BDD_L 产生光生电子，

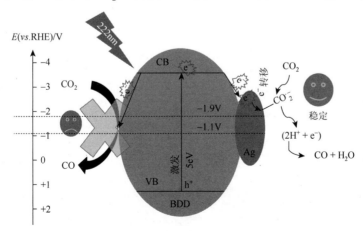

图 5.37　$Ag-BDD_L$ 光电阴极上半反应的电荷转移示意图[278]

沿 BDD 的导带传递到沉积在 BDD_L 上的 Ag 纳米粒子表面,再转移给吸附在 Ag 表面的 CO_2 分子形成 CO_2^- 阴离子自由基中间体。具有高能量的阴离子自由基 CO_2^- 通过质子-耦合电子转移机理在 Ag 粒子表面生成更稳定的 CO 和 H_2O。

Zhao 等[279]构建了仿生的光电催化界面($ZIF9-Co_3O_4$),其中沸石咪唑框架(ZIF9)[280, 281]为吸收活化 CO_2 的基质,Co_3O_4 纳米线作为光电催化剂,在较低的过电势(290mV)下,以较高的转化率[72.3mol/(L·cm²·h)]将 CO_2 高效还原为甲酸,反应经过了瞬时质子-耦合的两电子转移过程,可能的反应机理如图 5.38 所示。首先线形 CO_2 分子在 ZIF9 上以"end-on"配位模式化学吸附和活化,CO_2 还原反应的限速步骤可能是第一个电子还原形成一个一电子的 Co(Ⅱ)-CO_2 加合物的还原产物[282];通过 ZIF9 和 Co_3O_4 纳米线形成 p-p 异质结,电子快速从 Co_3O_4 纳米线转移到 Co(Ⅱ)-CO_2 加合物,通过质子-电子耦合步骤形成活化态 $HCOO^{-*}$,接下来第二个电子快速转移到 $HCOO^{-*}$ 形成 $HCOO^-$ 从催化剂表面解吸下来。在电场和 Co_3O_4 催化剂的协同作用下,CO_2 光电还原倾向 $2e^-/2H^+$ 反应,主要还原产物为 CO。

层状双氢化合物(LDHs)是一类具有良好的可见光光催化性能的化合物[283, 284],将 Ti-席夫碱配合物通过离子交换法插层到 ZnFe-LDHs 得到 ZnFe-Ti/SB-LDHs 复合物[285]。在 Ti/Fe = 1,焙烧温度为 800℃条件下得到的样品比表面积最大(178m²/g),带隙最窄(2.62eV),作为光电极用于光电催化还原 CO_2 过程,CO_2 还原经甲酸到甲醛,得到最终产物甲醇。图 5.39 显示了光电催化还原 CO_2 反应机理:可见光照射染料敏化区产生光生电子,光生电子沿导带转移到金属复合物,然后分散,同时染料分子可再生。外加电场可加速光生电子的产生和转移,提高复合物光电催化还原性能。在光生电子还原区,电子与表面吸收的 CO_2 和 H^+ 反应产生 CO_2^- 和 H· 中间体。这些中间体反应生成 $HCOO^-$、HCOOH、HCHO,最后还原为甲醇。

Isaacs 等[286]将多聚阳离子(PDDA、PMAEMA)和 CdTe 量子点结合修饰 ITO 制备了叠层光电极 $ITO-(PDDA/QDs)_6$ 和 $ITO-(PMAEMA/QDs)_6$ 用于光电催化还原 CO_2。在 $ITO-(PDDA/QDs)_6$ 电极体系得到的还原产物是 CO 和甲醇,少量甲醛,可能通过碳烯路径。而在 $ITO-(PMAEMA/QDs)_6$ 电极体系得到的还原产物只有甲醛,可能通过甲醛路径(图 5.40)。

Isaacs 等[287]将多金属卟啉/多金属钨酸盐修饰电极 $[MTRP]^{n+}/[SiW_{12}O_{40}]^{4-}$ 用于光电催化还原 CO_2,其中多金属卟啉为 Mn(Ⅲ)、Zn(Ⅱ)或 Ni(Ⅱ)配位的多金属卟啉化合物(TRP),阴离子为多金属钨酸盐 $[SiW_{12}O_{40}]^{4-}$。该多层修饰的电极在可见光(λ = 440nm)条件下光电催化还原 CO_2 为甲醛、甲酸、甲醇,产物的选择性和产率由卟啉中的金属原子决定。在 $[MTRP]^{n+}/[SiW_{12}O_{40}]^{4-}$(M = Mn、Ni)电极体系中,光电催化还原 CO_2 的还原产物只有甲醛,而在 $[ZnTRP]^{n+}/[SiW_{12}O_{40}]^{4-}$ 电极体系中,光电催化还原 CO_2 的还原产物还有甲酸和甲醇。聚吡咯(PPy)修饰的

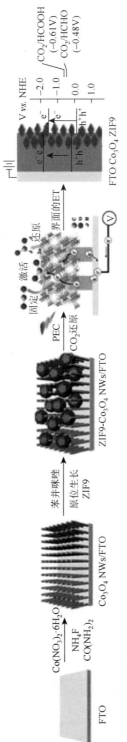

图 5.38 ZIF9-Co$_3$O$_4$ 纳米线的制备过程及其光电还原机理[29]

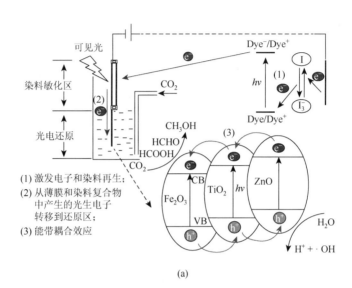

图 5.39 光电还原 CO_2 催化机理示意图[285]

(a) 甲醇产生的路径;(b) 光电还原

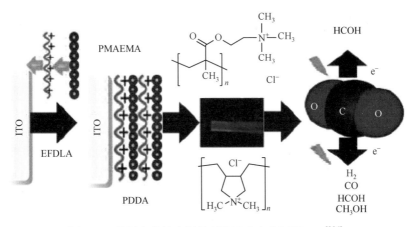

图 5.40　量子点修饰电极的制备及其光电还原 CO_2[286]

p-ZnTe 电极（PPy/ZnTe）在可见光条件下，光电催化还原 CO_2 为甲酸和 CO[288]。图 5.41 给出了光电还原反应器的示意图。PPy 沉积到 ZnTe 上可增加 CO_2 还原的活性位，对生成甲酸和抑制 H_2 起重要作用。单独的 ZnTe 逸出功为 4.45eV，而 PPy 沉积到 ZnTe 的逸出功为 4.95eV，使光生电子容易从 ZnTe 转移到 PPy，可抑制光生电子和空穴的复合，降低 CO_2 还原的阻力。

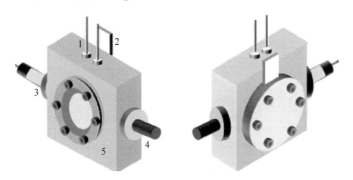

图 5.41　光电还原反应器的示意图[288]
1. 气体进出线路；2. 工作电极；3. 参比电极；4. 对电极；5. 石英窗口

Au 耦合的 ZnTe/ZnO 纳米线阵列作为有效的光电催化还原 CO_2 光电阴极，还原 CO_2 为 CO[289]。在模拟一个太阳的光照下，Au-ZnTe/ZnO 的入射光电流转换效率可达 97%，而单独的 ZnTe/ZnO 电流转换效率只有 68%。Au 纳米粒子的加入还可以抑制 H_2 的产生，使还原产物主要由 H_2 转变为 CO。Au 共催化剂的效应可归因于和 ZnTe 形成了肖特基结，提高了电荷分离，提供了 CO_2 还原的反应中心，抑制了水还原的竞争。

Au_3Cu 纳米粒子（Au_3Cu NP）垂直组装在 p-Si 纳米线（Si NW）阵列表面，

形成有效的光电催化还原 CO_2 光电阴极，还原产物为 CO，选择率可达 80%，同时可抑制 H_2 的产生[290]。Au_3Cu 光电阴极可有效降低 CO_2 的还原电势；p-Si 纳米线作为光吸收剂允许电荷转移到 Au_3Cu 纳米粒子，而不影响它们内在的催化活性。更重要的是，p-Si 纳米线的一维结构使得在降低动力学过电位的前提下可有效得到目标产物。将离子液体[C_4MIM][BF_4]作为第三种组分滴加到 Au_3Cu NP/Si NW 电极表面，在低电势范围可提高 CO 的选择性。离子液体吸附在纳米粒子催化剂表面，可与 CO_2 还原中间体形成络合物[281, 291-293]，更容易向 CO_2 还原方向而非 H_2 形成方向反应。因此，p-Si 纳米线作为一个潜在平台可广泛与具有 CO_2 还原能力的纳米粒子催化剂结合构建复杂而有效的光电催化还原 CO_2 电极体系。

石墨烯型氮化碳（g-C_3N_4）作为一类无金属的 n-型半导体材料，带隙为 2.67eV（vs. Ag/AgCl，pH = 6.6），具有可见光吸收性质，但不具有还原 CO_2 的性能。通过硼掺杂形成的氮化碳电极（BCN_x，x 为硼的原子分数），是一类 p 型半导体材料（图 5.42）。通过计算，其中 $BCN_{1.5}$ 的带隙为 2.59eV[294]。BCN_x 用于光电催化还原 CO_2，反应产物为乙醇；在一个模拟太阳光（AM 1.5G）照射下光电流响应是 g-C_3N_4 的 5 倍；Rh 作为共催化剂，光电流响应是 g-C_3N_4 的 10 倍。

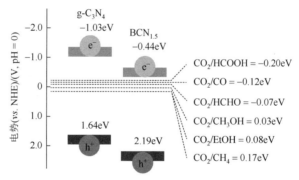

图 5.42　g-C_3N_4 和 $BCN_{1.5}$ 的带势图和各种 CO_2 还原产品的热力学势能[294]

与单一的半导体催化剂相比，复合半导体的性能要优于单一半导体材料。p 型半导体和 n 型半导体复合形成 p-n 异质结半导体，由于各自的导带、价带、禁带宽度不同，光生载流子可在不同禁带宽度的半导体之间重新传输，形成内建电场有利于光生电子和空穴的分离，扩大光谱响应范围，增强光电催化反应性能。例如，蠕虫状 p-InP 与 n-TiO_2 纳米管结合形成 p-n 结半导体电极，增强可见光的吸收，带隙从 3.20eV 变到 1.52eV（图 5.43）[295]。光电催化还原 CO_2 反应的主要产物为甲醇，5h 得到甲醇的浓度是电催化还原的 1.53 倍。

Si/TiO_2/Pt p-n 异质结半导体电极用于光电催化还原 CO_2，产物为甲醇、乙醇和丙酮，法拉第效率可达 96.5%[296]。半导体的带隙由 TiO_2 的 3.2eV 变窄到 Si/TiO_2/Pt 的 2.75eV，主要是由于 Pt 掺杂 TiO_2，使吸收范围从紫外光区到可见光区。紫外光

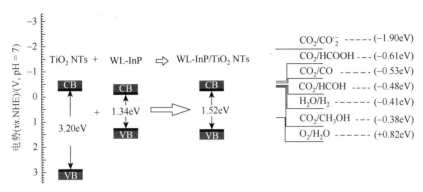

图 5.43　p-InP 与 n-TiO$_2$ 纳米管结合形成 p-n 结半导体的能带图[295]

激发 TiO$_2$，Si 吸收可见光，光生电子向 Pt/电解质界面移动，水还原产生氢。光电催化还原 CO$_2$ 反应过程中电荷转移机理如图 5.44 所示，在负电势和光照下，光生电子从 Si 和 TiO$_2$ 表面产生，向低能级移动，由于低的费米能级被 Pt 捕获，而光生空穴在半导体表面形成。因此，光生电子从对电极向工作电极移动，而光生空穴从光电阴极产生移动到 Pt 电极发生氧化反应。CO$_2$ 在 Pt 表面发生还原形成 CO$_2^-$，经过质子化和去质子化过程生成还原产物。电荷转移的过程具有 p-n 异质结特征，可有效抑制光生电子和空穴的复合，有利于光电催化还原 CO$_2$ 反应的进行。

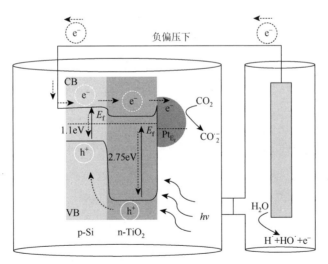

图 5.44　Si/TiO$_2$/Pt p-n 异质结电极表面电荷转移机理[296]

Mi 等[297]首次将氮化物金属 Ga(In)N/p-Si 作为光电阴极，在模拟太阳光条件下，Cu 作为共催化剂将 CO$_2$ 光电催化还原为 CH$_4$ 和 CO。图 5.45 显示了光照下 GaN 纳米线/Si 光电阴极的结构图和能带图，Si 作为基底和质子吸收剂，n-GaN 纳米线阵列在 n-Si 基片上生长。由于 GaN 纳米线和 Si 导带间很小的能量偏移及大量的 n 型掺杂，光生电子能很容易从 Si 转移到 GaN 纳米线。同时 GaN 和 Cu 具有很高的电子亲和性，光生电子很容易到达 Cu 纳米粒子，有利于催化反应进行。Cu/GaN/n$^+$-p Si 作为光电阴极能够吸收大部分太阳光谱，使载流子有效分离，八电子还原产物 CH_4 的法拉第效率（-1.4V vs. Ag/AgCl）可达 19%，是两电子还原产物 CO（0.6%）的 30 多倍。

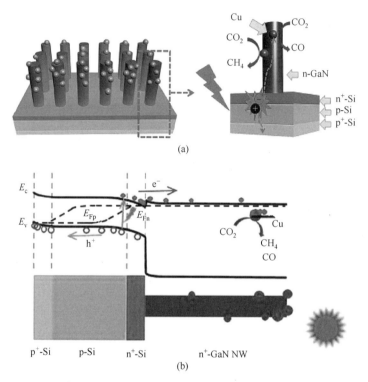

图 5.45　(a) Cu/GaN/n$^+$-p Si 光电阴极结构示意图，(b) 光照下 GaN 纳米线/Si 太阳能电池光电阴极能带图[297]

Cu-ZnO/GaN/n$^+$-p Si 异质结集成的半导体光电阴极具有很强的光吸收能力和有效的电子转移能力，可有效地从 CO_2 和 H_2O 生产合成气 CO 和 H_2（图 5.46）[298]。在多组分结构中，p-n 异质结 Si 具有很强的光吸收能力，GaN 可有效地传输电子，增强光的吸收，同时在水溶液中具有较高的光稳定性。由于多组分间较小的导带偏移，光生电子能很容易从 Si 通过 GaN 纳米线转移到二维的 ZnO 纳米片。由于晶体结构相似，晶格接近，ZnO 和 GaN 可完美匹配，因此 ZnO 和 GaN 形成的异质结有利于光生电子转移。在随后的反应过程中，ZnO 具有吸收活化惰性 CO_2 分子的能力。由于 Cu 具有高的电子亲和能力，电子很容易通过 Cu-ZnO 界面到达

Cu 纳米粒子催化合成气的产生。合成气 CO 和 H_2 的比例可从 2∶1 调节到 4∶1，CO 的法拉第效率可达 70%（180mV），基准转换数为 1330。研究表明集成的光电阴极具有高光电转换效率和低还原电势，主要是集合了具有强吸收光的 p-n Si，有效转移电子的 GaN 纳米线阵列和具有快速表面反应动力学 Cu-ZnO 共催化剂。

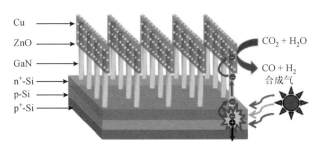

图 5.46　Cu-ZnO/GaN/n^+-p Si 光电阴极结构示意图[298]

Cronin 等[299]通过原子层沉积方法将 TiO_2 沉积到 p-InP 形成了 p-n 异质结光电阴极，Pt 作为共催化剂，光电催化还原 CO_2 反应在非水的离子液体溶液中进行。离子液体作为均相催化剂在低电势 +0.78V 时 CO_2 还原的法拉第效率达 99%。图 5.47 显示了三电极体系的光电还原池和 TiO_2 钝化的 p-InP 光电阴极的结构。由于形成了电荷分离的 p-n 结和活性表面态，TiO_2 钝化层增强了光电转换效率，减少了载流子复合，这有助于光生电子-空穴的分离，降低了反应所需的外加电压，Pt 共催化剂也有利于提高反应的法拉第效率。反应过程中形成 $C_2MIM-CO_2^*$ 中间体，降低了反应的能量势垒，有利于 CO_2 的还原。

胺配体、Pd 纳米粒子、黄色曙红钠盐修饰的多功能 TiO_2 膜为光电阴极（dye-R-Pd@TiO_2），其中 Pd 纳米粒子可实现原位产生质子，黄色曙红钠盐分子可扩大 TiO_2 吸收太阳能范围，胺配体能够吸收和活化 CO_2 分子[300]。Co-Pi/W：$BiVO_4$ 膜为对电极，在模拟太阳光照射下，甲醇是唯一的液体还原产物。光电反应最初，染料上的电子经光照激发，转移到 TiO_2 的导带和 Pd 纳米粒子。dye-R-Pd@TiO_2 中的胺通过 C⋯N 配位键可以捕获和激活 CO_2 分子，活化的 CO_2 分子接收电子形成 $CO_2^{·-}$ 自由基，质子和氢原子捕获 $CO_2^{·-}$ 自由基中的氧，形成 $CO^{·-}$ 自由基和 H_2O。$CO^{·-}$ 自由基结合三个氢原子形成 $CH_3O^{·-}$ 自由基，$CH_3O^{·-}$ 结合一个氢原子形成 CH_3OH（图 5.48）。

5.5.3.2　n 型半导体作为光电阳极

n 型半导体禁带宽度普遍较大，在光照条件下把 n 型半导体作为阳极参与氧化反应，利于 CO_2 催化转化的催化剂作为电阴极[265]。许多 n 型半导体，如 TiO_2、$BiVO_4$ 及 WO_3 储量丰富，价格便宜，光稳定性好。

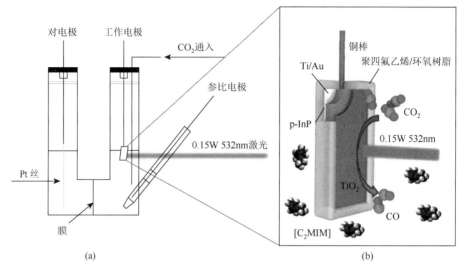

图 5.47 （a）电化学反应池的示意图，（b）TiO_2-钝化的 p-InP 光电阴极的结构[299]

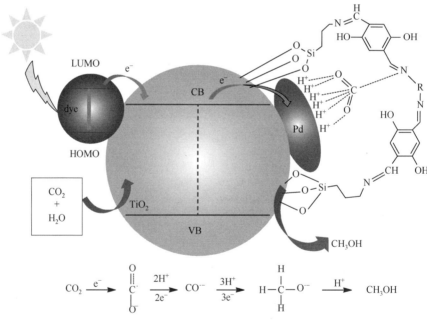

图 5.48 光电催化还原 CO_2 机理示意图[300]

Jiao 等[301]将 Ni-n-Si 作为光电阳极，纳米多孔 Ag 作为阴极，光电还原 CO_2 为 CO。薄的镍层不仅可以抑制硅片的光腐蚀，还可以作为 O_2 生成的催化剂。外加偏压为 2.0V 时，光电化学池的光电流密度为 $10mA/cm^2$，CO 的法拉第效率约为 70%。Cheng 等[302]将 Pt 修饰的 TiO_2 纳米管（Pt-TNT）作为光阳极，Pt

修饰的还原氧化石墨烯（Pt-RGO）作为电阴极（图5.49），光电催化还原CO_2为液体产物，包括甲酸、甲醇、乙酸、乙醇。光阳极起到双重作用：①补偿阳极电势，提供给CO_2更负的还原电势；②为阳极水的分解提供质子，为CO_2的还原提供电子。光电反应过程中，光阳极分解水产生O_2和质子，质子通过Nafion膜到阴极室，电子由外压产生通过电线到达阴极，质子遇到电子在Pt-RGO的催化作用下与CO_2反应或结合电子生成H_2。光电催化还原CO_2的碳原子转化率是光催化和电催化总和的2.3倍。

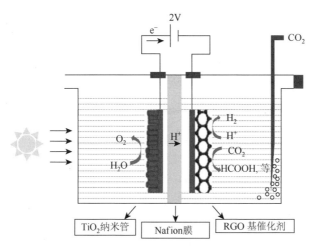

图5.49 光电催化还原CO_2系统示意图[302]

以Cu_2O为阴极，TiO_2为光阳极在水溶液中还原CO_2，法拉第效率为87.4%，碳产品的选择性达92.6%（图5.50）[303]。研究表明，光生空穴比光生电子更容易破坏Cu_2O电极的稳定性，因此将Cu_2O电极作为暗阴极，并直接接触电解液进行光电催化反应有利于提高法拉第效率和选择性。

具有多级结构的碳纳米管和氧化钴修饰的氧化锌纳米线（CNTs-ZnO-Co_3O_4 NW）为光阳极，介孔Pd-Cu合金为阴极，可在水溶液中光电催化还原CO_2为CO（图5.51）[304]。在模拟太阳光下，优化比例为Pd_7Cu_3时，CO的法拉第效率最高，超过80%[$-0.8V$(vs. RHE)]。

CdSeTe纳米粒子修饰的TiO_2纳米管（CdSeTe NPs/TiO_2 NTs）电极和CdSeTe纳米页修饰的TiO_2纳米管（CdSeTe NSs/TiO_2 NTs）电极用于光电催化还原CO_2，产物为甲醇（图5.52），最大产量为18.57mmol/(L·cm^2)，法拉第效率最高为88%，反应过程经过六电子还原途径[305]。CdSeTe NPs/TiO_2 NTs和CdSeTe NSs/TiO_2 NTs的价带分别为1.24eV和1.48eV。光电催化还原过程的光电转换效率CdSeTe NPs/TiO_2 NTs是CdSeTe NSs/TiO_2 NTs的2.72倍，产率CdSeTe NPs/TiO_2 NTs是CdSeTe NSs/TiO_2 NTs的16倍。

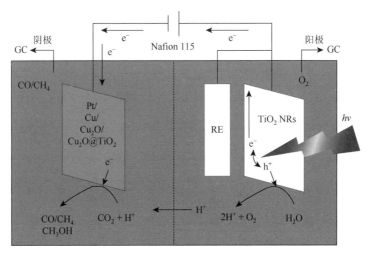

图 5.50 光电催化还原 CO_2 为燃料的示意图[303]

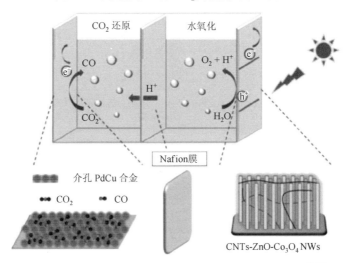

图 5.51 CO_2 选择性转化为 CO 的 PEC 装置的图解模型[304]

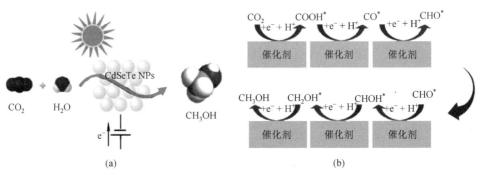

图 5.52 (a) CO_2 还原机理,(b) 六电子还原机理[305]

FeO(OH)/BiVO$_4$/FTO 为光电阳极，Co^{II}(Ch)配合物修饰的多壁碳纳米管为阴极，将 CO$_2$ 光电催化还原为 CO[306]，模拟一个太阳光照下外加偏压为-1.3V 时，法拉第效率为 83%（pH = 4.6）。图 5.53 显示了光电化学池和 Co^{II}(Ch)配合物各自的结构。

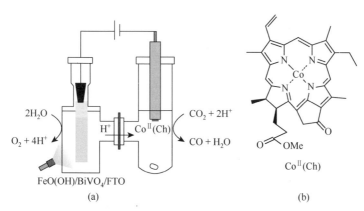

图 5.53　光电化学池（a）和 Co^{II}(Ch)配合物（b）的结构[306]

5.5.3.3　p 型半导体作为光电阴极，n 型半导体作为光电阳极

最理想的光电催化还原 CO$_2$ 是利用水作为给电子体和质子源，在无外加偏压的条件下利用太阳光还原 CO$_2$。单独使用光电阳极和光电阴极都达不到这个目标，因为光电阴极的价带和光电阳极的导带分别不适合水的氧化和 CO$_2$ 的还原。因此结合光电阳极和光电阴极可实现在无外加偏压的条件下利用太阳光结合水还原 CO$_2$[267]。

Sato 等[307]将 p-InP 半导体（SC）与一系列金属钌的多聚配合物（MCE）SC/[MCE]s 为光电阴极，Pt/TiO$_2$ 为光电阳极，在水溶液中将 CO$_2$ 光电催化还原为 HCOOH。该体系在模拟太阳光下无须外加偏压，通过光照 SC/[MCE]s 光电阴极，激发态电子从半导体的导带转移到金属配合物还原 CO$_2$，水作为给电子体和质子源，结合光催化氧化水有利于形成 CO$_2$ 的光循环体系，称为 Z-scheme 体系（或两步光诱导体系）（图 5.54）。HCOO$^-$ 的选择性大于 70%，太阳能转换效率为 0.03%～0.04%。

在前期研究基础上，将光电阳极 TiO$_2$ 换成 SrTiO$_3$，太阳能转换效率从 0.03%提高到 0.14%[308]。在 Z-scheme 体系中用 SrTiO$_3$ 作为光电阳极有两个优势，一是与 TiO$_2$ 相比，SrTiO$_3$ 有更负的导带可增强光生电子由光电阳极向光电阴极转移；Z-scheme 体系中两半导体间的能量差也有利于电子转移。另一个是独特的表面光反应特性，还原的 SrTiO$_3$（r-STO）可优先从水中生成氧，甚至在有甲酸时，光还原 CO$_2$ 反应可在无质子交换膜时进行。因此，r-STO/InP/

[RuCP]无线体系用水作为给电子体和质子源可在单室反应器中实现高效光催化还原CO_2（图5.55）。

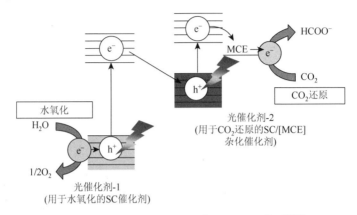

图5.54　光电催化还原CO_2的Z-scheme体系[307]

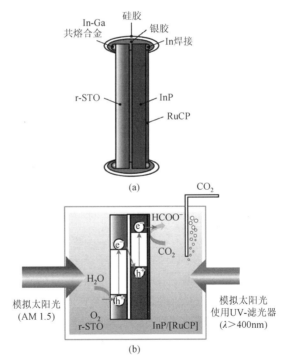

图5.55　(a) r-STO/InP/[RuCP]无线设备，(b) 单室CO_2还原反应器[308]

钌-铼［Ru(Ⅱ)-Re(Ⅰ)］超分子金属配合物负载在氧化镍上形成光电阴极（NiO-RuRe），CoO_x/TaON为光电阳极，在可见光下将CO_2光电催化还原为CO，H_2O作为还原剂[309]。光电阳极和光电阴极由Nafion膜分开，可见光（$\lambda>400nm$）

从 NiO-RuRe 光电阴极背后导入,入射光穿透 NiO-RuRe 和 Nafion 膜,照射到 CoO$_x$/TaON 光电阳极上(图 5.56)。为了加快反应的进行,光电阴极上施加偏压 −0.3V,另外由于两电极处 pH 的不同,产生 0.01V 化学偏压。反应 12h 后产生 361nmol 的 CO,转换数(TON$_{CO}$)为 32,选择率(SL$_{CO}$)为 91%。

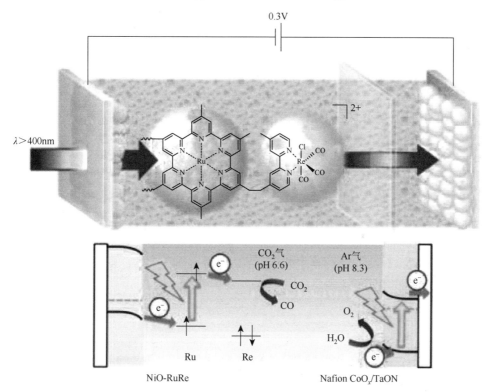

图 5.56 Z-scheme 结构的光电还原池[309]

5.5.4 总结与展望

光电催化还原 CO_2 方法结合了光催化和电催化的优势,是一种具有重要意义和发展前景的高效协同催化还原 CO_2 的方法。尽管近年来光电催化还原 CO_2 的研究取得了重大的突破,但仍存在太阳能利用率低,CO_2 还原所需过电势较高、CO_2 转化效率低,析氢竞争反应严重,CO_2 还原产物选择性和可控性较差等问题。研究表明,优异的光电催化剂应该具有高效的捕光能力,可减少外界电子能量的输入,降低能耗;还应具有高效的光生电子-空穴分离能力和表面反应能力,从而提高还原产物的选择性和可控性;同时可进行多电子、多质子的转移,在同一表面上高效光电催化还原 CO_2,真正实现光电协同的概念,获得理想的还原产物。

目前，光电催化还原CO_2的研究报道日渐增多，但光电协同催化还原CO_2反应机理的认识还不系统，需进一步研究和探索。另外，针对不同的反应体系如何设计不同的反应路线，搭建合适的光电催化反应装置也是需要解决的难点。可以预计，通过不断的努力和研究，未来光电催化还原CO_2技术的商业化应用最终可实现以太阳能为基础的能源体系的可持续发展。

5.6 生物质高效转化和利用技术

5.6.1 生物质简介

5.6.1.1 概况

生物质是一种绿色环保的可再生能源，具有储量丰富、种类多样等特点，包括农林废弃物、能源植物、动物粪便及城市固体废物等[310]。我国生物质年产量达数亿吨，其中农业生物质主要包括农作物秸秆和农产品加工废弃物，其中秸秆以玉米秸秆、小麦秸秆、水稻秸秆、大豆秸秆等为主[311]，随着国家种植业产业政策的调整，这些生物质产量会稍有变化。近年来，化石燃料的日益枯竭及不可再生性，使得生物质作为一种可再生的绿色能源逐渐受到人们的广泛关注，不同类型的生物质利用技术不断涌现出来[312, 313]。

5.6.1.2 生物质组成

生物质主要组分为纤维素、半纤维素和木质素，其中纤维素含量为40%～50%，半纤维素含量为25%～35%，木质素为15%～20%[314]，剩余为少量蛋白质、脂肪、果胶、灰分等物质，不同生物质中这些组分的含量稍有不同[310, 312, 315, 316]。

纤维素是由葡萄糖通过β-1, 4糖苷键连接组成的高分子化合物[317]，纤维素内存在大量分子间氢键和分子内氢键，这些氢键作用使得纤维素难以溶解于水和常规溶剂中[318]。

半纤维素是由多种单糖基连接成的多糖，由于其单体多样，因此半纤维素结构不规律。半纤维素是连接纤维素和木质素的聚糖混合物，分子量不大，以木材为例，半纤维素分子量通常为200左右，组成半纤维素的单糖主要包括D-葡萄糖、D-木糖、D-甘露糖、L-阿拉伯糖、L-半乳糖醛酸、4-甲氧基-D-葡萄糖醛酸、L-岩藻糖等，还有少量的中性糖基[315]。

木质素是一类芳香聚合物，在植物细胞中，木质素起到了黏合纤维素、增强植物细胞机械强度的作用[319]。木质素的结构单元是带有甲氧基的苯丙烷，具有三种基本结构，对羟苯基结构、愈创木基结构和紫丁香基结构[320]。不同种类的木质素结构中具有多种复杂官能团，如羟基、羰基、甲氧基等官能团，这些官能团可以进行不同化学反应,来获得不同种类的木质素衍生物[320, 321]。在植物细胞中,木质素与纤维素和半纤维素共存,木质素的部分结构与半纤维素或纤维素通过化学键形成了木质素-糖类复合体[320, 312]。

5.6.2 生物质利用现状

5.6.2.1 生物质预处理

生物质预处理分离是生物质资源高效利用的关键步骤。近年来,随着人们对生物质资源利用的重视和研究,一系列生物质预处理方法不断被人们开发探索和应用。在早期的研究中,传统的酸碱工艺被人们广泛应用于工业化的项目进程之中,但是其暴露出来的环境污染问题也日益明显[323-325]。在不断的探索和研究中,生物质热解[326, 327]、气爆技术[328]、离子液体预处理分离[329-331]及微波[332]等方法不断被人们报道,生物质预处理分离方法的开发为生物质资源的利用开启了新的篇章。在生物质资源开发利用的进程中,酸碱预处理工艺最早打开了生物质资源工业化应用的大门。

由于生物质组分之间复杂的相互作用,生物质组分的预处理分离相对于其分离后单组分的转化利用更为困难[333]。因此,在近些年的研究中,大量的研究人员进行了生物质组分即纤维素、半纤维素和木质素的预处理分离研究以实现生物质资源的高效利用[329, 334-343]。相比于传统工艺,离子液体预处理分离生物质组分方法由于其工艺流程中不需要高温高压和密封设备,同时离子液体具有高效溶解及可循环使用性能,表现出了一定的工业化应用前景。

单一离子液体预处理分离生物质组分主要分为三类[338]。第一类为利用离子液体溶解生物质组分或者选择性溶解纤维素并再生,得到纤维素Ⅱ型材料[329, 334, 340, 342]。该方法通过离子液体与生物质组分间较强的氢键作用打破了生物质组分间的氢键,同时溶解过程中也打破了纤维素的晶体结构,使其进一步转化为生物油变得容易。第二类为利用离子液体溶解生物质组分中木质素并再生,得到木质素低聚物和富纤维素Ⅰ型材料[336, 341, 343, 344]。该方法通过离子液体选择性打破木质素与其他组分间的氢键作用,从而实现了木质素组分的萃取分离。第三类工艺方法为通过设计合成离子液体选择性高效溶解萃取分离生物质组分中木质素和半纤维素,该工艺方法在2017年被首次报道[338, 345],但是其使用的离子液体同时也打破了纤维素的晶体结构,所得产物为纤维素Ⅱ型材料。以上离子液体预处理生物质方法虽然在一定程度上促进了生物质资源的开发和利用,但是其产品的单一性和局限性也限制了生物质资源的更大范围的产业化利用,例如,在造纸和高强度纤维素填料材料的开发过程中,保留纤维素的晶型结构有利于保证产品的机械强度。所以仍迫切需要进一步探索和开发新型的分离技术。

5.6.2.2 生物质转化及利用方法

生物质作为取之不尽、用之不竭的可再生能源，富含纤维素、半纤维素和木质素，采用新技术生产的各种生物质替代燃料发展迅速[346]，从生物质出发，可获得多种高品位的液体和气体燃料，可有效缓解化石燃料日渐枯竭的局面。生物质利用按照转化方法分为以下三类[347]：①物理转换主要是直接利用生物质挤压、压缩成型等方法制备固体成型燃料[348]；②化学转换是主要的利用方式，通过酯交换可制备生物柴油，热解、气化和液化获得不同种类的生物燃料；③生物转换是通过水解、发酵等方法获得生物燃料[349,350]。

下面简单介绍几种生物质利用方法，获得不同种类的燃料。

(1) 生物质固化技术及生物质直接燃烧技术

生物质直接利用最典型的就是直接燃烧，农民将农作物秸秆、木头等生物质材料直接燃烧用来做饭、供暖等，这种不经过任何方法处理的直接燃烧生物质的能量利用率极低，对资源和环境造成了极大的浪费和污染[351,352]。为了改善这一现状，人们将松散的生物质材料，如秸秆、农林废弃物等经过粉碎、挤压成型制备固体燃料，该类燃料密度高、体积小、热值高且易于运输和储存，实现了生物质的清洁燃烧[353]。生物质压缩成型一般是在一定温度、压力下[349,350]，将生物质压缩成不同形状的密实度成型物。生物质成型技术在国外出现得比较早，我国从20世纪80年代开始研究生物质固体成型技术，辽宁能源研究所开展了生物质成型技术的原理及影响因素等研究[347]。生物质固体成型一般将生物质制备为棒状和颗粒状等成型燃料[349]。

(2) 生物质气化技术

生物质气化是指利用高温加热将固态生物质原料通过热化学反应获得可燃气体的过程。生物质气化分为干燥、热解、氧化和还原四个过程[354]，一般利用氧气、空气、蒸气、二氧化碳或者其混合物为气化剂，气化得到的合成气包括氢气、一氧化碳、二氧化碳、甲烷和水等，同时还会产生焦油、焦炭、灰尘等少量污染物[349,354-357]。

(3) 生物质热解技术

生物质热解是在无氧加热条件下，加热破坏生物质组分间化学键，从而获得多种气体、液体或固体产物，不同热解条件下获得的热解产物不同[358-360]。生物质热解分为三个阶段，即脱水、挥发性物质的分解析出及炭化[361,362]；根据加热速率又可分为慢速热解、快速热解，当快速热解时间极短时也称为闪速热解[363-366]。

影响生物质热解的因素有很多，如生物质组成、加热条件、温度、固体相挥发物滞留时间、颗粒尺寸大小等[361,367,368]。例如，生物质粒径小于1mm时，反应动力学速率控制热解过程,反之,热解过程还受传热和传质的影响[361]。升温速率较低时有利于炭的生成,升温速率较高时有利于生物油的生成。温度对生物质热解产物也有较大影响,温度低于500℃低速热解产物多为焦炭,中温快速热解温度一般在500~600℃,产物以生物油为主,温度超过700℃,热解则主要产生气体[369,370,371]。

(4) 生物质液化技术

生物质液化一般在低温高压下将生物质转化为生物油,同时产生气体和固体残渣。生物质液化常用溶剂可分为水和有机溶剂,其中有机溶剂常用多元醇或苯酚等;通常利用酸性、碱性或金属盐为催化剂[363,371]。在生物质液化过程中,与纤维素和半纤维素两组分相比,木质素更难液化,并且液化产物多为重质油[372]。利用超临界流体技术可改善生物质液化,例如,以乙醇作为溶剂,采用超临界技术液化蔗渣,液化生物质转化率高达99.9%,生物油热值明显提高[373]。

5.6.3 典型的生物质高效转化和利用新工艺

木质生物质通过降解、分解等方法,获得一系列有机小分子化合物,如葡萄糖、木糖、苯丙烷单体、二聚体、甲烷、一氧化碳、乙酰丙酸、糠醛、乙醇、木糖醇等[374];从纤维素出发可以酸解获得葡萄糖,也可以通过纤维素酶解获得葡萄糖[375];从糖类出发可以通过发酵、脱水等步骤获得乙醇等物质[363];木质素则可催化转化制备多种化学品。

5.6.3.1 生物质转化制备糠醛

生物质转化制备糠醛可通过水解液化和高温分解来实现,其中水解液化是利用酸、碱或者酶来与多糖反应获得单糖,然后进一步水解制备糠醛。糠醛的制备可通过液体酸或固体酸催化实现;研究表明,酸浓度、液固比、固体颗粒大小及催化剂的种类等是影响糠醛收率的主要因素[376,377]。以强酸(盐酸、硝酸及硫酸)和弱酸(甲酸、乙酸和磷酸)分别制备糠醛,发现盐酸效果最好[378]。利用稀硫酸水解玉米芯制备糠醛,发现停留时间对糠醛收率影响最大,其次是温度、液固比和硫酸浓度,糠醛的收率最高可达75.27%左右[379]。固体酸催化效率稍弱于液体酸催化剂。固体酸催化主要是将分子筛和固载催化剂应用于生物质催化转化制备糠醛等化学品,尤其是分子筛作为固体酸催化剂的代表,主要优点在于比表面积高、热稳定性好、酸位可调等,广泛应用于择型异构、重整、甲醇制汽油、乙烯等[380]。近年来,分子筛催化剂也被广泛用于生物质催化转化制备糠醛等过程,例如,将不同硅铝比沸石HUSY(Si/Al = 15)、HBeta(Si/Al = 19)、HMOR(Si/Al = 10)等分子筛催化剂应用于甘蔗渣制备糠醛,优化条件后发现HUSY催化活性较高，这主要归功于该类催化剂的酸性和比表面积合适等优点[381]。高温下也可将生物质组分解聚获得糠醛，该法是利用高温将生物质中的纤维素、半纤维素的连接键打开，获得小分子物质，然后利用催化剂催化选择性获得糠醛。例如，高温下将硫酸预处理后的玉米芯解聚可获得较高的糠醛收率[382]。高温分解生物质制备糠醛的不足之处在于高温下炭化严重，糠醛收率较水解法低[383]。

5.6.3.2 木质生物质制备乙醇

随着我国经济的快速发展，社会对能源的需求急剧增加，同时也加剧了环境的污染。因此，为了绿色、可持续的长远发展，可再生能源的开发已经成为全球关注的焦点之一。生物燃料乙醇作为可再生能源之一，以其绿色环保、经济实用且可再生等特点成为众多研究者探究的热点[384]。

目前，燃料乙醇的生产以发酵法为主[385]。而用于发酵的原料主要为：淀粉质类、糖蜜类、野生植物类、纤维质类及造纸废液等，其中，以纤维质类为原料发酵制备燃料乙醇的生产工艺最为复杂且最具有研究意义[386,387]。作为地球上最丰富且廉价的可再生资源[388]，木质纤维原料通常在收割后被直接丢弃或者就地焚烧[389]，不仅造成巨大的资源浪费且对环境造成污染。而纤维质类生物质制乙醇过程中，将农业废弃物通过相关技术转化为可再生能源乙醇，变废为宝，减少碳排量，实现能源转型，可谓一举多得。

以粮食和甘蔗为原料的第 1 代燃料乙醇技术给解决化石燃料危机带来了希望，随着多年技术的改进，逐渐出现了以甜高粱茎秆和木薯等非粮食作物制备的乙醇。目前常用的是以纤维素和其他废弃物为原料制备的第 2 代乙醇。第 3 代燃料乙醇技术是以微藻为原料生产燃料乙醇的方式，但是其存在需要提高微藻养殖的密度及比较长的后续处理流程、比较大的处理难度等问题[390]。纤维素生物发酵制备乙醇一般经过预处理、纤维素水解和单糖发酵 3 步。经过预处理分离出生物质中的纤维素、半纤维素和木质素，然后将获得的纤维素继续酶解发酵。经过预处理的纤维素具有较高的比表面积，可与酶充分接触，获得较高的酶解效率。

生物质制乙醇的方法有许多种，目前主要方法是纤维素乙醇法，对于纤维素生产乙醇的方法主要包含两种，一种是热化学法，另一种是生物化学法。其中，热化学法是通过将生物质在热转化过程中生成合成气，再通过化学合成的方法或者是用微生物发酵生成燃料乙醇的方法[391]。生物质气化可得一系列小分子，如CO、CO_2、H_2O 等，其中 CO 可通过催化加氢反应制备乙醇，如式（5.27）所示：

$$2CO + 4H_2 \longrightarrow C_2H_5OH + H_2O \tag{5.27}$$

利用 Fe 和 Mn 促进的 $Rh-Al_2O_3$ 催化剂可有效实现 CO 加氢反应获得乙醇[392]，同时 CuZnAl 催化剂也可有效地催化合成气制乙醇[393]。

生物化学法为通过预处理木质纤维素生物质原料，得到富含纤维素的部分，将富含纤维素部分水解生成单糖后再通过微生物发酵生成燃料乙醇。天然木质纤维素原料中含有大量的脂溶性物质和水溶性大分子等非结构性杂质[394]，而这些杂质的存在会严重影响燃料乙醇的高效制备。研究表明，脂溶性物质中蜡质层的存在使木质纤维素原料具有疏水性，阻碍后续表面接触反应（如酶解反应）；磷脂在加热或者酸碱性环境中易发生水解，形成泡沫或者乳浊液[395]；色素不仅会增大生产操作的难度而且会显著降低终产品的品质。此外，水溶性大分子（如水溶性多糖、淀粉及无机盐等）的存在则会明显增大反应液的黏度，阻碍反应进度的同时降低固液分离速率。此外，植物细胞壁结构紧密复杂，木质素、纤维素和半纤维素三大组分通过共价键和非共价键结合形成致密的结构，其中半纤维素以共价键与木质素相连[396, 397]，以氢键和范德瓦耳斯力与纤维素紧密连接[398]，而这种结构阻碍了木质纤维素的降解。为了提升终产品的品质，一般需要对木质纤维素原料进行相应预处理。通常会通过物理、化学、生物、物理化学法这四类预处理方法对天然木质纤维素进行预处理，增大纤维素与酶的接触面积，以利于后续的酶解发酵生产乙醇。

5.6.3.3 生物质制备低聚木糖

作为最具代表性的功能性低聚糖，低聚木糖又称为木寡糖（xylo-oligosaccharides），这种低聚糖是由2～7个木糖分子通过β-1,4糖苷键连接而成的短链聚合物[399-401]。在拥有功能性低聚糖的一般特性外[402]，其还具有高效的选择性增殖双歧杆菌[403]、促进钙吸收[404]、降低血糖含量[405]、抗龋齿[406]、强化免疫调节及抗感染[407, 408]等性能，并极具商业利用价值，如有效用量少，酸、热稳定性好等独特性能[409, 410]。凭借其新兴益生元的独特性质，低聚木糖已广泛应用于食品、饲料、医药保健品等领域[411, 412]。

目前，低聚木糖主要通过从木质纤维素原料（如玉米芯、稻草秸秆、木材及竹类等）中提取并水解半纤维素主链得到[413]。提取方法种类较多[414, 415]，包括高温蒸煮法、蒸汽爆破法、碱法、水热提取法等，同时也有很多种水解方法[416]，如微波法、酶水解法、酸水解法和热水抽提法等[402]。在众多低聚木糖的制备方法中，较为常用的主要有三种：酸水解法、热水抽提法和酶水解法。其中，酸水解法是采用盐酸、硫酸等稀酸水解木质纤维素原料来生产低聚木糖。这种方法由于对设备要求较高（设备需要耐酸、耐压、耐热），投资大，在酸水解的过程中，不能人为控制反应的速率和进程，因此在酸水解的过程中，随着产物低聚木糖的产生，木糖的降解产物等有害物质一同产生[417]，此问题除了降低产量还会对后续工艺造成一系列问题，基于以上一系列问题，目前此法不能达到广泛使用。热水抽提法是利用热水和蒸汽在高温下呈现出弱酸性的原理作用于待处理的生物质原料来制备低聚木糖[418]。此法对设备的要求相比于酸水解法而言同样较高，所需设备需要耐热、耐高压，设备投资较高。同时此法的原理与稀酸水解法近似，因此，其同样具备反应不可控制的特性，在反应的过程中产物会进一步降解生成副产物及一些有害物质，产物得率低。此外，在高温高压下，会伴随着美拉德反应的发生[419]，生成一些有色物质。因此，此种方法获得的低聚木糖结晶颜色深，这对后续的精制工艺造成了一系列的问题[420]。酶水解法由于其反应条件温和，利用内切型木聚糖酶定向酶解木聚糖，副产物较少，对后续的精制影响较小[418]。目前，酶水解法是低聚木糖的主要制备方法。

此外，直接酶解玉米秸秆木聚糖得到的寡糖往往含有单糖、无机盐、阿魏酸、蛋白质、木质素及其衍生物等杂质，存在高色值、低纯度等品质问题[421]。为了得到高品质的低聚木糖，后续精制步骤必不可少。对于低聚木糖的提纯方法，现在有很多种[402]，如离子交换树脂法[422]、活性炭乙醇法[423]、柱层析法[389]、纳滤[424]及超滤[425]等，实际生产中常结合多种分离纯化方法，以达到充分精制低聚木糖的目的。

5.6.3.4 木质素转化制备化学品

木质素降解转化的方法可以分为三类：化学法（氧化降解、加氢还原、酸解等）、生物法（酶催化）和物理法（微波、超声等）。

（1）化学法

木质素分子结构中存在芳香基、酚羟基、醇羟基、羰基、甲氧基等活性基团，可以进行氧化、还原、水解等化学反应。

1) 氧化降解法。

木质素结构中存在羟基活性基团，使木质素可被氧化，氧化降解主要涉及木质素结构中芳香环、芳基醚键、C—C键或其他链节的断裂，根据反应剧烈程度不同，得到芳香醛、芳香羧酸、酚等一系列产物。硝基苯、金属氧化物/配合物、过氧化氢及空气中的氧等是常见的木质素氧化剂。

（a）硝基苯氧化

硝基苯是最早用于木质素无金属氧化降解过程的催化剂，利用其自身的氧化活性对木质素进行氧化降解。Pepper 等[426]发现，将白杨木粉经有机溶剂提取后，加入氢氧化钠及硝基苯溶液中，170～180℃下反应 2.5h，得到大量香草醛及紫丁香醛。Stone 等[427]利用碱性硝基苯氧化硫酸盐木质素也得到类似产物。在碱性介质中，木质素中的醚键断裂形成游离酚羟基，然后产生亚甲基醌中间体，使侧链易于氧化，形成香草醛和紫丁香醛[321]。早期利用此类方法降解木质素并得到大量的芳香产物，使人们对其芳香结构有了进一步的了解[428]。虽然该法在选择性和氧化性方面具有一定的优势,但由于反应过程中生成其他的有害物质,相关研究已不常见[429]。

(b) 金属氧化物/配合物氧化

在碱性介质中,许多金属氧化物都是温和的氧化剂。$Cu(II)$、$Ag(I)$ 和 $Hg(II)$ 氧化物都曾被用来氧化降解木质素生成芳香醛类、酸类等物质。Villar 等[430]利用 CuO 氧化多种原生木质素(云杉、松木、白杨木等),得到的产物以香草醛为主,并有少量的香草酸和紫丁香醛(图5.57)。

金属配合物也可被用来氧化木质素,Korpi 等[431]合成了以 $Cu(II)$ 为中心的配合物 $[Cu^{(II)}(phen)(OH)_2]$,并将其用来氧化木质素模型化合物藜芦基醇(图5.58),在 pH=12.6~13.3 及通入氧气条件下,首先,藜芦基醇被氧化为藜芦基醛,$[Cu(phen)(OH)_2]$ 中的 $Cu(II)$ 被还原为亚铜离子 $Cu(I)$,然后分子氧的加入将 $Cu(I)$ 氧化为 $Cu(II)$,从而催化醛的形成。反应过程如下:

$$2[Cu^{(II)}(phen)(OH)_2] + RCH_2OH \longrightarrow 2[Cu^{(I)}(phen)(OH)] + RCHO + 2H_2O \tag{5.28}$$

$$2[Cu^{(I)}(phen)(OH)] + O_2 + 2H_2O \longrightarrow 2[Cu^{(II)}(phen)(OH)]^+ + H_2O_2 + 2OH^- \tag{5.29}$$

$$2[Cu^{(II)}(phen)(OH)]^+ + OH^- \longrightarrow 2[Cu^{(II)}(phen)(OH)_2] \tag{5.30}$$

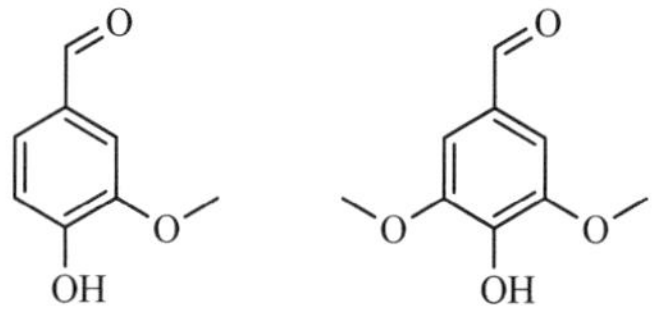

图 5.57 香草醛和紫丁香醛的结构

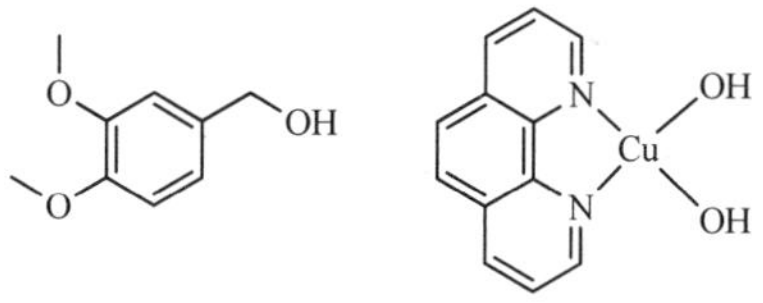

图 5.58 藜芦基醇和 $[Cu^{(II)}(phen)(OH)_2]$ 的结构

金属除了以氧化物、配合物形式作为木质素的氧化剂,在近些年的研究中,其更多地作为催化剂在氧化降解木质素过程中发挥着重要作用。

(c) 过氧化氢氧化

过氧化氢氧化木质素过程,通常以金属作为催化剂,在反应过程中,过氧化氢与金属催化剂相互作用生成新的中间体,或者生成新的超氧配合物/过氧化金属复合物,进一步氧化降解木质素[429]。Napoly 等[432]用过氧化氢为氧化剂,在丙酮/水(1:1)体系中,以金属盐 $Na_2WO_4·2H_2O$ 为催化剂氧化降解硫酸盐木质素,得到 0.51wt%的芳香产物(A、B、C、D),主要为芳香醛类、酸类、酮类。反应过程如下:

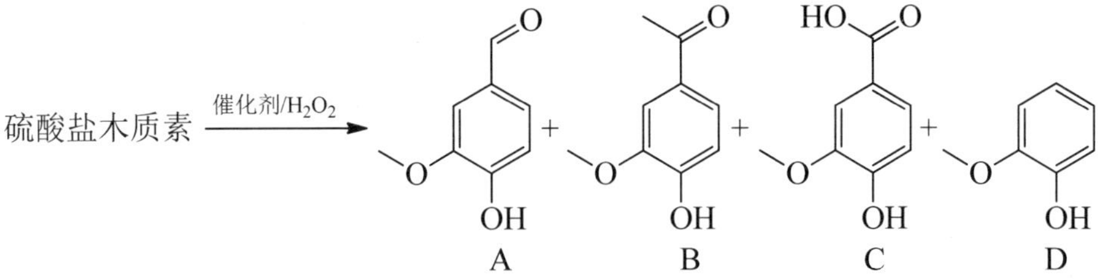

（5.31）

无金属催化条件下，过氧化氢也可以氧化降解木质素。Prado 等[433]利用过氧化氢直接氧化芒草中提取的木质素，得到油状物质，经分析产物以芳香酸为主，包括香草酸（图 5.59）、苯甲酸等。

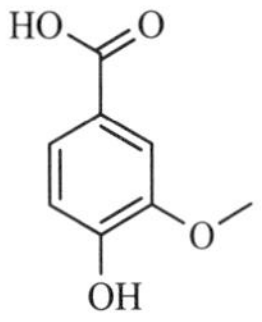

图 5.59　香草酸的结构

（d）氧气氧化

氧气通常可在铁、钴、锰、钒等过渡金属元素催化条件下氧化降解木质素，得到芳香族羧酸、芳香族醛等产物[434]。Gilber 等[435]利用钒基杂多酸在富氧条件下对松树和柳树中提取的木质素进行氧化降解，100℃下反应 5h，得到以香草醛和紫丁香醛为主的产物。Han 等[436]在离子液体体系中氧化降解木质素模型化合物 2-苯氧基苯乙酮，发现阴离子 NTf_2^- 可催化 HOO · 自由基的生成，从而实现了无金属催化下氧气对木质素的氧化降解，机理可能如下：首先，在无光照 130℃下，氧气与苯环形成接触电荷转移复合物（CCTC）；然后，阴离子 NTf_2^- 催化生成氢过氧自由基和过氧化物中间产物；最后，在水及酸存在下，中间产物转化为苯甲酸、苯酚和甲酸。

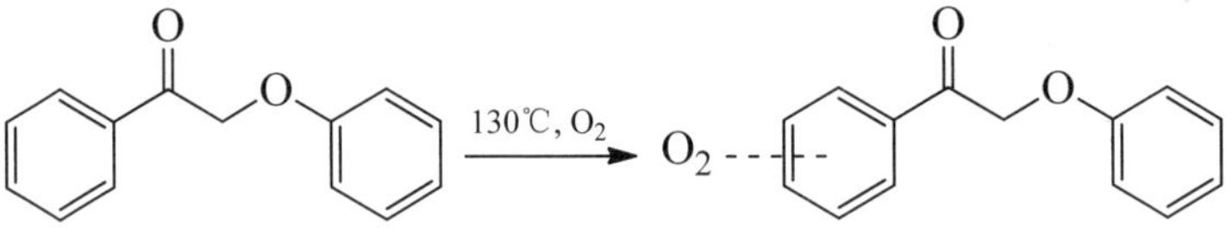

（5.32）

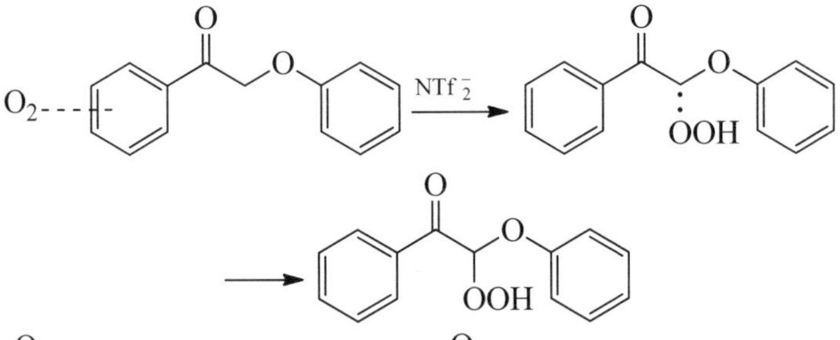

（5.33）

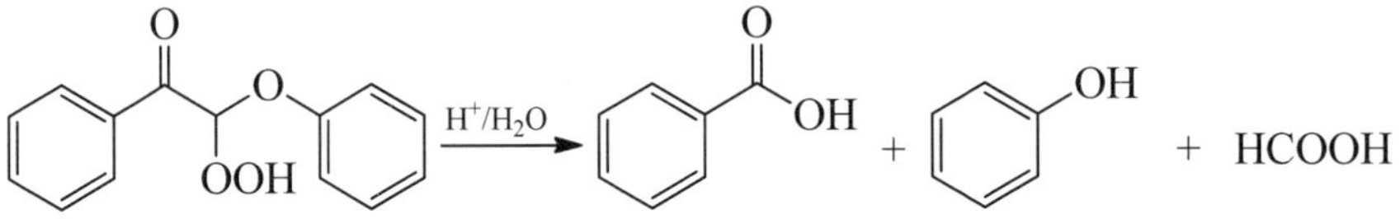

（5.34）

(e) 电化学氧化

电化学法应用于木质素降解的研究在 20 世纪 40 年代就已经出现[429]。Parpot 等[437]利用 Au、Pt、Ni、PbO$_2$ 等电极电催化氧化降解木质素,得到产物香草醛。Marino 等[438]发现以乙二醇-氯化胆碱低共溶离子液体为电解液,硫酸盐木质素可被氧化生成愈创木酚(图 5.60)和香草醛等产物。

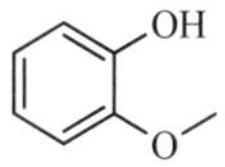

图 5.60 愈创木酚的结构

(f) 光催化氧化

木质素对光是不稳定的,其接受不同波长光照会发生颜色变化。光催化氧化木质素一般用于去除造纸废水中的木质素,常见的催化剂包括 TiO$_2$ 或者在 TiO$_2$ 上负载贵金属。陈云平等[439]以纳米 TiO$_2$ 为催化剂光催化降解碱木质素,得到香草醛、愈创木基衍生物、紫丁香基衍生物等小分子产物。

2)加氢还原法。

木质素通过加氢反应,可将苯环上的羰基或芳香环还原,得到苯酚或环己基丙烷衍生物等有价值的化工产品。反应常利用氢气或可供氢溶剂(如甲酸)作为供氢来源,根据催化剂的不同,木质素加氢可分为均相、非均相和电催化加氢三种。电催化加氢法由于活化能力有限、选择性差等缺点,相关研究文章并不多。用于均相加氢的催化剂较少,主要因为均相催化剂价格昂贵且回收率低。Alexey 等[440]开发了一种均相镍催化剂,可在相对温和的条件(80~120℃,0.1MPa 氢气)下,对芳香 C—O 键选择性加氢使键断裂,生成芳香烃及酚类。

相较而言,在非均相体系中对木质素催化加氢降解更为普遍,金属催化剂为常见的催化剂[434]。曹从伟等[441]利用 CoMo/Al$_2$O$_3$ 为催化剂,无水乙醇为溶剂,进行木质素加氢实验,在 240℃,1MPa 氢气压力下,反应 1h,得到以烃、醇、酮、醚等为主的产物。贵金属催化剂一般使用 Ru、Pd、Pt、Rh 等,或将其附载于有机载体上,如 Ru/C、Pd/C、Pt/C、Rh/C。Chen 等[442]考察了纳米 Pd、Pt、Rh 和 Ru 对木质素单体模型化合物(如苯酚)及二聚模型化合物的催化加氢过程,将四种纳米金属粒子分散于离子液体[C$_4$MIM][PF$_6$]中形成拟均相体系,130℃下通入 5MPa 氢气反应 10h,发现纳米 Pt(直径 5.6nm)活性最高,几乎 100%的原料发生转化,苯环还原加氢生成环己烷及少量联环己烷,产物选择性可达 97%。反应式如下:

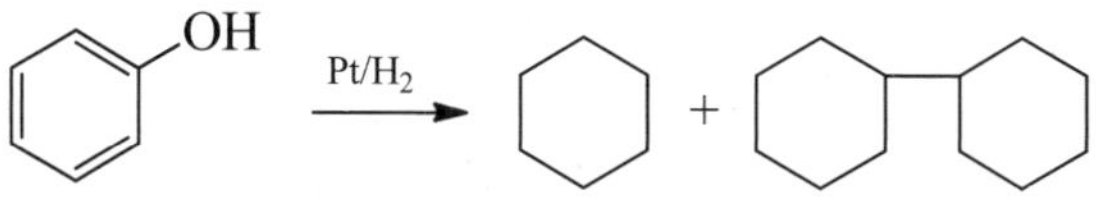

$$\underset{}{\text{PhOH}} \xrightarrow{\text{Pt/H}_2} \text{环己烷} + \text{联环己烷} \tag{5.35}$$

3)酸解。

酸解或酸催化下的水解是通过降解木质素中含量丰富的醚键(占 50%以上)

链节来实现的，醚键（C—O—C）键能较低，酸性条件下可以发生断裂，形成小分子物质[434]。已用于研究的有无机酸（如硫酸）、有机酸（如三氟甲磺酸）、酸性离子液体[443]等，然而产物产率并不高，由于酸性条件有利于发生缩聚反应，一方面，酸解过程的中间产物容易进攻带负电的苯环，聚合形成更稳定的 C—C 链节，另一方面，酸解产物芳香醛类易发生缩聚生成结构更复杂的聚合产物。为提高芳香单体的产率，木质素的酸解通常与加氢还原或氧化降解相结合，得到稳定的单体。Deuss 等[444]考察了三氟甲磺酸、硫酸、甲磺酸对木质素模型化合物的降解，发现酸性最强的三氟甲磺酸酸解效率最高，在体系中加入二醇，使其与酸解产物醛发生缩聚生成稳定的环状缩醛，从而达到稳定产物的效果，若在体系中通入氢气，则能够得到高产率的加氢产物芳香醇和芳香酚等。反应过程如下：

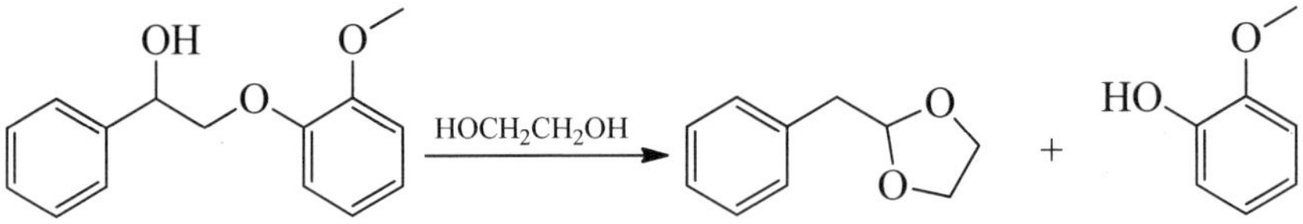

$$\text{（5.36）}$$

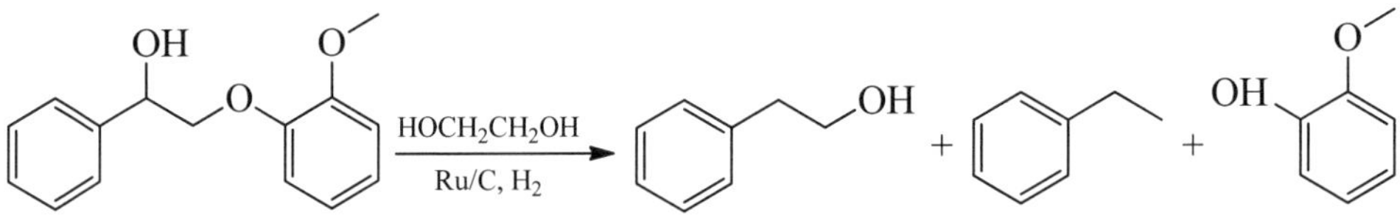

$$\text{（5.37）}$$

（2）生物法

生物法主要是利用微生物对木质素进行降解，主要包括真菌、放线菌、细菌等，三者降解木质素的能力依次减弱。按木材的腐蚀类型，木质素降解真菌可分为白腐菌、褐腐菌、软腐菌，其中白腐菌是木质素降解的主要菌种，它能够分泌胞外化氧化酶，将木质素彻底分解为 CO_2 和 H_2O。Capelari 等[445]筛选出了多种不同属白腐真菌，对木质素的降解率达到 50%以上，降解能力最强可达 80%[446]。可降解木质素的放线菌主要有链霉菌属[447]、高温放线菌属、小单孢菌属等，链霉菌属的木质素降解能力研究较多。一些细菌也能够降解木质素，包括厌氧梭菌、黄杆菌属、不动杆菌属、微球菌属等。目前，木质素的微生物降解主要用于生物肥料、造纸工业、饲料工业、环境保护等领域。

（3）物理法

物理法降解木质素主要是利用各种频率的波，如超声波、微波，对木质素进行降解。超声波是以波动和能量两种形式作用于木质素结构单元中的化学键，如甲氧基，从而发生键的断裂。Schmidt 等[448]研究发现，在用超声波处理碱木质素时，由于超声波的空化作用，木质素内部出现短暂的局部高温、高压及急剧的温度变化，并伴随着强烈的高速射流和冲击波，使得化学键断裂，达到木质素降解的目的。微波法是利用微波振动频率与分子偶极振动频率相似,在快速振动的微波磁场中,分子吸收电磁能发生高速振动而产生热能,这一过程称为"内加热"。这种加热方式速度快且受热均匀,提高了分子的平均能量,同时加剧了分子间运动,使分子的碰撞频率大大增加,反应迅速完成。然而微波量子能量比木质素中化学键的能量小得多,不足以使键断裂,因此微波通常作为一种辅助手段用在木质素的降解过程中[449]。Miguel 等[450]将微波作为一种新的加热方式用在碱性氧化铜氧化降解木质素过程中,发现与传统氧化过程相比,采用微波这种新的加热方法大大缩短了反应时间,在促进反应进行方面表现出显著的优势。

5.6.4 总结与展望

生物质可替代化石能源制备高附加值化学品,是储量丰富、环境友好的可再生含碳资源,其在新能源开发领域中占据着越来越重要的地位。目前典型的生物质高效利用研究工作主要通过化学、生物、物理等三大转化方法,包括氧化、液化、发酵等,将生物质能源转化为液体燃料、生物油等,为工业的生产和发展提供了可持续性化学品。

生物质利用在国外发展较为成熟[353],尤其是在美国、巴西等地都相应出台了一系列研究计划,并且获得了良好的成效[451, 452];欧洲国家也对生物质的利用技术做了深入研究,开发了多种生物质利用优良技术[453];中国对生物质的利用研究起步较晚,但也逐渐把生物质的利用列入国家发展规划中[454-456]。目前,中国生物质的利用仍然处于研究开发阶段,如何降低开发成本,提高生物质的利用效率,获得拥有自主知识产权、可广泛推广的绿色高效综合利用技术是未来生物质利用的主要发展方向[457]。生物质利用过程任重而道远,需要增强技术开发的力度,采用多元开发模式,深入研究生物质利用技术;增加政府扶持力度,增加资金支持;对开发的技术进行开放式和系统性评价,坚持可持续发展,逐渐将新技术应用到生产中,尽早实现生物质的高值化利用[456, 458]。

参 考 文 献

[1] 马占彪. 甲基丙烯酸甲酯及其应用. 北京:化学工业出版社, 2002.

[2] Speight J G. Lange's Handbook of Chemistry. 6th ed. New York:McGraw-Hill, 2005.

[3] 双玥. 甲基丙烯酸甲酯生产工艺及其经济性比较. 化学工业, 2014, 7:27-31.

[4] Müller H. Sulfuric Acid and Sulfur Trioxide//Ullmann's Encyclopedia of Industrial Chemistry. Weinheim Wiley-VCH Verlag GmbH & Co. KGaA, 2000.

[5] 王蕾, 李增喜, 张锁江, 等. 复合氧化物催化剂上异丁烯选择氧化的研究进展. 过程工程学报, 2007, (1):202-208.

[6] 杨学萍. 甲基丙烯酸甲酯生产工艺及技术经济比较. 化工进展, 2004, 5:506-510.

[7] Bauer W. Methacrylic Acid and Derivatives//Ullmann's Encyclopedia of Industrial Chemistry. Weinheim

Wiley-VCH Verlag GmbH & Co. KGaA,2000.

[8] Moens L,Ruiz P,Delmon B,et al. Cooperation effects towards partial oxidation of isobutene in multiphasic catalysts based on bismuth pyrostannate. Applied Catalysis A: General,1998,171(1):131-143.

[9] Gaigneaux E M,Dieterle M,Ruiz P,et al. Catalytic performances and stability of three Sb-Mo-O phases in the selective oxidation of isobutene to methacrolein. Journal of Physical Chemistry B,1998,102(51):10542-10555.

[10] Vanderspurt T H. Process for selectively oxidizing isobutylene to methacrolein and methacrylic acid: US4195187(A). 1980-03-25.

[11] Moens L,Ruiz P,Delmon B,et al. A simplified partial ionic charge model to evaluate the role played by bismuth pyrostannate in multiphase catalysts for the selective oxidation of isobutene to methacrolein. Applied Catalysis A: General,2003,249(2):365-374.

[12] Gaigneaux E M,Genet M J,Ruiz P,et al. Catalytic behavior of molybdenum suboxides in the selective oxidation of isobutene to methacrolein. Journal of Physical Chemistry B,2000,104(24):5724-5737.

[13] 王蕾,张锁江,李增喜,等. 异丁烯为原料制备甲基丙烯酸甲酯的催化剂. 化工学报,2004,(12):2082-2085.

[14] Hoornaerts S,Vandeputte D,Thyrion F C,et al. Modification of kinetic parameters by action of oxygen spillover in selective oxidation of isobutene to methacrolein. Catalysis Today,1997,33(1):139-150.

[15] Shishido T,Inoue A,Konishi T,et al. Oxidation of isobutane over Mo-V-Sb mixed oxide catalyst. Catalysis Letters,2000,68(3):215-221.

[16] Marosi L,Otero Areán C. Catalytic performance of $Cs_x(NH_4)_yH_zPMo_{12}O_{40}$ and related heteropolyacids in the methacrolein to methacrylic acid conversion: in situ structural study of the formation and stability of the catalytically active species. Journal of Catalysis,2003,213(2):235-240.

[17] Böhnke H,Gaube J,Petzoldt J. Selective oxidation of methacrolein towards methacrylic acid on mixed oxide(Mo, V, W) catalysts. Part 1. Studies on kinetics. Industrial Engineering & Chemistry Research,2006,45(26): 8794-8800

[18] Böhnke H,Gaube J,Petzoldt J. Selective oxidation of methacrolein towards methacrylic acid on mixed oxide(Mo, V, W) catalysts. Part 2. Variation of catalyst composition and comparison with acrolein oxidation. Industrial & Engineering Chemistry Research,2006,45(26):8801-8806.

[19] Kim H,Jung J C,Yeom S H,et al. Preparation of $H_3PMo_{12}O_{40}$ catalyst immobilized on polystyrene support and its application to the methacrolein oxidation. Journal of Molecular Catalysis A:Chemical,2006,248(1):21-25.

[20] Marosi L,Cox G,Tenten A,et al. In situ XRD investigations of heteropolyacid catalysts in the methacrolein to methacrylic acid oxidation reaction: structural changes during the activation/deactivation process. Journal of Catalysis,2000,194(1):140-145.

[21] Stytsenko V D,Lee W H,Lee J W. Catalyst design for methacrolein oxidation to methacrylic acid. Kinetics and Catalysis,2001,42(2):212-216.

[22] Takashi K,Makoto M. Activity parterns of of $H_3PMo_{12}O_{40}$ and its alkali salts for oxidation reactions. Chemistry Letters,1983,12(8):1177-1180.

[23] Zhou L L,Wang L,Zhang S J,et al. Effect of vanadyl species in Keggin-type heteropoly catalysts in selective oxidation of methacrolein to methacrylic acid. Journal of Catalysis,2015,329:431-440.

[24] Zhou L L,Wang L,Cao Y L,et al. The states and effects of copper in Keggin-type heteropolyoxometalate catalysts on oxidation of methacrolein to methacrylic acid. Molecular Catalysis,2017,438:47-54.

[25] Konishi Y,Sakata K,Misono M,et al. Catalysis by heteropoly compounds. Journal of Catalysis,1982,77(1): 169-179.

[26] Deußer L M, Gaube J W, Martin F G, et al. Effects of Cs and V on heteropolyacid catalysts in methacrolein oxidation. Studies in Surface Science and Catalysis, 1996, 101: 981-990.

[27] Cao Y L, Wang L, Zhou L L, et al. Cs(NH$_4$)$_x$H$_{3-x}$PMo$_{11}$VO$_{40}$ catalyzed selective oxidation of methacrolein to methacrylic acid: effects of NH$_4^+$ on the structure and catalytic activity. Industrial and Engineering Chemistry Research, 2017, 56: 653-664.

[28] 邓友全, 石峰, 马祖福. 一种清洁的催化醇酸酯化方法: CN1247856 (A). 2000-03-22.

[29] 陈同芸, 李倩英. 溶剂萃取法分离甲基丙烯酸水溶液的研究. 石油化工, 1995, 3: 165-168.

[30] 汪青海, 马建学, 褚小东, 等. 甲基丙烯酸水溶液萃取分离研究. 广州化工, 2011, 16: 86-88.

[31] 郭伟, 闫瑞一, 周清, 等. 甲基丙烯酸甲酯-甲醇体系的双溶剂萃取. 化工学报, 2014, 7: 2717-2723.

[32] Sato R, Musha T, Ito Y. Extractive distillation of a methacrolein effluent: US3957880 (A). 1976-05-18.

[33] Okamoto H, Goto H. Using methacrolein and methanol as dehydration and absorption agents during production of methyl methacrylate: US5969178 (A). 1999-10-19.

[34] 张香平, 白银鸽, 闫瑞一, 等. 离子液体萃取分离有机物研究进展. 化工进展, 2016, 6: 1587-1605.

[35] 张锁江, 陈琼, 闫瑞一, 等. 一种用离子液体吸收甲基丙烯醛的方法: CN101020625 (A). 2007-08-22.

[36] Yan R Y, Li Z X, Diao Y Y, et al. Green process for methacrolein separation with ionic liquids in the production of methyl methacrylate. AIChE Journal, 2011, 57 (9): 2388-2396.

[37] Bai Y G, Yan R Y, Huo F, et al. Recovery of methacrylic acid from dilute aqueous solutions by ionic liquids though hydrogen bonding interaction. Separation and Purification Technology, 2017, 184: 354-364.

[38] Yao X Q, Diao Y Y, Liu X M, et al. Mechanistic aspects for the direct oxidative esterification of aldehydes with alcohols over Pd catalyst: a computational study. Journal of Molecular Catalysis A-Chemical, 2012, 358: 166-175.

[39] Diao Y Y, Yang P, Yan R Y, et al. Deactivation and regeneration of the supported bimetallic Pd-Pb catalyst in direct oxidative esterification of methacrolein with methanol. Applied Catalysis B: Environmental, 2013, 142-143: 329-336.

[40] Diao Y Y, He H Y, Yang P, et al. Optimizing the structure of supported Pd catalyst for direct oxidative esterification of methacrolein with methanol. Chemical Engineering Science, 2015, 135: 128-136.

[41] Suzuki K, Yamaguchi T, Matsushita K, et al. Aerobic oxidative osterification of oldehydes with olcohols by gold-nickel oxide nanoparticle catalysts with a core-shell structure. ACS Catalysis, 2013, 3 (8): 1845-1849.

[42] Li Y C, Wang L, Yan R Y, et al. Gold nanoparticles supported on Ce-Zr oxides for the oxidative esterification of aldehydes to esters. Catalysis Science and Technology, 2015, 5: 3682-3692.

[43] Li Y C, Wang L, Yan R Y, et al. Promoting effects of MgO, (NH$_4$)$_2$SO$_4$ or MoO$_3$ modification in oxidative esterification of methacrolein over Au/Ce$_{0.6}$Zr$_{0.4}$O$_2$-based catalysts. Catalysis Science and Technology, 2016, 6: 5453-5463.

[44] Gao J, Fan G L, Yang L, et al. Oxidative esterification of methacrolein to methyl methacrylate over gold nanoparticles on hydroxyapatite. ChemCatChem, 2017, 9 (7): 1230-1241.

[45] 冯鹏飞, 刁琰琰, 王蕾, 等. 甲基丙烯醛氧化酯化整体式催化剂制备及评价. 化工学报, 2015, 66 (8): 2990-2998.

[46] 魏利华, 李倩, 李爱菊, 等. 甲基丙烯酸甲酯的合成及市场. 精细与专用化学品, 2013, (11): 18-23.

[47] Yoo J S. Silica supported metal-doped cesium ion catalyst for methacrylic acid synthesis via condensation of propionic acid with formaldehyde. Applied Catalysis A: General, 1993, 102 (2): 215-232.

[48] Bailey O H, Montag R A, Yoo J S. Methacrylic acid synthesis. Applied Catalysis A: General, 1992, 88 (2): 163-177.

[49] Yves S, Cauvy D. Process for the manufacture of methyl methacrylate from isobutyric acid: US4978776 (A). 1990-12-18.

[50] Pascoe R F, Scaccia C. Improved process for the carbonylation of propylene: EP0336996 (A1). 1989-10-18.

[51] Kawata N, Honna K, Sugahara H. Method of producing unsaturated carbonyl compounds: US4055721 (A). 1977-10-25.

[52] Drent E. Process for the carbonylation of acetylenically unsaturated compounds: CA1263121 (A). 1989-11-21.

[53] Klusener P A A, Drent E, Stil H A, et al. Carbonylation catalyst system: EP0499329 (A1). 1992-08-19.

[54] de Blank P B, Hengeveld J. Process for the preparation of methacrylate esters: EP0539628 (A1). 1993-05-05.

[55] 王宏岗. 甲基丙烯酸甲酯投资机会分析. 石油化工技术经济, 2002, (3): 28-32.

[56] Ikarashi H, Higuchi H, Kida K. Process for production of carboxylic acid esters and formamide: US5194668(A). 1993-03-16.

[57] Karasawa M, Kageyama H, Tokunoh S, et al. Process for producing amide compounds: EP0461850 (A1). 1991-12-18.

[58] Karasawa M, Tokunoh S. Process for producing alpha, beta-unsaturated carboxylic acid esters: EP0561614(A2). 1993-09-22.

[59] 左杰, 田绍友. 甲基丙烯酸甲酯工业化合成路线及发展现状. 天津化工, 2017, (3): 13-16.

[60] Ye Y H. Studies on the step-growth polymerization of aromatic polycarbonates. Maryland: University of Maryland, 2007.

[61] 侯培民. 聚碳酸酯后续发展的思考. 石油化工技术与经济, 2010, 26 (4): 1-4.

[62] Bolton D H, Wooley K L. Synthesis and characterization of hyperbranched polycarbonates. Macromolecules, 1997, 30 (5): 1890-1896.

[63] 江镇海. 聚碳酸酯在建材中的开发应用. 建材工业信息, 2003, 4: 15.

[64] 范存良. 聚碳酸酯的生产与应用. 化工技术经济, 2003, 10: 11-14.

[65] 肖永清. 我国聚碳酸酯市场前景分析. 化学工业, 2010, 11: 15-17.

[66] 拜耳开发成功医疗级别PC材料. 精细与专用化学品, 2009, 18: 29.

[67] 史国力, 田红兵. 聚碳酸酯在汽车和航空透明材料领域应用的研究进展. 材料导报, 2006, S1: 404-407.

[68] 梁晓云. 聚碳酸酯的市场及发展前景的分析. 广东化工, 2005, 7: 30-32.

[69] Fox D W. Aromatic carbonate resins and preparation thereof: US3153008 (A). 1964-10-13.

[70] Hermann S, Ludwig B, Georg L H, et al. Process for producing polycarbonates: US3267075 (A). 1966-08-16.

[71] Hermann S, Krefeld-Uerdingen, Ludwig B, et al. Process for the production of thermo-plastic polycarbonates: USRE27682 (E). 1973-06-19.

[72] Brunelle D J. Polycarbonates//Encyclopedia of Polymer Science and Technology. Mark H F. Wiley-Interscience, 2006.

[73] 吕恩年, 李洪利, 司丹丹. 聚碳酸酯的生产、应用及前景展望. 河南化工, 2011, 28 (1): 29-32.

[74] Hsu J P, Wong J J. Kinetic modeling of melt transesterification of diphenyl carbonate and bisphenol-A. Polymer, 2003, 44 (19): 5851-5857.

[75] 周楠, 原华. 我国聚碳酸酯合成技术发展前景. 塑料工业, 2011, 39 (1): 15-20.

[76] 刘勇, 刘坚. 非光气法催化合成碳酸二苯酯研究进展. 化工进展, 2013, 32 (11): 2614-2620.

[77] 李亚兰, 吴博. 聚碳酸酯完全无光气合成技术的研究动态. 塑料工业, 2002, 30 (2): 4-7.

[78] 李复生, 殷金柱, 魏东炜, 等. 聚碳酸酯应用与合成工艺进展. 化工进展, 2002, 21 (6): 395-398.

[79] Fu Z H, Ono Y. Two-step synthesis of diphenyl carbonate from dimethyl carbonate and phenol using MoO_3/SiO_2

Journal of Molecular Catalysis A: Chemical, 1997, 118 (3): 293-299.

[80] 沈荣春, 方云进, 肖文德. 碳酸二甲酯与醋酸苯酯合成碳酸二苯酯的研究. 石油化工, 2002, 31(11): 897-900.

[81] Chang T C. Preparation of organic carbonates by oxidative carbonylation using palladium-cobalt catalyst: EU0350697 (A2). 1990-01-17.

[82] 王胜平, 马新宾, 巩金龙, 等. Zn(OAc)$_2$-2H$_2$O 催化草酸二苯酯脱羧基合成碳酸二苯酯的研究. 化学试剂, 2004, 26 (4): 197-200.

[83] Gross S M, Bunyard W C, Erford K, et al. Determination of the equilibrium constant for the reaction between bisphenol A and diphenyl carbonate. Journal of Polymer Science Part A: Polymer Chemistry, 2002, 40 (1): 171-178.

[84] Ignatov V N, Tartari V, Carraro C, et al. New catalysts for bisphenol A polycarbonate melt polymerisation. Macromolecular Chemistry and Physics, 2001, 202 (9): 1941-1945.

[85] 赵贺猛, 姜美佳, 田恒水. NaOH 与 TEAH 催化熔融酯交换合成聚碳酸酯及其重排产物研究. 高分子学报, 2011, 2: 192-197.

[86] Turska E, Wrobel A M. Kinetics of polycondensation in the melt of 4, 4-dihydroxy-diphenyl-2, 2-propane with diphenyl carbonate. Polymer, 1970, 11 (8): 415-420.

[87] 小·J·A·金. 聚碳酸酯的制备方法: CN1098419 (A). 1995-02-08.

[88] Horn K, Hufen R, Krieter M, et al. Polycarbonate with high extensional viscosity: EP1490421 (A1), 2003-03-20.

[89] Anders S, Roehner J, Haese W. Large polycarbonate moldings with improved optical characteristics and their use: EP 1265943 (A1), 2001-02-23.

[90] Sikdar S K, Yeboah Y D. Catalyzed interfacial polycondensation polycarbonate process: US4515936 (A). 1985-05-07.

[91] Eckel T, Zobel M, Wittmann D, et al. Self-extinguishing, impact-resistant polycarbonate molding materials: EP1165680 (A1), 2000-3-14.

[92] 胡克斯 U, 巴赫曼 R, 希尔 F F, 等. 生产低聚碳酸酯的方法: CN1500107 (A). 2004-05-26.

[93] Betiku O, Jenni M, Ludescher K, et al. Synthesis and characterization of isosorbide carbonate-lactide copolymers. Abstracts of Papers of the American Chemical Society, 2007, 234: 802-803.

[94] Yokogi M, Namiki S, Nagao T, et al. Method for manufacturing polycarbonate resin: EP 2692498 (A1). 2012-03-30.

[95] Eo Y S, Rhee H W, Shin S H. Catalyst screening for the melt polymerization of isosorbide-based polycarbonate. Journal of Industrial and Engineering Chemistry, 2016, 37: 42-46.

[96] Wang Z G, Yang X G, Li J G, et al. Synthesis of high-molecular-weight aliphatic polycarbonates fromdiphenyl carbonate and aliphatic diols by solid base. Journal of Molecular Catalysis A: Chemical, 2016, 424: 77-84.

[97] 明军, 李振环. 碳酸二甲酯法合成聚碳酸酯及其分步缩聚反应研究进展. 石油化工, 2011, (40): 1258-1262.

[98] Yamato T, Oshino Y, Fukuda Y, et al. Process for producing polycarbonate: US5489665 (A). 1996-02-06.

[99] 高媛. 碳酸二甲酯活化形态及基于双酚 A 的反应机理研究. 天津: 天津工业大学, 2015.

[100] Kim W B, Lee J S. Comparison of polycarbonate precursors synthesized from catalytic reactions of bisphenol-A with diphenyl carbonate, dimethyl carbonate or carbon monoxide. Journal of Applied Polymer Science, 2002, 86(4): 937-947.

[101] Shaikh A, Sivaram S, Puglisi C, et al. Poly(arylenecarbonate)s oligomers by carbonate interchange reaction of dimethyl carbonate with bisphenol-A. Polymer Bulletin, 1994, 32 (4): 427-432.

[102] Haba O, Itakura I. Synthesis of polycarbonate from dimethyl carbonate and bisphenol-A through a non-phosgene

process. Journal of Polymer Science Part A：Polymer Chemistry，1999，37（13）：2087-2093.

[103] Li Z H，Cheng B W，Su K M，et al. The synthesis of diphenyl carbonate from dimethyl carbonate and phenol over mesoporous MoO_3/Si MCM-41. Journal of Molecular Catalysis A：Chemical，2008，289（1/2）：100-105.

[104] Su K M，Li Z H，Cheng B W，et al. Studies on the carboxymethyllation and methylation of bisphenol-A with dimethyl carbonate over TiO_2/SBA-15. Journal of Molecular Catalysis A：Chemical，2010，315（1）：60-68.

[105] 刘秀培. 基于聚碳酸酯合成中催化剂的制备及其催化机理研究. 天津：天津工业大学，2015.

[106] Li Q，Zhu W X，Li C C，et al. A non-phosgene process to homopolycarbonate and copolycarbonates of isosorbide using dimethyl carbonate：synthesis，characterization and properties. Journal of Polymer Science Part A：Polymer Chemistry，2013，51：1387-1397.

[107] Feng L，Zhu W X，Li C C，et al. A high-molecular-weight and high-T_g poly(ester carbonate)partially based on isosorbide：synthesis and structure-property relationships. Polymer Chemistry，2015，6：633-642.

[108] Feng L，Zhu W X，Zhou W，et al. A designed synthetic strategy toward poly(isosorbide terephthalate)copolymers：a combination of temporary modification，transesterification，cyclization and polycondensation. Polymer Chemistry，2015，6：7470-7479.

[109] Chatti S，Schwarz G，Kricheldor H R. Cyclic and noncyclic polycarbonates of isosorbide(1, 4：3, 6-dianhydro-D-glucitol). Macromolecules，2006，39：9064-9070.

[110] 耿英杰. 烷基化生产工艺与技术. 北京：中国石化出版社，1993.

[111] 李莉，白雪松. 我国炼油行业发展及成品油质量升级建议. 化学工业，2016，34（5）：15-20.

[112] 杨桂林. 异丁烷与异丁烯烷基化反应工艺探析. 当代化工研究，2018，4：136-137.

[113] 赵文明. 我国液化气深加工产业发展现状及趋势. 化学工业，2015，11：1-7.

[114] Whitmore F C. The common basis of intramolecular rearrangements. Journal of the American Chemical Society，1932，54：3274.

[115] Schmerling L. The mechanism of the alkylation of paraffins. Journal of the American Chemical Society，1945，67：1778-1783.

[116] Kramer G M. Hydride transfer reactions in concentrated sulfuric acid. Journal of Organic Chemistry，1965，30（8）：2671-2673.

[117] Sprow F B. Role of interfacial area in sulfuric acid alkylation. Industrial and Engineering Chemistry Process Design and Development，1969，8（2）：254-257.

[118] Lyle F，Albright K，Li W. Alkylation of isobutane with light olefins using sulfuric acid reaction mechanism and comparison with HF alkylation. Industrial and Engineering Chemistry Process Design and Development，1970，9（3）：447-454.

[119] Corma A，Martinez A. Chemistry，catalysts and processes for isoparaffin——olefin alkylation：actual situation and future trends. Catalysis Reviews-Science and Engineering，1993，35（4）：483-570.

[120] Albright L F. Industrial and Laboratory Alkylation. Washington D C：ACS Press，1977.

[121] Albright L F. Improving alkylate gasoline technology. ChemTech，1998，28（7）：46-53.

[122] Albright L F. Present and future alkylation processes in refineries. Industrial & Engineering Chemistry Research，2009，48：1409-1413.

[123] 马会霞，周峰，乔凯. 液体酸烷基化技术进展. 化工进展，2014，33：32-40.

[124] 马文伯. 清洁燃料生产技术. 北京：中国石化出版社，2001.

[125] Esteves M，Araújo C L，Horta B A C，et al. The isobutylene-isobutane alkylation process in liquid HF revisited. The Journal of Physical Chemistry B，2005，109（26）：12946-12955.

[126] 谷涛, 王永虎, 田松柏. 异丁烷与烯烃烷基化工艺研究进展. 石化技术与应用, 2005, 23 (2): 133-137.
[127] 毕建国. 烷基化油生产技术的进展. 化工进展, 2007, 26 (7): 934-939.
[128] 钱伯章. 轻质烃类转化利用的新机遇和技术进展——1993年NPRA年会专题综述. 天然气化工, 1994, 5: 43-52.
[129] Tang S, Scurto A M, Subramaniam B. Improved 1-butene/isobutane alkylation with acidic ionic liquids and tunable acid/ionic liquid mixtures. Journal of Catalysis, 2009, 268 (2): 243-250.
[130] Huang Q, Zhao G Y, Zhang S J, et al. Improved catalytic lifetime of H_2SO_4 for isobutane alkylation with trace amount of ionic liquids buffer. Industrial & Engineering Chemistry Research, 2015, 54 (5): 1464-1469.
[131] Cui P, Zhao G Y, Ren H L, et al. Ionic liquid enhanced alkylation of iso-butane and 1-butene. Catalysis Today, 2013, 200: 30-35.
[132] Wang A Y, Zhao G Y, Liu F F, et al. Anionic clusters enhanced catalytic performance of protic acid ionic liquids for isobutane alkylation. Industrial & Engineering Chemistry Research, 2016, 55 (30): 8271-8280.
[133] 钱伯章. 离子液体协同催化生产异辛烷绿色新技术通过鉴定. 石化技术与应用, 2016, 1: 57.
[134] 骆广生, 李莲棠, 张吉松, 等. 一种混合酸催化体系及在生产烷基化汽油中的应用: CN106824270 (A). 2017-06-13.
[135] 张锁江, 周志茂, 杨飞飞, 等. 一种含离子液体和硝酸的混酸体系催化合成烷基化油的方法: CN106010636 (A). 2016-10-12.
[136] 骆广生, 李莲棠, 张吉松, 等. 一种硫酸催化复合物及在生产烷基化汽油中的应用: CN106076411 (A). 2016-11-09.
[137] 王慧, 孟祥展, 张锁江, 等. 一种碳基材料强化浓硫酸催化生产烷基化油的方法: CN106833734 (A). 2017-06-13.
[138] 曹志涛, 邱志文, 赵楠楠, 等. 烷基化工艺技术进展. 精细石油化工进展, 2016, 17 (4): 34-37.
[139] 李明伟, 李涛, 任保增. 烷基化工艺及硫酸烷基化反应器研究进展. 化工进展, 2017, 36 (5): 1573-1580.
[140] 陈杰. 硫酸烷基化过程研究及流程模拟. 上海: 华东理工大学, 2013.
[141] Albright L F. Updating alkylate gasoline technology. ChemTech, 1998, 28 (6): 40.
[142] 高步良. 高辛烷值汽油组分生产技术. 北京: 中国石化出版社, 2005.
[143] Albright L F. Alkylation-industrial. Encyclopcdia of Catalysis, 2003, 1: 191-210.
[144] Smith J L A, Gelbein A P, Cross J W M. H_2SO_4 alkylation by conversion of olefin feed to oligomers and sulfate esters: US7977525 (B2). 2011-07-12.
[145] 何涛波, 高飞. 硫酸烷基化反应技术进展. 化工技术与开发, 2015, 44 (9): 46-49.
[146] 王亚林. 硫酸法烷基化工艺进展. 广州化工, 2016, 44 (13): 29-30.
[147] Bakshi A S. Sulfuric acid alkylation process: US7652187 (B2). 2010-01-26.
[148] 李家栋, 刘植昌, 何敬成, 等. 一种以离子液体为催化剂的烷基化方法及反应器: CN101244972 (A). 2008-08-20.
[149] 董明会, 温朗友, 宗保宁, 等. 一种静态管式烷基化反应装置和液体酸催化的烷基化反应方法: CN105018134 (A). 2015-11-04.
[150] 卢春喜, 刘植昌, 刘梦溪, 等. 新型液液多相反应器: CN101274249 (A). 2008-10-01.
[151] 刘春江, 全晓宇, 袁希钢. 碳4烷基化生产方法及装置: CN103242895 (A). 2013-08-14.
[152] 张锁江, 周志茂, 赵国英, 等. 一种撞击流多相反应器: CN205042452 (U). 2016-02-24.
[153] Hassan A, Bagherzadeh E, Anthony R G, et al. System and process for alkylation: US8269057 (B2). 2012-09-18.
[154] 李骁, 张跃, 刘李, 等. 连续流微通道反应器中C_4烷基化制备烷基化油的方法: CN106914201 (A). 2017-07-04.

[155] 周志茂, 公茂明, 王红岩, 等. 液液多相反应用微反应器、系统和液体酸烷基化方法: CN107261997 (A). 2017-10-20.

[156] 陈建峰, 邹海魁, 初广文, 等. 离子液体催化烷基化反应工艺及反应器装置: CN1907924 (A). 2007-02-07.

[157] 方向晨, 彭德强, 齐慧敏, 等. 反应器和利用这种反应器的烷基化反应方法: CN103801242(A).0. 2014-05-21.

[158] Ipatieff V N, Grosse A V. Reaction of paraffins with olefins. Journal of the American Chemical Society, 1935, 57(9): 1616-1621.

[159] Francis A W. Solutions of aluminum chloride as vigorous catalysts. Industrial & Engineering Chemistry Research, 1950, 42 (2): 342-344.

[160] Roebuck A K, Evering B L. Isobutane-olefin alkylation with inhibited aluminum chloride catalysts. Industrial and Engineering Chemistry Process Design and Development, 1970, 9 (1): 76-82.

[161] Chauvin Y, Hirschauer A, Olivier H. Alkylation of isobutane with 2-butene using 1-butyl-3-methylimidazolium chloride-aluminium chloride molten salts as catalysts. Journal of Molecular Catalysis, 1994, 92 (2): 155-165.

[162] Yoo K, Namboodiri V V, Varma R S, et al. Ionic liquid-catalyzed alkylation of isobutane with 2-butene. Journal of Catalysis, 2004, 222 (2): 511-519.

[163] 刘鹰, 刘植昌, 黄崇品, 等. 氯铝酸离子液体催化异丁烷/丁烯烷基化反应. 化学反应工程与工艺, 2004, (3): 229-234.

[164] Huang C P, Liu Z C, Xu C M, et al. Effects of additives on the properties of chloroaluminate ionic liquids catalyst for alkylation of isobutane and butene. Applied Catalysis A, General, 2004, 277 (1-2): 41-43.

[165] Bui T L T, Korth W, Aschauer S, et al. Alkylation of isobutane with 2-butene using ionic liquids as catalyst. Green Chemistry, 2009, 11 (12): 1961-1967.

[166] 刘鹰, 刘植昌, 徐春明. 异丁烷与 2-丁烯在含有抑制剂离子液体中的烷基化反应. 化工学报, 2005, (11): 87-91.

[167] 刘植昌, 张彦红, 黄崇品, 等. CuCl 对 Et$_3$NHCl/AlCl$_3$ 离子液体催化性能的影响. 催化学报, 2004, (9): 693-696.

[168] 刘鹰, 刘植昌, 徐春明, 等. 室温离子液体催化异丁烷-丁烯烷基化的中试研究. 化工进展, 2005, 24 (6): 656-660.

[169] Liu Y, Hu R S, Xu C M, et al. Alkylation of isobutene with 2-butene using composite ionic liquid catalysts. Applied Catalysis A, 2008, 346 (1/2): 189-193.

[170] Xing X Q, Zhao G Y, Cui J Z, et al. Isobutane alkylation using acidic ionic liquid catalysts. Catalysis Communications, 2012, 26: 68-71.

[171] Bui T L, Korth W, Jess A. Influence of acidicity of modifyed chloroaluminate based ionic liquid catalysts on alkylation of iso-butene with butene-2. Catalysis Communications, 2012, 25: 118-124.

[172] 张欢. 为油品升级提供新解决方案——记 2014 年度石化联合会技术发明特等奖复合离子液体碳四烷基化技术. 中国石油和化工, 2015, 01: 12-13.

[173] Lacheen H, Hye-Kyung C T. Proudction of low sulphur alkylate gasoline fuel: US7988747. 2009-04-30.

[174] 许建耘. UOP 公司从 Chevron 公司购买离子液体烷基化技术. 石油炼制与化工, 2017, 1: 77.

[175] Olah G A, Batamack P, Deffieux D, et al. Acidity dependence of the trifluoromethanesulfonic acid catalyzed isobutane-isobutylene alkylation modified with trifluoroacetic acid or water. Applied Catalysis A General, 1996, 146 (1): 107-117.

[176] 张锁江, 徐春明, 吕兴梅, 等. 离子液体与绿色化学. 北京: 科学出版社, 2009.

[177] 刘鹰. 复合离子液体对异丁烷与丁烯烷基化催化剂催化作用的研究. 北京: 中国石油大学, 2006.

[178] 黄英蕾, 于长顺, 王岩, 等. 酸性离子液体中异丁烷和丁烯的烷基化反应. 大连工业大学学报, 2009, 99 (1):

[179] 刘鹰, 胡瑞生, 刘贵丽, 等. 酸性离子液体催化的异丁烷/丁烯烷基化反应的研究. 分子催化, 2010, 24 (3): 217-221.

[180] 王鹏, 张镇, 李海方, 等. 离子液体/CF_3SO_3H 耦合催化 1-丁烯/异丁烷烷基化反应. 过程工程学报, 2012, 12 (2): 194-199.

[181] 陈传刚, 刘世伟, 于世涛. Brønsted-Lewis 双酸型离子液体负载浓硫酸催化制备烷基化油. 应用化工, 2015, 44 (2): 264-267.

[182] Yu F L, Li G X, Gu Y L, et al. Preparation of alkylate gasoline in polyether-based acidic ionic liquids. Catalysis Today, 2018, 310: 141-145.

[183] 陈波. 新型固体酸催化剂的设计、制备及其在烷基化反应中的应用研究. 上海: 华东师范大学, 2004.

[184] Omarov S O, Vlasov E A, Sladkovskiy D A, et al. Physico-chemical properties of MoO_3/ZrO_2 catalysts prepared by dry mixing for isobutane alkylation and butene transformations. Applied Catalysis B: Environmental, 2018, 230: 246-259.

[185] Koklin A E, Chan V M K, Bogdan V I. Conversion of isobutane-butenes mixtures on H-USY and SO_4/ZrO_2 catalysts under supercritical conditions: isobutane alkylation and butenes oligomerization. Russian Journal of Physical Chemistry B, 2014, 8 (8): 991-998.

[186] 施维. 沸石分子筛的制备及其在异丁烷/丁烯烷基化反应中的应用. 长春: 东北师范大学, 2004.

[187] Okuhara T, Yamashita M, Na K, et al. Alkylation of isobutane with butenes catalyzed by a cesium hydrogen salt of 12-tungstophosphoric acid. Chemistry Letteters, 1994, (8): 1451-1454.

[188] Olah G A, Mathew T, Goeppert A, et al. Ionic liquid and solid HF equivalent amine-poly(hydrogen fluoride) complexes effecting efficient environmentally friendly isobutane-isobutylene alkylation. Journal of the American Chemical Society, 2005, 127 (16): 5964-5969.

[189] Hommeltoft S I. Staged alkylation process: EP0790224 (A1). 1997-08-20.

[190] 狄秀艳, 杨宏. 固体酸烷基化工艺技术综述. 现代化工, 2005, 34 (3): 169-172.

[191] Albemarle's AlkyStar catalyst successfully employed in the world's first solid acid alkylation unit in Shandong, China, facility. Focus on Catalysts, 2016, 2016 (2): 4.

[192] 徐铁钢, 吴显军, 温广甫, 等. 碳四烷基化工艺技术研究与应用进展. 炼油与化工, 2016, 27 (4): 1-3.

[193] 钱伯章. 美国 KBR 公司将向中国转让新型烷基化技术. 石化技术与应用, 2016, 3: 185.

[194] 何奕工, 李奋, 王蓬, 等. 异构烷烃与烯烃烷基化催化剂的新进展. 石油学报 (石油加工), 1997, 2: 115-122.

[195] Xu Y, Lu J, Zhong M, et al. Dehydrogenation of n-butane over vanadia catalysts supported on silica gel. Journal of Natural Gas Chemistry, 2009, 18 (1): 88-93.

[196] Weissermel K, Appe H J. 工业有机化学重要原料和中间体. 白凤娥, 译. 北京: 化学工业出版社, 1982.

[197] 易国斌, 王乐夫, 吴超, 等. 顺酐加氢制备 Y-丁内酯的催化体系研究进展. 化工进展, 2001, 20 (2): 37-39.

[198] Hodnett B K. Vanadium-phosphorus oxide catalysts for the selective oxidation of C_4 hydrocarbons to malefic anhydride. Catalysis Reviews, Science and Engineering, 1985, 27 (3): 373-424.

[199] Centi G, Manenti I, Riva A, et al. Catalytic behavior of different phase in 1-butene oxidation to malefic anhydride. Applied Catalysis, 1984, 9: 203-210.

[200] Mamoru A, Suzuki S. The effect of bismuth addition to the molybdenum phosphorus oxide catalyst on the partial oxidation of butane, butadiene and furan. Journal of Catalysis, 1972, 26: 202-211.

[201] Baerens M, Donald N T. Effect of support material on the catalytic performance of V_2O_5/P_2O_5 catalyst for the selective oxidation of 1-butene and furan to malefic anhydride and its consecutive nonselective oxidation. Applied

Catalysis, 1988, 45: 1-7.

[202] Bordes E, Courtine P. Some selectivity criteria in mild oxidation catalysis V-P-O phase in butane oxidation to malefic anhydride. Journal of Catalysis, 1979, 57: 236-252.

[203] Holson J N. Anrestigation of the catalytic vapor phase oxidation of benzene dissertation. Missouri: University of Washthington, 1954.

[204] Butler J D, Weston B G. Catalytic oxidation of benzene by doped vanadium pentoxides. Journal of Catalysis, 1963, 2: 8-15.

[205] Gasior M, Grzybowska B, Haber J, et al. Oxidation of o-xylene on potassium vanadates. Journal of Catalysis, 1979, 58: 15-21.

[206] 韩刚, 李照银. 顺酐生产技术及市场分析. 现代化工, 2005, 25 (1): 61-63.

[207] 薛祖源. 顺酐生产工艺和对我国顺酐发展的意见. 化工设计, 1998, (2): 5-7.

[208] 冯海涛. 对苯法顺酐氧化反应的研究. 河南化工, 2005, 27 (22): 30-32.

[209] 张明森, 黄凤兴, 梁泽生, 等. 精细有机化工中间体. 北京: 化学工业出版社, 2008.

[210] Nakamura M, Kawai K, Fujiwara Y. The structure and the activity of vanadyl phosphate catalysts. Journal of Catalysis, 1974, 34 (3): 345-355.

[211] 张丰胜, 杨廷录, 沈师孔. 正丁烷氧化制顺酐 Ce 基复合氧化物 VPO 催化剂研制. 分子催化, 2000, 14 (4): 260-264.

[212] 李铭岫, 王心葵, 杨述韬, 等. 镧对磷钒催化剂性能的影响. 催化学报, 1995, 16 (4): 320-323.

[213] Carrara C, Irusta S, Lombardo E, et al. Study of the Co-VPO interaction in promoted n-butane oxidation catalysts. Applied Catalysis A General, 2001, 217 (1-2): 275-286.

[214] Kubias B, Rodemerck U, Zanthoff H W, et al. The reaction network of the selective oxidation of n-butane on $(VO)_2P_2O_7$ catalysts: nature of oxygen containing intermediates. Catalysis Today, 1996, 32 (96): 243-253.

[215] Zhanglin Y, Forissier M, Vedrine J C, et al. On the mechanism of n-butane oxidation to maleic anhydride on VPO catalysts. Ⅱ. Study of the evolution of the VPO catalysts under n-butane, butadiene and furan oxidation conditions. Journal of Catalysis, 1994, 145 (2): 267-275.

[216] Varma R L, Saraf D N. Oxidation of butene to maleic anhydride: Ⅰ. kinetics and mechanism. Journal of Catalysis, 1978, 55 (3): 361-372.

[217] Centi G, Fornasari G, TrifirÒ F. On the mechanism of n-butane oxidation to maleic anhydride: oxidation in oxygen-stoichiometry-controlled conditions. Journal of Catalysis, 1984, 89 (1): 44-51.

[218] 梁日忠, 李英霞, 陈标华, 等. 正丁烷选择氧化过程中 VPO 体系的表面物种. 分子催化, 2001, 15 (2): 86-90.

[219] 梁日忠, 李英霞, 李成岳, 等.$(VO)_2P_2O_7$ 催化剂上正丁烷选择氧化反应路径的原位瞬态 DRIFTS 研究. 光谱学与光谱分析, 2004, 24 (11): 1309-1314.

[220] Centi G, Perathoner S. Reaction mechanism and control of selectivity in catalysis by oxides: some challenges and open questions. International Journal of Molecular Sciences, 2001, 2 (5): 183-196.

[221] 王丹柳. VPO 催化氧化丁烷的技术研究. 上海: 华东理工大学, 2015.

[222] Guliants V V, Holmes S A. Probing polyfunctional nature of vanadyl pyrophosphate catalysts: oxidation of 16 C_4 molecules. Journal of Molecular Catalysis A: Chemical, 2001, 175 (1-2): 227-239.

[223] Kiely C J, Burrows A, Sajip S, et al. Characterisation of variations in vanadium phosphate catalyst microstructure with preparation route. Journal of Catalysis, 1996, 162 (1): 31-47.

[224] Batis N H, Batis H, Ghorbel A, et al. Synthesis and characterization of new VPO catalysts for partial n-butane

oxidation to maleic anhydride. Journal of Catalysis, 1991, 128 (1): 248-263.

[225] Simona M B, Bas M V, Alexer N T, et al. Real-time control of a catalytic solid in a fixed-bed reactor based on in situ spectroscopy. Angewandte Chemie, 2007, 46 (28): 5412-5416.

[226] Zeng L Y. Preparation and characterization of VPO catalysts. Chemical Research & Application, 1999.

[227] Gopal R, Calvo C. Crystal structure of β-VPO. Journal of Solid State Chemistry, 1972, 5 (3): 432-435.

[228] Hutchings G J. Heterogeneous catalysts-discovery and design. Journal of Materials Chemistry, 2008, 19 (26): 1222-1235.

[229] Hodnett B K, Delmon B. Factors influencing the activity and selectivity of vanadium-phosphorus oxide catalysts for n-butane oxidation to maleic anhydride. Applied Catalysis, 1985, 15 (1): 141-150.

[230] 王俐. 顺酐生产技术进展及经济性分析. 化学工业, 2015, 33 (5): 27-34.

[231] 陈永军, 胡小营. 浅谈顺酐生产工艺路线. 天津化工, 2016, 30 (4): 9-10.

[232] 龙贻敏. 正丁烷法顺酐技术成本优势浅述. 中国石油和化工标准与质量, 2012, 33 (12): 26.

[233] 曹晓丽. 列管式固定床反应器管间流体流动特性的研究. 上海: 华东理工大学, 2008.

[234] 王菊, 祁立超. 丁烷氧化法顺酐生产的技术进展. 能源化工, 2004, 25 (3): 43-46.

[235] 王海京, 许根慧. 正丁烷选择氧化流化床催化剂研究. 精细石油化工, 1997, (4): 9-12.

[236] 许文, 陈明鸣. 正丁烷氧化制顺酐流化床催化剂性能. 化学工业与工程, 2003, 54 (6): 1093-1097.

[237] Haanepen M J, Hooff J H C V. VAPO as catalyst for liquid phase oxidation reactions. Part Ⅰ: preparation, characterisation and catalytic performance. Applied Catalysis A: General, 1997, 152 (152): 183-201.

[238] Dummer N F, Weng W, Kiely C, et al. Structural evolution and catalytic performance of DuPont V-P-O/SiO_2 materials designed for fluidized bed applications. Applied Catalysis A: General, 2010, 376 (1-2): 47-55.

[239] 巩阳. 正丁烷氧化制顺酐流化床催化剂制备研究. 天津: 天津大学, 2002.

[240] 杨廷录, 余长春, 沈师孔. 载氧型氧化还原催化剂的研究与应用. 中国石油大学学报 (自然科学版), 1999, 23 (4): 105-114.

[241] Bordes E, Contractor R M. Adaptation of the microscopic properties of redox catalysts to the type of gas-solid reactor. Topics in Catalysis, 1996, 3 (3): 365-375.

[242] Contractor R M. Dupont's CFB technology for maleic anhydride. Chemical Engineering Science, 1999, 54 (22): 5627-5632.

[243] Dudukovic M P. Frontiers in reactor engineering. Science, 2009, 325 (5941): 698-701.

[244] Padia A S, Click G T. Two stage butane haleic anhydride process: US5360916 A. 1994-11-01.

[245] 畅志坚. 正丁烷法顺酐生产工艺现状. 天津化工, 2011, 25 (5): 11-13.

[246] 田赟. 溶剂吸收法顺酐装置工艺介绍. 甘肃科技, 2010, 26 (19): 33-34.

[247] 赵攀, 王宇. 顺丁烯二酸酐正丁烷法生产技术讨论. 甘肃科技, 2009, 25 (6): 28-29.

[248] 刘艳, 颜千红, 景严. 正丁烷法顺酐装置后处理技术比较. 天津化工, 2005, 19 (5): 42-44.

[249] Abdin Z, Alim M A, Saidur R, et al. Solar energy harvesting with the application of nanotechnology. Renewable & Sustainable Energy Reviews, 2016, 26: 837-852.

[250] Greenaway A, Gonzalez-Santiago B, Donaldson P M, et al. In situ synchrotron IR microspectroscopy of CO_2 adsorption on single crystals of the functionalized MOF $Sc_2(BDC-NH_2)_{(3)}$. Angewandte Chemie-International Edition, 2014, 53: 13483-13487.

[251] Li H, Guo C Y, Xu C L. A highly sensitive non-enzymatic glucose sensor based on bimetallic Cu-Ag superstructures. Biosensors and Bioelectronics, 2015, 63: 339-346.

[252] Chen Y H, Lu D L. Amine modification on kaolinites to enhance CO_2 adsorption. Journal of Colloid and Interface

Science, 2014, 436: 47-51.

[253] Peng Y P, Yeh Y, Shah S I, et al. Concurrent photoelectrochemical red-unction of CO_2 and oxidation of methyl orange using nitrogen-doped TiO_2. Applied Catalysis B: Environmental, 2012, 123: 414-423.

[254] Halmann M. Photoelectrochemical reduction of aqueous carbon-dioxide on p-typegallium-phosphide in liquid junction solar-cells. Nature, 1978, 275 (5676): 115-116.

[255] Hinogami R, Mori T, Yae S J, et al. Efficient photoeletrochemical reduction of carbon-dioxide on a p-type silicon (p-Si) electrode modified with very small copper particles. Chemistry Letters, 1994, 9: 1725-1728.

[256] Flaisher H, Tenne R, Halmann M. Photoelectrochemical reduction of carbon dioxide in aqueous solutions on p-GaP electrodes: an a.c. impedance study with phase-sensitive detection. Journal of Electroanalytical Chemistry, 1996, 402: 97-105.

[257] Kaneco S, Katsumata H, Suzuki T, et al. Photoelectrochemical reduction of carbon dioxide at p-type gallium arsenide and p-type indium phosphide electrodes in methanol. Chemical Engineering Journal, 2006, 116 (3): 227-231.

[258] Kaneco S, Ueno Y, Katsumata H, et al. Photoelectrochemical reduction of CO_2 at p-InP electrode in copper particle-suspended methanol. Chemical Engineering Journal, 2009, 148 (1): 57-62.

[259] Rajeshwar K, de Tacconi N R, Ghadimkhani G, et al. Tailoring copper oxide semiconductor nanorod arrays for photoelectrochemical reduction of carbon dioxide to methanol. Chemphyschem, 2013, 14 (10): 2251-2259.

[260] Barton E E, Rampulla D M, Bocarsly A B. Selective solar-driven reduction of CO_2 to methanol using a catalyzed p-GaP based photoelectrochemical cell. Journal of the American Chemical Society, 2008, 30 (20): 6342-6344.

[261] Arai T, Sato S, Uemura K, et al. Photoelectrochemical reduction of CO_2 in water under visible-light irradiation by a p-type InP photocathode modified with an electropolymerized ruthenium complex. Chemical Communications, 2010, 46: 6944-6946.

[262] Yuan J L, Hao C J. Solar-driven photoelectrochemical reduction of carbon dioxide to methanol at $CuInS_2$ thin film photocathode. Solar Energy Materials and Solar Cells, 2013, 108: 170-174.

[263] Kumar B, Llorente M, Froehlich J, et al. Photochemical and photoelectrochemical reduction of CO_2. Annual Review of Physical Chemistry, 2012, 63: 541-569.

[264] 周天辰, 何川, 张亚男, 等. CO_2的光电催化还原. 化学进展, 2012, 24 (10): 1897-1905.

[265] 吴改, 程军, 张梦, 等. 太阳能光电催化还原CO_2的最新研究进展. 浙江大学学报, 2013, 47 (4): 680-686.

[266] Bessegato G G, Guaraldo T T, de Brito J F, et al. Achievements and trends in photoelectrocatalysis: from environmental to energy applications. Electrocatalysis, 2015, 6 (5): 6415-6441.

[267] Xie S J, Zhang Q H, Liu G D, et al. Photocatalytic and photoelectrocatalytic reduction of CO_2 using heterogeneous catalysts with controlled nanostructures. Chemical Communications, 2016, 52: 35-59.

[268] 吴改. 光电催化还原二氧化碳制化工品的工艺研究. 杭州: 浙江大学, 2013.

[269] Wang H, Bai Y, Wu Q, et al. Rutile TiO_2 nano-branched arrays on FTO for dye-sensitized solar cells. Physical Chemistry Chemical Physics, 2011, 13: 7008-7013.

[270] Gu J, Wuttig A, Krizan W J, et al. Mg-doped $CuFeO_2$ photocathodes for photoelectrochemical reduction of carbon dioxide. Journal of Physical Chemistry C, 2013, 117: 12415-12422.

[271] de Brito J F, Araujo A R, Rajeshwar K, et al. Photoelectrochemical reduction of CO_2 on Cu/Cu_2O films: product distribution and pH effects. Chemical Engineering Journal, 2015, 264: 302-309.

[272] Kamimura S, Murakami N, Tsubota T, et al. Fabrication and characterization of a p-type $Cu_3Nb_2O_8$ photocathode toward photoelectrochemical reduction of carbon dioxide. Applied Catalysis B: Environmental, 2015, 174-175:

471-476.

[273] Yuan J L, Wang X, Zhang F M. Communication-potential pulsing photoelectrochemical reduction of carbon dioxide to ethanol. Journal of the Electrochemical Society, 2016, 163: 305-307.

[274] Won D H, Choi C H, Chung J, et al. Photoelectrochemical production of formic acid and methanol from carbon dioxide on metal-decorated CuO/Cu$_2$O-layered thin films under visible light irradiation. Applied Catalysis B: Environmental, 2014, 158-159: 217-223.

[275] Yang X, Fugate E A, Mueanngern Y, et al. Photoelectrochemical CO_2 reduction to acetate on iron-copper oxide catalysts. ACS Catalysis, 2017, 7: 177-180.

[276] Yang Z X, Wang H Y, Song W J, et al. One dimensional SnO_2 NRs/Fe_2O_3 NTs with dual synergistic effects for photoelectrocatalytic reduction CO_2 into methanol. Journal of Colloid and Interface Science, 2017, 486: 232-240.

[277] Huang X F, Cao T C, Liu M C, et al. Synergistic photoelectrochemical synthesis of formate from CO_2 on {12$\bar{1}$} hierarchical Co_3O_4. Journal of Physical Chemistry C, 2013, 117: 26432-26440.

[278] Roy N, Hirano Y, Kuriyama H, et al. Boron-doped diamond semiconductor electrodes: efficient photoelectrochemical CO_2 reduction through surface modification. Scientific Reports, 2016, 6 (1): 38010.

[279] Shen Q, Huang X F, Liu J B, et al. Biomimetic photoelectrocatalytic conversion of greenhouse gas carbon dioxide: two-electron reduction for efficient formate production. Applied Catalysis B: Environmental, 2017, 201: 70-76.

[280] Wang S, Yao W, Lin J, et al. Cobalt imidazolate metal-organic frameworks photosplit CO_2 under mild reaction conditions. Angewandte Chemie-International Edition, 2014, 53: 1034-1038.

[281] Wang S B, Wang X C. Imidazolium ionic liquids, imidazolylidene heterocyclic carbenes and zeolitic imidazolate frameworks for CO_2 capture and photochemical reduction. Angewandte Chemie-International Edition, 2016, 55: 2308-2320.

[282] Kornienko N, Zhao Y, Kley C S, et al. Metal-organic frameworks for electrocatalytic reduction of carbon dioxide. Journal of the American Chemical Society, 2015, 137: 14129-14135.

[283] Teramura K, Iguchi S, Mizuno Y, et al. Photocatalytic conversion of CO_2 in water over layered double hydroxides. Angewandte Chemie-International Edition, 2012, 51: 8008-8011.

[284] Gong M, Li Y G, Wang H L, et al. An advanced Ni-Fe layered double hydroxide electrocatalyst for water oxidation. Journal of the American Chemical Society, 2013, 135: 8452-8455.

[285] Xia S J, Meng Y, Zhou X B, et al. Ti/ZnO-Fe_2O_3 composite: synthesis, characterization and application as a highly efficient photoelectrocatalyst for methanol from CO_2 reduction. Applied Catalysis B: Environmental, 2016, 187: 122-133.

[286] Guzmán D, Isaacs M, Osorio-Román I, et al. Photoelectrochemical reduction of carbon dioxide on quantum-dot-modified electrodes by electric field directed layer-by-layer assembly methodology. ACS Applied Materials & Interfaces, 2015, 7: 19865-19869.

[287] García M, Aguirre M J, Canzi G, et al. Electro and photoelectrochemical reduction of carbon dioxide on multimetallic porphyrins/polyoxotungstate modified electrodes. Electrochimica Acta, 2014, 115: 146-154.

[288] Won D H, Chung J, Park S H. Photoelectrochemical production of useful fuels from carbon dioxide on a polypyrrole-coated p-ZnTe photocathode under visible light irradiation. Journal of Materials Chemistry A, 2015, 3 (3): 1089-1095.

[289] Jang Y J, Jang J W, Lee J D K, et al. Selective CO production by Au coupled ZnTe/ZnO in the photoelectrochemical CO_2 reduction system. Energy & Environmental Science, 2015, 8 (12): 3597-3604.

[290] Kong Q, Kim D, Liu C, et al. Directed assembly of nanoparticle catalysts on nanowire photoelectrodes for photoelectrochemical CO_2 reduction. Nano Letters, 2016, 16: 5675-5680.

[291] Wang Y Q, Hatakeyama M, Ogata K, et al. Activation of CO_2 by ionic liquid EMIM-BF_4 in the electrochemical system: a theoretical study. Physical Chemistry Chemical Physics, 2015, 23521-23531.

[292] Cui G K, Wang J J, Zhang S J. Active chemisorption sites in functionalized ionic liquids for carbon capture. Chemical Society Reviews, 2016, 45: 4307-4339.

[293] Rosen B A, Salehi-Khojin A, Thorson M R, et al. Ionic liquid-mediated selective conversion of CO_2 to CO at low overpotentials. Science, 2011, 334: 643-644.

[294] Sagara N, Kamimura S, Tsubota T, et al. Photoelectrochemical CO_2 reduction by a p-type boron-doped g-C_3N_4 electrode under visible light. Applied Catalysis B: Environmental, 2016, 192: 193-198.

[295] Li P Q, Sui X N, Xu J F, et al. Worm-like InP/TiO_2 NTs heterojunction with unmatched energy band photo-enhanced electrocatalytic reduction of CO_2 to methanol. Chemical Engineering Journal, 2014, 247: 25-32.

[296] Guaraldo T T, de Brito J F, Wood D, et al. A new Si/TiO_2/Pt p-n junction semiconductor to demonstrate photoelectrochemical CO_2 conversion. Electrochimica Acta, 2015, 185: 117-124.

[297] Wang Y C, Fan S Z, AlOtaibi B, et al. A monolithically integrated gallium nitride nanowire/silicon solar cell photocathode for selective carbon dioxide reduction to methane. Chemistry-A European Journal, 2016, 22: 8809-8813.

[298] Chu S, Fan S Z, Wang Y J, et al. Tunable syngas production from CO_2 and H_2O in an aqueous photoelectrochemical cell. Angewandte Chemie-International Edition, 2016, 55: 14262-14266.

[299] Zeng G T, Qiu J, Hou B Y, et al. Enhanced photocatalytic reduction of CO_2 to CO through TiO_2 passivation of InP in ionic liquids. Chemistry-A European Journal, 2015, 2: 13502-13507.

[300] Xu Y J, Jia Y J, Zhang Y Q, et al. Photoelectrocatalytic reduction of CO_2 to methanol over the multi-functionalized TiO_2 photocathodes. Applied Catalysis B: Environmental, 2017, 205: 254-261.

[301] Zhang Y, Luc W, Hutchings G S, et al. Photoelectrochemical carbon dioxide reduction using a nanoporous Ag cathode. ACS Applied Materials & Interfaces, 2016, 8: 24652-24658.

[302] Zhang M, Cheng J, Xuan X X, et al. CO_2 synergistic reduction in a photoanode-driven photoelectrochemical cell with a Pt-modified TiO_2 nanotube photoanode and a Pt reduced graphene oxide electrocathode. ACS Sustainable Chemistry & Engineering, 2016, 4: 6344-6354.

[303] Chang X X, Wang T, Zhang P, et al. Stable aqueous photoelectrochemical CO_2 reduction by a Cu_2O dark cathode with improved selectivity for carbonaceous products. Angewandte Chemie-International Edition, 2016, 55: 8840-8845.

[304] Li M, Li P, Chang K, et al. Design of a photoelectrochemical device for the selective conversion of aqueous CO_2 to CO: using mesoporous palladium-copper bimetallic cathode and hierarchical ZnO-based nanowire array photoanode. Chemical Communications, 2016, 52: 8235-8238.

[305] Wei W, Yang Z X, Song W J, et al. Different CdSeTe structure determined photoelectrocatalytic reduction performance for carbon dioxide. Journal of Colloid and Interface Science, 2017, 496: 327-333.

[306] Aoi S, Mase K, Ohkubo K, et al. Selective CO production in photoelectrochemical reduction of CO_2 with a cobalt chlorin complex adsorbed on multiwalled carbon nanotubes in water. ACS Energy Letters, 2017, 2: 532-536.

[307] Sato S, Arai T, Morokawa T, et al. Selective CO_2 conversion to formate conjugated with H_2O oxidation utilizing semiconductor/complex hybrid photocatalysts. Journal of the American Chemical Society, 2011, 133: 15240-15243.

[308] Arai T, Sato S, Kajino T, et al. Solar CO_2 reduction using H_2O by a semiconductor/metal-complex hybrid photocatalyst: enhanced efficiency and demonstration of a wireless system using $SrTiO_3$ photoanodes. Energy & Environmental Science, 2013, 6: 1274-1282.

[309] Sahara G, Kumagai H, Maeda K, et al. Photoelectrochemical reduction of CO_2 coupled to water oxidation using a photocathode with a Ru(Ⅱ)-Re(Ⅰ)complex photocatalyst and a CoO_x/TaON photoanode. Journal of the American Chemical Society, 2016, 138: 14152-14158.

[310] 雷学军, 罗梅健. 生物质能转化技术及资源综合开发利用研究. 中国能源, 2010, 32 (1): 22-28, 46.

[311] 赵军, 王述洋. 我国生物质能资源与利用. 太阳能学报, 2008, 1: 90-94.

[312] 陈洪章. 纤维素生物技术. 北京: 化学工业出版社, 2011.

[313] Kucuk M M, Demirbas A. Biomass conversion processes. Energy Conversion and Management, 1997, 38 (2): 151-165.

[314] Gray K A, Zhao L S, Emptage M. Bioethanol. Current Opinion in Chemical Biology, 2006, 10 (2): 141-146.

[315] Timell T E, Syracuse N Y. Recent progress in the chemistry of wood hemicelluloses. Wood Science and Technology, 1967, 1: 45-70.

[316] Velazquez-Lucio J, Rodríguez-Jasso R M, Colla L M, et al. Microalgal biomass pretreatment for bioethanol production: a review. Biofuel Research Journal, 2018, 17: 780-791.

[317] Putro J N, Soetaredjo F E, Lin S Y, et al. Pretreatment and conversion of lignocellulose biomass into valuable chemicals. RSC Advances, 2016, 6: 46834-46852.

[318] Ohno H, Fukaya Y. Task specific ionic liquids for cellulose technology. Chemistry Letters, 2009, 38: 2-7.

[319] Tadesse H, Luque R. Advances on biomass pretreatment using ionic liquids: an overview. Energy & Environmental Science, 2011, 4 (10): 3913-3929.

[320] Upton B M, Kasko A M. Strategies for the conversion of lignin to high-value polymeric materials: review and perspective. Chemical Reviews, 2016, 116: 2275-2306.

[321] 蒋挺大. 木质素. 北京: 化学工业出版社, 2009.

[322] 崔红艳, 刘玉, 杨桂花, 等. 木素化学结构及其特性的研究方法与研究进展. 天津造纸, 2011, (1): 29-32.

[323] Chang V S, Nagwani M, Kim C H, et al. Oxidative lime pretreatment of high-lignin biomass-poplar wood and newspaper. Applied Biochemistry and Biotechnology, 2001, 94 (1): 1-28.

[324] Chaudhary G, Singh L K, Ghosh S. Alkaline pretreatment methods followed by acid hydrolysis of saccharum spontaneum for bioethanol production. Bioresource Technology, 2012, 124: 111-118.

[325] Isci A, Himmelsbach J N, Pometto A L, et al. Aqueous ammonia soaking of switchgrass followed by simultaneous saccharification and fermentation. Applied Biochemistry and Biotechnology, 2008, 144 (1): 69-77.

[326] Brassard P, Godbout S, Raghavan V. Pyrolysis in auger reactors for biochar and bio-oil production: a review. Biosystems Engineering, 2017, 161: 80-92.

[327] Kasmuri N H, Kamarudin S K, Abdullah S R S, et al. Process system engineering aspect of bio-alcohol fuel production from biomass via pyrolysis: an overview. Renewable & Sustainable Energy Reviews, 2017, 79: 914-923.

[328] Montoya J, Pecha B, Janna F C, et al. Single particle model for biomass pyrolysis with bubble formation dynamics inside the liquid intermediate and its contribution to aerosol formation by thermal ejection. Journal of Analytical and Applied Pyrolysis, 2017, 124: 204-218.

[329] Wang H, Gurau G, Rogers R D. Ionic liquid processing of cellulose. Chemical Society Reviews, 2012, 41 (4): 1519-1537.

[330] Xu J L, Yao X Q, Xin J Y, et al. An effective two-step ionic liquids method for cornstalk pretreatment. Journal of Chemical Technology and Biotechnology, 2015, 90 (11): 2057-2065.

[331] Yang J M, Lu X M, Liu X M, et al. Rapid and productive extraction of high purity cellulose material via selective depolymerization of the lignin-carbohydrate complex at mild conditions. Green Chemistry, 2017, 19: 2234-2243.

[332] Chatel G, MacFarlane D R. Ionic liquids and ultrasound in combination: synergies and challenges. Chemical Society Reviews, 2014, 43 (23): 8132-8149.

[333] Alonso D M, Hakim S H, Zhou S F, et al. Increasing the revenue from lignocellulosic biomass: maximizing feedstock utilization. Science Advances, 2017, 3 (5): 1229-1245.

[334] Mora-Pale M, Meli L, Doherty T V, et al. Room temperature ionic liquids as emerging solvents for the pretreatment of lignocellulosic biomass. Biotechnology and Bioengineering, 2011, 108 (6): 1229-1245.

[335] Danner H, Braun R. Biotechnology for the production of commodity chemicals from biomass. Chemical Society Reviews, 1999, 28 (6): 395-405.

[336] Achinivu E C, Howard R M, Li G Q, et al. Lignin extraction from biomass with protic ionic liquids. Green Chemistry, 2014, 16 (3): 1114-1119.

[337] Brandt A, Ray M J, To T Q, et al. Ionic liquid pretreatment of lignocellulosic biomass with ionic liquid-water mixtures. Green Chemistry, 2011, 13 (9): 2489-2499.

[338] Brandt-Talbot A, Gschwend F J V, Fennell P S, et al. An economically viable ionic liquid for the fractionation of lignocellulosic biomass. Green Chemistry, 2017, 19 (13): 3078-3102.

[339] George A, Brandt A, Tran K, et al. Design of low-cost ionic liquids for lignocellulosic biomass pretreatment. Green Chemistry, 2015, 17 (3): 1728-1734.

[340] Lu B L, Xu A R, Wang J J. Cation does matter: how cationic structure affects the dissolution of cellulose in ionic liquids. Green Chemistry, 2014, 16 (3): 1326-1335.

[341] Pinkert A, Goeke D F, Marsh K N, et al. Extracting wood lignin without dissolving or degrading cellulose: investigations on the use of food additive-derived ionic liquids. Green Chemistry, 2011, 13 (11): 3124-3136.

[342] Sun N, Rahman M, Qin Y, et al. Complete dissolution and partial delignification of wood in the ionic liquid 1-ethyl-3-methylimidazolium acetate. Green Chemistry 2009, 11 (5): 646-655.

[343] Yan P F, Xu Z W, Zhang C, et al. Fractionation of lignin from eucalyptus bark using amine-sulfonate functionalized ionic liquids. Green Chemistry, 2015, 17 (11): 4913-4920.

[344] Yang S, Lu X, Zhang Y, et al. Separation and characterization of cellulose I material from corn straw by low-cost polyhydric protic ionic liquids. Cellulose, 2018, 25: 3241-3254.

[345] Sun J, Konda N V, Parthasarathi R, et al. One-pot integrated biofuel production using low-cost biocompatible protic ionic liquids. Green Chemistry, 2017, 19 (13): 3152-3163.

[346] 李十中. 生物燃料替代石油——产业现状与可持续发展. 中国工程科学, 2011, 2: 50-56.

[347] 王娜, 陈治洁, 胥若曦. 生物质能源应用技术的研究. 当代化工研究, 2018, 3: 85-86.

[348] 何元斌. 生物质压缩成型燃料及成型技术. 农村能源, 1995, 5: 12-14.

[349] 蒋剑春. 生物质能源转化技术与应用 (Ⅰ). 生物质化学工程, 2007, 41 (3): 59-65.

[350] Sheldon R A. Green and sustainable manufacture of chemicals from biomass: state of the art. Green Chemistry, 2014, 16: 950-963.

[351] Dumka U C, Kaskaoutis D G, Tiwari S, et al. Assessment of biomass burning and fossil fuel contribution to black carbon concentrations in Delhi during winter. Atmospheric Environment, 2018, 194: 93-109.

[352] 骆仲泱, 周劲松, 王树荣, 等. 中国生物质能利用技术评价. 中国能源, 2004, 26 (9): 39-42.

[353] 景元琢, 董玉平, 盖超, 等. 生物质固化成型技术研究进展与展望. 中国工程科学, 2011, 13 (2): 72-76.
[354] Puig-Arnavat M, Bruno J C, Coronas A. Review and analysis of biomass gasification models. Renewable and Sustainable Energy Reviews, 2010, 14: 2841-2851.
[355] 刘晓娟, 殷卫峰. 国内外生物质能开发利用的研究进展. 2008, 14 (4): 7-9.
[356] 王建楠, 胡志超, 彭宝良, 等. 我国生物质气化技术概况与发展. 2010, 32 (1): 198-201, 205.
[357] McKendry P. Energy production from biomass (part 3): gasification technologies. Bioresource Technology, 2002, 83: 55-63.
[358] 姚向君, 田宜水. 生物质能资源清洁转化利用技术. 北京: 化学工业出版社, 2006.
[359] Saraeian A, Nolte M W, Shanks B H. Deoxygenation of biomass pyrolysis vapors: improving clarity on the fate of carbon. Renewable and Sustainable Energy Reviews, 2019, 104: 262-280.
[360] Yaman S. Pyrolysis of biomass to produce fuels and chemical feedstocks. Energy Conversion and Management, 2004, 45: 651-671.
[361] 吴创之, 马隆龙. 生物质能现代化利用技术. 北京: 化学工业出版社, 2003.
[362] 胡二峰, 赵立欣, 吴娟, 等. 生物质热解影响因素及技术研究进展. 农业工程学报, 2018, 34 (14): 212-220.
[363] 王勇, 邹献武, 秦特夫. 生物质转化及生物质油精制的研究进展. 化学与生物工程, 2010, 27: 1-5.
[364] 胡亿明, 蒋剑春, 孙云娟, 等. 生物质及生物质组分的慢速热解热效应研究. 生物质化学工程, 2013, 47 (5): 23-29.
[365] 刘状, 廖传华, 李亚丽. 生物质快速热解制取生物油的研究进展. 湖北农业科学, 2017, 56 (21): 4001-4005.
[366] 易维明, 柏雪源, 修双宁, 等. 生物质闪速加热条件下的挥发特性研究. 工程热物理学报, 2006, 27: 135-138.
[367] Cai W W, Liu Q, Shen D K, et al. Py-GC/MS analysis on product distribution of two-staged biomass pyrolysis. Journal of Analytical and Applied Pyrolysis, 2019, 38: 62-69.
[368] Xin X, Pang S S, deMercader F M, et al. The effect of biomass pretreatment on catalytic pyrolysis products of pine wood by Py-GC/MS and principal component analysis. Journal of Analytical and Applied Pyrolysis, 2019, 138: 145-153.
[369] 王予, 马文超, 朱哲, 等. 生物质快速热解与生物油精制研究进展. 生物质化学工程, 2011, 45 (5): 29-36.
[370] 曾其良, 王述洋, 徐凯宏. 典型生物质快速热解工艺流程及其性能评价. 森林工程, 2008, 24 (3): 47-50.
[371] Huang H J, Yuan X Z. Recent progress in the direct liquefaction of typical biomass. Progress in Energy and Combustion Science, 2015, 49: 59-80.
[372] 邹献武, 杨智, 秦特夫. 木材正辛醇液化产物的红外光谱分析. 光谱学与光谱分析, 2009 (6): 1545-1548.
[373] Chumpoo J, Prasassarakich P. Bio-oil from hydro-liquefaction of bagasse in supercritical ethanol. Energy & Fuels, 2010, 24 (3): 2071-2077.
[374] 林鹿, 何北海, 孙润仓, 等. 木质生物质转化高附加值化学品. 化学进展, 2007, 29 (7/8): 1206-1216.
[375] Klyosov A A. Trends in biochemistry and enzymology of cellulose degradation. Biochemistry, 1990, 29: 10577-10585.
[376] Hang X, Zhang D, Sun Z, et al. Highly efficient preparation of HMF from cellulose using temperature-responsive heteropolyacid catalysts in cascade reaction. Applied Catalysis B: Environmental, 2016, 196: 50-56.
[377] Matsagar B M, Dhepe P L. Brönsted acidic ionic liquid-catalyzed conversion of hemicellulose into sugars. Catalysis Science & Technology, 2015, 5: 531-539.
[378] Yemis O, Mazza G. Acid-catalyzed conversion of xylose, xylan and straw into furfural by microwave-assisted reaction. Bioresource Technology, 2011, 102 (15): 7371-7378.
[379] 高礼芳, 徐红彬, 张懿, 等. 高温稀酸催化玉米芯水解生产糠醛工艺优化. 过程工程学报, 2010, 10 (2):

292-297.

[380] Cai H, Li C, Wang A, et al. Zeolite-promoted hydrolysis of cellulose in ionic liquid, insight into the mutual behavior of zeolite, cellulose and ionic liquid. Applied Catalysis B: Environmental, 2012, 123-124: 333-338.

[381] Sahu R, Dhepe P L. A one-pot method for the selective conversion of hemicellulose from crop waste into C_5 sugars and furfural by using solid acid catalysts. ChemSusChem, 2012, 5: 751-761.

[382] Branca C, Galgano A, Blasi C, et al. H_2SO_4-catalyzed pyrolysis of corncobs. Energy & Fuels, 2011, 25 (1): 359-369.

[383] 高美香, 刘宗章, 张敏华. 生物质转化制糠醛工艺的研究进展. 化工进展, 2013, 32 (4): 878-884.

[384] Ravikumar S, Gokulakrishnan R, Kanagavel M, et al. Production of biofuel ethanol from pretreated seagrass by using Saccharomyces cerevisiae. Indian Journal of Science & Technology, 2011, 4 (9): 1087-1089.

[385] Rich J O, Leathers T D, Bischoff K M, et al. Biofilm formation and ethanol inhibition by bacterial contaminants of biofuel fermentation. Bioresource Technology, 2015, 196: 347-354.

[386] 马晓建, 赵银峰, 祝春进, 等. 以纤维素类物质为原料发酵生产燃料乙醇的研究进展. 食品与发酵工业, 2004, 30 (11): 77-81.

[387] Lynd L R, Cushman J H, Nichols R J, et al. Fuel ethanol from cellulosic biomass. Science, 1991, 251 (4999): 1318.

[388] 夏黎明. 可再生纤维素资源酶法降解的研究进展. 生物质化学工程, 1999, (1): 23-28.

[389] Chapla D, Pandit P, Shah A. Production of xylooligosaccharides from corncob xylan by fungal xylanase and their utilization by probiotics. Bioresource Technology, 2012, 115 (5): 215.

[390] 雷齐玲. 燃料乙醇技术研究现状和发展趋势分析. 广州化工. 2015, 43 (5): 42-43.

[391] 胡徐腾. 纤维素乙醇研究开发进展. 化工进展, 2011, 30 (1): 137-143.

[392] Li F, Ma H, Zhang H, et al. Ethanol synthesis from syngas on Mn- and Fe- promoted Rh/γ-Al_2O_3. Comptes Rendus Chimie, 2014, 17 (11): 1109-1115.

[393] Liu Y J, Zuo Z J, Li C, et al. Effect of preparation method on CuZnAl catalysts for ethanol synthesis from syngas. Applied Surface Science, 2015, 356: 124-127.

[394] Liu K X, Li H Q, Zhang J, et al. The effect of non-structural components and lignin on hemicellulose extraction. Bioresource Technology, 2016, 214: 755-760.

[395] Barthlott W, Neinhuis C. Purity of the sacred lotus, or escape from contamination in biological surfaces. Planta, 1997, 202 (1): 1-8.

[396] Gírio F M, Fonseca C. Hemicelluloses for fuel ethanol: a review. Bioresource Technology, 2010, 101 (13): 4775-4800.

[397] Min D Y, Jameel H, Chang H M, et al. The structural changes of lignin and lignin-carbohydrate complexes in corn stover induced by mild sodium hydroxide treatment. RSC Advances, 2014, 4 (21): 10845-10850.

[398] Henriksson Å, Gatenholm P. Controlled assembly of glucuronoxylans onto cellulose fibres. Holzforschung, 2001, 55 (5): 494-502.

[399] de Figueiredo F C, Carvalho A F, Brienzo M, et al. Chemical input reduction in the arabinoxylan and lignocellulose alkaline extraction and xylooligosaccharides production. Bioresource Technology, 2017, 228: 164-170.

[400] 沈雪亮. 功能性纤维低聚糖的研究现状及发展前景. 食品与发酵工业, 2009, (8): 100-104.

[401] 杨莉. 新型甜味剂——功能性低聚糖. 食品研究与开发, 2004, 25 (2): 77-78.

[402] 李京. 膜技术分离纯化秸秆功能糖的研究. 北京: 北京化工大学, 2016.

[403] Gullón P, González-Muñoz M J, Parajó J C. Manufacture and prebiotic potential of oligosaccharides derived from industrial solid wastes. Bioresource Technology, 2011, 102 (10): 6112.

[404] Perugino G, Trincone A, Rossi M, et al. Oligosaccharide synthesis by glycosynthases. Trends in Biotechnology, 2004, 22 (1): 31-37.

[405] 苏小冰, 翁明辉. 超强益生元——低聚木糖. 现代食品科技, 2003, 19 (s1): 75-78.

[406] 丁胜华, 利用蔗渣制备低聚木糖的研究. 广州: 暨南大学, 2010.

[407] Vázquez M J, Garrote G, Alonso J L, et al. Refining of autohydrolysis liquors for manufacturing xylooligosaccharides: evaluation of operational strategies. Bioresource Technology, 2005, 96 (8): 889-896.

[408] Zhang H, Yong X, Yu S. Co-production of functional xylooligosaccharides and fermentable sugars from corncob with effective acetic acid prehydrolysis. Bioresource Technology, 2017, 234: 343-349.

[409] Courtin C M, Swennen K, Verjans P, et al. Heat and pH stability of prebiotic arabinoxylooligosaccharides, xylooligosaccharides and fructooligosaccharides. Food Chemistry, 2009, 112 (4): 831-837.

[410] Moure A, Gullón P, Domínguez H, et al. Advances in the manufacture, purification and applications of xylo-oligosaccharides as food additives and nutraceuticals. Process Biochemistry, 2006, 41 (9): 1913-1923.

[411] Moniz P, Ailing H, Duarte L C, et al. Assessment of the bifidogenic effect of substituted xylo-oligosaccharides obtained from corn straw. Carbohydrate Polymers, 2016, 136: 466-473.

[412] Vázquez M J, Alonso J L, Domínguez H, et al. Xylooligosaccharides: manufacture and applications. Trends in Food Science & Technology, 2000, 11 (11): 387-393.

[413] Yang R, Xu S, Wang Z, et al. Aqueous extraction of corncob xylan and production of xylooligosaccharides. LWT-Food Science and Technology, 2005, 38 (6): 677-682.

[414] Parajó J C, Garrote G, Cruz J M, et al. Production of xylooligosaccharides by autohydrolysis of lignocellulosic materials. Trends in Food Science & Technology, 2004, 15 (3-4): 115-120.

[415] Xiao X, Bian J, Peng X P, et al. Autohydrolysis of bamboo (dendrocalamus giganteus Munro) culm for the production of xylo-oligosaccharides. Bioresource Technology, 2013, 138 (6): 63-70.

[416] 吕银德, 赵俊芳. 功能性低聚糖的研究进展. 农产品加工·学刊, 2011, (6): 96-98.

[417] Aachary A, Prapulla S. Value addition to corncob: production and characterization of xylooligosaccharides from alkali pretreated lignin-saccharide complex using aspergillus oryzae MTCC 5154. Bioresource Technology, 2009, 100 (2): 991-995.

[418] Tan S S, Li D Y, Jiang Z Q, et al. Production of xylobiose from the autohydrolysis explosion liquor of corncob using thermotoga maritima xylanase B (XynB) immobilized on nickel-chelated eupergit C. Bioresource Technology, 2008, 99 (1): 200-204.

[419] 张亦鸣. 低聚木糖美拉德反应及其衍生物活性. 上海: 上海海洋大学, 2015.

[420] Azelee N I W, Jahim J M, Ismail A F, et al. High xylooligosaccharides (XOS) production from pretreated kenaf stem by enzyme mixture hydrolysis. Industrial Crops and Products, 2016, 81: 11-19.

[421] Bian J, Peng F, Peng X P, et al. Structural features and antioxidant activity of xylooligosaccharides enzymatically produced from sugarcane bagasse. Bioresource Technology, 2013, 127 (1): 236-241.

[422] Vegas R, Alonso J L, Herminia Domínguez A, et al. Manufacture and refining of oligosaccharides from industrial solid wastes. Industrial & Engineering Chemistry Research, 2005, 44 (44): 614-620.

[423] Chen M H, Bowman M J, Dien B S, et al. Autohydrolysis of miscanthus x giganteus for the production of xylooligosaccharides (XOS): kinetics, characterization and recovery. Bioresource Technology, 2014, 155 (2): 359-365.

[424] Yuan Q P, Zhang H, Qian Z M, et al. Pilot-plant production of xylo-oligosaccharides from corncob by steaming, enzymatic hydrolysis and nanofiltration. Journal of Chemical Technology and Biotechnology, 2010, 79 (10): 1073-1079.

[425] Nabarlatz D, Torras C, Garcia-Valls R, et al. Purification of xylo-oligosaccharides from almond shells by ultrafiltration. Separation and Purification Technology, 2007, 53 (3): 235-243.

[426] Kavanagh K R, Pepper J M. The alkaline nitrobenzene oxidation of aspen wood and lignin model substances. Canadian Journal of Chemistry, 1955, 33 (1): 24-30.

[427] Stone J E, Blundell M J. Rapid micromethod for alkaline nitrobenzene oxidation of lignin and determination of aldehydes. Analytical Chemistry, 1951, 23: 771-774.

[428] 刘俊超. 球形木质素树脂对两种生物碱吸附的初步研究. 成都: 成都中医药大学, 2006.

[429] 王唯黎, 王景芸, 董晓哲, 等. 催化氧化降解木质素的研究进展. 化学通报, 2016, 79 (8): 731-738.

[430] Villar J C, Caperos A, García-Ochoa F. Oxidation of hardwood kraft-lignin to phenolic derivatives: nitrobenzene and copper oxide as oxidants. Journal of Wood Chemistry and Technology, 1997, 17 (3): 259-285.

[431] Korpi H, Figiel P J, Lankinen E, et al. On in situ prepared Cu-phenanthroline complexes in aqueous alkaline solutions and their use in the catalytic oxidation of veratryl alcohol. European Journal of Inorganic Chemistry, 2007, 2007 (17): 2465-2471.

[432] Napoly F, Kardos N, Jean-Gérard L, et al. H_2O_2-mediated kraft lignin oxidation with readily available metal salts: what about the effect of ultrasound? Industrial & Engineering Chemistry Research, 2015, 54 (22): 6046-6051.

[433] Prado R, Brandt A, Erdocia X, et al. Lignin oxidation and depolymerisation in ionic liquids. Green Chemistry, 2016, 18 (3): 834-841.

[434] 田晓东. 木质素的催化降解及转化为液体燃料的研究. 厦门: 厦门大学, 2014.

[435] de Gregorio G F, Prado R, Vriamont C, et al. Oxidative depolymerization of lignin using a novel polyoxometalate-protic ionic liquid system. ACS Sustainable Chemistry & Engineering, 2016, 4 (11): 6031-6036.

[436] Yang Y, Fan H, Song J, et al. Free radical reaction promoted by ionic liquid: a route for metal-free oxidation depolymerization of lignin model compound and lignin. Chemical Communications, 2015, 51 (19): 4028-4031.

[437] Parpot P, Bettencourt A P, Carvalho A M, et al. Belgsir biomass conversion: attempted electrooxidation of lignin for vanillin production. Journal of Applied Electrochemistry, 2000, 30: 727-731.

[438] Di Marino D, Stöckmann D, Kriescher S, et al. Electrochemical depolymerisation of lignin in a deep eutectic solvent. Green Chemistry, 2016, 18 (22): 6021-6028.

[439] 陈云平, 傅艳斌, 杨平, 等. 纳米 TiO_2 光催化降解碱木质素研究. 生物质化学工程, 2009, 43 (6): 31-35.

[440] Hartwig A G, Hartwig J F. Selective, nickel-catalyzed hydrogenolysis of aryl ethers. Science, 2011, 332: 439-441.

[441] 曹从伟, 李广学, 叶俊, 等. $CoMo/Al_2O_3$ 催化木质素加氢液化工艺的研究. 应用化工, 2011, 40 (2): 243-245.

[442] Chen L, Xin J Y, Ni L L, et al. Conversion of lignin model compounds under mild conditions in pseudo-homogeneous systems. Green Chemistry, 2016, 18 (8): 2341-2352.

[443] Scott M, Deuss P J, de Vries J G, et al. New insights into the catalytic cleavage of the lignin β-O-4 linkage in multifunctional ionic liquid media. Catalysis Science & Technology, 2016, 6 (6): 1882-1891.

[444] Deuss P J, Scott M, Tran F, et al. Aromatic monomers by in situ conversion of reactive intermediates in the acid-catalyzed depolymerization of lignin. Journal of the American Chemical Society, 2015, 137 (23): 7456-7467.

[445] Capelari M, Zadrazil F. Lignin degradation and in vitro digestibility of wheat straw treated with brazilian tropical species of white rot fungi. Folia Microbiologica, 1997, 42 (5): 481-487.

[446] 付春霞, 付云霞, 邱忠平, 等. 木质素生物降解的研究进展. 浙江农业学报, 2014, 26 (4): 1139-1144.

[447] 刘庆玉, 陈志丽, 张敏. 木质素降解菌的筛选. 太阳能学报, 2010, 31: 269-272.
[448] Michael W I, Schmidt H K, Patrick G, et al. Does uitrasonic dispersion and homogenization by ball milling change the chemical structure of organic matter in geochemical samples?——a CPMAS ^{13}C NMR study with lignin. Organic Geochemistry, 1997, 26 (7-8): 491-496.
[449] 顾晓利, 何明, 史以俊, 等. 有效降解可再生资源木质素的研究进展. 林业科技, 2010, 35: 37-40.
[450] Miguel A. Goni S M. Alkaline CuO oxidation with a microwave digestion system: lignin analyses of geochemical samples. Analytical Chemistry, 2000, 72: 3116-3121.
[451] Cook J, Beyea J. Bioenergy in the United States: progress and possibilities. Biomass and Bioenergy, 2000, 18: 441-455.
[452] Gellera H, Schaeffer R, Szklo A, et al. Policies for advancing energy efficiency and renewable energy use in Brazil. Energy Policy, 2004, 32: 1437-1450.
[453] 田宜水, 赵立欣, 孟海波, 等. 欧盟固体生物质燃料标准技术进展. 可再生能源, 2007, 25 (4): 61-64.
[454] 周善元. 21世纪的新能源——生物质能. 江西能源, 2001, 4: 34-37.
[455] 袁惊柱, 朱彤. 生物质能利用技术与政策研究综述. 中国能源, 2018, 6: 16-20, 9.
[456] 周中仁, 吴文良. 生物质能研究现状及展望. 农业工程学报, 2005, 21 (12): 12-15.
[457] 孙永明, 袁振宏, 孙振钧. 中国生物质能源与生物质利用现状与展望. 可再生能源, 2006, 2: 78-82.
[458] 支乾坤, 左春丽, 赵会艳, 等. 生物质能源的利用技术与开发对策. 河北林果研究, 2007, 22 (3): 262-266.

附　　录

名称	简写
离子液体	IL
1-甲基咪唑	MIM
阳离子	
1,3-双(2-乙氨基)-2-甲基咪唑	[1,3-(ae)$_2$-2-MIM]
N-甲基-2-羟乙基铵丙酸	[2mHEAPr]
4-甲基-N-丁基吡啶	[4-MBPy]
3-丙胺-三丁基膦	[aP$_{4443}$]
甲基三辛基铵	[A336]
1-烯丙基-3-丁基咪唑	[ABIM]
1-烯丙基-3-甲基咪唑	[AMIM]
1-(1-氨丙基)-3-丁基咪唑	[APBIM]
1-(1-氨丙基)-4-甲基咪唑	[APMIM]
2,3-二甲基-1-[3-N,N-双(2-吡啶基)-氨基丙基]咪唑	[BMMDPA]
1-丁基-2,3-二甲基咪唑	[BMMIM]
1-苯基-3-甲基咪唑	[BzMIM]
1,3-二甲基咪唑	[C$_1$MIM]
1-乙基-3-甲基咪唑	[C$_2$MIM]
1-丙基-3-甲基咪唑	[C$_3$MIM]
1-丁基-3-甲基咪唑	[C$_4$MIM]
1-己基-3-甲基咪唑	[C$_6$MIM]
1-辛基-3-甲基咪唑	[C$_8$MIM]
1-十二烷基-3-甲基咪唑	[C$_{12}$MIM]
1-十八烷基-3-甲基咪唑	[C$_{18}$MIM]
乙基吡啶	[C$_2$Py]
1-丁基吡啶	[C$_4$Py]
1-辛基吡啶	[C$_8$Py]
1-癸基吡啶	[C$_{10}$Py]

续表

名称	简写
1-十二烷基吡啶	[C_{12}Py]
1-24 烷基-4-二甲胺基吡啶	[C_{24}DMAPy]
1-44 烷基-4-二甲胺基吡啶	[C_{44}DMAPy]
1-64 烷基-4-二甲胺基吡啶	[C_{64}DMAPy]
N-羧甲基吡啶	[$CH_2COOHPy$]
N-羧二甲基吡啶	[$(CH_2)_2COOHPy$]
1-全氟辛基-3-甲基咪唑	[$C_8H_4F_{13}MIM$]
1-甲基-1-辛基吡咯	[C_1OPyr]
1-丁基-1-甲基吡咯	[C_4MPyr]
三(十二烷基)甲基铵	[$(n\text{-}C_{12}H_{25})_3NCH_3$]
三辛基甲基铵	[$(n\text{-}C_8H_{17})_3NCH_3$]
1-丙酸-3-甲基咪唑	[$(CH_2)_2COOHMIM$]
十四烷基三己基氯化磷	[$(C_6H_{13})_3PC_14H_{29}$]
胆碱	[choline]
1,5-二氮杂双环[4,3,0]-5-壬烯	[DBNH]
1-乙基-1,5-二氮杂双环[4,3,0]-5-壬烯	[DBNE]
N,N-二乙基-N-(2-甲氧基乙基)-N-甲基铵	[DEME]
1-乙基-2,3-二甲基咪唑	[EMMIM]
三乙胺	[Et_3NH]
氨基乙酸	[Gly]
甜菜碱	[HBet]
碳酸氢	[HC]
1-(2-羟乙基)-咪唑	[HEIM]
1-(2-羟乙基)-3-丁基甲基咪唑	[HEBMIM]
1-(2-羟乙基)-3-甲基咪唑	[HEMIM]
1-丁基-3-甲基吗啉	[HNMM]
羟乙基三乙基铵	[HETEA]
羟乙基三正丁基铵	[HETBA]
1,8-二氮杂双环(5,4,0)十一碳-7-烯	[HDBU]
六甲基胍	[HMG]
乙醇胺	[MEA]
1-甲基咪唑	[MIM]

续表

名称	简写
1-甲氧甲基-3-甲基咪唑	[MOMMIM]
7-甲基-1, 5, 7-三氮杂二环[4, 4, 0]癸-5-烯	[MTBDH]
乙基-三羟乙基铵	[NEt(HE)$_3$]
二乙基-二羟乙基铵	[NEt$_2$(HE)$_2$]
三乙基-羟乙基铵	[NEt$_3$(HE)]
四羟乙基铵	[N(HE)$_4$]
三乙基甲基铵	[N$_{2221}$]
正四丁铵	[N$_{4444}$]
正四己胺	[N$_{6666}$]
四丁基磷	[P$_{4444}$]
三己基十四烷基磷	[P$_{66614}$]
五甲基胍	[pmg]
1-磺酸丁基-3-甲基咪唑	[SO$_3$H-BMIM]
1-磺酸丁基-3-乙基咪唑	[SO$_3$H-BEIM]
3-磺酸丙基三乙基铵	[SO$_3$H-(CH$_2$)$_3$-NEt$_3$]
1, 1, 3, 3-四甲基胍	[TMG]
阴离子	
氨基酸	[AA]
羟基吡啶	[2-Op]
2-苯基咪唑	[2-Ph-Im]
4-甲基苯酚	[4-Me-PhO]
4-氯苯酚	[4-Cl-PhO]
乙酸	[Ac]
四氰化硼	[B(CN)$_4$]
苯基咪唑	[BenIm]
苯基三唑	[BenTriz]
氯三氟硼酸	[BF$_3$Cl]
四氟硼酸	[BF$_4$]
溴	[Br]
丁基磺酸	[BuSO$_3$]
乙酸	[CH$_3$COO]

续表

名称	简写
乳酸	[CH$_3$CHOHCOO]
丙酸	[C$_2$H$_5$COO]
丁酸	[C$_3$H$_7$COO]
苯甲酸	[C$_6$H$_5$COO]
4-氯苯甲酸	[4-ClC$_6$H$_4$COO]
4-氟苯甲酸	[4-FC$_6$H$_4$COO]
4-溴苯甲酸	[4-BrC$_6$H$_4$COO]
三氟乙酸	[CF$_3$COO]
甲基磺酸	[CH$_3$SO$_3$]
甲基三氟磺酸	[CF$_3$SO$_3$]
氯	[Cl]
全氟辛酸甲酯	[COOCF$_3$(CF$_2$)$_6$]
双[双(三氟甲烷磺酰)亚胺]铜	[Cu(NTf$_2$)$_2$]
十二烷基苯磺酸	[DBS]
双氰胺	[DCA]
磷酸二乙酯	[DEP]
硫酸乙酯	[EtSO$_4$]
甘氨酸	[Gly]
甲酸	[HCOO]
二(2-乙基己基)磷酸酯	[HDEHP]
乙醇酸	[HOCH$_2$COO]
硫酸氢	[HSO$_4$]
咪唑	[Im]
吲哚	[Indz]
乳酸	[L]
乳酸	[Lac]
硫酸甲酯	[MeSO$_4$]
磷酸二甲酯	[Me$_2$PO$_4$]
蛋氨酸	[Met]
二腈胺	[N(CN)$_2$]
双(三氟甲磺酰基)酰亚胺	[NTf$_2$]
乙酰氧基	[OAc]

续表

名称	简写
硫酸辛酯	[OcSO$_4$]
氢氧化物	[OH]
甲磺酰	[OMS]
三氟甲磺酰	[OTf]
六氟磷酸	[PF$_6$]
氨基甲酸	[Pro]
磷钨酸	[PW$_{12}$O$_{40}$]
硫氰酸	[SCN]
六氟钛酸	[SbF$_6$]
苯酚类（S 表示不同取代基）	[SPhO]
四氮唑	[Tetz]
三氟乙醇	[TFE]
间三苯基膦单磺酸	[tppm]
对甲苯磺酸	[TsO]
钨酸	[W$_6$O$_{19}$]
四氯化铁	[FeCl$_4$]
氯化铜	[CuCl$_2$]
氯化锌	[ZnCl$_2$]
五氯化锌	[Zn$_2$Cl$_5$]
氯化钴	[CoCl$_2$]
氯化锡	[SnCl$_2$]
三氯化铁	[FeCl$_3$]
氯化铬	[CrCl$_3$]